丛书主编 于康震

动物疫病防控出版工程

禽白血病

AVIAN LEUKOSIS

崔治中 | 编著

中国农业出版社

图书在版编目（CIP）数据

禽白血病 / 崔治中编著. —北京：中国农业出版社，2015.8

（动物疫病防控出版工程 / 于康震主编）

ISBN 978-7-109-20853-7

Ⅰ. ①禽…　Ⅱ. ①崔…　Ⅲ. ①禽病－白血病－研究
Ⅳ. ①S858.3

中国版本图书馆CIP数据核字（2015）第202518号

中国农业出版社出版
（北京市朝阳区麦子店街18号楼）
（邮政编码100125）
策划编辑　黄向阳　邱利伟
责任编辑　周锦玉

北京中科印刷有限公司印刷　　新华书店北京发行所发行
2015年12月第1版　　2015年12月北京第1次印刷

开本：710mm×1000mm 1/16　　印张：24.5
字数：500千字
定价：120.00元

《动物疫病防控出版工程》编委会

总　序

近年来，我国动物疫病防控工作取得重要成效，动物源性食品安全水平得到明显提升，公共卫生安全保障水平进一步提高。这得益于国家政策的大力支持，得益于广大动物防疫人员的辛勤工作，更得益于我国兽医科技不断进步所提供的强大支撑。

当前，我国正处于加快建设现代养殖业的历史新阶段，人民生活水平的提高，不仅要求我国保持世界最大规模的养殖总量，以满足动物产品供给；还要求我们不断提高养殖业的整体质量效益，不断提高动物产品的安全水平；更要求我们最大限度地减少养殖业给人类带来的疫病风险和环境压力。要解决这些问题，最根本的出路还是要依靠科技进步。

2012年5月，国务院审议通过了《国家中长期动物疫病防治规划（2012—2020年）》，这是新中国成立以来，国务院发布的第一个指导全国动物疫病防治工作的综合性规划，具有重要的标志性意义。为配合此规划的实施，及时总结、推广我国最新兽医科技创新成果，同时借鉴国外先进的研究成果和防控经验，我们通过顶层设计规划了《动物疫病防控出版工程》，以期通过系列专著出版，及时将研究成果转化和传播到疫病防控一线，全面提高从业人员素质，提高我国动物疫病防控能力和水平。

本出版工程站在我国动物疫病防控全局的高度，力求权威性、科学性、指导性和实用性相兼容，致力于将动物疫病防控成果整体规划实施，重点把国家优先防治和重点防范的动物疫病、人兽共患病和重大外来动物疫病纳入项目中。全套书共31分册，其中原创专著21部，是根据我国当前动物疫病防控工作的实际需要而规划，每本书的主编都是编委会反复酝酿选定的、有一定行业公认度的、长期在单个疫病研究领域有较高造诣的专家；同时引进世界兽医名著10本，以借鉴世界同行的先进技术，弥补我国在某些领域的不足。

本套出版工程得到国家出版基金的大力支持。相信这些专著的出版，将会有力地促进我国动物疫病防控水平的提升，推动我国兽医卫生事业的发展，并对兽医人才培养和兽医学科建设起到积极作用。

农业部副部长

前　言

20世纪初发现的鸡群禽白血病是最早证明由病毒诱发的肿瘤病，其病原禽白血病病毒曾经是现代分子生物学特别是分子病毒学发展过程中最重要的研究对象之一。随着养鸡业的规模化，禽白血病给养鸡业带来的危害日趋明显，该病也曾是现代规模化养鸡业发展早期最受关注的疫病。因此，美国农业部早在1936年就专门为研究禽白血病及其防控建立了地区家禽研究所（现为美国农业部禽病和肿瘤学研究所）。欧美发达国家对禽白血病的深入系统研究推动了国际跨国育种公司在80年代中后期实现了对经典的A、B、C、D亚群禽白血病病毒的净化，在2005年前后又实现了对新出现的J亚群禽白血病病毒的基本净化。

但是，我国养禽业及禽病界在90年代末以前一直很少关注禽白血病。即使J亚群禽白血病从90年代中期开始已在白羽肉用型种鸡中造成重大损失时，行业内也只有少数人关注或提及禽白血病及其危害，并未引起全行业的重视。直到2008年以后，J亚群禽白血病在蛋鸡中逐渐蔓延并造成大量流行死亡后，才引起全行业及政府主管部门的高度重视。实际上，早在此之前，就已有在蛋鸡和黄羽肉鸡中出现J亚群禽白血病的报道，只是没有引起足够重视而已。在国务院公布的《国家中长期动物疫病防治规划（2012—2020年）》列出的16种主要动物疫病中，禽白血病也在其中，它是养禽业必须控制和净化的四大疫病之一。

受农业部副部长于康震为主任委员的《动物疫病防控出版工程》编委会的委托，我承担了本书的编著工作。编委会的编写宗旨是“将《动物疫病防控出版工程》系列丛书编写成对我国动物疫病防控具有重要指导意义的工具书”，必须既反映国内外最高、最新研究水平，又能指导我国疫病防控生产实践。为此，本书内容不仅概括了1910年以来国际上在禽白血病系统研究中已基本确定的结论、推论或论述的观点，还更详细叙述了20世纪90年代以来禽白血病在我国鸡群中发生、流行的特点，以及该病鉴别诊断和防控措施的具体方法。这既可以帮助我国养禽和禽病界关注禽白血病的专家学者和生产第一线的技术管理人员在理论上对禽白血病及禽白血病病毒有一个完整系统的认识，又能在面对生产实践中不断遇到的具体技术问题时为他们提供一个比较详尽的参考依据。鉴于世界上大多数跨国育种公司在十年前就已基本完成了种鸡场禽白血病的净化，禽白血病在发达国家已不再是主要受关注的疫病，而且对禽白血病病毒的分子生物学研究也早在90年代前就已做得非常深入了，所以在本书各章中有关病原、流行病学、临床病理表现的基本特征及鉴别诊断和防控的基本原则等内容，主要参考了*Diseases of Poultry*（第13版，2013年），及在2011年和2012年发表的由该领域权威专家辑写的两篇全面系统的综述（详见各章后所附参考文献）。除特殊需要细节的部分外（如内源性病毒相关问题），其他浩瀚的原始研究论文不再作为参考文献一一列出，有兴趣的读者可从*Diseases of Poultry*及上述两篇英文综述中寻找。也鉴于我在2012年出版的《我国鸡群肿瘤病流行病学及其防控研究》（中国农业出版社出版）一书中已包含了山东农业大学家禽病毒性肿瘤病实验室在2011年前十多年中对禽白血病及其病原的系统研究的资料，本书也以2012年已出版的那本书作为参考资料，其中引用的我们发表的论文也不再作为参考文献一一列出。除此之外，本书仅列出了2012年后发表的少数与本书内容密切相关的研究论文作为参考文献。

由于本书既涉及禽白血病病毒的比较深奥的分子生物学内容、大量的病毒分子流行病学和血清流行病学调查资料，又包含鉴别诊断和防控措施中较为具体的操作方法，不同的读者可能只会选择性地阅读某些不同章节。为此，本书有些章节的某些内容前后会有点重复或相似，这是为了保障每章的独立性，以便于选择性阅读本书的读者易于理解。本书只由我一人起草完成，但详细的编写提纲是由于康震副部长亲自主持的编委会集体讨论修改后确定的，他还特别强调对种鸡场禽白血病的净化措施和检测方法要尽可能写得详细一点。初稿完成后，又由出版社组织专家审稿。本书中有关禽白血病检测和净化方法是根据国内近两年实际应用的效果和经验起草的，但在这里还要强调，随着我国不同类型种鸡群净化的进展和经验的积累，相关方法还会不断修订。鉴于禽白血病的特殊性，本书专门设置了第三章“禽白血病发生和流行的重要特点”和第六章“鸡群中禽白血病病毒与其他肿瘤性病毒的共感染及其相互作用”。这是因为禽白血病病毒在其与宿主的相互作用方面有许多不同于其他病毒病的特点，只有首先掌握了这些特点，才可能对禽白血病的病理发生、流行病学、鉴别诊断和预防控制有比较准确的把握和理解。

本书稿的完成，要感谢国家自然科学基金、科技部、农业部、山东省相关项目基金的资助（详见本书“与本书内容相关的主要科研项目”部分），这才使我们在过去15年中能在禽白血病方面持续开展系统深入的研究，这些研究进展构成了本书的主要内容。更要感谢自1997年以来近40多位博士、硕士研究生在禽白血病研究上付出的辛勤努力，以及在实施禽白血病相关的农业行业专款项目中的合作单位中国农业大学、扬州大学、广西大学、华南农业大学、中国动物疫病预防控制中心、中国农业科学院哈尔滨兽医研究所、江苏省家禽科学研究所、山东省农业科学院家禽研究所的禽白血病研究团队，还有项目示范参与企业北京市华都峪口禽业有限责任公司、广东智威农业科技股份有限公司、山东益生种畜禽股份有限公司、北京大风家禽育种有限公司等的有力合作。此外，还要感谢山东农业大学孙淑红教授对初稿提出有益的修改意见，以及我的两个博士研究生王一新和李阳对书稿清样的认真核对。希望本书对我国养禽业的健康发展有所助益。

2015年9月20日于山东泰安

与本书内容相关的主要科研项目

国家自然科学基金项目：

#30040011　我国J亚群鸡白血病病毒的分离和分子鉴定，2000年

#30270060　免疫选择压在禽反转录病毒遗传变异和分子演化中的作用，2003—2005年

#3033045　鸡群中免疫抑制性病毒多重感染及其与宿主的相互作用（重点项目），2004—2007年

#30671571　反转录病毒与DNA病毒在鸡体内的基因重组及其流行病学意义，2007—2009年

#31172330　鸡J亚群禽白血病病毒相关急性纤维肉瘤的分子生物学基础，2012—2014年

农业部、科技部其他项目：

#200803019　公益性行业（农业）科研专项经费项目：鸡白血病流行病学和防控措施的示范性研究，2008年6月至2010年12月

#201203055　公益性行业（农业）科研专项经费项目：种鸡场禽白血病防控与净化技术的集成，2012年1月至2015年12月

#2008FY130100　重大动物疫病病原及相关制品标准物质研究（科技部），2009年1月至2013年12月

山东省农业重大应用技术创新课题：

鸡群免疫抑制性疾病的综合防控技术研究，2008—2009年

目 录

总序
前言
与本书内容相关的主要科研项目

第一章 禽白血病概述 1

第一节 禽白血病发生和流行的历史回顾 3
一、罗斯肉瘤及罗斯肉瘤病毒的发现 3
二、禽白血病在鸡群中的流行 5
三、禽白血病病毒在细胞培养上的复制及其亚群的发现 6
四、内源性禽白血病病毒的发现 6
五、从 RSV 发现了肿瘤基因和原癌基因及反转录酶和 cDNA 7
六、新的亚群 ALV–J 的出现 7
七、育种公司对禽白血病的净化 8
第二节 禽白血病在我国鸡群中的流行和危害 9
一、20 世纪 80 年代前我国鸡群中的禽白血病 9
二、我国白羽肉鸡群中 ALV–J 的发生过程 10
三、我国蛋用型鸡群中 ALV–J 的发生过程 11
四、我国黄羽肉鸡和地方品种鸡群中 ALV–J 的发生和现状 12
第三节 禽白血病与鸡的其他病毒性肿瘤病的相互关系 13
一、MDV 和 REV 感染可诱发与禽白血病相类似的肿瘤 13

二、其他肿瘤性病毒共感染对禽白血病病程和表现的影响 …… 14
第四节 禽白血病是研究病毒性肿瘤病理发生的良好试验模型 …… 14
参考文献 …… 15

第二章 病原——禽白血病病毒 …… 17

第一节 禽白血病病毒的分类地位、形态和理化特性 …… 18
一、分类地位 …… 18
二、形态大小 …… 18
三、理化特性 …… 19
第二节 ALV 的化学组成 …… 20
一、病毒的核酸组成 …… 20
二、病毒的类脂 …… 23
三、蛋白质组成 …… 23
第三节 ALV 的复制 …… 24
一、病毒进入宿主细胞 …… 24
二、前病毒 DNA 的形成及其整合进细胞基因组的过程 …… 25
三、病毒基因组 RNA 的转录和蛋白质的转译及病毒粒子的释放 …… 25
四、复制缺陷型 ALV 的复制及其辅助病毒 …… 26
五、病毒的实验室宿主系统 …… 27
第四节 ALV 亚群及其抗原性 …… 31
一、ALV 亚群 …… 31
二、ALV 亚群的鉴别方法 …… 33
三、病毒中和反应 …… 33
四、我国及东亚地区固有的地方品种鸡中 ALV 的特有亚群 …… 34
第五节 内源性 ALV 和外源性 ALV …… 34
一、内源性 ALV …… 35

二、外源性 ALV ································· 37
第六节 ALV 的致病性 ································· 38
一、一般特征 ································· 38
二、免疫抑制作用 ································· 38
三、致肿瘤作用 ································· 38
第七节 禽白血病病毒的宿主范围和传播途径 ································· 40
一、自然宿主和试验性易感宿主 ································· 40
二、传播途径 ································· 41
参考文献 ································· 43

第三章 禽白血病发生和流行的重要特点 ································· 45

第一节 显著影响 ALV 对鸡的感染性和致病性的因素 ································· 46
一、影响 ALV 致肿瘤性的因素 ································· 46
二、影响 ALV 感染鸡亚临床病变的因素 ································· 48
第二节 鸡群禽白血病病理表现和潜伏期的多样性 ································· 49
一、鸡群禽白血病肿瘤类型的多样性 ································· 49
二、禽白血病不同肿瘤发生潜伏期的多样性 ································· 50
三、我国鸡群中 ALV–J 诱发肿瘤的潜伏期 ································· 52
四、我国 ALV–A 和 ALV–B 分离株诱发肿瘤的潜伏期 ································· 52
第三节 鸡对 ALV 感染的免疫反应及其病毒血症动态 ································· 53
一、鸡对 ALV 感染的免疫耐受性 ································· 53
二、血清抗体不一定能完全抑制病毒血症 ································· 57
三、鸡群感染 ALV 后血清抗体反应、病毒血症、排毒动态 ································· 57
第四节 鸡遗传特性对禽白血病病毒感染和发病过程的影响 ································· 59
一、决定对不同亚群 ALV 易感性的细胞受体及其基因位点 ································· 59
二、影响鸡对 ALV 易感性的内源性病毒位点 ev6 和 ev21 ································· 60

三、不同遗传背景鸡对 ALV 感染及肿瘤易感性的影响 …… 62
四、不同类型鸡不同近交系中 TVB 不同等位基因的分布状态 …… 64
五、国际上对 ALV 感染及致病性呈不同遗传易感性的参考品系鸡 …… 65
第五节 我国不同遗传背景鸡对不同毒株 ALV 易感性的比较研究 …… 67
一、不同品种鸡经胚卵黄囊接种不同毒株 ALV 后的肿瘤发生率 …… 68
二、经胚卵黄囊接种不同毒株 ALV 对不同品种鸡生长的影响 …… 69
三、经胚卵黄囊接种不同毒株 ALV 对不同品种鸡的免疫抑制比较 …… 74
四、不同品种鸡经卵黄囊接种不同毒株 ALV 后病毒血症动态比较 …… 78
五、不同品种鸡经胚卵黄囊接种不同毒株 ALV 后抗体反应动态比较 …… 80
六、不同品种鸡经胚卵黄囊接种不同毒株 ALV 后泄殖腔棉拭子 p27 检出动态 …… 82
七、不同品种鸡感染不同毒株 ALV 后精液和蛋清中病毒检出率 …… 85
参考文献 …… 85

第四章 禽白血病的流行病学 …… 87

第一节 国际文献中有关禽白血病的流行病学资料 …… 88
一、禽白血病病毒的自然宿主和试验性感染宿主 …… 89
二、鸡群禽白血病的自然发病率和死亡率 …… 89
三、鸡群中的 ALV 感染率 …… 90
四、鸡群 ALV 的传播模式 …… 91
第二节 我国鸡群禽白血病的流行病学特点 …… 93
一、我国鸡群中 ALV 感染发生和发展的历史动态 …… 93
二、我国鸡群中分离到的 ALV 亚群的多样性 …… 111
三、不同亚群 ALV 间及与其他病毒的共感染 …… 118
四、引起我国鸡群禽白血病高发的流行病学因素 …… 123
第三节 我国鸡群中 ALV 的分子流行病学特点 …… 125

一、囊膜蛋白 gp85 的多样性及其变异趋势 …… 126
二、我国不同鸡群 ALV 囊膜蛋白 gp37 的同源性比较 …… 146
三、我国鸡群中 ALV 的 *gag* 基因同源性比较 …… 151
四、我国鸡群中 ALV 的 *Pol* 基因同源性比较 …… 151
五、我国鸡群中 ALV 基因组 3' 末端序列的多样性及其演变 …… 151
六、ALV *gp85* 基因的准种多样性及其在抗体免疫选择压作用下的演变 …… 161
参考文献 …… 178

第五章 禽白血病的临床表现和病理变化 …… 181

第一节 临床表现 …… 183
第二节 禽白血病的非肿瘤性病变 …… 184
第三节 禽白血病多种多样的肿瘤性病变 …… 184
一、淋巴肉瘤白血病（lymphoid leukosis） …… 185
二、成红细胞增生性白血病（erythroblastosis） …… 187
三、成髓母细胞白血病（myeloblastosis） …… 188
四、髓细胞瘤白血病（myelocytomatosis） …… 188
五、血管瘤（hemangioma） …… 189
六、肾瘤和肾母细胞瘤 …… 190
七、纤维肉瘤和其他结缔组织瘤 …… 190
八、骨硬化 …… 192
九、其他肿瘤 …… 193
第四节 我国鸡群禽白血病常见肿瘤病理变化 …… 193
一、我国不同类型鸡群 ALV-J 诱发的肿瘤的多样性及特点 …… 193
二、ALV-A 诱发的纤维肉瘤 …… 221
三、ALV-B 诱发的淋巴细胞瘤 …… 221

第五节 我国鸡群出现了新的急性致肿瘤性 ALV …… 235
一、带有 *fps* 肿瘤基因的急性致瘤性 ALV 在青年鸡体表诱发的纤维肉瘤 …… 235
二、带有 *src* 肿瘤基因的急性致瘤性 ALV 在成年产蛋鸡诱发的肠系膜纤维肉瘤 …… 246
三、急性致肿瘤 ALV 及其肿瘤基因的鉴定 …… 265
参考文献 …… 268

第六章 鸡群中禽白血病病毒与其他肿瘤性病毒的共感染及其相互作用 …… 269

第一节 我国鸡群中 ALV 与其他病毒共感染的流行病学调查 …… 270
一、ALV 与 REV 的共感染 …… 270
二、ALV 与 MDV 的共感染 …… 273
三、ALV 与 MDV、REV 3 种病毒的共感染 …… 273
第二节 ALV 与其他病毒共感染的相互作用 …… 274
一、REV 与 ALV–J 共感染相互间对病毒血症和抗体反应的影响 …… 275
二、REV 与 ALV–J 共感染时在致病性上的相互作用 …… 277
三、ALV 与 CAV 共感染对鸡致病性的相互作用 …… 279
第三节 ALV 与 REV 诱发的混合性肿瘤 …… 282

第七章 鸡群禽白血病与其他病毒性肿瘤病的鉴别诊断 …… 283

第一节 我国鸡群肿瘤病鉴别诊断的挑战性 …… 284
一、多重感染给病毒性肿瘤病鉴别诊断的挑战 …… 284
二、我国鸡群中禽白血病肿瘤表现的多样性 …… 285
三、个体鉴别诊断和群体鉴别诊断 …… 286
四、对鸡群病毒性肿瘤病的鉴别诊断需要全面检测 …… 286

第二节 ALV 血清抗体检测的方法及诊断意义 …… 287
一、ELISA 法 …… 287
二、间接荧光抗体反应（IFA） …… 288
三、对 ALV 抗体检测的诊断意义 …… 290
第三节 病原学检测技术在禽白血病诊断上的应用 …… 290
一、ALV 的分离、鉴定和检测 …… 291
二、特异性抗体免疫组织化学技术检测病料中 ALV …… 295
三、核酸技术检测致病性外源性 ALV …… 295
四、蛋清中 ALV 群共同性抗原 p27 的检测 …… 297
第四节 病理学观察比较的诊断意义 …… 298
一、鸡白血病与其他病毒性肿瘤病的剖检病变比较与鉴别诊断 …… 298
二、ALV 与其他病毒诱发的肿瘤的病理组织学比较 …… 305
三、鸡白血病与其他病毒诱发的混合性肿瘤 …… 311
四、鸡白血病与鸡戊肝病毒引起的大肝大脾病的鉴别诊断 …… 313
附 中华人民共和国国家标准“禽白血病诊断技术”（GB/T 26436—2010） …… 313

第八章 鸡群禽白血病的防控 …… 319

第一节 防控禽白血病的基本要点 …… 320
第二节 祖代或父母代种鸡场禽白血病和 ALV 感染的防控 …… 324
一、选择净化的种源引进鸡苗 …… 324
二、定期检测和监控引进种群的感染状态 …… 326
三、预防横向感染维持种鸡群净化状态 …… 326
第三节 原种鸡场核心群外源性 ALV 的净化 …… 327
一、我国不同类型原种鸡场核心群净化 ALV 的迫切性和长期性 …… 327
二、原种鸡场核心群外源性 ALV 的净化规程和操作方案 …… 328

三、小型自繁自养黄羽肉鸡或地方品种的核心种鸡群净化的过渡性方案 331
四、核心群 ALV 净化过程中种蛋选留、孵化出雏及育成过程中的注意事项 331
五、实施净化程序中外源性 ALV 检测技术的选择和改进 334
第四节 种鸡场应有科学合理的繁育和饲养管理制度 335
一、核心种鸡群的鸡舍应完全封闭 335
二、引进种鸡前必须进行最严格的 ALV 检疫 335
三、不同来源的种蛋在孵化和出雏时必须严格分开 335
第五节 严格防止使用外源性 ALV 污染的疫苗 336
一、外源性 ALV 污染疫苗对种鸡群的危害性 336
二、需要特别关注的疫苗 336
三、对疫苗中外源性 ALV 污染的检测方法 337
第六节 鸡群禽白血病防控的其他可能辅助手段 340
一、疫苗免疫的预防作用 340
二、抗病毒药物对禽白血病病毒传播的预防控制 342
第七节 鸡场禽白血病监控和净化相关技术的改进 342
一、如何比较和选择不同供应商的 ALVp27 抗原 ELISA 检测试剂盒 343
二、IFA 可提高对细胞培养中 ALV 感染的检测灵敏度 346
三、如何用 IFA 来判定 ALV 抗体 ELISA 检测试剂盒对血清样品的假阳性反应 350
四、RT–PCR 加特异性核酸探针斑点杂交检测外源性禽白血病病毒 355
附 RT–PCR 加特异性核酸探针斑点杂交检测外源性禽白血病病毒的操作方法 356

第九章 我国鸡群病毒性肿瘤病研究展望 361

第一节 继续跟踪我国鸡群中禽白血病病毒感染的流行趋势 362

一、我国鸡群禽白血病病毒的演变趋势 …… 362
二、ALV–J 对我国不同遗传背景地方品种鸡的致病性比较
及其适应性变化 …… 363
三、ALV 流行株的致病性变异 …… 363
四、发现和鉴定我国地方品种鸡群中 ALV 的新的亚群 …… 364
五、利用高通量测序技术深入研究我国 ALV 的分子流行病学 …… 364
第二节 我国鸡群禽白血病防控相关的技术和产品的开发研究 …… 366
一、能识别不同亚群的全套特异性抗体及其商品化的试剂盒 …… 366
二、直接从病料中检测外源性 ALV 的核酸检测方法及试剂盒 …… 366
三、进一步改进种鸡群 ALV 净化和监控的检测方法 …… 367
第三节 与病毒致肿瘤相关的科学问题 …… 367
一、鸡群为什么容易发生多种多样的病毒性肿瘤 …… 367
二、急性致肿瘤性 ALV 发生及致病的生物学机制 …… 369
参考文献 …… 370

第一章

禽白血病概述

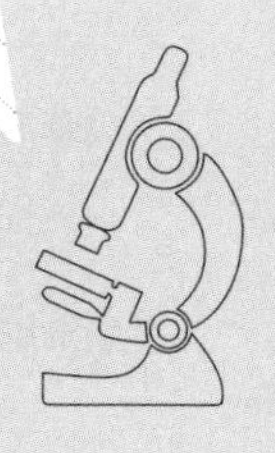

禽白血病又称为禽白血病/肉瘤（leukosis/sarcoma），是指由一类禽反转录病毒引起的鸡的良性及恶性肿瘤性疾病。其中，以淋巴白血病（LL）最常见，但近年来髓细胞样白血病已成为主要的发病类型。表1–1列出了禽白血病/肉瘤群所诱发的肿瘤类型及其同义名，引起这类病的病毒都是属于具有反转录酶的反转录病毒科的成员，通称为禽白血病/肉瘤病毒（avian leukosis/sarcoma viruses，ALSV），常简称为禽白血病病毒（avian leukosis viruses，ALV）。

表 1–1 禽白血病病毒在鸡引起的肿瘤

（引自 *Diseases of Poultry*，13 版）

肿瘤类型名称	文献中用过的同义名
白血病 (leukosis)	
淋巴细胞性白血病 (lymphoid leukosis)	大肝病，淋巴性白血病，内脏性淋巴瘤，淋巴细胞瘤，淋巴瘤病，内脏性淋巴瘤病，淋巴细胞性白血病
成红细胞性白血病 (erythroblastosis)	白血病，血管风淋巴细胞性白血病、成红细胞增多病。红细胞骨髓病，成红细胞性白血病，红细胞性白血病
成髓细胞性白血病 (myeloblastosis)	成髓细胞增生性白血病，白细胞骨髓增生，骨髓瘤病，成髓细胞性白血病，成粒细胞增多症，骨髓细胞性白血病
骨髓细胞瘤病 [myelocytoma(tosis)]	骨髓细胞瘤，非白血病性骨髓细胞性白血病，白血病绿色瘤，骨髓瘤病
结缔组织瘤 (connective tissue tumors)	
纤维瘤和纤维肉瘤 (fibroma and fibrosarcoma)	
黏液瘤和黏液肉瘤 (myxoma and myxosarcoma)	
组织细胞肉瘤 (histiocytic sarcoma)	
软骨瘤 (chondroma)	
骨瘤和成骨肉瘤 (osteoma and osteogenic sarcoma)	
上皮肿瘤 (epithelial tumors)	
肾胚细胞瘤 (nephroblastoma)	胚胎性肾瘤，肾腺癌，腺肉瘤，肾胚细胞瘤，囊腺瘤
肾瘤 (nephroma)	乳头状囊腺瘤，肾癌
肝癌 (hepatocarcinoma)	
胰腺腺癌 (adenocarcinoma of the pancreas)	
粒层细胞癌 (thecoma)	
泡膜细胞瘤 (granulosa cell carcinoma)	

（续）

肿瘤类型名称	文献中用过的同义名
精原细胞瘤 (seminoma)	睾丸腺癌
鳞状细胞癌 (squamous cell carcinoma)	
内皮肿瘤 (endothelial tumors)	
血管瘤 (hemangioma)	血管瘤病，内皮瘤，成血管细胞瘤，血管内皮瘤
血管肉瘤 (angiosarcoma)	
内皮瘤 (endothelioma)	
间皮瘤 (mesothelioma)	
相关肿瘤 (related tumors)	
骨硬化病 (osteopetrosis)	大理石骨病，粗腿病，散发性弥散性骨髓炎，鸡骨硬化病
脑膜瘤 (meningioma)	
神经胶质瘤 (glioma)	

禽白血病发生和流行的历史回顾

一、罗斯肉瘤及罗斯肉瘤病毒的发现

鸡是地球上饲养数量最大的温血动物，却又是最容易发生病毒性肿瘤的一种动物。迄今为止，至少已发现和确定有三种病毒可在鸡群中引发肿瘤，这包括反转录病毒属的禽白血病病毒（avian leukosis viruses，ALV）、禽网状内皮组织增殖症病毒（reticuloendotheliosis viruses，REV）、属疱疹病毒的马立克病病毒（Marek’s disease viruses，MDV）。

ALV中的罗斯肉瘤病毒（Rous sarcoma virus，RSV）是第一个被证明可诱发肿瘤的病毒。Peyton Rous在1911年首先报道，将自然发生的鸡肉瘤滤过液再接种鸡后可诱发同样的肿瘤。由此，他从肿瘤中发现了RSV，还证明RSV感染鸡确可诱发肿瘤（图1–1）、在细胞培养上可形成病毒诱发的蚀斑（图1–2）。这是第一次用试验直接证明病毒可以引起肿瘤，为此他们在1966年获得了诺贝尔医学奖。但早在Peyton Rous前，丹麦哥本哈根

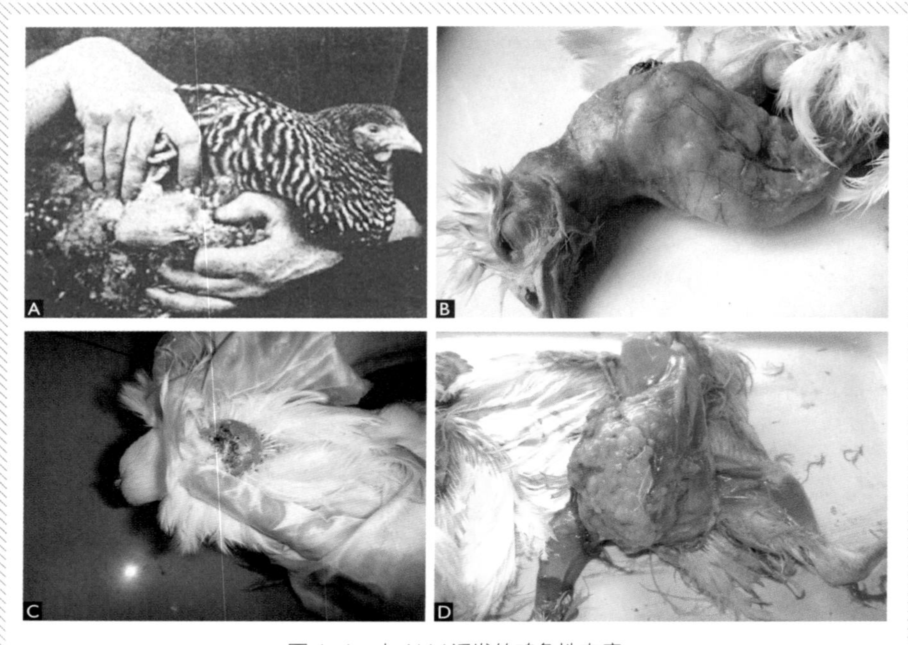

图 1-1 由 ALV 诱发的鸡急性肉瘤

A 为最早在 1910 年由 Rous 发表的论文中显示的鸡 Rous 肉瘤照片（引自 Weiss 等，2011）；B ~ D 为在我国发生的与 ALV-J 相关的急性肉瘤病毒诱发的肉瘤。其中，B 为自然病例，C、D 为人工接种来自自然病例肉瘤的浸出液后诱发的急性肉瘤。

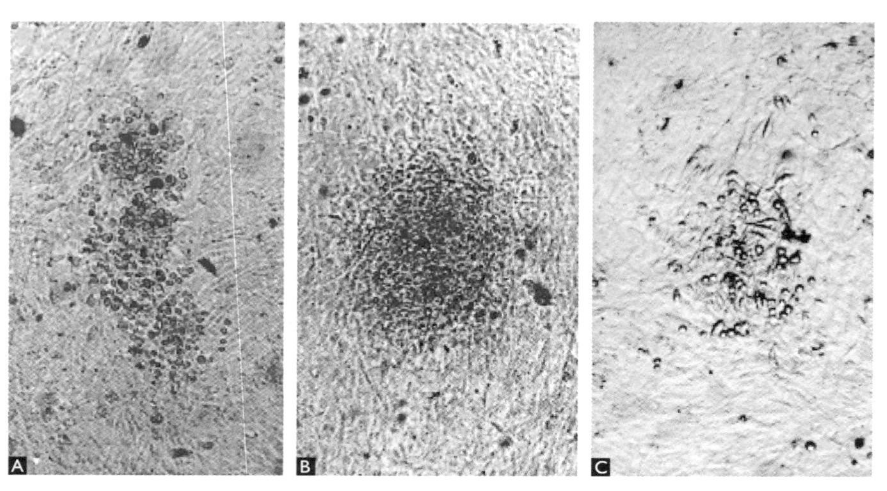

图 1-2 不同来源的 RSV 在鸡胚成纤维细胞培养上转化细胞后形成的噬斑

可见转化的细胞呈圆形或多角形集中在一起，形成可见的细胞病变。

（引自 *Diseases of Poultry*，13 版）

的临床医生Vilhem Ellermann和兽医师Oluf Bang就已发现并通过用病料无细胞滤过液接种鸡成功诱发了成红细胞瘤和髓细胞白血病。后来，Ellermann还建立了8株相关的白血病病毒并提出了多种病理表现的白血病，如成红细胞瘤、髓细胞样瘤、淋巴细胞样瘤等。可惜他们的发现在当时并没有引起科学界的关注。

二、禽白血病在鸡群中的流行

1920—1940年，随着养鸡业在美国和世界其他地区逐渐规模化，禽白血病相关肿瘤样疾病成为鸡群死亡的主要病因。为此，美国于1939年在密歇根州东兰辛的密西根州立大学校园内建立了地区家禽研究所，后来改名为禽病和肿瘤研究所。英国也于1959年在Houghton家禽研究站里建立了鸡白血病研究室。早期研究工作还证明，人工接种可以在很短的潜伏期后诱发成红细胞瘤或髓细胞样瘤，但是却很难人工诱发在鸡群中自然发生的淋巴细胞样瘤。一直到了1946年，美国农业部地方家禽研究所的Ben Burmester等才用RPL12禽白血病病毒在对白血病易感的15 I 品系鸡诱发了淋巴细胞样肿瘤。他们的研究还显示，用高剂量RPL12毒株接种鸡后，既可诱发潜伏期较短（在接种后6周内死亡）的成红细胞样白血病，也会在经过很长的潜伏期（接种后约18周）后诱发淋巴细胞样白血病。他们证明，接种毒株的特性和剂量、接种途径、鸡的品系和年龄等不同因素都会显著影响病毒接种后白血病发生发展的病程。更为重要的是，他们更进一步证明，该病毒可通过种蛋从母鸡传染给后代，这一发现对于研发鸡群白血病净化程序发挥了重要作用。

随后，注重于养鸡业疾病问题的Bumester的研究团队与在明尼苏达大学的关注病毒诱发肿瘤发病机制的Max Coorer的团队开展了合作研究。在1960年，他们发现如果在ALV感染前切除法氏囊，就会预防ALV诱发的淋巴细胞样肿瘤。他们证明，ALV可在法氏囊的一些滤泡中诱发产生前癌转化细胞。其中有些滤泡随后退化了，但有些滤泡在法氏囊中进一步生长成结节性B淋巴细胞瘤，再进一步转移至肝、脾和其他脏器。

早在20世纪70年代时，未经净化的鸡群普遍都感染了ALV。在商业化经营的鸡群中，由ALV感染造成的死亡率有1%～2%，偶尔可达到20%甚至更高。实际上，随ALV流行株的致病性及鸡群遗传背景不同，不同鸡群自然肿瘤发病率也有一定差异。显然，ALV在大多数鸡群显示较低的死亡率和肿瘤发生率与育种选种过程中将存活率作为一种主要选择性状有关。在人工选育过程中，那些在ALV感染后易产生临床病理变化的个体或品系逐渐被淘汰。后来又发现，ALV感染除了诱发死亡外，还能在大多数感染鸡造成亚临床感染，并对一些重要的生产性能如产蛋率、受精率和孵化率等产生不良影响。

迄今为止还没有显示ALV感染带来的公共卫生问题。虽然利用PCR技术也已从鸡蛋蛋清中检出了内源性和外源性ALV，但还没有它对人类健康造成危害的证据。在对548人的血清学调查中，男性和女性对ALV抗体的阳性率存在着显著差异，但却与是否曾有鸡群的接触史无关。虽然从鸡细胞生产的人水疱病及鳃腺炎病毒疫苗中可以检测出反录酶活性，但却没有从相关的疫苗中检出ALV核酸，也没有从用过这类疫苗的人血清中检出相应的ALV抗体。显然，现在还没有证据显示ALV对人类有害。

三、禽白血病病毒在细胞培养上的复制及其亚群的发现

在20世纪50年代，加州理工学院的Ho Temin和H. Rubin发明了可用于RSV定量的细胞培养琼脂覆盖技术。利用这一技术，Rubin发现，在一些鸡胚中存在某种具有传染性的因子可抑制RSV在细胞培养上的蚀斑形成。后来证明，这一因子就是可通过种蛋垂直传播的某种ALV。根据不同ALV毒株间在细胞培养上的这种干扰试验，他们发现了ALV的A、B、C、D、E五个不同的亚群。后来在80年代末发现的J亚群ALV也是用这个方法确定的。实际上，这种亚群分类是基于病毒的囊膜糖蛋白，它决定着病毒间血清中和反应的特异性、病毒干扰试验的特异性及不同表型的鸡或其他鸟类的易感性范围。

在20世纪70年代，鸡群中自然感染并引起肿瘤的主要是A亚群ALV（ALV–A），还有少量病例是由B亚群ALV（ALV–B）引起的，而C亚群ALV（ALV–C）和D亚群ALV（ALV–D）则很少引发自然病例。在90年代，J亚群ALV（ALV–J）则成为白羽肉鸡的最大危害。严重时，在种鸡开始产蛋前后，由其引起的髓细胞样肿瘤的死淘率可达到10%甚至20%。2000年后，由ALV–J诱发的髓细胞样肿瘤又逐渐传入蛋用型鸡和中国自繁自养的地方品种鸡，严重感染的鸡群肿瘤死淘率可达20%或更高。

四、内源性禽白血病病毒的发现

1966年，R. Dowgherty报告，有一些鸡胚中可检出ALV的群特异性抗原，但却检测不出游离的ALV。L.N. Payne在1968年发现，这种群特异抗原基因位于常染色体上，后来又发现，在常染色体上的ALV囊膜蛋白内源性基因与群特异性抗原基因常常是伴随遗传的。在经过一系列研究后发现，几乎所有鸡个体的体细胞和生殖细胞的基因组中都带有完整的或缺陷性的ALV的前病毒遗传序列，即内源性ALV或ev位点。这种ev位点可按孟德尔法则垂直传播，也称为遗传性传播。

在20世纪70年代，美国农业部禽病和肿瘤研究所（ADOL）的L. Crittenden、A.Fadly和G.Smith及其他研究机构的生物医学病毒专家们对鸡的内源性ALV（ev）的来源问题做

了大量研究。他们的工作表明，每只鸡的基因组上平均带有5个ev位点。同时，他们也培育选择出一个不带有ev位点的鸡品系（O系），表明这些位点对于鸡来说不是必需的。这些ev位点在基因结构上与外源性反转录病毒非常类似。但许多ev位点的结构是缺陷型，因而不能产生有感染性的反转录病毒。其中有一个例外是ev2，从ev2位点可表达产生没有致病性的E亚群ALV，即RAV0株ALV。Ev位点就像一个转座子，可以从基因组的一个位点转移到另一个位点，他们在包括人在内的所有高等生物的基因组上所占的比例很大。这些ev位点一旦活化，就可能与某些疾病相关。

对于内源性ALV与外源性ALV是如何发生的这一理论问题有着相反的推测，即外源性ALV从内源性ALV演变而来，或内源性ALV只是在进化过程中外源性ALV感染后在宿主基因组上的残留物。Crittenden等的研究表明，不论是重组的还是天然的ALV–A都能够插入并保存在鸡的基因组上，这一现象似乎有益于内源性病毒来源于外源性病毒的理论。

五、从RSV发现了肿瘤基因和原癌基因及反转录酶和cDNA

当今生物学研究最大的目标是攻克肿瘤，迄今为止肿瘤学的基础研究中最重要的成就之一就是正常动物细胞基因组上的原癌基因（c–onc）的发现，而这也来自对鸡RSV的研究。在RSV中发现了肿瘤基因*src*（病毒肿瘤基因，v–onc）后，还证明这种病毒肿瘤基因来自正常鸡细胞。美国Biship等于1976年在RSV发现了与细胞转化相关且在细胞基因组上也存在的肿瘤基因*src*，为此他获得了1989年度诺贝尔生理学奖。

另一个与ALV相关的重要科学发现是，美国维斯康新大学的Temin等在1970年在RSV发现了反转录酶及以RNA为模板合成cDNA的反转录，并获得了1975年度诺贝尔生理学奖。

六、新的亚群ALV–J的出现

在1987年以前，人们通常都认为肉用型鸡（不论是商品代肉鸡还是种鸡）是不容易发生由反转录病毒诱发的白血病的（但仍会发生马立克病肿瘤）。在这期间，白羽肉用型种鸡群中也出现一些不同寻常的骨髓细胞增生性肿瘤的散发病例，但并没有引起养鸡业和禽病专家的重视。然而，英国Payne的研究团队在1987年的一次常规检疫中，在一些临床健康的肉用型种鸡群的种蛋蛋清及泄殖腔棉拭子中发现了高水平的ALV群特异性抗原（p27）。此外，从相应鸡群的棉拭子、髓细胞样肿瘤病料，一些冰冻的心脏组织中，不仅在电子显微镜下观察到了某种反转录病毒，还分离到了ALV。但经检测，所分离到的病毒不属于已知的A、B、C、D、E亚群的任何一类，他们将其中一株作为原型毒称为

HPRS–103，并将其分类为J，即ALV–J（因为F~I亚群已从其他鸟类分离到并鉴定命名）。当时做进一步的血清学调查时还证明，在经检测的5个商业化运作肉用型品系鸡群中，有3个已存在对HPRS–103株病毒的抗体；但在经检测的7个商业化蛋用型品系中，全部为阴性。说明那时还只是在白羽肉用型鸡（简称为白羽肉鸡）发现ALV–J感染。

这个在白羽肉用型鸡群中发现并分离到的ALV的新的亚群J，主要诱发骨髓细胞样肿瘤，但它的传染性和致病性都比经典的A、B、C、D亚群ALV高得多。到20世纪90年代中后期时，就已传至美国及全球其他国家的几乎所有白羽肉鸡群，给全球白羽肉鸡业带来极大损失。在《国际家禽》（*World Poultry*）杂志上曾载文称，“全球养禽业将会记住1997、1998年是禽白血病灾难年”。当然，我国每年在引进白羽肉种鸡的同时，也带进了ALV–J，并给我国的肉鸡业带来了巨大经济损失，更进一步将该病传播到了我国的蛋用型鸡和地方品种鸡中。原祖代的艾维因品系肉鸡是我国在20世纪90年代斥资引进的，且已占有我国肉鸡市场的一半以上，但就因为ALV–J感染日趋严重而于2005—2006年完全退出了市场。

七、育种公司对禽白血病的净化

如前面所述，在过去100年中，科学界已对ALV做出了许多有里程碑意义的研究进展。但是，对于全球规模化养鸡业来说，最重要的进展还是对核心种鸡群外源性ALV净化的实现。由于外源性ALV可以通过种蛋垂直传播给下一代，因此，净化种源就成为预防控制鸡群禽白血病的最重要也是最有效的手段。通过对原始种鸡的核心鸡群持续性地实施每只鸡逐一检测和淘汰外源性ALV感染鸡为主的综合性净化措施，全球商业性经营的跨国育种公司都先后实现了对种鸡群中外源性ALV的净化。首先于1987年，在所有蛋用型种鸡实现了对经典的A、B、C、D亚群ALV的净化。从那以后，就未见有在蛋用型鸡中发生禽白血病的报道。当1990年后ALV–J在全球几乎所有白羽肉用型鸡群中普遍暴发流行后，很多育种公司倒闭，有些具有优秀遗传性状的品系也不得不退出市场。但也有些育种公司经过近十年的持续努力，成功地实现对ALV–J的净化。自1999年以来，山东农业大学家禽病毒性肿瘤病实验室一直在随机采集血浆样品分离病毒，坚持检测和监控进口种鸡中的ALV的感染状态。虽然偶尔也会从白羽肉鸡中分离到致病性很弱的ALV–A，但总的来看，从2007年以后，我国从国外进口的各种类型的种鸡，其外源性ALV洁净度是很好的。

根据国际上几个跨国公司在净化禽白血病上的成功经验，最近五六年来我国已有多个自繁自养的蛋用型鸡和地方品种鸡公司也开始在种鸡核心群中开展禽白血病的净化程序，其中有些已取得显著进展，基本实现了对外源性ALV的净化。这些实现基本净化的公司，不仅不再有禽白血病肿瘤发生，种鸡的其他生产性能也显著改善。

第二节 禽白血病在我国鸡群中的流行和危害

自20世纪90年代以来，禽白血病特别是J亚群禽白血病病毒（ALV–J）给我国养鸡业造成了重大的经济损失，严重危害了我国白羽肉鸡、蛋用型鸡、黄羽肉鸡和固有的地方品种鸡等各种类型鸡的健康发展。其中，尤以在蛋用型鸡中造成的经济损失最为突出，在2008—2009年大暴发期间，每年大约有6 000万羽商品代蛋鸡在开产前后直接由于ALV–J诱发肿瘤死亡而被淘汰。在此期间，我国养鸡业和禽病界也在防控鸡群ALV 方面获得了两个最重要的经验教训：① 必须高度重视鸡群的种源净化，必须对种鸡群的外源性ALV感染实施严格监控和净化；② 只要大家认真去做，就能做到种鸡场对外源性ALV的净化，并在全国范围内逐步实现对禽白血病的全面有效控制。

自2002年以来，我国对种鸡场是否实施和实现外源性ALV的净化分别有着正反两方面的经验和教训。在2005年前，我国肉鸡产业50%以上的商品代肉鸡的鸡苗是由用巨资从国外引进并在国内自繁自养的艾维因品系原祖代白羽肉种鸡提供的，对国外进口的依赖度不到一半。但是，由于原种群感染了ALV–J而又未能采取严格的净化措施，使其失去了市场竞争力而不得不退出市场，随后又丢失了原始种群。这不仅使相关种鸡公司蒙受了重大经济损失，也使我国白羽肉鸡业现在不得不百分之百依赖进口。与此相反，从事蛋用型鸡育种的北京华都峪口禽业有限责任公司虽然在2009年也经受了ALV–J的冲击，但他们立即对核心种鸡群实施连续数年的严格净化措施，现在基本实现了净化，重新赢得了市场，扩大了市场占有率。这不仅为企业本身获得了盈利，更重要的是这使得我国蛋鸡业不会完全依赖进口的种鸡。这一点在2015年初表现得尤为突出，由于我国种鸡的主要进口国发生禽流感，因而海关禁止进口，这对白羽肉鸡业带来了很大冲击。然而，我国自繁自养的蛋用型种鸡却足以抵消禽流感造成的贸易禁运给蛋鸡业带来的影响。如果考虑到产业的战略安全，则可能更有意义。

一、20世纪80年代前我国鸡群中的禽白血病

在20世纪80年代前，我国还没有形成规模化养鸡业，那时全国鸡的总饲养量很小，

还是以农民家庭院落里散养为主。那时我国各地饲养的鸡，都是各地在历史上形成的已沿袭了几百年的自繁自养的地方品种鸡。而且，不同地区不同品种鸡群间的流通也非常有限。虽然那时也可能从国外引进了一些优良品种鸡，但还只是以科研为目的，在科研机构里小群饲养和维持，并没有形成产业。现在还没有任何历史资料能显示当时我国固有的地方品种鸡中的ALV的感染状态。90年代前，我国整个养禽业和禽病界对禽白血病问题很少给予关注。虽然对我国鸡群中ALV感染状态已有少量的研究报道，但对禽白血病的鉴别诊断、ALV的分离鉴定和流行状态一直没有系统研究，更没有引起养禽业的注意。

但是，根据近几年对从不同地方品种鸡分离到的几十株ALV的囊膜糖蛋白*gp85*基因序列的同源性比较分析发现，有相当数量的分离株不仅不是ALV-J，也不属于经典的A、B、C、D亚群，而是属于我们提出的一个新的K亚群。不仅这些毒株间gp85的同源性在95%以上，而且它们与从日本和我国台湾地区地方品种鸡经常分离的一些毒株的同源性也高达95%。因此推测，这是在东亚地区的地方品种鸡群中早就长期存在的一个ALV亚群。也就是说，在我国从国外引进优良品种鸡前，我国鸡群中就存在着这种K亚群ALV感染（详见第三章第二节、第三节）。

二、我国白羽肉鸡群中ALV-J的发生过程

笔者团队对ALV-J的研究是从1997年开始的，在1999年分别从江苏和山东的白羽肉鸡和种鸡分离到ALV-J。在2000年又从河南的白羽肉种鸡分离到ALV-J。虽然很难准确说清我国白羽肉鸡中ALV-J引发的髓细胞样肿瘤从何时开始的，但回顾性调查表明，从20世纪90年代中期开始，许多肉鸡公司的兽医就已发现白羽肉种鸡出现了较高的肿瘤死淘率，只是很多鸡场都把它们当作鸡马立克病误诊而忽视了，更没有采取任何措施。虽然当时笔者团队已在不同的学术会议多次提出J亚群禽白血病的危害，还在1999年和2000年年初由中国科学技术协会上报给国务院的生物灾害绿皮书中还专门提及了禽白血病的危害和防控措施，但也没有为大多数公司所关注。因而ALV-J诱发的肿瘤在我国几乎所有品系的白羽肉鸡中的发病率越来越高，祖代和父母代种鸡公司间不断发生商业纠纷。但由于害怕影响企业形象进而影响市场，各公司都不愿意公开谈论该病。直到2001年，宁夏一个种鸡场从当时四川某祖代鸡公司引进的艾维因品系白羽肉鸡父母代，在进入开产期时直接由典型的髓细胞样肿瘤引发的死亡率达到19.8%，引发了一场商业纠纷。在上诉到农业部后，受农业部畜牧兽医总站委托，山东农业大学动物医学院曾派员前往现场诊断，并在分离到ALV-J后完成了确诊。为此，全国畜牧兽医总站向全国有关部门和单位通报了这次ALV-J的暴发，强调防控ALV-J的重要性。从此，从美国爱维杰公司进

口AA（后来还有Ross308）品系祖代鸡的北京爱拔益加家禽育种有限公司、山东益生种畜禽股份有限公司、北京大风家禽育种有限公司几家祖代鸡公司认识到ALV–J的来源和危害性，特邀请山东农业大学家禽病毒性肿瘤病实验室协助参与对美国爱维杰公司的交涉谈判，通过病毒分离技术对进口祖代雏鸡实施抽样检疫。这一措施保证了美国爱维杰公司对中国出口祖代鸡在ALV方面的洁净度。这一措施在第二年就显出了实际效果，在市场上立刻显示出高度竞争力。从2002年起，国内上述三家公司由于实现了ALV净化，在三年内他们就从当时占国内父母代鸡市场份额的20%左右迅速发展到几乎占据全国所有市场。而在同一时期，其他品系鸡如艾维因、科宝、哈巴特等却均因ALV–J日趋严重而暂时退出中国市场。我国曾花巨资引进的原种核心鸡群、由泰国正大公司控股主营的艾维因品系鸡则从原来占据国内52%市场，到2005—2006年因ALV–J问题完全退出了市场。几年后，虽然随着国际大型育种公司逐渐实现ALV–J净化，科宝、哈巴特等又逐渐进入中国市场，但始终没有获得很高的市场占有率。这是养鸡业在ALV–J防控问题上正反两面的典型经验和教训。这些年来，山东农业大学家禽病毒性肿瘤病实验室仍不断地对进口祖代鸡进行抽样检测ALV，并数次分离鉴定到ALV–A，虽然其致病性较弱，并没有在生产中造成危害，但仍将结果告知和警示相关的国外供应商公司。这一措施充分保障了我国2004年以来白羽肉鸡中的ALV的净化度。可见通过源头监控，只用少量的人力物力财力就实现了对一种疫病的有效防控。有关ALV–J在我国白羽肉鸡中的流行病学的细节，可参见第四章第二节。

三、我国蛋用型鸡群中ALV–J的发生过程

在大家集中力量关注白羽肉鸡中的ALV–J感染时，也由于不合理的饲养管理方式，如将白羽肉种鸡与蛋用型种鸡在同一鸡场混养、为改良我国地方品种鸡引进白羽肉鸡的公鸡等，使得ALV–J慢慢地传入部分蛋用型和改良型黄羽肉鸡群并逐渐蔓延。在2004—2005年，中国农业大学就已报道了蛋用型鸡中J亚群髓细胞样肿瘤的临床病例。山东农业大学也在2006—2007年从若干个患有J亚群髓细胞样肿瘤蛋用型鸡场的病鸡分离到ALV–J。在2008—2009年，ALV–J诱发的髓细胞样瘤病在全国各地商品代蛋用鸡中暴发，其中有很多病鸡还在体表呈现血管瘤出血，为此被蛋鸡业俗称为“血管瘤”。对一个大型商品代蛋鸡场的典型调查及一兽医药品营销商对全国各地几百户蛋鸡饲养户实名调查表明，ALV–J诱发的肿瘤造成商品代蛋鸡在产蛋期（或即将开产时）的死淘率平均高达8%。粗略估计，在2008—2009年，每年造成约6 000万羽产蛋鸡死亡，并有蔓延趋势，当时已涉及国内约2/3祖代鸡公司的后代。由于在全国范围内涉及相当多的农户，这也触发了

很多商业纠纷甚至危害社会安定的群发事件。其中，最典型的是吉林、辽宁、黑龙江、河北、山东约30家父母代鸡场联合投诉位于山东肥城的一家日本公司独资的蛋用型祖代鸡公司。在蛋鸡群暴发ALV–J感染后，农业部兽医局及相关省主管部门从2010年起，对全国所有蛋用型祖代鸡场采取了强制性检测和监控措施，并通过技术宣传鼓励商品代鸡场关注并监督上游种鸡场的ALV感染状态。这一措施花费不多（每年约100万元），但取得效果显著。进入2010年，商品代蛋鸡中的ALV–J肿瘤发病死亡率开始显著下降，2011年仅限于来源于小型种鸡场的产蛋鸡还有发病，2012年仅在有限的地市范围内发病。2013年，全国全年几乎没有发现典型病例。在2009年，曾被投诉的北京华都峪口禽业有限责任公司通过对原种核心鸡群的全面检测和严格淘汰净化措施，在2012年监测证明在祖代鸡水平实现净化。我国商品代蛋鸡群的ALV–J肿瘤病，从严重暴发时引起8%～10%的死亡率，到通过监控和净化祖代鸡的ALV感染后，在两年内实现了完全的有效控制，这是通过净化种源来控制疫病的又一次成功实例。有关ALV–J在我国蛋用型鸡中的流行病学的细节，可参见第四章第二节。

四、我国黄羽肉鸡和地方品种鸡群中ALV–J的发生和现状

当前，我国鸡群ALV–J问题集中在各地自繁自养的培育型黄羽肉鸡及我国地方品种鸡中。早在2005年左右，我国南方某些黄羽肉鸡中就已出现典型的J亚群骨髓细胞样肿瘤，某些父母代种鸡群还呈现较高的发病率和死亡率，而且笔者团队也从中分离到多株ALV–J，它们的gp85和LTR的核酸序列与从白羽肉鸡分离到的ALV–J显示出很高的同源性。早在20世纪90年代中期甚至早期，我国南方不少地方开始将白羽肉鸡公鸡与本地品种鸡杂交，以此培育大型黄羽肉鸡新品种。在这一育种过程中，不断引入白羽肉种鸡，也将ALV–J引入了黄羽肉鸡。由于南方许多育种公司往往在同一鸡场饲养不同品种不同品系的鸡，并使用同一孵化厅，因此ALV–J在培育型黄羽肉鸡流行的同时，也在许多纯地方品种鸡中蔓延开来，且对这些地方品种鸡的传染性和致病性逐渐增强。根据2005—2015年的流行病学调查，ALV–J已传入我国大部分黄羽肉鸡群及地方品种鸡群中，包括一些保种用的资源性基因库。而且，在一些有较大市场销售量的品种，发病已很严重，商业纠纷也时而发生。虽然在我国地方品种鸡中也存在着其他经典亚群的ALV，但它们的致病性不强。目前，造成危害的主要还是ALV–J。

现在我国养鸡业在禽白血病上面对的最大挑战是，我国自繁自养的地方品种鸡分布广泛品种繁多，涉及的育种鸡群至少有几百个。即使是那些有市场潜力的品种实施净化也要很长的时间。好在从2009年起我国就已在几个有代表性的自繁自养育种公司，

按最严格的检测和淘汰程序开展了原种鸡核心群净化的示范性研究和推广。到目前为止，不仅占全国蛋鸡市场40%的北京华都峪口禽业有限责任公司的种鸡群已基本实现了ALV净化，而且广东省农业科学院畜牧所所属的广东智威农业科技股份有限公司的年产300万羽父母代的快大型黄羽肉鸡的原种鸡群也基本实现了净化。既然大型自繁自养育种公司可以实现ALV净化，那么其他育种公司也能做到。重要的是，要像对蛋用型种鸡场那样，对商业化运作的黄羽肉鸡和地方品种鸡的祖代种鸡公司也要实施强制性检测和监控。政府可以提供适当补助，但主要以政策导向和市场压力来推动全国范围内地方品种鸡群中外源性ALV净化，从而防止ALV在我国地方品种鸡和黄羽肉鸡中的进一步蔓延，更重要的是防止ALV–J从黄羽肉鸡再向已经净化的蛋鸡或白羽肉鸡传播。

第三节 禽白血病与鸡的其他病毒性肿瘤病的相互关系

鸡群感染ALV后发生的禽白血病的主要特征性病理表现为各种类型的肿瘤。但是，还有一些其他病毒感染也会引起鸡的肿瘤，如鸡的马立克病病毒（Marek’s disease virus, MDV）和禽网状内皮组织增殖症病毒（reticuloendotheliosis virus, REV）。它们感染鸡后诱发的肿瘤有时与禽白血病肿瘤非常类似，在临床上难以鉴别。而且，ALV也可以与MDV或REV感染同一只鸡，不仅相互影响发病过程，而且也可能产生混合性肿瘤。

一、MDV和REV感染可诱发与禽白血病相类似的肿瘤

MDV是第一个被证明能诱发肿瘤的疱疹病毒，广泛存在于鸡群中。在不经疫苗免疫的鸡场，MDV自然感染可诱发高达5%～40%的肿瘤发生率和死亡率。REV是另一种引发禽肿瘤的病毒，在20世纪90年代前，REV主要在火鸡和鸭群中引起肿瘤性疾病。进入90年代后，在鸡群中也出现了由REV引起的肿瘤性疾病的流行。

MDV也可在鸡的多种不同脏器诱发淋巴细胞瘤，这与A和B亚群ALV诱发的淋巴肉瘤非常类似。虽然MDV仅限于诱发T–淋巴细胞瘤，而ALV仅限于诱发B–淋巴细胞瘤，但

不论在肉眼观察到的剖检变化还是显微镜下观察到的病理组织学变化，在鉴别诊断时都有相当的难度。在20世纪60年代发现MDV以前，在一些鸡群中常常出现很高的怀疑是禽白血病肿瘤的流行，但后来判断，当时观察到的肿瘤大多数是由MDV引起的。

REV也是一种反转录病毒，但它不同于ALV，属于γ反转录病毒。REV感染鸡特别是早期感染鸡也会发生淋巴细胞肿瘤，其既能引发T–淋巴细胞瘤又能引发B–淋巴细胞瘤，这就更类似于ALV诱发的淋巴肉瘤。而且，REV还能诱发其他细胞类型的肿瘤，这也与禽白血病肿瘤类似。

由于鸡群感染其他病毒后也会诱发肿瘤，因此当鸡群中发生疑似禽白血病肿瘤时，必须同时对不同病毒诱发的肿瘤进行鉴别诊断（详见第七章）。

二、其他肿瘤性病毒共感染对禽白血病病程和表现的影响

MDV和REV感染鸡后不仅能诱发与禽白血病类似的肿瘤，还能与ALV共感染同一只鸡。在发生不同病毒共感染的鸡，多重感染的相互作用对禽白血病的发病过程产生重大影响。这是因为MDV或REV早期感染雏鸡后都会诱发免疫抑制，从而改变ALV感染后病毒血症和抗体反应的动态。往往是延缓或完全抑制鸡体对ALV的特异性抗体反应，从而延长病毒血症持续的时间甚至导致免疫耐受性病毒血症，即终身性病毒血症而无抗体反应。这就会显著提高ALV的致病性和肿瘤发生率。

当然，在ALV与其他肿瘤性病毒共感染的鸡，还可能出现混合性肿瘤，即可以见到分别由不同病毒诱发的肿瘤病灶。

有关ALV与MDV或REV的共感染及其相互作用见第五章。

第四节 禽白血病是研究病毒性肿瘤病理发生的良好试验模型

鸡是地球上饲养数量最大的温血动物，却又是最容易发生病毒性肿瘤的一种动物。不论在自然感染状态下还是在人工接种条件下，鸡的肿瘤发病率都很高，有很高的可复制性。而且，目前至少有三类病毒可诱发鸡的肿瘤。如前所

述，肿瘤在鸡体内外的分布、细胞类型及肿瘤发生发展进程都显示出高度的多样性。特别是MDV和ALV，可诱发的肿瘤发病率很高，这使得鸡可以作为研究病毒性肿瘤病理发生发展过程的良好试验模型。

由于在RSV中发现了肿瘤基因*src*（v-onc），而且还证明这种病毒肿瘤基因来自正常鸡细胞，即原癌基因（c-onc）,为此该发现荣获了1989年度诺贝尔医学奖。ALV中的禽罗斯肉瘤病毒（RSV）是第一个被证明可诱发肿瘤的病毒。Rous在1911年从鸡的肿瘤中发现了RSV，随后发现RSV感染鸡确可诱发肿瘤。这是第一次用试验直接证明病毒可以引起肿瘤。这一发现使他们在1966年获得了诺贝尔医学奖。经典的ALV有A、B、C、D等多个亚群，普遍存在于未经净化的鸡群中，一般会诱发1%～2%的肿瘤发病率。但是，这些经典ALV感染鸡后可在各种不同组织和脏器诱发多种多样不同细胞类型的肿瘤，如淋巴细胞瘤、成红细胞瘤、结缔组织纤维素性肉瘤、上皮细胞瘤、内皮细胞瘤、血管瘤、髓样细胞瘤等。 20世纪80年代新出现的J亚群ALV有更强的致病性和致肿瘤性，可在肉用型鸡引发5%～20%骨髓样细胞肿瘤死亡率，曾造成全球肉用型鸡的重大灾难。该病毒现在还在困扰我国养鸡业，并在蛋用型鸡和我国地方品系鸡中同样引发很高的肿瘤发病率。近几年来，除了骨髓样细胞瘤外，ALV-J又在蛋鸡中诱发了很高比例的血管瘤。ALV诱发肿瘤类型及其细胞类型的多样性，使其过去、现在和将来都成为病毒致肿瘤作用发生机制的良好试验模型。

参考文献

崔治中. 2012. 我国鸡群肿瘤病流行病学及其防控研究[M]. 北京：中国农业出版社.

Nair V., A.M. Fadly. 2013. Leukosis/Sarcoma group. In: Diseases of Poultry.13th ed.editor in chief D. E. Swayne. Published by John Wiley & Sons. Inc., Ames, Iowa, USA.

Payne L.N., V. Nair. 2012.The long view: 40 years of avian leucosis[J]. Avian Path, 41:11–19.

Rous P.A.1910.transmissible avian neoplasm（sarcoma of the common fowl）.J.Exp.Med, 12:696–705.

Weiss R. A., Vogt P. K.2011. 100 years of Rous sarcoma virus[J]. J. Exp. Med, 208: 2351–2355.

第二章

病原——禽白血病病毒

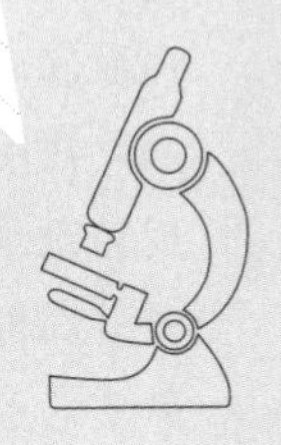

第一节 禽白血病病毒的分类地位、形态和理化特性

一、分类地位

禽白血病又称为禽白血病/肉瘤（leukosis/sarcoma），指由一类禽反转录病毒引起的鸡的良性及恶性肿瘤性疾病。其中，以淋巴白血病（LL）最常见，但近年来髓细胞样白血病已成为主要的发病类型。第一章表1–1中列出了禽白血病/肉瘤群所诱发的肿瘤类型及其同义名，引起这群病的病毒都属于具有反转录酶的反转录病毒科的成员。这些病毒通称为禽白血病/肉瘤病毒（avian leukosis/sarcoma viruses，ALSV），但常常简单地称为禽白血病病毒（avian leukosis viruses，ALV）。

禽白血病病毒（avian leukosis viruses，ALV）属于反转录病毒科（*Retroviridae*）、正反转录病毒亚科（*Orthoretrovirinae*）、α反转录病毒属（*Alpharetrovirus*）的一类病毒。该科病毒的基因组是RNA，以具有反转录酶为特征。禽和野鸟能感染ALV，但目前研究最多的是从鸡分离到的ALV，从其他不同鸟类分离到的多种ALV在宿主特异性、抗原性和致病性上都与从鸡分离到的有很大差异。

二、形态大小

感染细胞的超薄切片可显示出病毒的一层外膜和中间膜，及位于病毒粒子的中央的、直径35～45nm的电子致密的核芯，这代表了C型反转录病毒粒子的典型形态。病毒粒子呈圆球形（图2–1），总体直径80～125nm，平均直径约90nm。有囊膜，表面有直径约8nm的纤突，这是由病毒囊膜糖蛋白形成的。经过负染的病毒也多为球颗粒，但其形态在干燥条件下很容易变形。

如果分别根据不同孔径的微孔滤膜过滤、超速离心及电子显微镜观察来判断，ALV粒子的直径为80～145nm。

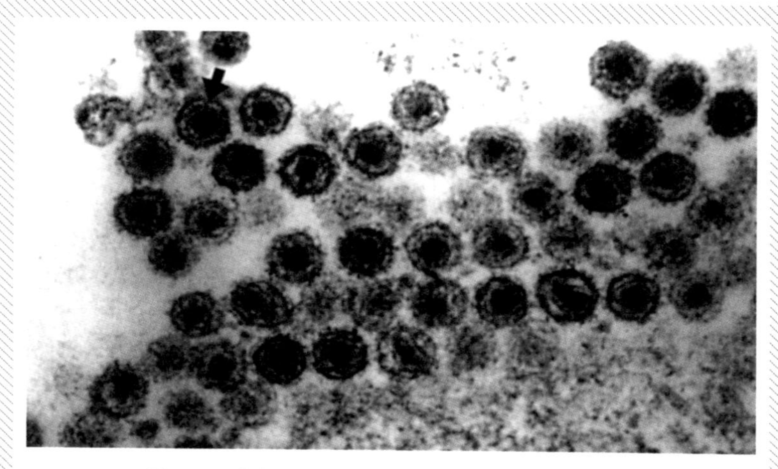

图 2-1 禽白血病病毒感染鸡成纤维细胞的超薄切片

细胞外间隙中的圆形病毒，核芯位于粒子中央部（箭头所指处）。 （李成 摄）

三、理化特性

病毒在蔗糖中的浮密度值为1.15～1.17g/mL。ALV对多种化学和物理因子都很易感，因此很容易被灭活。

对脂溶性溶剂和去污剂的易感性：在ALV囊膜中类脂类物质含量很高，其传染性很容易被乙醚所灭活。十二磺酸钠这类去污剂可破坏病毒粒子的结构并释放出RNA及衣壳蛋白。

对热的易感性：不同禽白血病病毒在37℃下的半衰期为100～540min（平均260min），这决定于病毒所在的介质、组织的来源及毒株自身特点。温度升高时能加快ALV的灭活，如在50℃时RSV的半衰期为15min，在60℃时仅0.7min。正因为ALV对热比较敏感，在保存病毒时要给予特别注意。例如，在用ALV的一个毒株AMV做试验时，即使在-15℃下保存病料和病毒，其半衰期也不到1周。只有在-60℃的保存条件下，禽反转录病毒才能长期保存，在几年内其传染性也不会下降。反复冻融会降解病毒并释放出群特异性抗原。

对pH的稳定性范围：在pH 5～9时，pH的变化对ALV没有不良影响，超出这个范围即过酸或过碱，将显著降低ALV的传染性。

对紫外线照射的易感性：RSV和一些ALV野毒株对紫外线照射有一定的抵抗力。

第二节 ALV的化学组成

对一个AMV毒株的研究表明，该病毒的全部组成包括30%～35%脂类、60%～65%蛋白质、2.2%RNA和可能来源于细胞的少量DNA。

一、病毒的核酸组成

（一）病毒粒子中的核酸成分

RNA主要有两类：① 沉降系数60～70S，这是病毒的基因组。② 沉降系数4～5S，是偶尔混入病毒粒子的宿主细胞tRNA，在病毒复制过程中没有任何作用。但是，还有一种tRNA是与60～70S的基因组RNA连接在一起的，它在从病毒RNA到DNA的反转录过程中作为DNA聚合酶的引物。此外，还有少量的28S RNA、病毒和细胞源mRNA及DNA。病毒粒子中的60～70S RNA是有两条34～35S RNA组成的二聚体，显示这种基因组是个二倍体（图2-2）。

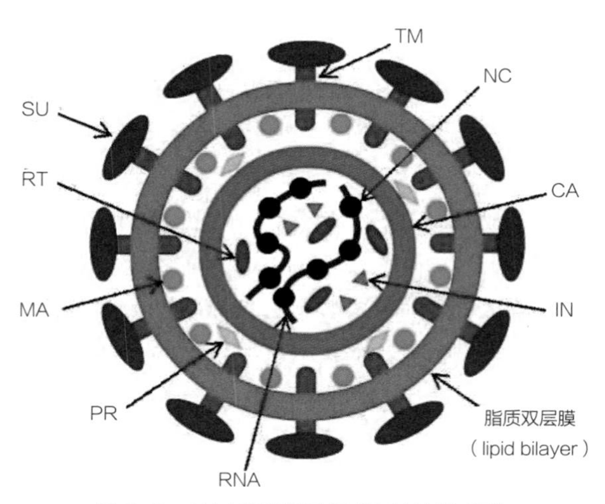

图2-2 ALV病毒粒子组成和结构模式图

病毒的脂质囊膜由 *env* 基因编码的 gp85 表面蛋白（SU）和 gp37 跨膜蛋白（TM）组成，这两种囊膜蛋白质连接成一个二聚体。病毒内部组成成分包括由 *gag* 基因编码的 p19 基质蛋白（MA）、p27 衣壳蛋白（CA）、p12 核衣壳蛋白（NC）及 p15 蛋白酶（PR）。*pol* 基因编码反转录酶（RT）和 p32 整合酶（IN）。每个病毒粒子携带 2 个拷贝的病毒 RNA。

（王一新 绘）

（二）病毒基因组的基本结构

ALV为单股正链RNA病毒，长度7～8kb。在每个有传染性的病毒粒子内有两条完全相同的单链RNA分子，在它们的5’端以非共价键连接在一起，每个单链RNA分子就是病毒的mRNA。每个基因组分子有三个主要编码基因，即衣壳蛋白基因（*gag*）、聚合酶基因（*pol*）和囊膜蛋白基因（*env*），在基因组上的排列为5’*gag*–*pol*–*env*。这些基因分别编译病毒群特异性（gs）蛋白抗原和蛋白酶、RNA依赖性DNA聚合酶（反转录酶）和囊膜糖蛋白。在两端还分别有非编码区，其中有一段重复序列及5’端独特序列或3’端独特序列（图2–3），这些非编码区的序列具有启动子或增强子的活性。在通过反转录产生的前病毒DNA中，它们又形成了长末端重复序列（long terminal repeats，LTR）。迄今为止，已对数个禽反转录病毒基因组绘制出类似的基因组图。

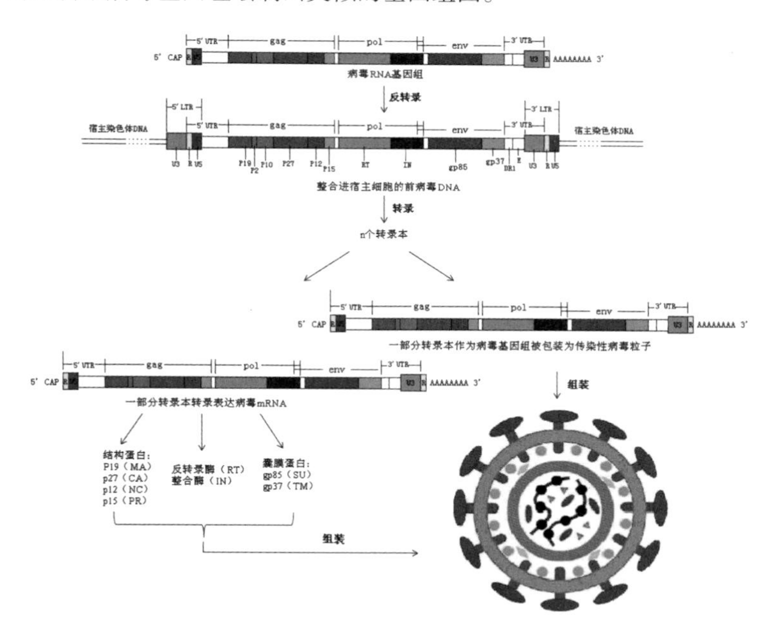

图2–3 ALV粒子组成与结构模式图

ALV病毒RNA和前病毒DNA之间的相互转换。CAP. 5’末端结构；AAA. 3’末端多聚腺苷酸；R. 重复序列；U5. 5’独特序列；U3. 3’独特序列；LTR. 长末端重复序列。

（三）病毒肿瘤基因

通常，ALV感染后诱发肿瘤要经过几个月的潜伏期。但有一些急性致肿瘤ALV在感染后可以很快诱发急性肿瘤。这些能诱发急性肿瘤的ALV的基因组往往较短，其中部分*gag*基因、*pol*基因或*env*基因被某种肿瘤基因所取代，成为复制缺陷型病毒。迄今为止，已发现多种肿瘤基因整合进ALV基因组并取代部分病毒基因序列，如肿瘤基因*src*、*fps*、*yes*、*ros*、*eyk*、*jun*、*qin*、*maf*、*crk*、*erbA*、*erbB*、*sea*、*myb*、*myc*、*ets*、*mil*等（表2-1），这些肿瘤基因多来自细胞染色体基因组，是与影响生长相关的基因或基因调控序列。

表 2-1　携带不同肿瘤基因的急性致肿瘤 ALV 及其诱发的肿瘤类型

（引自 *Diseases of Poultry*，13 版）

毒株名称	携带的肿瘤基因	肿瘤基因产物	主要肿瘤类型	在体外转化的细胞
RSV，B77，S1，S2	*src*	Nr ptk	肉瘤	成纤维细胞
FuSV, UR1, PCR II,PCR IV	*fps*	Nr ptk	肉瘤	成纤维细胞
Y73, ESV	*yes*	Nr ptk	肉瘤	成纤维细胞
UR2	*ros*	R ptk	肉瘤	成纤维细胞
RPL30	*eyk*	R ptk	肉瘤	成纤维细胞
ASV-17	*jun*	Tf	肉瘤	成纤维细胞
ASV-31	*qin*	Tf	肉瘤	成纤维细胞
AS42	*mat*	Tf	肉瘤	成纤维细胞
ASV-1	*crk*	Ap	肉瘤	成纤维细胞
AEV-ES4	*erbA*, *erbB*	Tf, R ptk	成红细胞增生症，肉瘤	成红细胞，成纤维细胞
AEV-R	*erbA*, *erbB*	Tf, R ptk	成红细胞增生症	成红细胞
AEV-H	*erbB*	R ptk	成红细胞增生症，肉瘤	成红细胞，成纤维细胞
S13	*sea*	R ptk	成红细胞增生症，肉瘤	成红细胞，成纤维细胞
E26	*myb,ets*	Tf	成髓细胞增生症，成红细胞增生症	成纤维细胞 成红细胞
AMV	*myb*	Tf	成髓细胞增生症	成髓细胞
MC29	*myc*	Tf	髓细胞瘤，成红细胞增生症	未成熟巨噬细胞，成纤维细胞
CMII	*myc*	Tf	髓细胞瘤	未成熟巨噬细胞，成纤维细胞
966 ALV-J	*myc*	Tf	髓细胞瘤	未成熟巨噬细胞，
OK10	*myc*	Tf	内皮细胞瘤	未成熟巨噬细胞，成纤维细胞
MH2	*myc,mil*	Tf, S/tk	内皮细胞瘤	未成熟巨噬细胞，成纤维细胞

虽然大多数急性致肿瘤ALV是复制缺陷型病毒，但也有少数例外。与缺陷型病毒不同，非缺陷型的劳氏肉瘤病毒（RSV）基因组的组成为衣壳蛋白/蛋白酶基因–多聚酶基因–囊膜蛋白基因–罗斯肉瘤基因（*gag/pro–pol–env–src*）。现在已确证，这种附加的、与肉瘤转化相关的肉瘤基因（*src*），最初是来自正常细胞的基因，即细胞的*src*基因。这种*src*基因是诸多宿主细胞基因中的一个例子，属于癌基因，与细胞的急性转化（acute transformation）相关。病毒性的和细胞性的不同癌基因（如*src*）分别通过冠以*v*–和*c*–前缀来加以区分。与正常细胞内的细胞癌基因（c–onc）相对应的特异的病毒癌基因（v–onc）也存在于其他一些急性转化病毒内，比如*erb*（AEV）、*myb*（AMV）、*myc*（禽骨髓细胞瘤病病毒）、*fps*（弗吉纳米和PRCⅡ肉瘤病毒）、*yes*（Y73和Esh肉瘤病毒）和*ros*（UR2病毒）等。MH_2内皮瘤病毒含有*myc*和*mil*两种致瘤基因。表2–1列出了迄今为止在ALV中发现的肿瘤基因及其相对应的基因产物、主要诱发的肿瘤类型和细胞种类。

慢性致肿瘤病毒并不含有肿瘤基因。它们对细胞慢性转化致癌被认为是由一种间接机制所引起，即启动细胞上的肿瘤基因（见本章第四节）。

二、病毒的类脂

ALV粒子主要含有磷脂，存在于病毒粒子的囊膜中，但它们来源于细胞成分。病毒类脂也是以双层膜的形式存在，与细胞外膜很类似，病毒粒子的囊膜也就是来自细胞外膜。

三、蛋白质组成

从ALV三个编码基因*gag*、*pol*、*env*转录产生的原始转录子，经过不同的剪辑和翻译后再加工，将产生一系列不同的蛋白质。由*gag*基因编码一些非糖基化蛋白p19、p10、p27、p12和p15。其中，p19又称基质蛋白（MA），而p27是衣壳蛋白（CA），是ALV的主要群特异性抗原即gs抗原（又称Gag）。另外两个蛋白质，p12是核衣壳蛋白（NC），参与基因组RNA的剪辑和包装；p15是一种蛋白酶（PR），与病毒基因组编码的蛋白质前体的裂解相关。位于病毒粒子衣壳中的由*pol*基因编码的反转录酶是一个复合体蛋白，由α（68kD）和β（95kD）两个亚单位组成，它具有以RNA或DNA作为模板合成DNA的功能即反转录的功能，还有对DNA：RNA杂合子特异性的核酸酶H的活性。它的b亚单位含有一个IN功能区即整合酶（p32），能将前病毒DNA整合进宿主细胞染色体基因组中。囊膜基因编码可糖基化的囊膜蛋白，它包括位于囊膜纤突表面的gp85（SU）和将纤突与囊膜连接起来的gp37（TM）。这两种囊膜蛋白质连接成一个二聚体。图2–3为一个ALV粒子结构和组成的模式图。

病毒子含有多种酶活性。反转录酶存在于核芯内，由多聚酶（*pol*）基因编码；它是一个由β亚单位（92kD）和α亚单位（58kD）组成的复合体，含有依赖RHA和DNA的聚合酶，以及DNA：RNA特异性杂交核糖核酸酶H活性。另一种由病毒编码的酶是$p32^{pol}$，它是一种与β亚单位相关的核酸内切酶。

此外还发现，在病毒子内还存在其他一些酶活性，已确认它们是细胞性污染物；这些酶活性物包括核糖核酸酶、脱氧核糖核酸、三磷酸核苷、核苷酸激酶、蛋白激酶、RNA–三磷酸核苷核苷酸转移酶、RNA甲基酶、已糖激酶、乳酸脱氢酶，以及氨酰–tRNA合成酶等。由感染的鸡血液或成髓细胞培养物所获得的AMV中存在一种有实际重要意义的酶，即来源于细胞膜的腺苷三磷酸酶（ATPase），这是在病毒成熟过程中被混进病毒粒子囊膜中的。该酶可使ATP发生脱磷酸作用，而且这种活性可用于检测病毒的存在。从不产生这种酶的细胞所释放的病毒则不带有这种酶活性。

ALV的复制

与其他反转录病毒一样，在ALV的复制过程中，都需要由反转录酶介导从基因组RNA形成前病毒DNA，并整合进宿主细胞基因组中。随后，再由前病毒DNA转录产生病毒RNA，并进一步转译产生各种前体蛋白质及组成病毒粒子的成熟蛋白质。

一、病毒进入宿主细胞

ALV粒子吸附到细胞膜上是一个非特异性过程，不同亚群ALV能吸附到不同细胞的细胞膜上，即使该细胞对某个ALV毒株有抵抗力，病毒粒子也能吸附上去。但是，某一特定ALV株能否进入某种细胞，这决定于细胞膜上是否有特定亚群病毒囊膜蛋白的受体，决定于病毒囊膜能否与细胞膜发生融合作用。通常，在ALV吸附到易感细胞膜上120min内，病毒粒子就能以液泡的形式被带入细胞，病毒RNA进入细胞核。

对ALV–A的细胞膜上的受体称为TVA，它与人低密度脂蛋白受体类似。ALV–A与这个受体结合后能激发病毒囊膜糖蛋白的构象变化，从而促使病毒与细胞膜相融合并进入细胞内。对B、D和E亚群ALV的受体称为TVB^{s3}和TVB^{s1}，它们类似于肿瘤坏死因数家族中的细胞因子的一种受体。当与编码该受体的位点出现了一个成熟前终止密码子突变的细胞，就会形成对这些亚群病毒的抵抗力。分子检测的方法就可以确定与TBV相关的单倍体的特征。对ALV-C的细胞受体称为TVC，它类似于哺乳动物的butyrophilins，是免疫球蛋白超家族的成员之一。ALV-J的细胞受体则是鸡的Ⅰ型钠（+）/氢（+）离子交换酶（chNHE1）。这些受体的存在与否或功能的完整性决定着细胞对不同亚群ALV的易感性。

二、前病毒DNA的形成及其整合进细胞基因组的过程

在ALV复制过程中，进入宿主细胞的病毒基因组正链单股RNA在病毒粒子的反转录酶的作用下反转录为双股DNA，即前病毒cDNA。在这过程中，原来的5'端和3'端的独特区序列（U5和U3）分别在另一端形成了一个重复区。所以，在前病毒cDNA分子上，两端都形成了相同的U3-R-U5序列，又称为LTR（图2-3）。然后，在病毒的整合酶的作用下整合进细胞染色体基因组的某个位点。新的病毒基因组RNA将从整合进细胞基因组上的前病毒DNA序列转录产生（图2-3）。

同其他反转录病毒一样，ALV基因组的这一独特的复制过程比较复杂，其详细过程应参考相关的分子病毒学，这里只将这个过程进行简单描述。形成反转录病毒DNA的主要步骤包括：① 以病毒基因组RNA为模板，在病毒自身反转录酶作用下合成病毒DNA的第一链（负链），这时可能形成一个RNA：DNA杂交链。② 在RNase-H作用下脱掉杂交链中的RNA链，再以负链DNA为模板形成病毒DNA第二条链（正链），产生线性DNA双螺旋体（在感染发生几小时内便可在细胞浆内探测到这类DNA）。③ 线性DNA迁移到细胞核内，转变成一个闭锁的环状结构。④ 环化的病毒DNA再线性化后整合到宿主DNA上。这种整合作用可在许多位点发生，感染细胞可含高达20个病毒DNA的拷贝。前病毒基因序列与在病毒粒子内RNA的序列相同，但在其两侧排列的是核苷酸序列完全相同的长末端重复序列（LTRs）。LTRs可作为启动子控制由病毒DNA到RNA的转录。LTRs还可引起插入位点附近宿主基因的异常转录，即前病毒DNA的“顺式作用”（downstream），导致肿瘤的形成。

三、病毒基因组RNA的转录和蛋白质的转译及病毒粒子的释放

新的病毒粒子在感染细胞中的形成是前病毒DNA转录和翻译的结果。首先是在宿主

RNA聚合酶的作用下，以整合进细胞基因组的前病毒DNA一条链为模板转录病毒RNA。所产生的病毒RNA分子可作为mRNA与聚核糖体相结合，转译产生各种病毒蛋白质，也可作为新形成的病毒子的基因组RNA。在感染后24h内，即可检测到新的病毒RNA。

与聚核糖体结合的mRNA，被翻译形成*gag*、*pol*和*env*基因编码的蛋白质。*Gag–pol*基因产物是一个分子质量约为180kD的很大的前体蛋白质Pr180，从它再裂解为由*gag*基因编码的聚蛋白前体即Pr76（76kD），*pol*基因编码的反转录酶（RT，又再形成p63和p95）和整合酶p32（IN）。随后，Pr76再进一步裂解成病毒核心的基质蛋白p19（MA）、衣壳蛋白p27（CA）、核衣壳p12（NC）、蛋白酶p15（PR）和p10（参见本章第二节“三”病毒蛋白部分）。其中，蛋白酶p15的转译时还涉及一次阅读框架的变换。此外，*env*基因产物是一种92kD的前体蛋白gPr92，这是从一个经过剪辑的亚基因组RNA转译产生的。由它再形成病毒的囊膜蛋白gp85（SU）和gp37（TM）。由上述形成的病毒蛋白质集聚于细胞质膜上，在那里形成一种月形结构，由此形成的病毒粒子以出芽的方式从细胞释放出去。

四、复制缺陷型ALV的复制及其辅助病毒

如前所述，有一些急性致肿瘤性白血病病毒基因组的*gag*基因、*pol*基因或*env*基因可能被某种肿瘤基因完全或部分取代，不能再单独形成完整的病毒粒子，成为复制缺陷型病毒（replication–defective virus，rd–ALV）。这些急性致肿瘤活性的复制缺陷型病毒由于基因组不完整，单独不能产生与病毒复制相关的全套蛋白质，因此不能在任何细胞上单独生长复制。只有当有其他ALV作为辅助病毒存在时，才能复制并形成病毒粒子。这时，缺陷型病毒的基因组被辅助病毒形成的所有病毒蛋白及病毒外壳所包装，随同辅助病毒释放到细胞外并识别和感染新的易感细胞。在感染的细胞中，它们的基因组有可能复制出前病毒DNA并整合进细胞基因组，也可再转录产生新的缺陷性病毒基因组RNA，但仍然不能独立形成有传染性的病毒粒子。

例如，Bryan high–titer RSV（BH–RSV）和禽成髓细胞增生病毒（avian myeloblastosis virus，AMV）缺乏*env*基因，而禽成红细胞增生病毒（avian erythroblastosis virus，AMV）和MC29缺乏*pol*和*env*基因，它们单独感染细胞不能形成完整的病毒粒子，就成为rd–病毒。与此制缺陷型病毒相对应，具有完整基因组的其他能自我复制的病毒，就称之为非复制缺陷型病毒。

BH–RSV是rd–ALV变异株的典型例子，由它单独感染CEF后，BH–RSV的缺陷性基因组能在其感染的细胞中复制其基因组RNA，转化感染的细胞并产生ALV的群特异性gs

抗原。但是，只能产生没有传染性的病毒，即它的后代病毒不能进入新的宿主细胞中，因为它们的囊膜糖蛋白不正常。由它们感染产生的形态学上可能发生变化的细胞称为NP细胞，即不产生病毒的细胞。当将一种非复制缺陷型ALV作为辅助病毒加进这些细胞培养中补充BH–RSV基因组的缺失后，就能同时产生有感染性的RSV和辅助ALV的后代。因此，在利用NP细胞的试验中，如果产生有传染性的RSV就表示添加进NP细胞中的待检样品中存在ALV。由此产生的RSV的囊膜蛋白抗原与辅助病毒的囊膜蛋白完全一致。这种囊膜蛋白决定着病毒的传染性、在不同遗传背景细胞中的易感谱，以及不同亚群内和不同亚群间的干扰试验的类型。这类rd–RSV变种的保存液中必须含有辅助病毒才能保存住它们的活性，这些辅助病毒最初称之为Rous–相关病毒（Rous–associated viruses，RAVs）。在这种条件下所形成的有传染性的RSAs称为伪型（pseudotypes），这一称呼还应包含特定辅助病毒，如在以RAV–1作为辅助病毒时，就称为BH–RSV（RAV–1）。这是表型混合（phenotyping mixing，PM）现象的一个例子，当两个类似的病毒感染同一个细胞时，一个病毒粒子的基因组来自一个病毒而其囊膜蛋白和其他结构蛋白又是来自另一个病毒。这种PM试验也可以用它检测样品中的ALV。为了确定病毒的易感宿主细胞谱或病毒中和试验，有时用RSV伪型来做要比正常的ALV更容易，因为用RSV时可以在细胞上定量。

此外，还有少数急性致肿瘤性RSV本身就是一种非复制缺陷型病毒，它们带有肿瘤基因但同时保留有完整基因组及其功能，它们单独感染易感细胞后能独立自我复制。但这样的病毒也会失去肿瘤基因及其快速转化细胞的能力，因而称之为转化缺陷型（transformation defective，td）病毒变种（td–RSV），它们只保留有其他非缺陷型ALV类似的潜在的致肿瘤性。

五、病毒的实验室宿主系统

随毒株和宿主的遗传背景不同，ALV在不同的实验室宿主系统中的复制和致病性有很大差异。为此，下面所提供的数据和信息都是在一定条件下用特定遗传背景的宿主和特定的毒株做出的，但其试验和观察比较的方法确实值得借鉴。

（一）ALV的细胞培养

多种鸡细胞被用来培养和复制不同来源的ALV，但最常用也最方便的还是鸡胚成纤维细胞（CEF）。当将RSV或其他肉瘤病毒接种于CEF细胞单层时，可引起细胞的肿瘤性转化，被转化的细胞在几天内就增生形成单个的细胞群落或病灶（图1–2）。当用琼脂覆盖时，这种方法还可用作病毒定量试验。B和D亚群的ALV感染CEF后可能产生病变蚀斑。当然，其他一些ALV在CEF上经长期连续传代后，也可能造成细胞的形态变化。

大数ALV都可以在CEF上复制，不过通常不会产生明显可见的细胞病变，它们的复制与否需要用其他方法来判定。如用抗ALV的单克隆抗体或单因子血清作荧光抗体反应，或用ELISA检测试剂盒检测细胞培养上清液中p27抗原后，才能显示细胞培养中是否有ALV感染和复制。

在细胞培养上，一些急性致肿瘤ALV还能转化造血细胞。用AMV接种卵黄囊细胞或骨髓细胞也能诱发细胞的转化并形成肿瘤化的成髓细胞，用AEV接种骨髓细胞可转化成红细胞。此外，MH2、MC29和OK12等毒株也能转化造血细胞。ALV–J的急性转化型变异株也能在细胞培养中转化骨髓细胞和血液单核细胞，但骨髓细胞却不容易被复制型ALV–J所转化，也没有发现B–淋巴细胞可被复制型ALV转化的报道。

该病毒可以在多种鸟类细胞培养上复制，如鸡胚或其他鸟胚成纤维细胞。但是，不同亚群的ALV对细胞的易感性即在细胞上的复制能力与细胞来源禽的种类密切相关。即使都是来自鸡的六个亚群，不仅对不同种禽类细胞易感性不同，而且对不同遗传背景鸡的细胞的易感性也有很大差异。例如，表型为C/0的细胞，对鸡的所有六个亚群ALV都易感。表型为C/E的细胞则只对A、B、C、D、J五个亚群ALV易感，但对E亚群ALV不易感，即E亚群ALV不能在表型为C/E的细胞上复制。例如，在实验室里常用的鸡胚成纤维细胞系DF1细胞的表型就是C/E，E亚群ALV不能在DF1细胞上复制。不同亚群ALV对不同表型CEF的易感性不同（表2–2），但不同表型的CEF仅限于来自特定遗传背景的纯系鸡。随不同的亚群，ALV还可以在其他鸟类胚的成纤维细胞上生长复制（表2–3）。

表 2–2　A ~ E 及 J 亚群 ALV 对不同表型鸡胚细胞易感性范围

（引自 *Diseases of Poultry*，13 版）

细胞表型	鸡或细胞品系举例	接种病毒亚群					
		A	B	C	D	E	J
C/0	15B1	S	S	S	S	S	S
C/AE	C、alv6	R	S	S	S	R	S
C/A,B,D,E	7	R	R	S	R	R	S
C/E	0、15I、BrL	S	S	S	S	R	S
C/E,J	DF-1/J	S	S	S	S	R	R

注：S 表示易感，R 表示不易感。细胞表型的标志为：C 表示鸡，斜线后的字母表示对其不易感的亚群，C/0 表示对所有亚群都易感。

表 2-3 不同亚群 RSV 在不同种鸟类胚成纤维细胞的易感性范围

（引自 *Diseases of Poultry*，13 版）

鸟种	RSV 亚群					
	A	B	C	D	E	J
红色丛林鸡	S	S	R	R	R	S
野鸡	S	R	R	R	S	R
日本鹌鹑	S	R	R	R	S	R
珍珠鸡	S	S	S	S	S	R
火鸡	S	S	S	S	S	S
北京鸭	R	R	S	R	R	R
鹅	R	R	S	R	R	R

注：各种不同鸟类胚成纤维细胞分别接种不同亚群 RSV，在易感种鸟的细胞培养上可形成病毒噬斑，以此来确定易感性。S 表示易感，R 表示不易感。

以上信息大都是来自国外的参考毒株的细胞培养上的特性，而且也多为三四十年以前的试验。自1999年以来，我国已从多种不同类型的鸡群中分离到100多株ALV，其中大多数是J亚群ALV，但也有少量的A、B、C亚群，还有很多是我国地方品种鸡中特有的新鉴定的K亚群。这些病毒株都容易在CEF上培养复制，但同样也很少能诱发细胞病变。这些毒株感染细胞后，也都是靠用抗ALV的单克隆抗体或单因子血清作荧光抗体反应或用ELISA检测试剂盒检测p27抗原后才确定的。在ALV－J感染鸡群发生髓细胞样肿瘤的病鸡也发现了由急性致肿瘤ALV诱发的肉瘤，这些病毒感染CEF后虽不一定形成病变蚀斑，但确实可见一些感染细胞的形态有些变化。对我国鸡群中ALV野毒株在细胞培养上的复制和致细胞病变性能还有待更多的比较研究。在这里要强调一点，通常用的SPF鸡，不同于上述提到的仅对某个（些）亚群ALV易感的遗传背景单一的纯系鸡，往往都是遗传背景不一的商业化鸡群，因此由SPF鸡的不同个体来源的CEF有可能对某个（些）亚群ALV有选择性的易感性。

（二）ALV鸡胚培养

大多数ALV分离株接种鸡胚后都能复制，但对多数毒株来说，很难根据直接观察鸡胚来判断其在鸡胚中是否复制，只有在雏鸡出壳后逐渐发生的病变或再进一步检测病毒

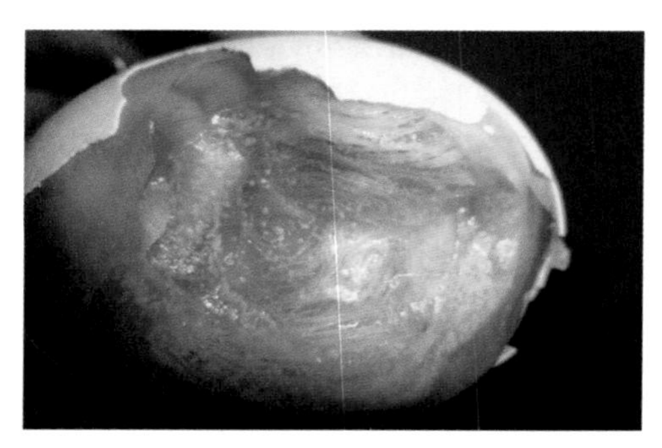

图 2-4 接种急性致肿瘤病毒后在鸡胚绒毛尿囊膜上形成的大量痘斑

血症得到证明。只有少数急性致肿瘤ALV可在鸡胚上形成肉眼可见病变。

将RSV和其他肉瘤病毒接种至易感鸡的11日龄胚的绒毛尿膜上后，会导致形成肿瘤痘斑（图2-4）。在8d后，可通过对这些痘斑计数来对病毒定量，且痘斑数与接种病毒的剂量有线性关系。这种方法还可以用来确定不同鸡对相应病毒的遗传抵抗力。

还可以通过易感鸡的11日龄胚静脉接种来对相应的ALV进行定量。随所用的毒株不同，在出壳后2周内就会出现较高的肿瘤发病率，主要是成红细胞白血病，也会发生出血和实体瘤如纤维肉瘤、内皮细胞瘤、肾原细胞瘤和软骨瘤。如果将出壳的鸡维持饲养46d，鸡胚接种的发病率要比同样剂量接种雏鸡高10～100倍，而且多数鸡即使不发生急性肿瘤，也会在接种后100d发生淋巴肉瘤。

将AMV通过静脉接种易感鸡胚后，可在几周内诱发成髓细胞增生反应。如将ALV–J的原型株HPRS103静脉接种11日龄鸡胚，到9周龄时才会出现髓细胞样肿瘤引起的死亡，所有死亡的中间时间是20周龄。

我国学者也曾报道用ALV–J的分离株接种鸡胚后诱发了一定比例的血管瘤，但还缺乏详细的发病动态的报告。

（三）鸡或其他鸟的人工感染

大数ALV分离株在经鸡胚接种或1日龄静脉、肌肉、皮下、腹腔接种后可诱发病毒血症。但随着日龄的增加，接种ALV后表现病毒血症的鸡的比例逐渐减少。成年鸡接种ALV后，多数毒株不易形成可检测到的病毒。

采用皮下、肌肉、腹腔途径接种RSV或其他肉瘤病毒，或与接种鸡直接接触，都能诱发肿瘤。翅部皮下注射或肌内注射可用来分离及生产肉瘤病毒，而皮下注射还可用来确定RSV保存毒的半数致瘤量（TD_{50}）。在翅部皮下接种大剂量RSV后，3d内就可出现可触摸到的肿瘤。在易感鸡，这些肿瘤发展得很快，呈溃疡化或转移到身体其他部位。但在有抗性的鸡，形成的肿瘤也会退化。

其他一些ALV在腹腔或静脉接种1日龄易感鸡后也会发生肿瘤反应。Burmester等用RPL12株ALV给1日龄15I纯系鸡腹腔接种，在200～270日龄时才出现肿瘤。这种方法最初曾用于分离野毒株ALV。对某些在实验室经传代的ALV，在静脉接种1日龄鸡后，如果根据成红细胞血症反应来判断，试验期可缩短至63d。他们还发现，所有能诱发淋巴肉瘤的ALV株都能诱发成红细胞增生反应。有些毒株还能诱发骨硬化、血管瘤或纤维肉瘤。

1日龄鸡静脉或肌内注射ALV可引起骨硬化反应，但珍珠鸡（guinea fowl）对MAV-2（O）诱发的骨硬化更易感。

第四节 ALV亚群及其抗原性

一、ALV亚群

病毒识别宿主细胞的特异性及病毒中和反应主要与囊膜蛋白gp85相关。根据gp85的特性，迄今为止，将ALV分为A、B、C、D、E、F、G、H、I和J 十个亚群。不同的鸟类可能感染不同亚群的ALV，但自然感染鸡群的还只有A、B、C、D、E 和 J 六个亚群。在鸡的现有的这六个亚群中，相对来说，J亚群与其他亚群间的抗原性差异最大且致病性和传染性最强，E亚群对鸡是非致病性的或者致病性很弱。国际上公布的不同亚群ALV的不同参考毒株见表2-4。

其他几个亚群则是从其他鸟类发现的，例如从环颈雉和绿雉中发现F亚群病毒，在Ghinghi雉、银雉及金黄雉中发现G亚群病毒。还分别从匈牙利鹧鸪和冈比亚鹌鹑中分离到H亚群和I亚群病毒。其他亚群F、G、H和I，只是代表在其他鸟类如野鸡、鹑鸡、鹌鹑发现的内源性ALV，但对这些亚群ALV的致病作用及相关的流行病学还很少有研究报告。

近几年，笔者团队还从我国固有的不同地方品种鸡分离到一些ALV，根据其gp85的同源性比较，应该看作是在东亚地区固有地方品种鸡中长期存在着的一个新的亚群，按ALV亚群命名的传统，将其定名为K群（详见本节“四”）。

表 2-4 根据引发肿瘤的主要类型及囊膜亚群分类的 ALV 实验室参考株

（引自 *Diseases of Poultry*，13 版）

肿瘤类型	囊膜亚群						未确定亚群（缺陷型病毒）
	A	B	C	D	E	J	
淋巴白血病病毒	RAV-1	RAV-2	RAV-7	RAV-50	RAV-60		
	RIF-1	RAV-6	RAV-49	CZAV			
	MAV-1	MAV-2					
	RPL12						
	HPRS-F42						
禽成红细胞增生病毒							AEV-ES4
							AEV-R
							AEV-H
禽成髓细胞增生病毒							AMV-BAI-A
禽肉瘤病毒 (ASV)	SR-RSV-A	SR-RSV-B	B77	SR-PSV-D	SR-RSV-E		BH-RSV
	PR-RSV-A	PR-RSV-B	PR-RSV-C	CZ-RSV	PR-RSV-E		BS-RSV
	EH-RSV	HA-RSV					FuSV
	RSV29						PRC Ⅱ
							PRC Ⅳ
							ESV
							Y73
							UR1
							UR2
							S1
							S2
骨髓细胞瘤和内皮细胞瘤						HPRS-103	MC29
						ADOL-Hc1	966
							MH2
							CM Ⅱ
							CX10
							RAV-0
内源性病毒 (ev)(无肿瘤)					EV21		
					EV-E		

二、ALV亚群的鉴别方法

有不同的方法用于ALV亚群的鉴定，其中最可靠的是病毒干扰试验（viral interference patterns）（表2–5）和易感宿主细胞谱（表2–2、表2–3）。当然，也可根据病毒诱发的抗体的特异性或用已知亚群特异性的抗体做病毒中和反应来确定某个ALV株的亚群，但不太可靠。不论是病毒干扰试验还是病毒中和反应，都需要有所有不同亚群ALV的参考毒株或抗血清。但这对大多数实验室来说，很难得到这样一套试剂或样品。在我国，似乎目前还没有哪个实验室有一套这样的试剂或样品。至于用于比较宿主谱的不同遗传特性的细胞，或不同的鸟类，实际上也很难得到满足。幸好现在可以根据决定ALV亚群的囊膜糖蛋白gp85的分子特点，即其序列比较来确定一个ALV的亚群。这不仅不需从其他来源获取任何特异的试剂或样品，而且方法的可操作性强、可重复性高。况且，不同实验室对不同毒株gp85的序列也很容易相互交流比较。虽然迄今为止ALV的A～J 十个亚群的原型毒都是根据病毒干扰试验确定的，但自1991年以来，国内外对新分离到的几百个ALV野毒株的亚群鉴定，实际上都是根据其gp85的序列比较分析确定的。

表 2–5　不同亚群 ALV 与 RSV 间有无干扰作用比较

（引自 *Diseases of Poultry*，13 版）

干扰性 ALV 亚群	被干扰的接种 RSV 亚群					
	A	B	C	D	E	J
A	有	无	无	无	无	无
B	无	有	无	有	有	无
C	无	无	有	无	无	无
D	无	无	无	有	无	无
E	无	无	无	无	有	无
J	无	无	无	无	无	有

注：用不同亚群 ALV 接种鸡胚成纤维细胞培养，几天后再接种每一个亚群的 RSV，将 ALV 感染细胞比未感染细胞上 RSV 形成的病灶减少量作为病毒间有无干扰作用的指标。

三、病毒中和反应

ALV亚群的鉴定是基于其囊膜糖蛋白gp85，由它决定了特定毒株对不同遗传背景细胞侵入的易感性。同时，病毒与抗体的中和反应也与gp85相关。往往同一亚群的ALV毒株间会呈现不同程度的交叉反应，而在不同亚群ALV间则不会发生交叉反应。但是在ALV－B和ALV－D间有时也会表现部分的交叉反应。此外，对ALV－J的某一个特定毒株的抗体并不总是能与其他毒株ALV－J显示交叉反应，或者两个ALV－J的毒株间在病毒中和反应中只表现单向的交叉反应。一般来说，ALV－B毒株间的同源性要比ALV－A的同源性差，但ALV－J间的差异性更大。

鸡感染ALV后经过一定的潜伏期，可产生血清抗体，这些抗体可以对同一亚群的病毒产生不同程度的中和作用。当血清中和抗体的活性足够强时，有可能逐渐消除病毒血症，但并不是每一只感染鸡都能产生足够有效的病毒中和抗体来清除病毒血症的。因此，也会出现抗体与病毒血症长期共存的感染鸡。鸡对ALV感染后的抗体反应的强度与感染年龄密切相关，越是早期感染，越不容易诱发抗体的产生。胚胎感染ALV或1日龄雏及感染ALV很容易诱发免疫耐受性鸡，即感染鸡长期甚至终身不会对ALV产生可检测到的抗体反应，更谈不上病毒中和抗体了。

四、我国及东亚地区固有的地方品种鸡中ALV的特有亚群

有关上述ALV的亚群或抗原性的分类，主要是由欧美国家的学者根据这些国家饲养的主要类型的鸡群中分离到的病毒完成的。在做出这种分类的试验中，并没有涉及其他国家和地区特有的品种鸡群中可能存在的ALV。最近几年，笔者团队从我国的地方品种鸡群中分离到几十株ALV，根据其gp85序列比较分析，它们间的同源性高达90%以上，但与已有的A、B、C、D、E、J亚群相比，同源性均不足90%。而且，这些毒株与从我国台湾和日本的地方品种鸡分离到的一些ALV的gp85的同源性也高达95%以上。显然，这是已在东亚地区固有地方品种鸡中长期存在的特有亚群，我们将其称之为K亚群（详见第四章第二节）。

第五节 内源性ALV和外源性ALV

ALV与其他病毒不同的一个最大特点是，ALV还可分为外源性ALV和内源性ALV两大类。

一、内源性ALV

内源性ALV指整合进宿主细胞染色体基因组的，可通过染色体垂直传播的ALV前病毒DNA及其可能产生的ALV粒子。它可能只是病毒基因组的不完全片断，不会产生传染性病毒；但也可能是全基因组，因而能产生有传染性的病毒粒子，不过这类病毒通常致病性很弱或没有致病性。在内源性ALV这个大概念中，既包括20世纪80年代就在鸡基因组发现和报道的内源性ALV（endogenous viruses，ev）位点，还有在90年代发现的中度重复性序列EAV（endogenous avian virus）、ART–CH（avian retrotransposon from chicken genome），以及高度重复性序列CR1（chicken repeat 1）。鸡的内源性反转录病毒只是在真核生物中存在的许多反转录序列的突出例子。

鸡ev位点的遗传序列与E亚群ALV相关，几乎所有正常鸡都带有完整的或缺陷性的ALV–E基因组。这些ev位点分布在鸡的体细胞和生殖细胞的不同染色体上，并以孟德尔遗传法则遗传给它们不同性别的后代。迄今为止，已至少识别和鉴定出29个不同的ev位点（表2–6、表2–7），每只鸡平均带有5个ev位点。但这些位点的表达表型差异很大，这决定于这些位点的分布及其他尚不清楚的原因。其中有些位点的染色体定位已经确定，有的尚待鉴定。随着鸡基因组序列测定的完成，其他ev位点的定位也会逐渐完成。那些含有ALV完整基因组的ev位点可能自发性地表达，或经溴去氧嘧啶诱导后表达内源性ALV–E。目前发现的能产生传染性病毒的内源性ALV都属于E亚群，如性染色体Z上与决定快慢羽相关基因K紧密连锁的ev21位点。从这个ev21可产生传染性病毒EV21。此外，还有其他一些ev位点也能转录产生ALV–E的传染性病毒粒子，如ev2、ev10、ev11、ev12、ev13、ev14、ev16等（表2–7）。还有些位点不含有完整的ALV–E基因组，它们有时也能表达部分基因，如ALV–E的*gag*、*env*，而且可能用一些检测手段检测出来，如ELISA或COFAL（见第七章检测方法部分）。但是，由于这些位点缺乏形成病毒所需要的完整基因，因此不会产生有传染性的完整的病毒粒子，如ev3。要强调说明的是，这些特定位点是稳定地整合进鸡细胞基因组，因此才会按孟德尔法则遗传。这种ev位点从亲代到子代的传播称为遗传性传播，它不同于处在感染状态的鸡的垂直传播或横向传播。当然，由ev位点如ev21完整表达产生的ALV–E也能按通常的垂直传播或横向传播的方式完成从亲代到子代或从个体到个体的传染。

E亚群ALV，如RAV–0株，通常没有致病性。这可能与其LTR的启动子活性较弱有关。它们能在鸡基因组中长期存在，这表明它们不会对宿主带来明显的不良作用，甚至还可能对宿主有益。内源性ALV的表达对宿主可能表现有害也可能表现有益，这与内源性病毒随表达的时间不同可分别诱发免疫反应或免疫耐受性有关。当然，内源性ALV对鸡来说也不是必需的，如培育出的0系鸡就没有*ev*基因。但大多数鸡都带有*ev*基因。

表 2-6 在正常细胞中代表性内源 ALV 基因（*ev*）的表型表达

（引自 *Diseases of Poultry*，13 版）

表型	基因标志符号	ev 位点
无可检出病毒产物	gs^2chf^2	1，4，5
表达亚群抗原	gs^2chf^+	9
协同表达群共同性及囊膜抗原	gs^1chf^+	3
自发性产生 E 亚群病毒	V-E	2

表 2-7 来航鸡的纯系鸡和商业性生产用鸡中内源性 ALV 基因（*ev*）的表型

（引自 *Diseases of Poultry*，13 版）

ev	表型	来源鸡品系[a]
1	gs^2chf^2	大多数品系
2	V-E	$RPRL7_2$
3	Gs^1chf^2	$RPRL6_3$
4	gs^2chf^2	SPAFAS
5	gs^2chf^2	SPAFAS
6	gs^2chf^2	RPRL 151
7	V-E	$RPRL15_B$
8	gs^2chf^2	K18
9	gs^2chf^2	K18
10	$V\text{-}E^1$	RPRL $15I_4$
11	$V\text{-}E^1$	RPRL $15I_4$
12	$V\text{-}E^1$	RPRL 15_1
14	$V\text{-}E^1$	H & N
15(C)	None	K28 3 K16
16(D)	None	K28 3 K16
17	gs^1chf^2	RC-P
18	$V\text{-}E^1$	RI
19	$V\text{-}E^1(?)^b$	RW
20	$V\text{-}E^1(?)^b$	RW
21	$V\text{-}E^1$	Hyline FP

注： Ev13 与 gs^2chf^2 表型相关，但确切的片段尚未确定，故在表中没有列出 ev13。

a. 并不限于这些品系鸡；b. $V\text{-}E^1$ 表型还有待进一步确定，因为在 RW 品系鸡中存在有 5 个 ev 位点，它们影响和干扰了对 $V\text{-}E^1$ 表型的鉴定。

虽然E亚群内源性ALV通常没有致病性，但会干扰对白血病的鉴别诊断。种鸡群净化ALV，在现阶段主要是净化外源性病毒。了解鸡群有无ALV感染，在现阶段也仅指外源性病毒感染。当然，在鸡的基因组上带有ev21等完整的或不完整的ALV－E基因组片断，并不代表就一定会表达，这决定于每一只鸡个体的多种遗传生理因素，甚至同一个体不同生理条件下也不一样。例如，海兰褐祖代的AB系、父母代的公鸡、商品代母鸡中的一半个体都带有ev21，但一般都不表达p27，或至少表达的量低到检测不出的水平。美国海兰公司和爱维杰公司的专家都保证他们祖代鸡蛋清中可表达能检测出水平的p27的个体不到1%，这是在ALV净化过程中多年选择的结果。至于未经这种选择的其他品系，特别是我国的地方品系，鸡基因组上带有ev21等完整的或不完整的ALV－E基因组片断与表达p27的比例关系，则很可能不一样。目前还没有与此相关的资料，还需进一步研究。除了E亚群ALV基因组片段以外，在一些鸡的基因组上，也可能存在J亚群ALV的囊膜糖蛋白（gp85）的*env*基因的片段，甚至还有A亚群*env*的片段。

除了家鸡外，还有些鸟类如红色丛林鸡、一些种类的野鸡、鹧鸪、松鸡也带有某些ev位点，但这些位点的分布与它们间的进化关系不密切。有可能这些ALV的基因组序列是相对较晚些时期才各自独立地整合进这些不同属鸟类中的。迄今为止，已在鸡型目（Galliform）的26个不同种中发现了ALV的*gag*基因，这似乎与ALV可能在这些鸟类中横向传播有关。

目前，对鸡的其他内源性病毒序列如EAV、ART－CH、CR1的功能研究还很少，但有一点已证明，即ALV－J的发生与EAV－HP位点相关，也就是ALV－J可能来自某个外源性ALV与EAV－HP的重组，因为EAV－HP与ALV－J的原型毒HPRS－103的*env*基因的同源性非常高。

二、外源性ALV

与内源性ALV相对应，鸡的外源性ALV是不通过宿主细胞染色体传递给下一代的ALV，包括A、B、C、D和J亚群。致病性强的鸡ALV都属于外源性病毒。它们既可以像其他病毒一样在细胞与细胞间以完整的病毒粒子形式传播，或在个体与群体间通过直接接触或污染物发生横向传染，也能以游离的完整病毒粒子形式通过鸡胚从种鸡垂直传染给后代。

当然，在外源性ALV复制周期中，其前病毒DNA也一定要整合进被感染的宿主细胞染色体基因组中。这种整合可能不会像已知的E亚群内源性ALV的基因组那样稳定并能通过生殖细胞逐代遗传，甚至这些外源性ALV很难有机会感染处于特殊解剖生理状态的生殖细胞。当然，即使它们也能通过生殖细胞遗传，但可以推测，由此产生的感染也被更容易发生的常规垂直或横向传播方式造成的感染所掩盖了。

第六节 ALV的致病性

一、一般特征

ALV感染对鸡群造成的危害表现为两方面：① ALV诱发肿瘤导致死亡，死亡率通常为1%～2%，偶尔还可达到20%甚至更高。② 在大多数感染鸡发生的ALV亚临床感染，可对一些重要的生产性能如产蛋率和蛋的质量产生不良影响。鸡白血病虽然以表现内脏肿瘤或体表皮肤血管瘤为特征，但更多的感染鸡可能仅表现为产蛋下降、免疫抑制或生长迟缓。实际上，由ALV感染后的亚临床病理作用带来的经济损失，可能大于临床上显示肿瘤性死亡带来的损失。

在已知的多种不同的病毒感染中，ALV感染在鸡群引起的病理变化和表现是最为多种多样的，这可能包括免疫抑制、生长迟缓、产蛋下降等亚临床表现，以及典型的肿瘤发生和死亡。这既决定于不同毒株的致病性，还与宿主遗传易感性和许多其他因素如传播途径和剂量相关（参见第三章第一节）。多数感染鸡往往只有一些亚临床表现，通常很难被发现，除非鸡场长期保存着系统的生产记录及有规律的定期血清检测，并对这些记录做比较研究。

二、免疫抑制作用

ALV感染鸡后的免疫抑制作用与感染的年龄、感染毒株的亚群与毒力及鸡的遗传背景密切相关，J亚群ALV的免疫抑制作用比其他亚群更强。一般来说，越是早期感染，特别是垂直传染，可能诱发的免疫抑制作用也越强。ALV诱发免疫抑制后，主要不良后果是导致感染鸡对其他疫病疫苗的保护性免疫反应下降，进而导致对其他传染病的抵抗力下降。

三、致肿瘤作用

根据致肿瘤作用的速度，将ALV分为慢性致肿瘤ALV和急性致肿瘤ALV两大类。

（一）慢性致肿瘤作用

大多数分离到的ALV野毒株都属于慢性致肿瘤病毒，即使是先天感染或出壳后早期感染，一般都要经几个月的潜伏期才会有肿瘤发生。这些ALV粒子的基因组都不含有肿瘤基因。对鸡白血病来说，一般肿瘤多在性成熟时才发生。ALV可引起鸡的多种内脏器官、不同组织、不同表现的肿瘤。肝脏、脾脏、肾脏、心脏、卵巢都是常见的发病脏器。此外，法氏囊、胸腺、皮肤、肌肉、骨膜等也会发生肿瘤。有些肿瘤呈大块肿瘤结节，有的则呈弥漫性细小结节。有的形状规则，有的形状不规则。特别是发生肿瘤的细胞类型也不一样，如淋巴细胞瘤、髓样细胞瘤、成红细胞瘤、纤维肉瘤、血管内皮细胞瘤等，这主要与不同毒株病毒的特性及鸡的遗传性相关。但一般来说，AB亚群多引发淋巴细胞肿瘤，且形成较大的肿瘤块，而J亚群多引起髓细胞样肿瘤，一般在肿大的肝脏中呈现大量弥漫性分布的白色细小的肿瘤结节。在其他脏器也会引发形状不规则的肿瘤。虽然E亚群ALV感染本身并不会引起肿瘤，但是先天感染或出壳后即感染ALV－E的鸡往往死淘率较高，对外源性ALV更易感。这可能与早期感染ALV－E后容易产生对ALV的免疫耐受性有关，从而在外源性ALV感染后不易产生相应特异性抗体。

（二）急性致肿瘤作用

急性致肿瘤ALV（acutely transforming ALV）感染或接种鸡后，只要几天或几周就能诱发肿瘤，如罗斯肉瘤病毒（RSV）。此外，由ALV诱发的急性肿瘤还可以表现为多种不同细胞类型的肿瘤，如纤维肉瘤（fabroblast sarcoma）、成红细胞瘤（erythroblastosis）、成髓细胞瘤（myeloblastosis）、由不成熟巨噬细胞形成的髓细胞样瘤（myelocytoma）、由不成熟巨噬细胞或成纤维细胞形成的内皮细胞瘤（endothelioma）等（表2－1）。能诱发急性肿瘤的ALV都带有肿瘤基因（表2－2），通常它们都是复制缺陷型病毒，需要有相关的辅助病毒存在时才能复制（参见本章第三节“四”）。

（三）ALV致肿瘤机制

由ALV导致的肿瘤形成涉及以下两类机制。

1. **急性致肿瘤ALV**　急性转化性ALV携带不同的肿瘤基因（onc基因）（表2－1），它们都来源于正常细胞的肿瘤基因（实际上是细胞生长因子的编码基因），并由该类基因产物的大量表达引起细胞的肿瘤性转化。Bishop等正是从RSV发现了病毒带有肿瘤基因，而且这个肿瘤基因就来源于正常鸡基因组上的原癌基因*c－src*。RSV携带*src*基因，*src*基因在感染细胞内编码一种特异性磷蛋白（60kD），即$pp60^{src}$。$pp60^{src}$具有蛋白激酶活性，其高水平表达引起的代谢失调是感染细胞转化为肿瘤细胞的原因。其他急性转化病毒的急性致肿瘤作用，也与相应肿瘤基因编码的蛋白质大量表达后诱发感染细胞的转化相关。如前所述，在RSV基因组中，鸡的原癌基因取代了ALV的整个*pol*基因和*gag*、*env*基因的部分片段。这种病毒感染细胞后，不论其前病毒cDNA整合到细胞染色体基因组的哪个部位，肿瘤相关基因产物都可能过量表达而诱发细胞转化为肿瘤细胞，因此在感染鸡后很快诱发肿瘤。不过，由于失去了*pol*和部分*gag*、*env*基因，这类病毒都是复制缺陷性的，需要有辅助性ALV同时感染一个细胞时才能复制。在自然发病的鸡群，急性白血病肿瘤比较少见，即使遇到了，相关的急性肿瘤性ALV也常常被漏检。

2. 慢性致肿瘤ALV　大多数分离到的ALV野毒株都属于慢性致肿瘤病毒，即使是先天感染或出壳后早期感染，一般也要经几个月的潜伏期才会有肿瘤发生。这是通过整合进宿主细胞染色体的ALV的前病毒cDNA插入细胞原癌基因上游后，由于ALV前病毒DNA中的LTR具有启动子和增强子活性，激活了相关原癌基因产物的表达，改变了细胞生长或分化活性使之转化为肿瘤细胞。在慢性致肿瘤ALV感染鸡后，其前病毒cDNA的LTR插入细胞某个原癌基因上游的相应位点是一种概率非常低的事件，这也就是通常只有小部分感染鸡发生肿瘤，而且要经过很长的潜伏期才发生肿瘤的原因。当然，感染鸡群肿瘤的发病率还与毒株的特性及鸡的遗传特性有关。

第七节 禽白血病病毒的宿主范围和传播途径

一、自然宿主和试验性易感宿主

鸡是目前已分离到的所有ALV的天然宿主，这些病毒除了偶尔从野鸡、鹧鸪和鹌鹑等其他鸟类分离到的，其余都是从鸡分离到的。近几年来，我国学者还报道从东北地区的一些野鸟如野鸭中用PCR检测到ALV–J，其流行病学意义还有待证实或阐明。在人工接种的条件下，有些ALV毒株呈现出较广的宿主范围，在接种非常年幼的动物或在诱导免疫抑制的动物连续传代后，一些ALV甚至能在一些特别的宿主适应并复制。例如，

RSV就有比较广泛的宿主，它可引起鸡、野鸡、珍珠鸡、鸭、鸽子、鹌鹑、火鸡和石鹧鸪（rock partridges）发生肿瘤。在研究对ALV的抗性时，鸭子可以作为理想的试验模型，这是因为鸭胚接种后，ALV可能在鸭体内存在3年，虽然在这期间检测不出病毒血症及中和抗体。但是，经鸭胚接种ALV－C后，雏鸭在出壳后不久就表现出衰竭性病态。还有报道鸵鸟可发生淋巴瘤，用感染鸡全血接种火鸡可诱发骨硬化等。此外，火鸡还对ALV－J较易感，用HPRS－103株ALV－J接种后可在火鸡诱发急性肿瘤。一些RSV毒株还能在包括猴子在内的哺乳动物诱发肿瘤。最近我国学者也报道，人工接种ALV－J可感染山鸡和鹌鹑并在其体内复制，但还没有发现诱发任何临床病理变化。

二、传播途径

（一）垂直传播

通过感染的鸡胚从母鸡垂直传染给下一代鸡是禽白血病的最重要的传播途径。在通常被外源性ALV感染的鸡群，虽然只有较低比例的鸡胚或雏鸡被垂直传播，但这种传播方式是使禽白血病在鸡群中一代向下一代连续传染的最重要的途径。垂直传播的发生是由母鸡输卵管的卵白分泌腺产生ALV粒子的结果。在大多数能从生殖道传播ALV的母鸡，其输卵管壶腹部的病毒滴度最高，这就表明鸡胚感染主要来自输卵管产生的ALV，而不是来自感染鸡的其他部分。电子显微镜观察也表明，在输卵管峡部能大量复制ALV。在卵巢的各种类型细胞中都可见到病毒的出芽，但在卵巢滤泡细胞或卵细胞却看不到出芽的病毒，这表明卵细胞间感染不是主要方式。但是，并不是所有卵白中含有ALV的蛋都会产生被感染的鸡胚或雏鸡。一些学者的研究已证明，卵白中含有ALV的种蛋孵化的鸡胚中，只有1/8～1/2有病毒感染。可能由于卵白中的病毒被卵黄囊中的抗体中和或由于热的灭活作用，只有部分带有ALV的种蛋在孵化后最终呈现为先天性感染。另一方面，在一些检测不出群特异性p27抗原时，却可能存在ALV的先天性垂直感染。当然，鸡胚的先天性感染与母鸡输卵管中的病毒及其向卵白中排毒密切相关，也与母鸡的病毒血症密切相关。电子显微镜检测表明，在感染鸡胚的多种器官都可以发现病毒粒子，特别是在胚胎的胰腺腺泡细胞中可见大量病毒出芽和聚集。这些有高度传染性的病毒粒子可能释放到刚出壳的雏鸡的排泄物中。这些传染性病毒还会在雏鸡成长过程中继续存在于吐沫或粪便中，成为对其他鸡横向感染的传染源。

至于公鸡在ALV传播中的作用，现在还不明确。根据文献资料，公鸡是否感染ALV似乎并不影响其后代中对ALV的先天感染率。电子显微镜观察发现，在感染公鸡生殖器官的各种结构中都有病毒的出芽，但偏偏在生殖细胞上没有。这表明，ALV不能在生殖细胞复制。看来，感染的公鸡似乎只是带毒者，其精液中可能带有病毒，只是当给母鸡配种时可能成为接触感染或横向感染的传染源。

内源性ALV－E通常是通过不同于上述外源性ALV的垂直传播或先天性传播的遗传性传播的方式传给下一代的，这不同于上述外源性ALV的垂直传播或先天性传播（见本章第五节内源性ALV）。但是其中一些也可产生完整的有传染性的病毒粒子，这些内源性ALV－E也能像外源性ALV一样发生垂直传播。

（二）横向传播

外源性ALV也可以像其他病毒那样通过直接或间接接触从一只鸡传给其他鸡，其中绝大多数被接触感染的鸡都是由于与先天感染即垂直感染鸡的直接接触而被感染。经垂直传染带病毒的雏鸡出壳后，在孵化厅及运输箱中高度密集状态下与其他雏鸡的直接接触，可导致很高比例的初出壳雏鸡被横向传染，在一个运输箱内甚至可在1～2d内感染30%的直接接触鸡。虽然对于鸡群维持禽白血病感染状态来说，垂直感染是最重要的，但是对于鸡群的垂直感染能维持在一定比例从而足以保持传染的持续性来说，横向感染还是有一定作用的。

由间接接触产生的横向感染通常不太容易使ALV在鸡群中或鸡群间广泛传播开来，这是因为ALV对理化因子的抵抗力很弱，在体外环境中不会存活很长时间。

（三）人为传播

除了上述两种自然传播方式外，人为传播特别是接种被外源性ALV污染的弱毒疫苗，也会将ALV带进鸡群。而且，这种情况一旦发生往往是灾难性的，因为它能让鸡群（场）内的大多数个体同时感染。如果这种污染外源性ALV的疫苗用在成年鸡，这对被免疫的鸡群还不会造成太大的直接危害；但如果用在对ALV特别易感的雏鸡阶段，那可能会对鸡群造成严重影响，包括生长迟缓、免疫抑制及后期的肿瘤发生。这种污染的疫苗如果发生在1日龄接种的马立克病疫苗，则尤为严重。然而，对于实施ALV净化程序的原种鸡场来说，不论哪种活疫苗，只要污染了外源性ALV，其危害都是很大的，因为这可能使鸡场的净化程序又得重新开始。

研究已证明，某些蚊子可携带鸡的另一种反转录病毒——禽网状内皮组织增殖症病毒。至于蚊子是否也能携带同是反转录病毒的ALV，现在还不清楚，但是对于涉及对外源性ALV净化的原种鸡场，则需要考虑采取措施防止这种可能性的发生。

参考文献

崔治中. 2012. 我国鸡群肿瘤病流行病学及其防控研究[M]. 北京：中国农业出版社.

Nair V. , Fadly A.M. 2013. Leukosis/Sarcoma group. Diseases of Poultry[M]. 13th ed. Iowa:Wiley & Sons. Inc.

Payne L. N. , Nair V. 2012.The long view: 40 years of avian leucosis[J]. Avian Path, 41:11－19.

第三章

禽白血病发生和流行的重要特点

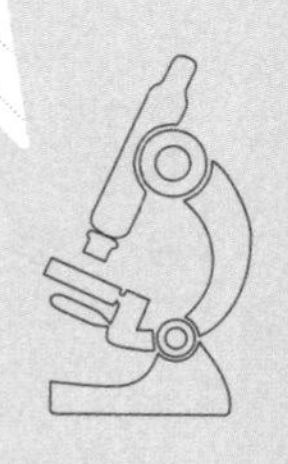

与其他病毒性传染病相比，禽白血病在病理发生上有几个必须给予特别关注的特点。这些特点给发病鸡的个体或群体的鉴别诊断、感染状态的检测判断及防控带来了很大难度。了解和理解这些特点将有助于对鸡群（场）禽白血病感染状态做出科学的分析判断，也有助于在制订鸡群（场）的监测和防控规划时做到更加全面有效。

第一节 显著影响ALV对鸡的感染性和致病性的因素

感染ALV后，不同鸡群最终的感染状态和发病状态差异很大，这是由许多因素影响和决定的。在生产实践中，认识禽白血病的这一特点对于正确科学地判断鸡群的感染状态、危害性和防控措施都非常重要。下面将详细叙述影响鸡群感染ALV后发病状态的主要影响因素。

一、影响ALV致肿瘤性的因素

（一）病毒亚群

一般来说，ALV对鸡的致肿瘤性与其亚群有密切关系。例如，E亚群内源性ALV（ALV–E）如RAV0株，几乎完全没有致肿瘤性或致肿瘤性非常弱。这是因为ALV–E的LTR只有很弱的启动子活性。另一方面，ALV–J也主要引发髓细胞样瘤（myelocytomatosis），其囊膜基因及其他成分的某种特性可能与这种特殊的肿瘤细胞类型相关。但是，ALV–J在我国蛋鸡中广泛流行时，除了髓细胞样肿瘤外还出现较高比例的血管瘤。此外，它也能诱发其他类型的肿瘤，如骨硬化、急性肉瘤等。不同亚群ALV的致病性不同，但是没有哪个亚群ALV只诱发一种类型的肿瘤，也没有哪一类型的肿瘤仅仅是由某一特定亚群诱发的。20世纪90年代以来，根据我国不同类型鸡群中白血病的发病情况，绝大部分临床上看到的肿瘤都与ALV–J相关。虽然也不断从临床健康鸡群分离到其他亚群ALV，如A、B、C亚群及我国特有的K亚群，但却很少从肿瘤病鸡分离到这些亚群的ALV，这说明ALV–J的致肿瘤性要比其他亚群更强。

（二）来源和毒株

同一亚群但不同来源的不同病毒株都有可能诱发不同类型的肿瘤。例如，将鸡淋巴肉瘤浸出液接种其他鸡后诱发的肿瘤仍然主要是淋巴肉瘤。但即使是感染同一亚群ALV，如果用显示血管瘤的病鸡病料接种其他鸡，血管瘤的发病率也会比原来感染鸡群的更高。

（三）病毒剂量

接种同一病毒，但剂量不同时，其诱发的肿瘤也可能不同。若用大剂量RPL12株ALV接种鸡，则主要诱发成红细胞瘤（erythroblastosis），在用大剂量时还常常诱发肉瘤、内皮瘤或出血症。而如果只以接近临界感染量的RPL12接种，则主要诱发淋巴肉瘤。

（四）感染途径

不同感染途径也会有不同结果。当以感染效率比较低的途径接种时，就相当于接种了低剂量的病毒。例如，当将易感鸡与接种了大剂量RPL12株ALV的其他鸡接触后，由接触感染所产生的病变类似于用1/1 000的小剂量接种产生的病变。用RPL26株ALV肌肉接种鸡主要诱发肉瘤，但静脉接种同样的病毒则主要诱发成红细胞瘤和出血症。这种现象可能与不同途径接种病毒时能达到靶细胞的病毒的量有很大差异有关。

（五）宿主年龄

总的来说，随着年龄的增加，鸡对ALV感染后肿瘤发生的抵抗力也显著增强，但其增强的程度还与感染途径有关。如果是在1～21日龄经口腔或鼻腔感染，鸡的抵抗力则随年龄增长而迅速增加。但是如果用静脉注射，其抵抗力随年龄增长而增加的程度比较小。这可能与在口鼻感染时有效感染量随年龄增长迅速下降有关。但是，有些肿瘤的发病率随接种年龄增长而迅速减少的程度，并不能单独用有效感染量减少来解释。例如，一些RPL12株ALV的接种物在1日龄静脉接种时会诱发很高的骨硬化发生率，但在3周龄时静脉接种同一病毒所产生的骨硬化的比例，只相当于1日龄接种1/10剂量的骨硬化发生率。显然，这与随年龄增长其易感性减弱直接相关。然而，近年来的研究发现，有些急性肿瘤的发病率受年龄的影响不大。例如，最近几年我国发现了一些与ALV–J相关的急性肉瘤，在用急性肉瘤浸出物的滤液皮下或肌肉接种1～3周龄鸡，都能诱发很高的肿瘤发生率。

（六）宿主的基因型和性别

鸡的遗传特性对ALV感染后的发病状态影响非常大。在本章第四节中将会对此进行详细叙述。一般来说，母鸡比公鸡对淋巴肉瘤更易感。将公鸡阉割会提高发病率，而给公鸡或阉鸡注射睾丸素又能提高对淋巴肉瘤的抵抗力。这些现象可能与激素能影响法氏囊中的靶细胞的退行性变有关。

二、影响ALV感染鸡亚临床病变的因素

在过去近100年的研究中，学者们在涉及ALV的致病性时，主要是关注其致肿瘤作用。实际上，鸡群感染ALV后，真正发生肿瘤特别是显示肿瘤的病理表现的只是小部分，大部分鸡可能表现非特征性的免疫抑制、生长迟缓、产蛋下降等。但是迄今为止，对于不同因素在鸡群对ALV的感染性及其在其他方面的致病作用程度的影响方面，还缺乏系统的研究。应该说，上述影响鸡在感染ALV后肿瘤发生的各种因素也同样会影响鸡对ALV本身的易感程度，还会影响由此产生的一系列亚临床的病理作用，诸如感染后的病毒血症和免疫反应动态（见本章第二节）、免疫抑制和生产性能等。

在从鸡分离到的ALV现有亚群中，显然ALV–J对鸡的感染性最强。根据现有的资料，在我国的鸡群也存在着其他亚群，有的亚群很可能在20世纪80年代末世界上发现ALV–J以前就已存在于我国鸡群中，但至今仍未广泛流行，这说明ALV–J的传染性确实比其他亚群强。鉴于ALV–J最初仅在白羽肉鸡流行，大约在20世纪初才开始进入蛋用型鸡和我国各地的地方品种鸡，现在还不清楚这些从不同类型鸡群分离到的不同ALV–J毒株是否已对不同遗传特性的鸡群形成了相应的适应性，因而不同株ALV–J对不同类型鸡的感染性和致病性也不完全相同。

除了毒株差异外，接种病毒的剂量、途径和鸡的年龄也会显著影响鸡对ALV的易感性。其中年龄的影响最明显，例如胚胎接种ALV–J后几乎所有出壳鸡都产生持续性病毒血症且很难产生抗体反应，而1周龄后接种通常只产生短暂的病毒血症，并且多数鸡先后出现抗体反应。而对3月龄以上鸡，即使静脉接种ALV–J，也有相当部分鸡检测不出病毒血症。由于病毒血症、对ALV的抗体反应及免疫抑制状态等指数都可以测定，因此今后可以通过实验室试验来逐渐理清这些因素对感染性和相关的亚临床病理作用的具体影响。

第二节 鸡群禽白血病病理表现和潜伏期的多样性

如本章第一节所述，有多种因素会影响ALV的致病作用，因此鸡群感染ALV后所表现的临床病理表现也非常多样化。禽白血病是临床病理表现最多样的传染病之一，不仅可能发生多种多样的肿瘤，也会诱发多种非肿瘤性病变，而且发病潜伏期的差异也很大。该病的许多病理表现常常会与其他某种传染病甚至普通病的特定病理表现类似，所以这对在现场发现和识别禽白血病来说非常重要。只有了解了禽白血病的这个特点，才能比较全面地认识和懂得禽白血病。

一、鸡群禽白血病肿瘤类型的多样性

鸡感染ALV后诱发的肿瘤多种多样，除了发病过程有急性和慢性肿瘤之分外，更涉及不同组织、不同细胞类型的不同肿瘤。ALV主要诱发造血系统细胞类型的肿瘤，也还能诱发结缔组织、上皮组织、内皮细胞及其他组织的肿瘤。自1910年发现和报道禽白血病以来，经过100多年的临床观察和经典研究，已对这些不同组织、不同细胞类型的肿瘤有了相应的描述和命名（表2–1）：① 造血细胞的白血病（leukoses），包括淋巴细胞白血病（lymphoid leucosis）、成红细胞白血病（erythroblastosis）、成髓细胞白血病（myeloblastosis）和髓细胞瘤（myelocytoma，myelocytomatosis）；② 结缔组织瘤，包括纤维瘤和纤维肉瘤（fibroma and fabrosarcoma）、黏液瘤和黏液肉瘤（myxoma and myxosarcoma）、组织细胞性肉瘤（histiocytic sarcoma）、软骨瘤（chondroma）、骨瘤和骨源性肉瘤（osteoma and osteogenic sarcoma）；③ 上皮细胞瘤，包括肾母细胞瘤（nephroblastoma）、肾瘤（nephroma）、肝癌细胞瘤（hepatacacinoma）、胰恶性腺瘤（adenocacinoma of pancreas）、卵泡膜细胞瘤（thecoma）、恶性颗粒细胞瘤（granulosa cell carcinoma）、精原细胞瘤（seminoma）、恶性鳞型细胞瘤（squamous cell carcinoma）；④ 内皮细胞瘤，包括血管瘤（hemangioma）、恶性血管内皮瘤（angiosarcoma）、内皮细胞瘤（endothelioma）、间皮瘤（mesothelioma）；⑤ 其他相关肿瘤，包括骨硬化（osteopetrosis）、脑脊髓膜瘤（meningioma）和胶质瘤（glioma）。

虽然上面列出了如此多种多样的肿瘤类型，但其中很多种类型的肿瘤在自然发病

鸡并不多见。这只是表明，既然ALV可以感染鸡体内成熟的精子以外几乎所有类型的细胞，它也能转化这多种类型的细胞形成肿瘤，其中最常见的还是由造血细胞演变而来的淋巴细胞瘤、髓细胞瘤、成红细胞白血病、血管瘤及纤维肉瘤等。

二、禽白血病不同肿瘤发生潜伏期的多样性

禽白血病可以表现不同细胞类型的肿瘤，随肿瘤类型不同，在不同个体发生禽白血病时，其潜伏期变化很大。即使是同一类型的肿瘤，也会随毒株、宿主年龄、感染途径和剂量等因素的不同其潜伏期有显著差异。ALV感染诱发的急性肿瘤最快时其潜伏期只有1～2周，而大多数感染鸡要经过几个月甚至感染后七八个月才发生肿瘤。下面是早期研究中对几种比较常见类型肿瘤发生的潜伏期的描述，这些资料大多来自20世纪80年代以前的研究观察。

（一）淋巴肉瘤

当以ALV参考株RPL12、B42或RAV–1通过胚胎接种或1日龄接种易感鸡后，通常要经过14～30周才发生淋巴肉瘤，很少有淋巴肉瘤发生在14周龄前。但是，有些实验室重组ALV株却可能在5～7周内诱发淋巴肉瘤，而在临床上则很少能在这么年轻的鸡群发现淋巴肉瘤的暴发。在鸡场暴发淋巴肉瘤时，通常都在14周龄后，而且以性成熟时发病率最高。

（二）成红细胞瘤

决定何时能发生肿瘤的另一个重要因素是感染的ALV是否带有肿瘤基因。RPL12和F42株病毒是慢性转化型非复制缺陷型病毒，而ES4和R株则是复制缺陷型的急性转化型病毒。由缺乏肿瘤基因的慢性转化性ALV诱发的成红细胞瘤，要经过很长的潜伏期才会发生。在1日龄易感鸡腹腔内接种慢性转化性RPL–12株ALV后，其肿瘤发生的潜伏期为21～110d。但如果静脉接种11日龄鸡胚，有时在出壳后即可在雏鸡发现成红细胞瘤。另外一个R株ALV也能很快诱发肿瘤，在接种大剂量病毒后7～12d，就可导致所有鸡死亡。但大多数从病鸡分离到的野毒株或实验室在细胞上的传代毒，都要经过很长的潜伏期才会诱发成红细胞瘤。将从患有成红细胞瘤鸡分离的病毒再接种鸡，并继续从成红细胞瘤病鸡采集样品，如此传代将会缩短成红细胞瘤发生的潜伏期。其他毒株如F42、ES4和13也能诱发成红细胞瘤。

（三）成髓细胞瘤、髓细胞瘤

BAI–A株ALV主要是诱发成髓细胞瘤，该病毒的种毒本身是复制缺陷型，但在同时还含有A或B亚群的辅助病毒。在用大剂量接种1日龄易感鸡后10d内，即可在血液中出现相应的变化，几天后就开始发生死亡，大多数接种鸡都在1个月内死亡，只有少数鸡能存活1个月以上。E26株病毒主要诱发成髓细胞瘤。由急性转化性病毒诱发的髓细胞样瘤的潜伏期通常都比成红细胞瘤、成髓细胞瘤的长，但比淋巴肉瘤的短。当用M29株病毒静脉接种雏鸡后3～11周内，就会发生髓细胞瘤。虽然并不清楚这类髓细胞瘤在自然感染鸡群的潜伏期，但多在还没有性成熟的鸡发病。CMII株病毒也能诱发髓细胞瘤。以上这些毒株都是在J亚群发现前的不同亚群毒株。由没有肿瘤基因的HPRS–103株ALV–J诱发的髓细胞瘤的潜伏期则较长，通常要到20周龄时才发生死亡。但其带有肿瘤基因的急性转化型变异株879就可引起早期死亡，在感染后死亡发生时期的中间值为9周龄。当然，有些ALV–J诱发的髓细胞瘤的死亡最早也见于白羽肉鸡种鸡的育成期。

（四）血管瘤

在研究禽白血病的早期就发现，大多数ALV都能诱发血管瘤（hemangioma），而且见于各种不同年龄鸡。在自然发病的鸡群，由血管瘤造成的死亡多见于6～9月龄鸡。但在将野毒株ALV人工试验感染雏鸡的情况下，可在接种后3周至4个月时发生血管瘤。此外，从接种了Bryan株RSV的鸡胚成纤维细胞培养上分离到两株可能是通过重组产生的F亚群ALV，将它们经鸡胚静脉接种后，也能诱发鸡的肺血管瘤。

（五）肾瘤

自然感染的鸡群，由ALV诱发的肾瘤（rental tumor）多见于2～6月龄鸡，只有少数发生于5周龄以下鸡。BAI–A株ALV感染鸡后可在60%～85%的感染鸡诱发成肾细胞瘤死亡，但却没有发生成髓细胞瘤。人工接种MC79株ALV后，在18d至7周时发生肾瘤。人工接种后，这种肿瘤的发生率可达60%，但还不清楚自然感染时的肾瘤发生率。

（六）骨硬化症

用RPL12–L29株或其他株ALV人工接种1日龄鸡后，可使鸡在1个月后发生骨硬化症（osteopetrosis），但大都发生在8～12周龄。在自然感染的鸡群，骨肿大及硬化症发生的潜伏期也与此类似。将MAV–2株ALV接种1日龄鸡或11～12日龄鸡胚，可在7～10日龄鸡发现骨肿大。

（七）肉瘤

接种ALV后也会发生肉瘤（sarcomas），最常见于感染后2～3月。肉瘤很容易发生，在用急性转化性RSV大剂量接种鸡后，可在3d内即出现可触及的肉瘤。

三、我国鸡群中ALV-J诱发肿瘤的潜伏期

自20世纪90年代以来，我国各种类型鸡群中的禽白血病主要是由ALV–J引起的。其中最常见的是典型的髓细胞瘤或成髓细胞瘤、血管瘤，以及纤维肉瘤和骨硬化症。从鸡场自然发病的大量临床表现看，由ALV–J诱发的髓细胞瘤和血管瘤大多发生在性成熟鸡。一般来说，感染鸡群在16周龄左右就可以出现发病死亡，但发病的高峰在开产前后，特别是产蛋高峰期。少数病例可持续到30～35周龄甚至更晚一点。这说明，自然感染ALV–J后诱发肿瘤的潜伏期很长。但是，偶尔也有在5～6周龄育成期的种鸡或商品代肉鸡发生典型的髓细胞瘤。ALV–J诱发的骨硬化症的发病率不高，也仅见于成年病鸡，且与髓细胞瘤发生在同一只病鸡。

对我国不同时期、不同类型鸡群中分离到的ALV–J的不同毒株诱发肿瘤的潜伏期，目前还缺乏系统的比较研究。笔者团队在早期研究中，曾在1日龄商品代肉鸡肌肉接种ALV–J，到5月龄左右才出现典型的髓细胞瘤死亡。

与ALV–J相关的纤维肉瘤发生的潜伏期较短。在蛋鸡中大规模暴发ALV–J感染期间，可在一些5～7周龄的817肉杂鸡和7～8周龄的蛋用型父母代育成鸡鸡群中有一定比例的发生。用这些纤维肉瘤的去细胞浸出液皮下或肌肉接种1～3周龄鸡，10d后即可出现可触及的纤维肉瘤。即使有1例纤维肉瘤发生在30周龄母鸡，但用其去细胞浸出液皮下或肌肉接种1日龄鸡后，同样只经过10～12d即出现纤维肉瘤。进一步研究确定，这些纤维肉瘤是由带有*src*或*fps*肿瘤基因急性复制缺陷型病毒诱发的，但以ALV–J为辅助病毒。

四、我国ALV-A和ALV-B分离株诱发肿瘤的潜伏期

除了ALV–J诱发的肿瘤外，迄今为止，我国还没有其他亚群ALV诱发肿瘤的临床报告，但山东农业大学家禽病毒性肿瘤病实验室和国内其他实验室都已先后分离到其他几种不同亚群的ALV。这表明，在自然感染时，其他亚群ALV的致肿瘤率较低，不太容易被发现和识别。笔者团队已用自己分离到的ALV–A和ALV–B分别接种了1日龄蛋用型鸡，只有少数人工感染鸡在30周龄左右才发生了肿瘤。其中一例为典型的淋巴肉瘤，另一例为纤维肉瘤。

第三节 鸡对ALV感染的免疫反应及其病毒血症动态

一、鸡对ALV感染的免疫耐受性

ALV感染鸡后也能诱发鸡的免疫反应，但免疫反应的强度似乎显著低于其他病毒感染后诱发的免疫反应，其发生发展动态也与其他病毒感染后显著不同。ALV的垂直感染或出壳后不久的雏鸡感染，均会造成严重的免疫抑制，这不仅抑制感染鸡对其他疫苗或抗原的抗体反应，更显著抑制感染鸡对ALV自身的免疫反应，即很容易呈现免疫耐受性感染。在垂直感染了ALV的雏鸡或在出壳后不久即被ALV感染的鸡，有相当高比例鸡终身不能产生对ALV的抗体反应，或抗体反应显著滞后，这就会导致这些鸡在很长时期呈现持久或间隙性病毒血症甚至终身病毒血症。随着年龄的增长，鸡只的免疫功能逐渐成熟，鸡只对ALV的抵抗力随年龄增长逐渐增强。成年鸡感染ALV后，大多数鸡均能逐渐产生抗体反应，但血清抗体反应的强度和持续时间，不同的个体差异很大。鸡对ALV感染易形成免疫耐受性或免疫反应较弱的原因，现在还不是很清楚，但也可能与内源性ALV的存在有关。内源性ALV在胚胎期就表达的囊膜蛋白或其他蛋白有可能诱发了免疫耐受性，而这些内源性ALV–E虽然与其他外源性ALV在抗原性上有差别，但毕竟还有一定的同源性，对内源性ALV–E有时还有J的*env*基因片段表达产物形成的免疫耐受性，就可能会对后来感染的其他亚群外源性ALV形成某种程度的交叉性免疫耐受。Crittenden等（1987）提供的试验资料为这种推论提供了有力的依据，他们用无致病性的RAV–0株内源性ALV–E鸡种6日龄鸡胚，在出壳后1周，再在经鸡胚感染RAV0的鸡或未感染的对照组鸡分别接种属于A亚群的RAV–1或B亚群的RAV–2株外源性ALV，比较鸡的病毒血症、抗体反应及肿瘤发生率。结果表明，胚胎感染RAV–0株ALV–E的鸡都能表现ALV–E病毒血症，却都不会产生对ALV–E的中和抗体（表3–1），而且能显著提高和延长RAV–1或RAV–2的病毒血症的阳性率及泄殖腔的排毒率，还能显著延缓或完全抑制对这两个外源性ALV感染的病毒中和抗体反应（表3–2至表3–4），提高肿瘤死亡率（表3–5）。因此，RAV–0胚胎感染可诱发内源性和外源性ALV共有的囊膜糖蛋白特异性的免疫耐受性，胚胎期感染内源性ALV（RAV0）将显著提高鸡对外源性ALV的易感性（Critenden等，1987）。有研究表明，有内源性ALV表达的鸡，如ev6、ev21阳性鸡，对外源性ALV感染的抵抗力较ev21阴性鸡低（表3–8），也能部分说明这个问题。

表 3-1 胚胎期感染 RAV-0 株内源性 ALV 鸡的病毒血症及中和抗体反应

（引自 Crittenden 等，1987）

病毒接种		对内源性 ALV-E 病毒血症和中和抗体阳性率（总检测鸡数）	
胚胎	1 周龄	病毒血症	中和抗体
无	RAV-1	0[a](11)	0(32)
RAV-0	RAV-1	100%[b](16)	0(21)
无	RAV-2	0[a](39)	10%(39)
RAV-0	RAV-2	100%[b](31)	0(31)

注：对 15B1×0 系杂交鸡的孵化 6 日龄胚卵黄囊接种内源性 ALV-E（RAV-0 株），1 周龄雏鸡腹腔接种外源性 ALV（RAV-1 或 RAV-2 株），在 17 周龄检测对 ALV-E 的病毒血症和抗体。表中数字右上角字母不同者表示统计学差异显著（$p<0.01$）。

表 3-2 胚胎感染 RAV-0 株内源性 ALV 对鸡再感染外源性 ALV 后中和抗体反应的抑制作用

（引自 Crittenden 等，1987）

病毒接种		接种外源性 ALV 后血清中和抗体阳性鸡率（接种总鸡数）		
胚胎	1 周龄	7 周龄	11 周龄	17 周龄
无	RAV-1	100%[a](27)	100%[a](27)	100%[a](32)
RAV-0	RAV-1	11%[b](35)	35%[b](34)	61%[b](21)
无	RAV-2	100%[a](30)	100%[a](30)	100%[a](29)
RAV-0	RAV-2	0[b](38)	0[b](37)	0[b](31)

注：7 日龄鸡胚卵黄囊接种内源性 ALV（RAV-0 株），1 周龄雏鸡腹腔接种外源性 ALV-A（RAV-1）或 ALV-B（RAV-2 株），在不同周龄检测对相应外源性 ALV 的中和抗体。表中数字右上角字母不同者表示统计学差异显著（$p \leqslant 0.01$）。

表 3-3 RAV-0 株内源性 ALV 感染对外源性 ALV 感染后病毒血症和排毒率的影响

（引自 Crittenden 等，1987）

病毒接种		接种外源性 ALV 后血清病毒血症阳性鸡率（接种总鸡数）			17 周泄殖腔棉拭子检测病毒率（检测总数）
胚胎	1 周龄	7 周龄	11 周龄	17 周龄	
无	RAV-1	0[a](27)	0[a](27)	0[a](32)	0[a](32)
RAV-0	RAV-1	66%[b](35)	35%[b](34)	24%[b](21)	67%[b](21)

（续）

病毒接种		接种外源性 ALV 后血清病毒血症阳性鸡率（接种总鸡数）			17 周泄殖腔棉拭子检测病毒率（检测总数）
胚胎	1 周龄	7 周龄	11 周龄	17 周龄	
无	RAV-2	3%[a](30)	0[a](30)	0[a](39)	5%[a](39)
RAV-0	RAV-2	100%[b](38)	100%[b](37)	100%[b](31)	100%[b](31)

注：7 日龄鸡胚卵黄囊接种内源性 ALV（RAV—0 株），1 周龄雏鸡腹腔接种外源性 ALV（RAV—1 或 RAV—2 株），在不同周龄检测对相应外源性 ALV 病毒血症和泄殖腔排毒。表中数字右上角字母不同者表示统计学差异显著（$P \leqslant 0.01$）。

表 3-4　RAV-0 株内源性 ALV 胚胎感染对外源性 ALV 感染后不同亚群囊膜糖蛋白抗体反应的抑制作用

（引自 Critenden 等，1987）

病毒接种		对不同亚群 ALV 的血清免疫沉淀反应的 cpm* 值均数（检测样品数）			
胚胎	1 周龄	Pr-RSV-A	Pr-RSV-B	Pr-RSV-C	RSV（RAV-0）
无	RAV-1	220[a](10)	358[a](6)	1.080[a](6)	2.527[a](9)
RAV-0	RAV-1	121[b](10)	187[b](6)	184[b](6)	137[b](9)
无	RAV-2	358[a](10)	3.507[a](6)	614[a](10)	2.248[a](10)
RAV-0	RAV-2	162[b](10)	210[b](6)	195[b](10)	251[b](10)

注：利用 [^{3}H] 葡萄糖苷标记的不同亚群 ALV 产生的囊膜糖蛋白作为标记抗原，用免疫沉淀反应检测 1 周龄接种 RAV—1 或 RAV—2 病毒，17 周检测血清中对不同亚群 ALV 囊膜糖蛋白特异抗体。

* cpm 为同位素的放射性比活性，单位为 Ci/min。将免疫沉淀反应产物在聚酰胺凝胶上电泳呈现的 85kD 和 37kD 条带切下测定 [^{3}H]：的放射性活性。表中读数"cpm"为试验的放射性活性读数的平均值。表中数字右上角字母不同者表示统计学差异显著（$p<0.05$）。标准阴性血清平均读数为 50 ～ 150。

表 3-5　RAV-0 株内源性 ALV 感染对外源性 ALV 感染后死亡率和肿瘤发生率的影响

（引自 Crittenden 等，1987）

病毒接种		2 周龄总鸡数	死亡率[a]（%）		死亡及病变率[b]（%）		淋巴肉瘤转移率（%）
胚胎	1 周龄		LL	ON	LL	ON	
无	RAV-1	37	0[c]	0	43	0	6[c]
RAV-0	RAV-1	36	25[b]	8	67	8	71[b]

（续）

病毒接种		2 周龄总鸡数	死亡率[a]（%）		死亡及病变率[b]（%）		淋巴肉瘤转移率（%）
胚胎	1 周龄		LL	ON	LL	ON	
无	RAV-2	42	0[c]	2	19[c]	2	12[c]
RAV-0	RAV-2	37	11[b]	3	49[b]	5	67[b]

注：a. 17 周肿瘤死亡率；b. 17 周龄时死亡和扑杀的总肿瘤死亡或病变率。LL. 淋巴肉瘤；ON. 成红血细胞增多性白血病及血管瘤。

不仅在胚胎期感染内源性ALV–E会诱发免疫耐受性，而且在胚胎期感染外源性ALV也会诱发免疫耐受性。山东农业大学家禽病毒性肿瘤病实验室的研究证明，当经鸡胚卵黄囊接种ALV–J后，由此孵化出的大多数鸡对ALV–J能产生免疫耐受性，即在36周龄内大多数接种鸡不产生抗体反应。即使在1日龄或7日龄接种后，也有部分个体在36周内不表现抗体反应，但接种鸡都表现出病毒血症（表3–6）。

表 3–6　不同途径接种 ALV–J 对 SPF 鸡死亡率及病毒血症和抗体反应出现率比较

项目	感染鸡数	死亡数（比例）	V^-A^-	V^+A^+	V^-A^+	V^+A^-
对照组	3	3(0)	3/3	0/3	0/3	0/3
7 日龄腹腔注射组	16	4(25%)	5/16	3/16	1/16	7/16
1 日龄腹腔注射组	14	4(28.6%)	0/14	6/14	0/14	8/14
5 胚龄卵黄囊接种组	16	6(37.5%)	0/16	2/16	0/16	14/16
总和	49	14(28.6%)	8/49	11/49	1/49	29/49

注：所有试验鸡分别在 2、4、8、12、16、24、36 周龄时采血检测病毒血症（V）或抗体反应（A），只要有一次检测到阳性，即统计为阳性鸡。V^+A^+. 病毒血症阳性和抗体阳性；V^+A^-. 病毒血症阳性和抗体阴性；V^-A^+. 病毒血症阴性和抗体阳性；V^-A^-. 病毒血症阴性和抗体阴性。

二、血清抗体不一定能完全抑制病毒血症

许多病毒感染后产生的血清抗体都有比较强的病毒中和作用，从而在抑制病毒血

症方面发挥重要作用。对ALV的血清抗体虽有一定的病毒中和作用，但比其他病毒弱，特别是在抑制病毒血症上的作用很差，因而在感染鸡场常常可以检测出一些血清抗体与病毒血症长期并存的鸡，特别是在一些垂直感染或早期感染的鸡（表3–6）。这既与鸡体对ALV的特异性抗体反应或免疫反应较弱有关，也与ALV的与病毒中和反应密切相关的囊膜糖蛋白gp85极易变异产生能逃避已有的中和抗体的新的准种有关。近年来，采用最新的高通量测序技术结果显示，即使是已经纯化的同一株ALV–J，在细胞培养的传代过程中也会形成在基因组水平有不同程度变异的准种（quasspeicies）。在ALV–J接种鸡产生病毒血症后，也同样产生大量的准种。例如，对从一份血清样品提取的病毒粒子基因组RNA做RT–PCR后直接测序，结果在对ALV–J的gp85的一段约350个氨基酸的高变区读出的近20 000个有效序列中，可能显示4 000个不同的准种，其中有的优势准种可能占10%～30%，而大多数准种的比例很低，仅为0.1%或更低。但是，随着感染鸡血清抗体反应的出现，同一只鸡体内的优势准种也会发生极大的变化。原来的优势准种的比例逐渐下降，有的降低到很低的水平，而原来比例很低的准种却成为新的优势准种（董宣，山东农业大学博士学位论文，2015）

母鸡的血清抗体特别是其中的IgG可以通过卵黄传递给后代，由此可为雏鸡提供被动免疫。这种被动免疫能延缓雏鸡被ALV感染、减少雏鸡中病毒血症的发生率及排毒率、减少雏鸡感染后的肿瘤发生率。这种被动免疫有可能持续2～3周，其强度和持续时间决定于母鸡的血清抗体水平。

三、鸡群感染ALV后血清抗体反应、病毒血症、排毒动态

根据有无病毒血症（V^+或V^-）或对ALV血清抗体是否为阳性（Ab^+或Ab^-），在ALV感染鸡群中，对ALV的感染状态可表现为V^+Ab^-、V^+Ab^+、V^-Ab^+、V^-Ab^-四种类型。在一个已被ALV感染的鸡群的不同时期，处于这四种不同状态鸡的比例是不同的，且在变化中。一般来说，随着鸡群年龄的增长，处于V^+Ab^-、V^+Ab^+状态的鸡会逐渐减少，而处于V^-Ab^+、V^-Ab^-状态的鸡逐渐增多。此外，还有很多因素会影响一个鸡群在ALV感染后这四种状态鸡的比例。在前面提到的影响ALV致病性的多种因素也会影响鸡群的抗体和病毒血症状态，其中感染的年龄影响最大。在垂直感染鸡胚孵出的鸡，多表现为V^+Ab^-，即只有病毒血症而无抗体反应，称之为耐受性感染，且持续相当长时期甚至终身。这些鸡如果发育到性成熟，最容易引发下一代的垂直感染。也正是这些鸡，最容易发生免疫抑制及肿瘤，死亡率最高。这也是导致一个鸡群中能产生垂直感染的母鸡的比例总是不会太高的原因。在出壳后感染ALV的雏鸡，一部分表现为V^+Ab^-，

另一部分表现为V^+Ab^+。随着年龄的增长，V^+Ab^+的比例增加，其中有的再进一步转为V^-Ab^+。成年鸡感染ALV后，往往只表现很短暂的病毒血症（V^+）且还处在抗体反应的潜伏期，这时也表现为V^+Ab^-；随即转为抗体阳性且病毒血症消除，表现为V^-Ab^+。但由于很多鸡对ALV感染后的抗体反应弱且持续时间短，所以有的V^-Ab^+鸡也不再能检测到抗体，也像那些没有被感染的鸡一样呈现为V^-Ab^-。由于感染鸡群的遗传背景不同及感染毒株的致病性强度不同，以及感染时年龄不同，不同鸡群中上述四个状态的比例和转化动态差别很大。实际上，鸡群中ALV感染的这四个状态转化动态与该鸡群肿瘤发生及死亡率都有密切关系，病毒血症阳性鸡特别是V^+Ab^-状态鸡比例越高、维持时间越长，该鸡群发病的可能性就越大、发病率也越高。为了具体阐明感染年龄对ALV感染鸡的病毒血症和抗体反应的不同状态的动态的影响，山东农业大学家禽病毒性肿瘤病实验室跟踪了分别经鸡胚、1日龄和7日龄鸡腹腔注射后的鸡的病毒血症和血清抗体反应的动态（表3–6）。从表3–6中可见，在鸡胚接种感染的鸡中，所有鸡长期呈现为病毒血症阳性且大多数没有抗体反应，随着接种年龄增加，病毒血症阳性比例逐渐减少，而抗体阳性鸡的比例逐渐增加，这清楚地显示了感染年龄对ALV致病性的显著影响。

在观察和分析鸡群ALV的感染状态时，还应注意鸡只的排毒状态，不论是从泄殖腔排毒，还是在输卵管中向种蛋蛋清或公鸡精液排毒，凡是带毒并排毒的鸡都称为带毒鸡或排毒鸡，其排毒状态用“S”表示。因此，鸡对ALV的感染状态又可再加一个符号“S^+或S^-”。如$V^+Ab^-S^+$表示病毒血症阳性抗体阴性排毒鸡，$V^+Ab^+S^-$表示病毒血症阳性抗体阳性但不排毒鸡等。有时再感染ALV后，即使处于病毒血症阴性状态也会排毒，如$V^-Ab^+ S^+$表示病毒血症阴性抗体阳性排毒鸡。这是因为感染鸡的病毒血症也是间隙性的，有时检测不出病毒血症，但病毒仍存在于输卵管黏膜中。

对于性成熟的带毒鸡，要特别注意向种蛋或精液中排毒。例如，山东农业大学家禽病毒性肿瘤病实验室自2010年以来，在实施农业部下达的对种鸡场ALV感染状态监控的抽样检测中，某些感染严重的蛋用型种鸡场的种蛋，ALV群特异性p27抗原的检出率达到 10 %～15 %；在一些感染严重的地方品种鸡，蛋清中p27检出率可高达40%～50%。实际上，早在2005—2006年，笔者团队就已从发生骨髓细胞瘤的黄羽肉鸡种鸡的种蛋中分离鉴定出ALV–J（Sun 和 Cui，2007）。在近几年净化ALV的过程中，也不断从亚临床感染种鸡的种蛋蛋清中分离到不同亚群ALV。此外，从带毒公鸡的精液中也多次分离到ALV–J。因此，精液的细胞培养分离病毒，也必须作为种鸡场ALV净化过程中必须采用的一项检测手段。然而，蛋清和精液中对ALV的排毒也可能是间隙性的，而且与病毒血症并不完全吻合。所以，种鸡场净化ALV过程中，必须同时检测病毒血症及蛋清或精液。

第四节 鸡遗传特性对禽白血病病毒感染和发病过程的影响

鸡群在感染ALV后的感染和发病过程受个体遗传特性的影响非常大。鸡群对禽白血病病毒诱发的肿瘤的遗传抵抗力，涉及对病毒感染的细胞性抵抗力和对肿瘤发生的抵抗力两个方面。

一、决定对不同亚群ALV易感性的细胞受体及其基因位点

常染色体不同的独立位点控制着对禽白血病病毒A、B、C亚群的易感性或抗性，分别将它们命名为TVA、TVB、TVC（其中TV代表tumor virus，即肿瘤病毒，A代表A亚群，B代表B亚群，C代表C亚群）。TVA和TVC位点，编码对ALV–A和ALV–C的细胞受体，位于鸡的28号染色体上；TVB位点，编码对ALV–B、ALV–D和ALV–E的细胞表面受体，位于鸡的22号染色体上。在每种TV位点上，存在着分别影响易感性和抵抗性的等位基因，相应地将它们命名为TVA^S、TVA^R、TVB^S、TVB^R、TVC^S、TVC^R。可能每个位点上还有多个等位基因，编码不同程度的易感性（表3–7）。肿瘤病毒B位点由于不同的点突变，分别形成TVB*S1、TVB*S3和 TVB*R三个基因型。具有基因型TVB*S3/*S3的纯系鸡仅对 ALV–E 感染有抵抗力，而TVB*R/*R则对ALV–E 、ALV–B、ALV–D都有抵抗力。在决定易感和抵抗两个不同特性的基因中，决定易感的基因是显性基因（Zhang 等，2005）。上述与易感或抗性相关的基因位点都是按孟德尔遗传模式遗传的（表3–7）。

表 3–7　影响鸡对不同亚群 ALV 易感性的基因位点

（引自 *Diseases of Poulty*，13 版）

病毒亚群	基因位点		等位基因		优势特性
	旧名	新名	旧名	新名	
A	*tva*	*TVA*	tva^s tva^r	TVA*S TVA*R	易感
B 和 D	*tvb*	*TVB*	tvb^{s1} tvb^r	TVB*S1, S3 TVB*R	易感
C	*tvc*	*TVC*	tvc^s tvc^r	TVC*S TVC*R	易感
E	*tved*	*TVE*	Tve^s tve^r	TVE*S TVE*R	易感
	i^e		I^e i^e		抵抗

注：表中基因位点的命名是由美国农业部动物基因组研究项目委员会于 1994 年认定的。原来标为 tvb^{s2} 的等位基因，现在认为它与 tvb^{s1} 是同一个基因。是否存在 *tve* 等位基因的问题还没有解决。原来的 i^e 位点，现在认为就是 ev 位点，它通过内源 ALV “ENV” 糖蛋白的表达来封闭 E 亚群病毒的受体。

细胞对E亚群病毒抵抗力的遗传背景较为复杂，因为它具有两种在两个常染色体不同位点上编码并相互作用的基因，即*TVE*和*I–E*。二者相互作用时，提供抗性的*I–E*基因是一种显性基因，它的表达产物能封闭由TVE^{S}等位基因的存在所提供的易感性。实际上*I–E*位点它自身就是一个ev位点，由*TVE*和*I–E*间相互作用来影响细胞对ALV–E呈现易感或有抗性，这也显示出ev位点对鸡的有害和有利的两面性。易感性基因（如TVA^{S}）可编码存在于细胞表面的亚群特异性病毒的受体位点，与病毒囊膜糖蛋白相互作用导致病毒穿入细胞而造成感染。如第二章所述，对B、D和E亚群ALV的受体称为TVB和TVE，它们类似于肿瘤坏死基因家族中的细胞因子的一种受体。对ALV–C的细胞受体称为TVC，它类似于哺乳动物的butyrophilins（一种参与免疫反应的调节因子，是免疫球蛋白超家族的成员之一）。ALV–J的细胞受体则是鸡的I型钠（+）/氢（+）离子交换酶（chNHE1）。而上述所谓的TV^{S}位点，就是编码这些受体的基因位点，它们的存在与否或功能的完整性决定着细胞对不同亚群ALV的易感性。现在可以确信，抵抗力基因（如TVA^{r}）纯合子所形成的细胞抵抗力与细胞表面缺乏对ALV–A的特异性受体密切相关。对于没有这种受体的细胞，尽管病毒也可对其发生非特异性病毒吸附作用，也不能造成细胞感染。虽然有些不同种鸟类对ALV–J感染是有抗性的，但目前还没有发现对ALV–J的遗传抗性。迄今为止，还没有在鸡群中发现作为ALV–J受体的I型钠（+）/氢（+）离子交换酶（chNHE1）基因的分离现象。

由这些基因赋予的呈现抵抗力或易感性的表型可在相应鸡的所有细胞上表达，无论是体外培养的细胞，如鸡胚成纤维细胞；或是鸡胚细胞，如绒毛尿膜（CAM）的那些细胞；或是孵出的鸡等。其中多数研究是用相应亚群的RSV病毒进行的，细胞培养在感染这些病毒后数天内即产生由病毒转化成的肿瘤化细胞形成的可视性细胞病变，从而可判断有无病毒感染。还可根据在易感细胞上产生的转化细胞病灶数来定量。与细胞培养类似，RSV还可接种到鸡胚的CAM上，根据能否在CAM上产生肿瘤样痘斑来判断有无病毒的复制，从而确定该鸡胚及其来源鸡对该亚群RSV是否易感，并确定病毒的量。或经颅内接种1日龄雏鸡，通过死亡或存活来判断相应鸡对相应亚群RSV呈现易感性还是有抵抗性。为了确定鸡的某些个体对不同亚群ALV抗性的表型，可从腿部采摘一束羽毛囊制备成纤维细胞，再接种不同亚群RSV。然而，这都需要分别属于不同亚群的RSV的参考毒株，我国目前还不具备全套的RSV，今后能否引进也是一个疑问。

二、影响鸡对ALV易感性的内源性病毒位点ev6和ev21

除了上面的TVB位点外，鸡基因组中固有的一些内源性ALV成分也会显著影响鸡对外源性ALV的感染性和致肿瘤率。其中，研究比较多的是仅能表达囊膜蛋白的ev6和能表达完整感染性病毒的ev21，这两个内源病毒位点的表型已在第二章中论及（表2–7），它们还都能影响鸡对外源性ALV的感染性和致肿瘤性。Smith等（1991）将在7日龄鸡胚卵黄囊接种RPL–40株ALV–A后孵出的雏鸡与没有接种病毒的胚孵出的雏鸡做接触感染，在22周后观察被接触感染鸡的病毒血症、中和抗体、泄殖腔排毒及肿瘤发生情况。同时，还测定每只鸡基因组是否携带ev6和ev21内源性ALV。如表3–8和表3–9所示，当分别让ev6阳性和阴性的1日龄雏接触感染RPL–40株ALV–A后，在ev6阳性鸡中，不论其ev21是阳性还是阴性，血清中病毒中和抗体阳性率都明显低于ev6阴性鸡。与此相对应，ev6阳性鸡的病毒血症阳性率、泄殖腔排毒率和肿瘤发生率又显著高于ev6阴性鸡。而在ev6阴性鸡，似乎ev21阳性鸡中显示病毒血症但不产生病毒中和抗体的鸡的比例要显著高于ev21阴性鸡。

上述试验表明，遗传选育对ALV–E感染有细胞抗性的鸡，就有可能减少或消除EV21的先天性传播。

表 3–8　ev6 和 ev21 对感染 RPL–40 株 ALV–A 后病毒血症、抗体反应、排毒和肿瘤发生的影响

（引自 Smith 等，1991）

母鸡 ev21 状态	ev6	V^+	Ab^-	S^+	法氏囊肿瘤发生率
出雏批次一					
1,ev21$^+$	+	13/18(72%)	13/18(72%)	12/17(71%)	9/22(41%)
	-	1/28(4%)	3/27(12%)	0/26(0)	1/28(4%)
2,ev21$^+$	-	0/33(0)	1/27(4%)	0/33(0)	1/33(3%)
3,ev21$^-$	+	9/18(50%)	9/18(50%)	9/18(50%)	8/20(40%)
	-	0/7(0)	0/7(0)	0/7(0)	1/8(13%)
4,ev21$^-$	-	0/31(0)	0/31(0)	0/31(0)	1/31(3%)
出雏批次二					
1,ev21$^+$	+	5/20(25%)	5/20(25%)	5/20(25%)	3/21(14%)
	-	1/25(4%)	1/26(4%)	0/26(0)	2/27(7%)
2,ev21$^+$	-	1/42(2%)	1/42(2%)	1/42(2%)	2/42(5%)
3,ev21$^-$	+	3/15(20%)	3/15(20%)	2/14(14%)	3/18(16%)
	-	0/17(0)	0/17(0)	0/17(0)	0/17(0)
4,ev21$^-$	-	0/23(0)	0/23(0)	0/23(0)	0/23(0)

注：在感染后 22 周检测。表中数据分别表示相关指标的阳性数／检测数（百分比）。

表 3-9 Ev6 对感染 RPL-40 株 ALV-A 后病毒血症、抗体反应、排毒和肿瘤发生的影响

（引自 Smith 等，1991）

比较指标	$Ev6^{+}$	$Ev6^{-}$
出雏批次 1		
病毒血症	61.1^{a}	1.0^{c}
中和抗体	61.0^{a}	4.0^{c}
羽囊排毒 $^{+}$	60.0^{a}	0^{c}
淋巴肉瘤发生总数	40.5^{a}	4.0^{c}
出雏批次 2		
病毒血症	17.8^{b}	1.8^{c}
中和抗体	20.0^{b}	3.0^{c}
羽囊排毒 $^{+}$	20.6^{b}	0.9^{c}
淋巴肉瘤发生总数	15.4^{b}	3.7^{c}

注：经 7 日龄胚卵黄囊接种 10^{4} 传染单位的 RPL—40 株 ALV—A 的 $15I^{5}$ 系 x 7_{1} 系杂交鸡，$ev6^{+}$ 和 $ev6^{-}$ 各 36 ～ 40 只。表中数据为到 22 周龄时每一比较指标的百分比（%），数字右上角字母不同者表示统计学差异显著（$p<0.05$）。

三、不同遗传背景鸡对ALV感染及肿瘤易感性的影响

鸡的某些基因位点的不同等位基因，不仅影响着细胞上不同受体的表达，从而影响对不同亚群ALV感染的易感性或抗性，而且在个体水平，也影响着被感染（接种）鸡的病毒血症的动态、抗体反应的动态及肿瘤的发生率。例如，分别给TVB的三种不同基因型的鸡人工接种E亚群RAV–60株后，具有S1S1/S1R/S1S3三种基因型的鸡出现41%的肿瘤发生率，而在S3S3或RR基因型鸡都没有肿瘤发生。接种RAV–2株B亚群RSV后，S1S1/S1R/S1S3或S3S3基因型的鸡中有67%～79%的个体发生肿瘤，但在RR基因型鸡也完全没有肿瘤发生（表3–10）。

但是，作为鸡的整个遗传背景，除了上述TVB这样的特定基因位点外，基因组上其他位点也会影响对ALV和肿瘤发生的易感性，如位于不同染色体上的ev位点。特定遗传背景鸡对ALV的易感性是不同位点与TVB相互作用的结果。表3–11显示了不同TVB和ev21的不同组合所构成的不同遗传背景的鸡。TBV的不同等位基因的基因型也能显著影响其自身ev21产生的内源性ALV–E的病毒血症和排毒，及其后代鸡胚在接种RAV60株E亚群RSV后的痘斑形成率（表3–12）。如基因型为tvb^{s}即S1的ev21阳性的慢羽鸡，全部呈现ALV–E病毒血症，并且都从泄殖腔排毒（表3–12）；而基因型为tvb^{r}即R的ev21也是阳性的慢羽鸡，却没有一只出现ALV–E病毒血症，只有少数能从泄殖腔排毒。在相应鸡的后代鸡胚接种RAV60后，有近半数基因型为tvb^{s}鸡胚出现病毒感染诱发的痘斑，但只有

非常少数tvb^r鸡胚出现病毒感染诱发的痘斑。而且，在相应母鸡的后代中也会因tvb^s和tvb^r的基因型不同而影响对内源性ALV–E（即EV21）的感染性（表3–13）。对ALV–E易感的杂合子慢羽后代母鸡，在出壳后呈现ALV–E病毒血症。在性成熟时也会在蛋清中持续产生和分泌ALV群特异性抗原p27。与此相反，对ALV–E有抗性的纯合子慢羽母鸡不仅在出壳时不呈病毒血症，也不排出p27抗原。分别对来自ALV–E呈易感或有抗性的慢羽母鸡的后代中传染性ALV–E检测证明，亲本母鸡对ALV–E的细胞抗性可有效限制EV21（由基因组ev21编码产生的游离ALV–E病毒颗粒）的先天性传播。因此，如果在慢羽品系中筛选对ALV–E呈细胞抗性的个体，就可能减少后代鸡中由内源性ALV感染造成的对抗原性上有一定同源性的外源性ALV的免疫耐受性。

表 3–10　E 和 B 亚群罗斯肉瘤病毒（RSV）在带有不同 TVB 基因型单倍体的纯系鸡的致肿瘤率比较

（引自 Zhang 等 ,2005）

基因型	接种 E 亚群 RSV（RAV–60）		接种 B 亚群 RSV（RAV–2）	
	接种鸡数	肿瘤发生率（%）	接种鸡数	肿瘤发生率（%）
SISI/SIR/SIS3	155	41^A	28	79^A
S3/S3	33	0^B	6	67^A
RR	34	0^B	15	0^B
总和	222		49	-

注：表中数据右上角字母不同者表示统计学差异显著（$p<0.01$）。

表 3–11　不同 TVB 和 ev21 组合公母鸡后代的基因型分布

（引自 Smith 等 , 1988）

母鸡群	表型	公鸡（tub^s/tvb^v，K/k^+, ev21/–） ×	母鸡（Line 0; tvb^r/tvb^r, k^+/w, –/w）
		公鸡	母鸡
1	SF,Sus	tvb^s/tvb^r, K/k^+, ev21/–	tvb^s/tvb^r, K/w, ev21w
2	SF,Res	tvb^r/tvb^r, K/k^+, ev21/–	tvb^r/tvb^r, K/w, ev21/w
3	RF,Sus	tvb^s/tvb^r, k^+/k^+ ,–/–	tvb^s/tvb^r,k^+/w, –/w
3	RF,Res	tvb^s/tvb^r, k^+/k^+, –/–	tvb^r/tvb^r,k^+/w, –/w

注：① 基因型符号。tvb^s 表示对 ALV–E 易感细胞的显性等位基因；tvb^r 表示对 ALV–E 有抗性的等位基因；*K* 表示与性别连锁的决定慢羽性状的显性等位基因；K^+ 表示野生型快羽等位基因；*w* 表示母鸡性染色体；*ev*21 表示编码内源性 ALV EV21 的与性别连锁的基因。② 母鸡群。1 群表示慢羽（SF），产生 p27；2 群表示慢羽，不产生 p27；3 群表示快羽（RF），不产生 p27。③ 表型。Sus 和 Res 分别表示对 ALV–E 易感细胞和抗性细胞。④ “–”表示 ev21 阴性。

表 3-12 ALV-E 易感性相关基因型对 EV21 病毒血症、母鸡排毒及后代对其他来源 EV21 易感性的影响

（引自 Smith 等，1988）

鸡的分类[1]	母鸡基因型[2]	母鸡表型		RSV（RAV-60）
		EV21 病毒血症[3]	EV21 排毒[4]	诱发痘斑数[5]
1-SF	*tvb^s/tvb^r,K/–*	21/21	21/21	81/179
2-SF	*tvb^r/tvb^r,K/–*	0/20	2/20	1/206
3-RF	*tvb^s/tvb^r,K/–*[6] *tvb^r/tvb^r,K/–*	0/19	0/19	未测定

注：① SF 为慢羽鸡，RF 为快羽鸡；鸡群分类“1”“2”“3”同表 3-11。② 均用 *tvb^r/tvb^r* 基因型公鸡交配。③ 1 日龄血清 p27 阳性数 / 检测数。④ 母鸡蛋清 p27 阳性数 / 检测母鸡数（每只鸡需检测 2 ~ 5 个蛋）。⑤ 绒毛尿膜（CAM）上典型痘斑的鸡胚数 / 总检测鸡胚数。如果 CAM 上痘斑少于 5 个定为阴性，大于 50 个定为阳性，如产生 5 ~ 50 个痘的胚也要记录。⑥ 代表 RF 母鸡中离散的纯合子和杂合子 *tvb* 基因型。

表 3-13 对内源性 ALV-E 不同易感性基因型（*tvb^s/tvb^r* 或 *tvb^r/tvb^r*）的慢羽（SF）和快羽（RF）母鸡后代对 EV21 的感染性比较

（引自 Smith 等，1988）

类型	母鸡		后代 *	
	基因型	数量	公鸡	母鸡
1-SF	*tvb^s/tvb^r*	18	17/17	21/45
2-SF	*tvb^r/tvb^r*	19	20/20	2/64
3-RF	未定	15	0/22	0/13

* 表示对 EV21 感染阳性鸡胚 / 试验鸡胚总数。

四、不同类型鸡不同近交系中TVB不同等位基因的分布状态

肿瘤病毒B位点TVB编码能为B、D、E亚群ALV识别的细胞表面受体，由于不同的点突变，分别形成三个基因型TVB*S1、TVB*S3和 TVB*R，具有基因型TVB*S3/S3的纯系鸡仅对ALV–E感染有抵抗力，而TVB*R/*R则对ALV–E和ALV–B都有抵抗力。在决定易感和抵抗两个不同特性的基因中，决定易感的基因是显性基因（Zhang等，2005）。

如前所述，TBV有三个主要的等位基因，即TVB*S1、TVB*S3和TVB*R。其中，TVB*S1编码介导B、D、E亚群ALV感染的细胞受体；TVB*S3编码介导B、D亚群ALV感染的细胞受体；TVB*R只是编码一种没有受体功能的蛋白质，B、D、E亚群ALV都不能利用

它来感染细胞。在36个肉鸡近交系中，有14个近交系的所有检测鸡带有能对B、D、E三个亚群易感的等位基因TVB*S1。在所有检测的肉鸡中，有83%固定为TVB*S1/*S1、3%为TVB*R/*R、14%为 TVB*S1/*R。在16个蛋用型近交系中，有5个品系的所有检测个体的基因型都固定是TVB*S1/*S1。其中，44%的蛋鸡个体为 TVB*S1/*S1，15%为 TVB*R/*R，其余鸡是这三个等位基因以不同方式组合而成。在经检测的实验室近交系鸡中，60%个体确定为TVB*S1/*S1，6% 为 TVB*S3/*S3，14% 为 TVB*R/*R，其余为杂合子（TVB*S1/*S3或TVB*S1/*R）（表3–14）。显然，所有规模化养殖鸡的近交系都带有TVB*S1等位基因，使它们对B、D、E亚群ALV感染都易感。但是，在不同的近交系中也存在带有TVB*R等位基因的个体，这就为遗传选育对B、D、E亚群ALV感染有抗性的个体提供了机会。

表 3–14　商业化品系鸡和试验用鸡中对肿瘤病毒 B 位点遗传多样性的分布状态

（引自 Zhang 等 ,2007）

鸡群类型	品系数	鸡的个体总数	不同等位基因频率			基因型频率						杂合子率（%）
			S1	S3	R	S1/S1	S3/S3	R/R	S1/S3	S1/R	S3/R	
肉用型	36	1534	0.90^{D}		0.10^{A}	0.83		0.03		0.14		14
蛋用型	16	839	0.63^{A}	0.04^{A}	0.33^{C}	0.44		0.15	0.05	0.33	0.03	41
试验用	22	662	0.71^{B}	0.07^{B}	0.22^{B}	0.60	0.06	0.14	0.04	0.16		20
总计	74	3035	0.78^{C}	0.03^{A}	0.19^{B}	0.67	0.01	0.09	0.02	0.20	0.01	23

注：基因型频率右上角字母不同者表示统计学差异显著（$p<0.05$）。

五、国际上对ALV 感染及致病性呈不同遗传易感性的参考品系鸡

自20世纪60年代以来，为了研究不同亚群ALV的致病性，也为了研究鸡的遗传背景与鸡对禽白血病感染和发病的易感性和抵抗力的关系，欧美的科学家特别是美国的科学家已培育出了多个在对ALV易感性方面具有特定遗传和表型的鸡的近交系。对于这些特定的近交系及它们的杂交后代，不仅在对ALV易感性表型特性方面研究得已很清楚，而且它们在有关MHC、内源性ALV基因位点或其他某些基因上的特点方面也都已确定得比

较清楚。这些特定的近交系及其杂交后代，大部分都在位于美国密西根州东兰辛密西根州立大学校园内的美国农业部禽病和肿瘤研究所（Avian Disease and Oncology Laoratory，ADOL）保存和维持饲养着。当美国或其他国家的相应研究机构需要时，他们可提供相应的雏鸡或种蛋。表3–15至表3–17分别列出了由ADOL培养出的部分参考品系鸡的名称及它们的表型和遗传特征。

表 3–15　ADOL 培育的纯系鸡与 ALV 相关的一些遗传特性

（引自 Bacon 等，2000）

近交系	MHC B*①	IgG G1*②	ALV③		RSV（RAV–1）诱发罗斯肉瘤⑥	对 MDV 易感性⑦
			C/?④	ALVE⑤		
Rh-C	12	G	C/AE	1,7,10	对病毒有抗性	易感
6_3	2	E	C/0	3	肿瘤退化	抵抗
7_2	2	A	C/ABE	1,2	对病毒有抗性	易感
7_1	2	A	未鉴定	未鉴定	未鉴定	易感
$15I_5$	15	A	C/C	1,6,10,15	肿瘤发展	易感

注：① MHC B 单倍体。*表示基因（单倍体），数字代表等位基因编号。如 Rb–C 系鸡 B 单倍体是 12。② 免疫体蛋白 G 位点 G1 等位基因。*表示基因，大写字母表示等位基因。③ ALV 为禽白血病病毒。④ ALV 易感性基因型。C/?表示对“?”亚群 ALV 有抗性的鸡，如 C/E 表示对 ALV–E 有抗性的鸡。虽然近交系 6_3 和 $15I_5$ 具有对 ALV–E 的受体，它们的细胞仍然能抵抗 ALV–E 感染，因为它们能表达 ALVE3 和 ALVE6。⑤ 内源性病毒位点，如 Rh–C 系鸡在位点 1、7、10 含有内源性 ALV。⑥ 对 RSV（RAV–1）有抗性的鸡不发生肿瘤，但在易感鸡发生肿瘤。⑦ 除了近交系 6_3 外，其余系的鸡均对马立克病病毒易感。

表 3–16　ADOL 保存的部分纯系鸡的遗传特征及其对 ALV 和 MDV 的易感性

（引自 Bacon 等，2000）

鸡的品系	MHC B 位点	ALV②		ALVE 是否表达	对 MDV 易感性⑦
		C/?	ALVE⑤		
0	21	C/L	None	不	易感
15B1	5,15	C/U	1	不	抵抗
Cornell N	27	未确定	1,3,6	不稳定	易感
Cornell P	19	未确定	未确定	未确定	易感

注：说明参考表 3–15。

表 3-17 ADOL 培育的 ALV-E/TVB 基因同系鸡的遗传特征及其对 ALV 的易感性

（引自 Bacon 等，2000）

鸡品系	MHC B*①	ALV 表型②	ALVE 内源基因③	ALVE 是否表达④
7_2	2	C/ABE	ALVE1,2	否
7.6-V6*S1	2	C/A	ALVE1,2	是
0	21	C/E	ALVE0	否
0.44-VB*S1	21	C/0	ALVE0	否
0.44-EV21	21	C/E	ALVE21	否
0.44-VB*S1-EV21	21	C/0	ALVE21	是
0-VA6⑤	21	C/A6	ALVA6	否

注：①、② 同表 3–15。③ 内源病毒位点，如品系 7_2 鸡在位点 1 和 2 带有内源病毒。④ 表达 ALV—E 的内源病毒。⑤ 转基因品系 0 鸡能表达 ALV—A 囊膜但不表达 ALV—E。0 系 SPF 鸡是不产生 ALV—E 且对 ALV—E 有抗性的品系鸡（Crittenden 等，1984；Bacon 等，2000、2002），其基因型为 TVB*S3/*S3（C/E）。

因不同遗传背景而在对不同亚群ALV的易感性呈现不同表型的细胞系或鸡的近交系，都以其对不同亚群ALV的抵抗力来予以命名。例如，C/AE代表一种细胞对A和E亚群有抵抗力，但对B、C、D和J亚群易感；C/0代表细胞对所有亚群ALV都无抗性，即对A、B、C、D、E和J亚群都具有易感性，其中“/”代表对后面标出的亚群有抗性。表2–2列出了各种细胞表型的类型及它们对从鸡分离到的不同亚群ALV的易感性，同时还列出了具有这种表型的细胞系或近交系鸡的品系。

由美国农业部培育的0系SPF鸡是不产生ALV–E且对ALV–E有抗性的品系鸡（Crittenden等，1984；Bacon等，2000、2002），其基因型为TVB*S3/*S3（C/E）。而我们现在为了分离外源性ALV最常用的DF1细胞系就来源于0系鸡的鸡胚成纤维细胞。

第五节 我国不同遗传背景鸡对不同毒株ALV易感性的比较研究

不同遗传背景的不同品种鸡对ALV的致肿瘤性往往有不同的易感性，但国内外都缺少系统的比较数据。在这方面，山东农业大学家禽病毒性肿瘤病实验室已对此做了一些初步研究。实验室分别从我国分离到的A、B、J亚群ALV中选择1～2个毒株，在SPF来航鸡、AA白羽肉鸡、尼克蛋鸡及中国地方品种芦花鸡等不同品种鸡进行了致病性比较，以此来观察不同遗传背景鸡对不同亚群不同毒株致病作用的易感性。当然，在ALV对鸡的致病作用中，人们首先关注的是ALV感染造成的最特征性的肿瘤的发病率。然而，对大多数品种鸡来说，ALV感染诱发的肿瘤发生率都比较低，在有限的试验鸡，很难看到ALV不同毒株在不同品种鸡诱发的肿瘤发生率的显著差异。但是，ALV的致病作用不仅仅局限于诱发肿瘤，在感染鸡群更多的感染鸡表现出亚临床病变，如生长迟缓、免疫抑制等。此外，病毒血症、对病毒特异性抗体反应的动态、排毒动态也都可以作为ALV与感染鸡之间相互作用的客观指标。下面将分别从ALV致病作用的不同方面来观察和比较不同品种鸡对不同ALV的易感性。

一、不同品种鸡经胚卵黄囊接种不同毒株ALV后的肿瘤发生率

用3 000TCID$_{50}$剂量的3个亚群毒株分别接种4个不同品种鸡的5日龄胚卵黄囊，待雏鸡出壳后每天观察，对自然死亡鸡进行剖检，记录肿瘤发生情况，到27周龄时全部扑杀后剖检观察病变。所有被感染的鸡，在20周龄后才开始出现肿瘤。从表3–18的统计结果可以看出，有些品种的鸡，在感染所有3个亚群的4个毒株后都会发生不同比例的肿瘤，但芦花鸡在感染J亚群的NX0101和B亚群的SDAU09C2后27周内没有1只鸡发生肿瘤。显然，芦花鸡对这些ALV毒株的致肿瘤作用比其他品种鸡有较大的抵抗力。

表3–18　4株ALV在不同品种鸡诱发的肿瘤发生率比较

品种	接种毒株	肿瘤发生数	肿瘤发生率
白羽肉鸡	对照组	0	0/41 (0)
	SDAU09C1	1	1/39 (2.5%)
	SDAU09C3	1	1/46 (2.2%)
	NX0101	2	2/44 (4.5%)

（续）

品种	接种毒株	肿瘤发生数	肿瘤发生率
尼克蛋鸡	对照组	0	0/43 (0)
	SDAU09C1	1	1/43 (2.3%)
	SDAU09C3	0	0/45 (0)
	SDAU09C2	1	1/18 (5.6%)
	NX0101	0	0/45 (0)
来航鸡	对照组	0	0/45 (0)
	SDAU09C1	5	5/47 (10.6%)
	SDAU09C3	1	1/46 (2.2%)
	SDAU09C2	2	2/23 (8.7%)
	NX0101	3	3/46 (6.5%)
芦花鸡	对照组	0	0/28
	NX0101	0	0/20
	SDAU09C2	0	0/22

注：表中数据为发生肿瘤鸡只数／鸡只总数（肿瘤发生率）。

二、经胚卵黄囊接种不同毒株ALV对不同品种鸡生长的影响

ALV感染雏鸡特别是垂直感染的鸡，往往生长性能受到不良影响。用3 000$TCID_{50}$剂量的3个亚群的不同毒株分别接种4个不同品种鸡的5日龄胚卵黄囊，连续测定体重。表3–19和图3–1显示了3株不同ALV感染3个不同品种鸡的生长抑制作用。由表3–19可见，这2株ALV–A及1株ALV–J在1～15周内对尼克蛋鸡和来航鸡的生长均有抑制作用，但对白羽肉鸡，这种抑制作用仅仅表现在生长早期。

SDAU09C2株ALV–B和NX0101株ALV–J对3个品种鸡（SPF白来航鸡、尼克蛋鸡和芦花鸡）的增重均有抑制作用（表3–20，图3–2）。在尼克蛋鸡中，SDAU09C2株对体重增重的抑制作用强于NX0101株（$p<0.05$）。但是在SPF白来航鸡中，SDAU09C2对增重的抑制作用则弱于NX0101株（$p<0.05$）。在地方品系芦花鸡中，SDAU09C2对体重的抑制作用略强于NX0101，但统计学差异不显著（$p > 0.05$），而且这两株病毒对芦花鸡增重的抑制作用均低于在另外两种鸡。

表 3-19 3 株 ALV 经鸡胚接种对 3 个不同品种鸡生长的抑制作用

品种	周龄	接种毒株			
		对照组	SDAU09C1（A）	SDAU09C3（A）	NX0101（J）
白羽肉鸡	1	103 ± 9(39)[a]	106 ± 11(37)[a]	107 ± 15(44)[a]	100 ± 13(41)[a]
	3	570 ± 56(37)[a]	497 ± 67(36)[b]	436 ± 93(44)[b]	426 ± 75(41)[b]
白羽肉鸡	5	1089 ± 126(35)[a]	925 ± 148(35)[b]	1044 ± 154(43)[a]	836 ± 164(39)[b]
	8	1561 ± 229(23)[a]	1544 ± 207(30)[a]	1541 ± 275(37)[a]	1452 ± 311(33)[a]
	11	1988 ± 522(23)[a]	1977 ± 384(29)[a]	2058 ± 337(37)[a]	2058 ± 617(33)[a]
	15	2755 ± 409(23)[a]	2467 ± 630(29)[a]	2726 ± 680(37)[a]	2789 ± 635(32)[a]
尼克蛋鸡	1	79 ± 7(41)[a]	78 ± 7(39)[a]	68 ± 8c(42)[b]	76 ± 8(42)[a]
	3	237 ± 21(40)[a]	224 ± 17(38)[b]	206 ± 19(41)[b]	217 ± 29(41)[b]
	5	416 ± 82(39)[a]	383 ± 42(38)[bc]	356 ± 28(41)[b]	410 ± 47(41)[ac]
	8	739 ± 82(28)[a]	614 ± 76(33)[b]	591 ± 62(35)[b]	666 ± 79(36)[c]
	11	1068 ± 126(28)[a]	875 ± 99(33)[b]	780 ± 113(35)[c]	996 ± 100(34)[a]
	15	1411 ± 214(28)[a]	1291 ± 171(31)[b]	1183 ± 145(35)[c]	1206 ± 102(33)[b]
SPF 来航鸡	1	46 ± 4(43)[a]	37 ± 4(44)[b]	38 ± 3(44)[b]	39 ± 4(43)[c]
	3	146 ± 17(41)[a]	114 ± 22(42)[b]	120 ± 17(43)[b]	118 ± 25(43)[b]
	5	307 ± 32(40)[a]	217 ± 43(42)[b]	250 ± 30(43)[c]	234 ± 54(43)[b]
	8	543 ± 69(28)[a]	404 ± 79(37)[b]	465 ± 56(35)[c]	384 ± 97(37)[b]
	11	793 ± 119(28)[a]	673 ± 147(35)[b]	722 ± 106(34)[c]	662 ± 184(35)[b]
	15	1133 ± 181(28)[a]	878 ± 231(35)[b]	1021 ± 137(33)[c]	857 ± 257(33)[b]

注：表中数据为平均体重 ± 标准差（检测鸡只总数）。表中数字右上角字母不同者表示差异显著（$p<0.05$），相同者表示差异不显著（$p>0.05$）。毒株后括号内的大写英文字母表示 ALV 的亚群 A 和 J。

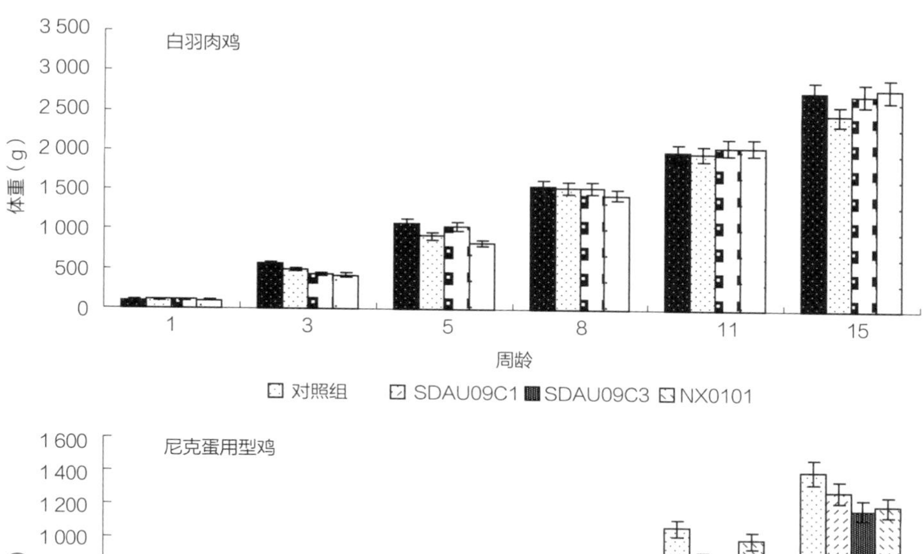

对照组　SDAU09C1　SDAU09C3　NX0101

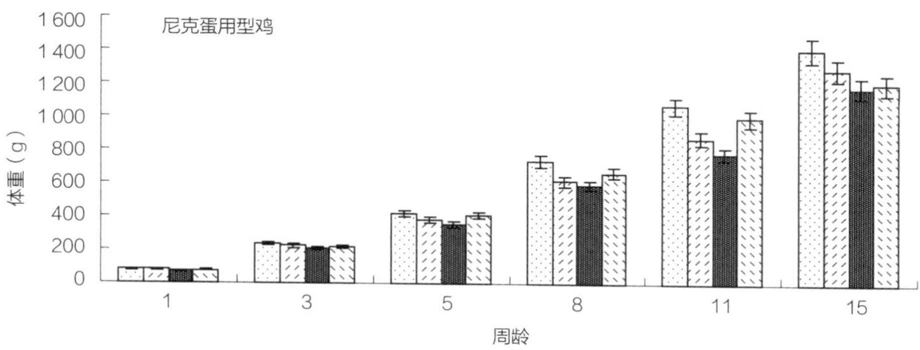

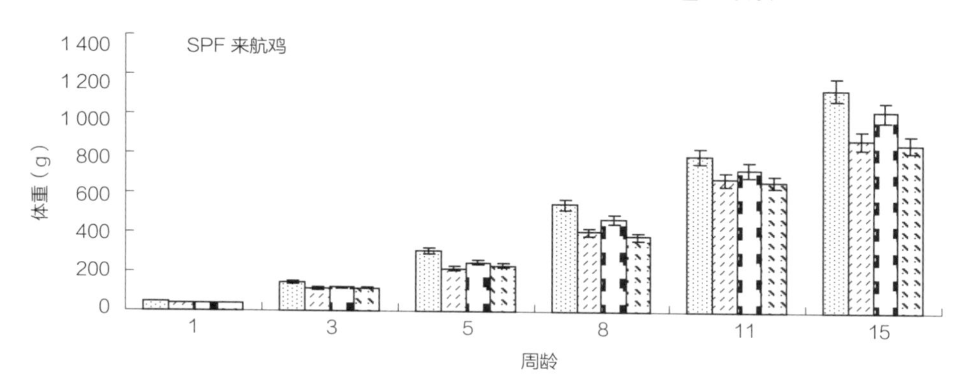

图 3-1　3 株不同 ALV 感染 3 个不同品种鸡对生长抑制作用的比较

（此图根据表 3-19 中数据绘制）

表 3-20 经胚卵黄囊接种 ALV-B 和 ALV-J 对 3 个不同品种鸡增重的影响

鸡品种	接种病毒	周龄					
		1	3	5	8	11	15
SPF 来航鸡	对照组	46 ± 4.23(30)[a]	147 ± 17.74(29)[a]	308 ± 32.61(28)[a]	543 ± 69.02(27)[a]	793 ± 119.60(25)[a]	1134 ± 181.63(25)[a]
	NX0101	39 ± 4.30(34)[b]	119 ± 25.86(33)[b]	234 ± 54.44(32)[b]	384 ± 97.86(28)[b]	663 ± 184.81(25)[b]	857 ± 256.98(24)[b]
	SDAU09C2	44 ± 5.13(32)[c]	139 ± 18.43(32)[a]	271 ± 30.05(30)[c]	490 ± 72.62(25)[c]	820 ± 143.00(25)[a]	1001 ± 187.10(25)[c]
尼克蛋鸡	对照组	79 ± 7.70(30)[a]	238 ± 21.52(30)[a]	430 ± 42.84(30)[a]	739 ± 82.75(26)[a]	1068 ± 126.70(25)[a]	1411 ± 214.00(24)[a]
	NX0101	76 ± 8.24(32)[a]	217 ± 27.99(31)[b]	414 ± 46.43(31)[a]	673 ± 78.76(28)[b]	1007 ± 97.28(23)[b]	1206 ± 98.18(20)[b]
	SDAU09C2	58 ± 9.38(33)[b]	188 ± 32.69(32)[c]	343 ± 54.30(29)[b]	563 ± 71.99(24)[c]	928 ± 135.89(24)[c]	1164 ± 185.81(20)[b]
芦花鸡	对照组	33 ± 5.64(30)[a]	124 ± 20.53(30)[a]	225 ± 36.10(29)[ab]	452 ± 52.31(25)[a]	676 ± 125.48(24)[a]	953 ± 177.36(23)[a]
	NX0101	37 ± 5.59(37)[ab]	93 ± 17.07(36)[b]	241 ± 48.57(35)[b]	445 ± 75.67(32)[a]	642 ± 116.02(27)[b]	946 ± 210.95(23)[a]
	SDAU09C2	35 ± 5.90(31)[ab]	91 ± 14.46(30)[b]	209 ± 38.44(30)[a]	435 ± 60.99(27)[a]	616 ± 91.23(22)[b]	942 ± 173.08(22)[a]

注：表中数据为平均值 ± 标准偏差（检测鸡只总数）。表中数字右上角字母不同者表示差异显著（$p < 0.05$），相同者表示差异不显著（$p > 0.05$）。ALV-J 为 NX0101 株，ALV-B 为 SDAU09C2 株。

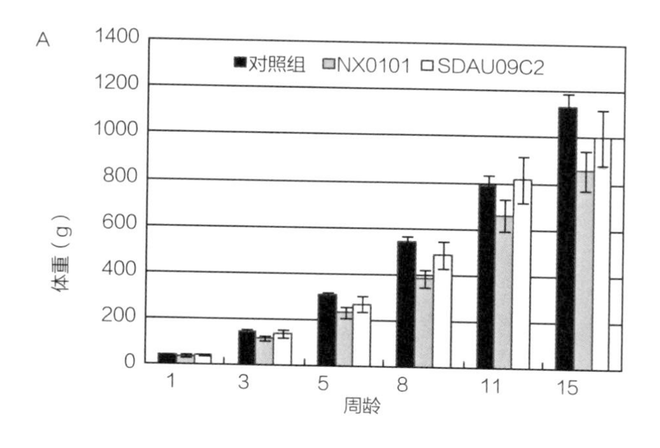

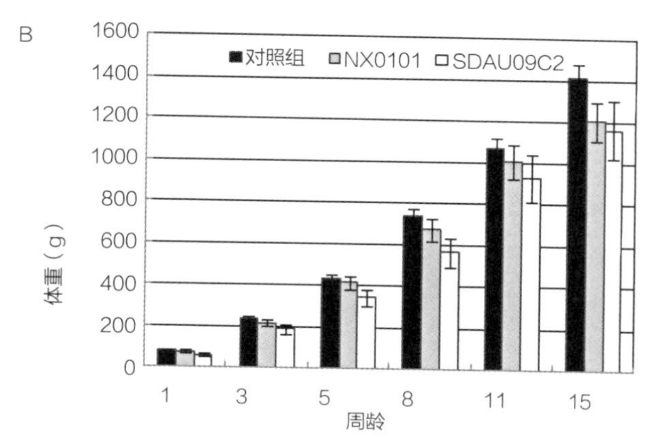

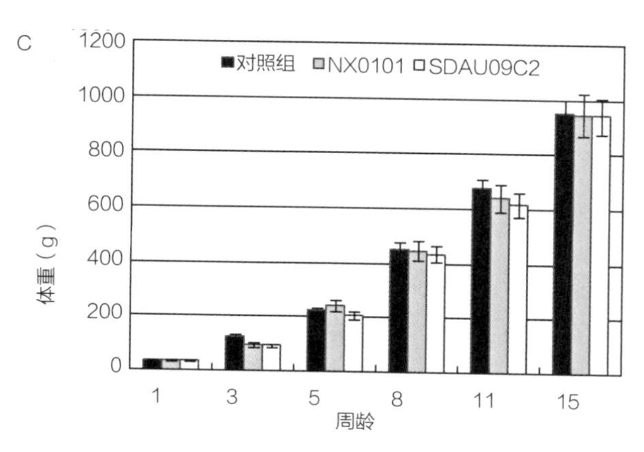

图 3-2 不同品种鸡接种 B 亚群 SDAU09C2 和 J 亚群 NX0101 株对增重的抑制作用比较

A. SPF 白来航鸡 B. 尼克蛋鸡 C. 芦花鸡

三、经胚卵黄囊接种不同毒株ALV对不同品种鸡的免疫抑制比较

免疫抑制是ALV感染对鸡的另一种致病作用，这种致病作用在临床上是显示不出来的，但大多数感染鸡特别是早期感染ALV的鸡都会呈现不同程度的免疫抑制。鸡的品种和毒株特性都会显著影响这种免疫抑制作用，对这种免疫抑制作用做出判断的最好依据就是对其他病毒的灭活疫苗免疫后的抗体反应动态的检测。

（一）经胚卵黄囊接种不同毒株ALV对新城疫病毒的抗体反应动态的影响

表3–21和表3–22列出了分别用经5日龄鸡胚卵黄囊接种ALV的SDAU09C1（A亚群）、SDAU09C2（B亚群）、SDAU09C3（A亚群）和NX0101（J亚群）后对不同品种鸡的抗体反应的抑制作用，分别是在SPF来航鸡、AA白羽鸡、尼克蛋鸡和中国地方品系芦花鸡测定了用新城疫疫苗免疫后的HI抗体动态。与对照组相比，不同ALV感染的多种品种鸡都没有呈现非常显著的免疫抑制，如果有也只是一过性的。

表3–21 不同毒株ALV对不同品种鸡经新城疫灭活菌免疫后HI抗体滴度动态的影响

鸡品种	毒株	免疫后（Log_2）		
		3周	4周	5周
SPF来航鸡	对照组	$7.83 \pm 0.91(35)^{a}$	$8.75 \pm 1.30(35)^{a}$	$9.03 \pm 1.21(35)^{a}$
	SDAU09C1	$7.55 \pm 0.85(35)^{b}$	$8.39 \pm 1.14(35)^{a}$	$9.61 \pm 1.17(34)^{a}$
	SDAU09C3	$7.58 \pm 0.73(37)^{a}$	$8.17 \pm 1.47(37)^{a}$	$9.20 \pm 0.95(37)^{a}$
	NX0101	$7.03 \pm 0.77(36)^{c}$	$8.22 \pm 2.04(35)^{a}$	$9.00 \pm 1.22(36)^{a}$
白羽肉鸡	对照组	$7.84 \pm 1.03(30)^{a}$	$8.32 \pm 1.00(25)^{a}$	$9.80 \pm 1.26(25)^{a}$
	SDAU09C1	$7.17 \pm 1.79(26)^{a}$	$7.42 \pm 1.47(28)^{ac}$	$8.04 \pm 1.97(28)^{bc}$
	SDAU09C3	$6.83 \pm 1.48(34)^{b}$	$7.14 \pm 2.00(36)^{bc}$	$9.15 \pm 2.58(36)^{ac}$
	NX0101	$7.38 \pm 2.15(33)^{a}$	$7.35 \pm 2.08(32)^{ac}$	$8.21 \pm 2.41(32)^{bc}$
尼克蛋鸡	对照组	$7.28 \pm 0.53(29)^{a}$	$8.23 \pm 0.94(30)^{a}$	$9.39 \pm 0.79(28)^{a}$
	SDAU09C1	$7.64 \pm 0.71(39)^{a}$	$8.19 \pm 1.09(26)^{a}$	$9.33 \pm 0.99(29)^{a}$
	SDAU09C3	$6.96 \pm 0.62(48)^{a}$	$8.16 \pm 0.53(33)^{b}$	$9.40 \pm 0.87(32)^{a}$
	NX0101	$7.33 \pm .093(36)^{a}$	$8.15 \pm 1.06(33)^{a}$	$8.71 \pm 1.27(33)^{b}$

注：表中数据为平均数 ± 标准差（检测鸡只总数）。表中数字右上角字母不同者表示差异显著（$p < 0.05$），字母相同者表示差异不显著（$p > 0.05$）。所有品种鸡都是在5日龄胚卵黄囊接种3 000$TCID_{50}$不同毒株ALV，在1日龄全部用LaSota株活疫苗滴鼻，1周龄时接种灭活的NDV油乳剂疫苗。

表 3-22　NX0101 和 SDAN09C2 株 ALV 感染对鸡新城疫 HI 抗体滴度（Log2）的影响（$\bar{x} \pm SD$）

鸡品种	接种病毒	免疫后不同时间 HI 滴度		
		21 d	28 d	35 d
SPF 来航鸡	对照组	8.03 ± 0.91(29)[a]	8.69 ± 1.20(29)[ab]	9.81 ± 0.49(29)[a]
	NX0101	8.81 ± 0.71(33)[b]	9.26 ± 1.05(33)[b]	9.56 ± 0.65(32)[a]
	SDAU09C2	9.06 ± 0.83(31)[b]	8.58 ± 1.11(30)[ab]	9.12 ± 0.99(26)[b]
尼克蛋鸡	对照组	8.34 ± 0.67(29)[a]	9.70 ± 0.53(29)[a]	9.83 ± 0.38(29)[a]
	NX0101	8.32 ± 0.91(31)[a]	9.67 ± 0.74(30)[a]	9.65 ± 0.98(30)[a]
	SDAU09C2	8.93 ± 0.78(30)[b]	9.75 ± 0.69(30)[a]	9.88 ± 0.42(29)[a]
芦花鸡	对照组	8.20 ± 1.47(30)[a]	9.33 ± 0.71(30)[a]	9.10 ± 0.80(29)[a]
	NX0101	7.97 ± 1.40(35)[a]	8.92 ± 1.09(35)[ab]	8.83 ± 1.13(35)[ab]
	SDAU09C2	8.19 ± 1.80(30)[a]	8.90 ± 1.47(30)[ab]	8.14 ± 1.94(28)[b]

注：表中数据为平均值 ± 标准偏差（检测鸡只总数）。表中数字右上角字母不同者表示差异显著（$p < 0.05$），相同者表示差异不显著（$p > 0.05$）。

（二）对AIV-H9疫苗免疫后HI抗体反应的抑制作用

表3-23和表3-24列出了不同毒株感染鸡在用H9-AIV灭活疫苗免疫后的HI抗体反应动态。由表可见，不同毒株感染不同品种鸡后对H9抗体反应的抑制作用有一定差异。A亚群的SDAU09C1株感染后，在SPF来航鸡和AA白羽鸡在免疫后4～5周对H9-AIV的抗体反应表现明显的抑制作用，但在尼克蛋鸡不显著。在SPF来航鸡、SDAU09C3和NX0101都显示出免疫抑制作用。SDAU09C2（B亚群）在来航鸡对H9-AIV没有引起明显的抑制作用。在尼克蛋鸡，只有J亚群的NX0101株显示明显的抑制作用，其他三株病毒不明显。在芦花鸡，NX0101和SDAU09C2感染对H9疫苗都没有产生明显免疫抑制作用。

表 3-23　不同毒株 ALV 感染不同品种鸡对 H9-AIV 的 HI 抗体滴度（Log_2）的影响

鸡品种	毒株	免疫后时间（周）		
		3	4	5
白羽肉鸡	对照组	6.48 ± 1.58(38)[a]	7.52 ± 1.64(25)[a]	8.84 ± 1.31(25)[a]
	SDAU09C1	5.96 ± 1.76(29)[a]	6.33 ± 2.16(28)[bc]	7.96 ± 1.89(28)[b]
	SDAU09C3	5.78 ± 1.73(37)[a]	6.89 ± 1.73(36)[ac]	8.71 ± 1.47(36)[a]
	NX0101	6.69 ± 1.80(34)[a]	7.07 ± 2.05(32)[ac]	8.81 ± 1.18 (32)[a]

（续）

鸡品种	毒株	免疫后时间（周）		
		3	4	5
尼克蛋鸡	对照组	7.97 ± 1.48(29)[a]	8.4 ± 1.69(30)[a]	9.11 ± 0.31(28)[a]
	SDAU09C1	7.78 ± 1.25(31)[a]	8.44 ± 1.58(30)[a]	9.15 ± 0.61(29)[a]
	SDAU09C3	7.94 ± 0.93(34)[a]	8.14 ± 1.11(33)[a]	9.13 ± 0.99(32)[a]
	NX0101	6.94 ± 1.55(33)[b]	7.21 ± 1.45(33)[b]	8.65 ± 0.92 (31)[b]
SPF 来航鸡	对照组	8.03 ± 1.09(35)[a]	8.72 ± 1.71(35)[a]	9.93 ± 0.53(35)[a]
	SDAU09C1	7.70 ± 1.16(35)[a]	8.31 ± 1.63(33)[a]	8.61 ± 0.76(34)[b]
	SDAU09C3	7.55 ± 0.99(37)[a]	8.68 ± 1.31(37)[a]	9.26 ± 1.02(36)[c]
	NX0101	7.66 ± 1.74(36)[a]	8.37 ± 2.29(35)[a]	9.25 ± 1.38 (34)[c]

注：表中数据为平均值 ± 标准偏差（检测鸡只总数）。表中数字右上角字母不同者表示差异显著（$p < 0.05$）；相同者表示差异不显著（$p > 0.05$）。

表 3-24 NX0101 和 SDAU09C2 株 ALV 感染不同品种鸡对 H9-AIV 的 HI 抗体滴度（Log_2）的影响

鸡品种	接种病毒	免疫后时间（周）		
		3	4	5
SPF 来航鸡	对照组	9.00 ± 1.04(29)[a]	8.59 ± 1.55(29)[a]	9.66 ± 0.48(29)[a]
	NX0101	8.56 ± 1.61(33)[a]	8.23 ± 2.14(33)[a]	9.47 ± 1.11(32)[a]
	SDAU09C2	9.25 ± 0.98(31)[a]	8.55 ± 1.34(30)[a]	9.67 ± 0.48(26)[a]
尼克蛋鸡	对照组	9.94 ± 1.37(29)[a]	9.07 ± 1.41(29)[a]	9.79 ± 0.49(29)[a]
	NX0101	8.93 ± 1.55(31)[a]	8.15 ± 1.35(30)[a]	9.92 ± 0.28(30)[a]
	SDAU09C2	8.29 ± 1.24(30)[a]	8.97 ± 1.2(30)[a]	9.64 ± 0.83(29)[a]
芦花鸡	对照组	5.58 ± 1.47(30)[a]	8.78 ± 1.65(30)[a]	8.89 ± 1.66(29)[a]
	NX0101	4.69 ± 2.11(35)[b]	7.56 ± 1.49(35)[a]	8.50 ± 1.72(35)[a]
	SDAU09C2	5.63 ± 1.84(30)[a]	7.68 ± 1.64(30)[a]	8.21 ± 1.07(28)[a]

注：表中数据为平均值 ± 标准偏差（检测鸡只总数）。表中数字右上角字母不同者表示差异显著（$p< 0.05$），相同者表示差异不显著（$p > 0.05$）。

（三）ALV对AIV-H5疫苗免疫后HI抗体反应的抑制作用

表3-25及表3-26分别列出了不同品种鸡经不同亚群不同毒株ALV感染后对H5-AIV抗体反应动态的影响。与未经感染的对照组鸡相比，不同品种鸡感染不同毒株ALV后，其H5-AIV的HI抗体受抑制的程度是明显不同的。由表可见，只有SDAU09C1和SDAU09C3感染的白羽肉鸡，以及SDAU09C1感染的SPF来航鸡的抗体反应受到的抑制作用具有统计学上的显著差异。

表 3-25　鸡胚接种不同毒株 ALV 诱发鸡对 H5-AIV 疫苗免疫后 HI 抗体滴度（Log_2）的影响（1）

鸡品种	接种毒株	免疫后时间（周）		
		3	4	5
白羽肉鸡	对照组	4.04 ± 1.90(30)[a]	4.48 ± 2.06(25)[a]	5.80 ± 1.87(25)[a]
	SDAU09C1	1.88 ± 1.65(28)[b]	2.92 ± 2.10(26)[b]	4.17 ± 1.97(28)[b]
	SDAU09C3	2.83 ± 1.68(32)[b]	2.95 ± 2.12(36)[b]	4.45 ± 3.14(35)[b]
	NX0101	2.66 ± 2.35(34)[b]	4.04 ± 2.58(32)[a]	5.36 ± 2.08(32)[a]
尼克蛋鸡	对照组	4.90 ± 1.99(29)[a]	5.33 ± 1.94(30)[a]	8.52 ± 2.02(28)[a]
	SDAU09C1	4.51 ± 1.82(31)[a]	5.38 ± 2.09(30)[a]	8.15 ± 1.84(26)[a]
	SDAU09C3	4.54 ± 1.92(34)[a]	5.31 ± 2.06(31)[a]	8.50 ± 1.71(32)[a]
	NX0101	4.91 ± 2.13(33)[a]	5.36 ± 2.21(33)[a]	7.53 ± 2.63(30)[a]
SPF 来航鸡	对照组	4.21 ± 2.53(35)[a]	5.13 ± 2.37(35)[a]	7.55 ± 2.30(35)[a]
	SDAU09C1	3.12 ± 2.38(33)[a]	4.58 ± 2.65(33)[a]	6.55 ± 2.22(32)[b]
	SDAU09C3	3.86 ± 2.49(36)[a]	5.17 ± 2.04(36)[a]	7.33 ± 2.18(36)[a]
	NX0101	3.89 ± 2.79(36)[a]	4.48 ± 2.68(35)[a]	7.06 ± 3.39(32)[a]

注：表中数据为平均值 ± 标准偏差(检测鸡只总数)。表中数字右上角字母不同者表示差异显著($p < 0.05$)，相同者表示差异不显著（$p > 0.05$）。

表 3-26 鸡胚接种不同毒株 ALV 诱发鸡对 H5-AIV 疫苗免疫后 HI 抗体滴度（Log_2）的影响（2）

品种	接种毒株	免疫后时间（d）		
		21	28	35
SPF 来航鸡	对照组	4.88 ± 2.01(29)[a]	6.52 ± 1.83(29)[a]	7.81 ± 2.69(29)[a]
	NX0101	4.67 ± 2.37(33)[a]	6.13 ± 2.19(33)[a]	7.64 ± 2.42(32)[a]
	SDAU09C2	4.80 ± 1.73(31)[a]	6.59 ± 1.67(30)[a]	7.88 ± 2.01(26)[a]
尼克蛋鸡	对照组	4.93 ± 2.02(29)[a]	6.33 ± 1.94(29)[a]	7.92 ± 2.00(29)[a]
	NX0101	5.00 ± 0.21(31)[a]	6.74 ± 1.77(30)[a]	7.44 ± 2.52(30)[a]
	SDAU09C2	5.46 ± 2.22(30)[a]	6.16 ± 2.52(30)[a]	7.96 ± 2.34(29)[a]
芦花鸡	对照组	4.21 ± 1.86(30)[a]	6.38 ± 1.96(30)[a]	6.21 ± 2.04(29)[a]
	NX0101	2.83 ± 1.44(35)[b]	4.12 ± 1.93(35)[b]	6.15 ± 2.44(35)[a]
	SDAU09C2	3.67 ± 1.88(30)[a]	4.19 ± 2.10(30)[b]	6.46 ± 2.25(28)[a]

注：表中数据为平均值 ± 标准偏差（检测鸡只总数）。表中数字右上角字母不同者表示差异显著（$p < 0.05$），相同者表示差异不显著（$p > 0.05$）。

四、不同品种鸡经卵黄囊接种不同毒株ALV后病毒血症动态比较

鸡感染ALV后病毒血症的动态与发病过程密切相关。一般来说，病毒血症出现越早、持续时间越长，就越容易发生临床病理变化。不同品种鸡群感染不同毒株ALV，其病毒血症动态差异很大。这表现在以下几个参数上：可检出病毒血症的时间、群体中可检出病毒血症的比例、病毒血症持续时间等。表3–27和表3–28分别显示了不同品种鸡感染不同病毒ALV后的病毒血症动态。如给SPF来源来航鸡的5日龄胚经卵黄囊接种A亚群的SDAU09C1和SDAU09C3这两株病毒后，几乎所有鸡从孵出后1周龄起即全部表现出病毒血症，而且持续21周以上（表3–27）。此外，接触的来航鸡也都从2周龄开始出现病毒血症。但同样病毒以同样方法接种白羽肉鸡鸡胚后，由其孵出的小鸡直到8周龄才开始在个别鸡检出病毒血症，且不能持续。尼克蛋鸡则介于两者之间。而从白羽肉鸡分离出的J亚群NX0101经卵黄囊接种5日龄鸡胚后，白羽肉鸡从1周龄起即可检出病毒血症，但以同样方法接种的SPF来航鸡则只有部分表现病毒血症。B亚群SDAU09C2株在以同样方式接种后，绝大多数孵出的来航鸡和尼克蛋鸡都先后出现病毒血症，且持续数周，但在芦花鸡却只有少数鸡呈现短暂病毒血症（表3–28）。这些结果都表明，病毒血症作为病毒与宿主间相互作用的结果，受不同品种间的遗传差异影响很大，同时也受不同毒株特性的影响，而且在不同品种鸡的表现也不尽相同。

表 3-27 不同品种鸡不同途径感染不同毒株 ALV 后病毒血症动态（1）

品种	毒株	感染途径	出壳后周龄						
			1	3	5	8	11	15	21
SPF 来航鸡	对照组		0/6	0/6	0/6	0/6	0/6	0/6	0/6
	SDAU09C1	鸡胚接种	4/10	10/10	10/10	9/10	9/10	9/10	8/10
		接触感染	0/2	2/2	2/2	1/2	0/2	0/2	0/2
	SDAU09C3	鸡胚接种	10/10	10/10	10/10	10/10	10/10	10/10	10/10
		接触感染	0/2	2/2	2/2	0/2	0/2	1/2	0/2
	NX0101	鸡胚接种	5/10	7/10	8/10	7/10	7/10	7/10	4/10
		接触感染	0/2	1/2	1/2	0/2	0/2	2/2	0/2
尼克蛋鸡	对照组		0/6	0/6	0/6	0/6	0/6	0/6	0/6
	SDAU09C1	鸡胚接种	0/10	9/10	9/10	9/10	5/10	3/10	4/10
		接触感染	0/2	0/2	0/2	1/2	0/2	0/2	0/2
	SDAU09C3	鸡胚接种	2/10	3/10	7/10	6/10	4/10	1/10	1/10
		接触感染	0/2	0/2	0/2	1/2	1/2	0/2	0/2
	NX0101	鸡胚接种	2/10	5/10	2/10	2/10	1/10	1/10	1/10
		接触感染	0/2	0/2	0/2	0/2	0/2	1/2	0/2
白羽肉鸡	对照组		0/6	0/6	0/6	0/6	0/6	0/6	0/6
	SDAU09C1	鸡胚接种	0/10	0/10	0/10	1/10	2/10	0/10	0/10
		接触感染	0/2	0/2	0/2	0/2	0/2	0/2	0/2
	SDAU09C3	鸡胚接种	0/10	0/10	0/10	0/10	0/10	0/10	0/10
		接触感染	0/2	0/2	0/2	0/2	0/2	0/2	0/2
	NX0101	鸡胚接种	4/10	7/10	10/10	7/10	3/10	4/10	3/10
		接触感染	0/2	1/2	2/2	0/2	0/2	0/2	0/2

注：表中数据为阳性样品数／检测总样品数。

表 3-28 不同品种鸡不同途径感染 ALV 不同毒株后病毒血症动态（2）

品种	毒株	感染途径	出壳后周龄						
			1	3	5	8	11	15	21
SPF 来航鸡	对照组		0/6	0/6	0/6	0/6	0/6	0/6	0/6
	NX0101	鸡胚接种	5/6	8/11	8/10	7/10	8/10	7/10	5/12
		接触感染	0/2	0/2	1/2	0/2	0/2	2/2	1/2

（续）

品种	毒株	感染途径	出壳后周龄						
			1	3	5	8	11	15	21
SPF 来航鸡	SDAU09C2	鸡胚接种	2/6	9/10	5/7	7/10	8/10	7/10	13/15
		接触感染	0/2	3/4	3/3	2/2	1/2	2/2	1/2
尼克蛋鸡	对照组		0/6	0/6	0/6	0/6	0/6	0/6	0/6
	NX0101	鸡胚接种	1/11	5/14	2/14	2/14	1/14	1/13	2/16
		接触感染	0/2	0/2	0/2	0/2	0/2	1/2	0/3
	SDAU09C2	鸡胚接种	0/12	3/21	8/21	21/21	12/16	13/16	11/20
		接触感染	0/2	0/2	0/2	0/2	0/2	1/2	0/2
芦花鸡	对照组		0/6	0/6	0/6	0/6	0/6	0/6	0/6
	NX0101	鸡胚接种	0/5	0/10	3/12	4/10	2/10	3/10	0/10
		接触感染	0/2	0/2	1/2	2/2	0/2	1/2	0/2
	SDAU09C2	鸡胚接种	0/2	0/9	2/12	0/10	0/10	0/10	1/10
		接触感染	0/2	0/2	0/2	0/2	0/2	0/2	0/2

注：表中数据为阳性样品数／检测总样品数。

五、不同品种鸡经胚卵黄囊接种不同毒株ALV后抗体反应动态比较

在感染ALV后，鸡对ALV的抗体反应强弱也与发病严重程度有关，因为抗体反应有助于病毒血症的消退。但是，鸡群在感染ALV不同毒株后的抗体反应动态既与品种遗传背景决定的反应性相关，又与感染特定病毒株病毒的复制能力相关。如果某品种鸡对某一毒株易感性不高因而不易复制，那么抗体反应也可能很低。表3–29和表3–30列出了4个不同品种鸡感染不同毒株ALV后的抗体反应动态。另一方面，鸡胚感染及早期感染ALV有可能诱发免疫耐受性感染。此时，许多鸡表现持续性的病毒血症，却始终没有抗体反应。如比较表3–27和表3–28就可发现，给SPF来航鸡的5日龄胚卵黄囊接种A亚群SDAU09C3株病毒后，所孵出的鸡从1周龄起全部表现病毒血症，且所有鸡在21周内都呈现持续性的病毒血症。然而，这些鸡中在21周内没有一只鸡对该病毒显现特异性抗体，

表现了非常典型的免疫耐受性病毒血症。显然，鸡群感染ALV后，对抗体反应动态的影响因素是很复杂的，不能简单地用有无抗体反应来判断鸡对感染的抵抗力，必须同时关注病毒血症动态。

表 3-29　不同品种鸡经胚卵黄囊接种不同毒株 ALV 后的抗体反应动态（1）

品种	毒株	感染途径	周龄				
			4	8	11	15	21
SPF 来航鸡	对照组		0/42	0/30	0/30	0/30	0/20
	SDAU09C1	鸡胚接种	0/35 (0)	4/30 (13.3%)	8/30 (26.7%)	5/30 (16.7%)	6/28 (21.4%)
		接触感染	0/9	6/9	4/6	3/7	3/6
	SDAU09C3	鸡胚接种	0/37 (0)	0/30 (0)	0/29 (0)	0/28 (0)	0/21 (0)
		接触感染	0/9	5/7	6/7	6/7	6/7
	NX0101	鸡胚接种	0/36 (0)	2/31 (6.5%)	3/29 (10.3%)	8/28 (28.6%)	7/21 (33.3%)
		接触感染	0/9	0/8	1/8	1/8	1/8
尼克蛋鸡	对照组		0/41	0/30	0/30	0/30	0/20
	SDAU09C1	鸡胚接种	1/31 (3.2%)	4/26 (15.4%)	9/26 (34.6%)	7/25 (28%)	8/19 (42.1%)
		接触感染	0/9	0/9	5/9	5/9	6/7
	SDAU09C3	鸡胚接种	0/34 (0)	3/28 (10.7%)	13/28 (46.4%)	11/28 (39.3%)	8/24 (33.3%)
		接触感染	0/9	0/9	2/9	3/9	3/8
	NX0101	鸡胚接种	0/34 (0)	1/29 (3.4%)	2/27 (7.4%)	3/26 (11.5%)	6/23 (26.1%)
		接触感染	0/9	1/9	1/9	0/9	0/9
白羽肉鸡	对照组		0/38	0/25	0/25	0/25	0/20
	SDAU09C1	鸡胚接种	0/29 (0)	0/23 (0)	3/22 (13.6%)	3/22 (13.6%)	0/19 (0)
		接触感染	0/9	0/9	1/9	1/9	0/8
	SDAU09C3	鸡胚接种	0/36 (0)	2/30 (6.7%)	5/30 (16.7%)	0/30 (0)	0/25 (0)
		接触感染	0/9	0/9	0/9	0/9	0/7
	NX0101	鸡胚接种	1/33 (3%)	2/27 (7.4%)	19/27 (70.4%)	15/26 (57.7%)	17/21 (81%)
		接触感染	0/9	1/8	1/8	2/8	3/6

注：表中数据为阳性鸡只数／试验鸡只总数（抗体阳性率）。

表 3-30 不同品种鸡经胚卵黄囊接种不同毒株 ALV 后的抗体反应动态（2）

毒株	鸡品种	感染途径	周龄				
			5	8	11	15	21
NX0101	SPF来航鸡	对照组	0/35	0/30	0/30	0/30	0/20
		鸡胚接种	0/28	2/28	3/25	6/24	6/21
		接触感染	0/8	0/8	1/8	0/8	1/8
	尼克蛋鸡	对照组	0/41	0/30	0/30	0/30	0/20
		鸡胚接种	0/28	1/28	3/23	3/20	4/16
		接触感染	0/7	0/7	0/7	2/7	0/7
	芦花鸡	对照组	0/20	0/20	0/20	0/20	0/20
		鸡胚接种	0/23	0/23	0/23	1/23	1/20
		接触感染	0/2	0/2	0/2	0/2	0/2
SDAU09C2	SPF来航鸡	对照组	0/35	0/30	0/30	0/30	0/20
		鸡胚接种	1/30	4/25	6/25	4/25	4/23
		接触感染	0/2	1/2	1/2	1/2	1/2
	尼克蛋鸡	对照组	0/41	0/30	0/30	0/30	0/20
		鸡胚接种	0/24	6/24	4/24	4/20	7/18
		接触感染	0/7	1/6	1/7	2/7	2/4
	芦花鸡	对照组	0/20	0/20	0/20	0/20	0/20
		鸡胚接种	0/22	0/22	1/22	1/22	1/22
		接触感染	0/2	0/2	0/2	0/2	0/2

注：表中数据为阳性样品数／检测总样品数。

六、不同品种鸡经胚卵黄囊接种不同毒株ALV后泄殖腔棉拭子p27检出动态

鸡感染ALV后泄殖腔棉拭子中p27抗原的检出率，可反映带毒和排毒状态。因此，鸡感染ALV后泄殖腔棉拭子p27检出动态，也是不同品种鸡对不同毒株易感性差异的一个指标。实际上，这一指标往往是与病毒血症动态并行的。表3–31和3–32列出了经鸡胚卵黄囊接种不同毒株的不同品种鸡孵出后，胎粪及不同年龄泄殖腔棉拭子p27检出率的动态，以及同一隔离器内接触感染鸡的p27的检出动态。当某一品种鸡对某一毒株ALV易感时，在感染后，其p27检出率高且维持时间长，即被感染的鸡对该病毒抵抗力差，不易排除病毒。相反，如果某品种鸡对某一毒株有抵抗力，很容易从体内去除感染，那么

不仅p27检出率低，而且持续时间短。在芦花鸡则表现另一种特殊性，在经卵黄囊接种感染后，对两个ALV毒株的病毒血症都很低（表3–28），但是都能在棉拭子中检出p27；而且虽然也只是间隙性排毒，但可持续很长时间。此外，2周后在接触感染鸡也检出了p27。这似乎表明，病毒血症和生殖道带毒排毒不完全一致。

表 3–31　不同品种鸡感染 ALV 后泄殖腔棉拭子 p27 检出率动态比较（1）

鸡品种	毒株	感染途径	周龄							
			胎粪	1	3	5	8	11	15	21
白羽肉鸡	对照组		0/41	0/41	0/39	0/37	0/25	0/25	0/25	0/20
	SDAU 09C1	鸡胚接种	0/30 (0)	7/30 (23.3%)	2/29 (7%)	0/28 (0)	0/23 (0)	3/22 (13.6%)	7/22 (31.8%)	0/19 (0)
		接触感染	0/9	0/9	1/9	0/9	0/9	1/9	1/9	0/8
	SDAU 09C3	鸡胚接种	1/37 (2.7%)	11/37 (30%)	3/37 (8%)	0/36 (0)	1/30 (3.3%)	2/30 (6.7%)	2/30 (6.7%)	0/25 (0)
		接触感染	0/9	5/9	2/9	0/9	0/9	0/9	1/9	0/7
	NX0101	鸡胚接种	4/34 (11.8%)	22/34 (61.8%)	18/34 (52.9%)	15/32 (46.9%)	17/27 (63%)	15/27 (55.6%)	10/26 (38.5%)	5/21 (23.8%)
		接触感染	0/10	4/9	2/9	5/9	1/8	1/8	1/8	1/6
尼克蛋鸡	对照组		0/43	0/43	0/42	0/41	0/30	0/30	0/30	0/20
	SDAU 09C1	鸡胚接种	4/34 (11.8%)	11/32 (34.4%)	11/31 (35.5%)	24/31 (77.4%)	21/26 (80.7%)	16/26 (61.5%)	14/25 (56%)	10/19 (52.6%)
		接触感染	0/9	1/9	1/9	1/9	1/9	0/9	0/8	0/7
	SDAU 09C3	鸡胚接种	3/36 (8.3%)	10/35 (28.6%)	16/34 (47.1%)	12/34 (35.3%)	20/28 (71.4%)	12/28 (42.9%)	10/28 (35.7%)	9/24 (37.5%)
		接触感染	0/9	1/9	1/9	1/9	1/9	0/9	0/9	0/8
	NX0101	鸡胚接种	6/35 (17.1%)	6/35 (17%)	9/34 (26.5%)	9/34 (26.5%)	6/29 (20.7%)	13/27 (48.1%)	6/26 (23.1%)	5/23 (21.7%)
		接触感染	0/10	1/9	1/9	1/9	1/9	1/9	1/9	0/7
SPF 来航鸡	对照组		0/45	0/45	0/43	0/42	0/30	0/30	0/30	0/20
	SDAU 09C1	鸡胚接种	23/37 (62.2%)	23/37 (62.2%)	29/35 (82.9%)	32/35 (91.4%)	26/30 (86.7%)	25/30 (83.3%)	24/30 (80%)	23/28 (82.1%)
		接触感染	0/10	0/9	3/9	5/9	5/9	5/7	5/7	4/6
	SDAU 09C3	鸡胚接种	31/38 (81.6%)	36/38 (94.7%)	36/37 (97.3%)	37/37 (100%)	30/30 (100%)	29/29 (100%)	28/28 (100%)	21/21 (100%)
		接触感染	0/8	1/8	1/8	2/8	3/7	3/7	2/7	2/7
	NX0101	鸡胚接种	8/37 (21.6%)	20/36 (55.6%)	21/36 (58.3%)	23/36 (63.9%)	18/31 (58%)	16/29 (55.2%)	12/27 (44.4%)	11/21 (52.4%)
		接触感染	0/9	0/9	0/9	1/9	1/8	1/8	1/8	1/8

注：表中数据为阳性鸡只数／试验鸡只总数（p27 阳性率）。

表 3-32 不同品种鸡感染 ALV 后泄殖腔棉拭子 p27 检出率动态比较（2）

品种	毒株	感染途径	胎粪	周龄						
				1	3	5	8	11	15	21
SPF 来航鸡	对照组		0/30	0/30	0/29	0/28	0/27	0/25	0/25	0/21
	NX0101	鸡胚接种	8/35 (22.9%)	19/34 (55.9%)	20/33 (60.6%)	20/32 (62.5%)	15/28 (53.6%)	13/25 (52.0%)	12/24 (50.0%)	11/21 (53.8%)
		接触感染	0/10	0/9	0/7	1/8	1/8	1/8	1/8	1/8
	SDAU09C2	鸡胚接种	10/36 (27.8%)	15/32 (46.9%)	18/32 (56.3%)	22/30 (73.3%)	21/25 (84.0%)	19/25 (76.0%)	21/25 (84.0%)	20/23 (87.0%)
		接触感染	0/10	0/9	1/7	2/3	2/2	2/2	1/2	1/2
尼克蛋鸡	对照组		0/30	0/30	0/30	0/30	0/26	0/25	0/24	0/18
	NX0101	鸡胚接种	12/35 (34.3%)	4/32 (12.5%)	8/31 (25.8%)	9/31 (29.0%)	9/28 (32.1%)	12/23 (52.2%)	5/20 (25.0%)	4/16 (25.0%)
		接触感染	0/10	3/10	4/10	3/6	1/7	0/4	1/4	0/3
	SDAU09C2	鸡胚接种	0/33 (0.0%)	12/33 (36.4%)	7/32 (21.9%)	8/29 (27.6%)	16/24 (66.7%)	19/24 (79.2%)	14/20 (70.0%)	14/18 (74.4%)
		接触感染	0/10	5/10	2/9	1/9	6/8	5/7	2/7	0/6
芦花鸡	对照组		0/30	0/30	0/30	0/29	0/25	0/24	0/23	0/23
	NX0101	鸡胚接种	8/38 (21.1%)	9/37 (24.3%)	13/36 (36.1%)	15/35 (42.9%)	19/32 (59.4%)	16/27 (59.3%)	8/23 (34.8%)	5/20 (25.0%)
		接触感染	0/10	8/10	3/10	1/10	3/10	3/10	3/10	3/12
	SDAU09C2	鸡胚接种	11/34 (32.4%)	9/31 (29.0%)	10/30 (33.3%)	8/30 (26.7%)	6/27 (22.2%)	7/22 (31.8%)	3/22 (13.6%)	3/22 (13.6)
		接触感染	0/10	7/10	3/10	1/10	3/10	2/7	1/7	1/10

注：表中数据为阳性样品数／检测总样品数（阳性百分率）。

七、不同品种鸡感染不同毒株ALV后精液和蛋清中病毒检出率

垂直感染是ALV在鸡群传播的最重要途径，因此对于种蛋和精液中的外源性ALV的感染问题必须给予关注。

各个不同亚群ALV感染的种鸡都可通过种蛋将病毒传播给下一代。种蛋的感染状态可以根据从孵化出的雏鸡分离病毒来证明，但更多的是根据蛋清中p27抗原的检测来判断（详见第四章表4–9和表4–9）。然而，蛋清p27的检出率和病毒血症并不完全吻合，而且蛋清p27的检出率及其ELISA的S/P值也与蛋清中的病毒分离结果不完全吻合。很可能，不同亚群ALV的不同毒株在感染不同遗传背景的鸡后，感染鸡对蛋清的排毒程度和释放p27的程度都不是平行的。目前在这方面还没有系统的比较研究，也缺乏相应的数据。从近几年我国不同公司实施ALV净化的经验看，有些鸡群在蛋清p27检测完全阴性时，仍有少量病毒血症阳性。但另一些鸡群则相反，在连续2年病毒血症阴性时，仍有少量蛋清样品呈现p27阳性。我国饲养的鸡群的遗传背景多种多样，现在流行的毒株也多种多样，这一矛盾的现象与鸡群的遗传背景相关还是与流行的毒株特性相关，有待于继续开展深入研究。

对于公鸡精液对ALV的传播作用，现有能提供的数据更少。在第二章中已提及，ALV不会在精子细胞中复制，显然感染的公鸡不会通过精子引起垂直感染。但是，在感染外源性ALV公鸡的精液中确实可以分离到外源性ALV，但这对于母鸡来说也只能算是一种横向感染。重要的是，究竟感染的精液能否在交配或受精的母鸡诱发有效的感染，即病毒能否进入受精卵，或能否在受精母鸡维持一定期限的感染？对这些问题，在现有文献和专业书籍还缺乏详细资料。但是，在种鸡场实施净化时对公鸡的检测中发现，有些品种的鸡呈现ALV病毒公鸡的精液中有很高的病毒分离率。同时也发现，在对感染严重的鸡群实施净化过程中，如只淘汰病毒血症和蛋清p27阳性的母鸡，只对公鸡做病毒血症检测但不做精液的病毒分离，其后代仍有很高的感染率。这是否与鸡群的遗传背景相关，还是与鸡群流行的毒株相关，也有待于今后的深入研究。

参考文献

崔治中. 2012. 我国鸡群肿瘤病流行病学及其防控研究[M]. 北京：中国农业出版社.

Crittenden L.B., McMahon S., Halpern M.S. et al.1987. Embryonic infection with the endogenous avian leucosis virus Rous-associated virus-0 alters responses to exogenous avian leucosis virus infection [J]. J.Virology, 61:722–725.

Nair V., Fadly A. M. 2013. Leukosis/Sarcoma group. In: Diseases of Poultry, 13th ed, editor in chief D. E. Swayne. Published by John Wiley & Sons [M]. Inc., Ames, Iowa, USA

Smith E.J., Crittenden L.B. 1988. Genetic cellular response to subgroup E avian leucosis virus in slow-feathering dams reduced congential transmission of an endogenous retrovirus encoded at locus ev21 [J]. Poultry Science, 67:1668–1673.

Smith E.J., Fadley A.M., Levin I.,et al.1991.The influence of ev6 on the immune response to avian leucosis virus infection in rapid-feathering progeny of slow- and rapid-feathering dams [J]. Poultry Science, 70:1673–1678.

Zhang H. M., Bacon L.D., Cheng H.H.,et al.2005. Development and validation of a PCR-RFLP assay to evaluate TVB haplotypes coding receptors for subgroup B and subgroup E avian leukosis viruses in White Leghorns [J]. Avian Pathology, 34（4）:324–331.

Zhang H. M., Bacon L.D., Heidari M.,et al.2007. Genetic variation at the tumour virus B locus in commercial and laboratory chicken populations assessed by a medium-throughput or a high-throughput assay [J]. Avian Pathology, 36:283–291.

第四章

禽白血病的流行病学

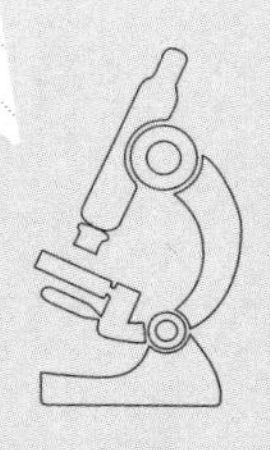

在20世纪90年代前，禽白血病一直只是欧美发达国家养鸡业关注的疫病，如第一章所述，早在20世纪初规模化养鸡业还没有形成时，这些国家就已开始研究禽白血病相关的肿瘤及其相关的病毒。而在中国和其他发展中国家，在这一时期，养鸡业还很少懂得、更不会关注禽白血病。这一方面与禽病方面的科学技术发展落后有关，也与在那个时期这些国家养鸡业规模太小禽白血病不会引发严重损失有关。只是到了90年代后ALV－J出现并开始在全球各国的规模化肉种鸡群大流行时，禽白血病才成为包括中国在内的发展中国家养禽业的关注点。因此，在国际上禽病的经典著作中有关禽白血病流行病学的描述也都只是源自欧美国家的资料，且大部分与较早发生的ALV－A/B诱发的禽白血病相关。这是因为欧美规模化养鸡公司在80年代中后期时，都已将禽白血病基本净化。即使后来又出现了新的ALV－J，也仅限于在白羽肉鸡中流行，且主要在年饲养量只有1亿多只的白羽肉种鸡中发病。而且在以往对ALV－A/B诱发的经典禽白血病成功实施净化的经验基础上，也很快实现了对ALV－J的净化。对我国养鸡业来说，禽白血病的发生、发展和流行则有其不同的特点。虽然我国鸡群禽白血病一直以ALV－J为主要病因，但它已在白羽肉鸡、蛋用型鸡和中国特有的各种地方品种鸡中普遍流行过，而且现在还在很多地方品种鸡群中流行，其发病的严重性显著超过其在欧美国家及其他发展中国家对养鸡业造成的损失。

第一节 国际文献中有关禽白血病的流行病学资料

虽然ALV仍然还可能存在于全球商业运作的许多鸡场中，但如上所述，由于几乎所有跨国育种公司都已成功地实施了对ALV的净化规划，而且还一直监控着原始育种鸡群中的ALV感染状态，因此从全球范围来说，特别是在欧美国家，禽白血病的发病率已降到很低水平。下面只是列出一些较早年代积累的流行病学资料。

一、禽白血病病毒的自然宿主和试验性感染宿主

鸡是ALV最主要的自然宿主，因此也是自然发生禽白血病的最主要的鸟类。此外，还能从少数其他鸟类如野鸡、鹧鸪、鹌鹑等检测出内源性ALV的序列，但还没有自然发病的病例报道。

在人工试验感染时，一些ALV毒株显示出比较广泛的宿主范围，当在非常年幼的动物连续传代时也能在其他动物适应复制。当预先通过接种RSV诱发免疫耐受性后，ALV也能感染其他一些鸟类。RSV可在鸡、野鸡、珍珠鸡、鸭、鸽、日本鹌鹑、火鸡和岩石鹧鸪等诱发肿瘤。其中，鸭是研究ALV的持续感染的理想模型，因为在用ALV接种鸭胚后，虽然检测不出病毒血症也检测不出抗体反应，但ALV可在鸭体内持续存在3年。然而，如果用ALV－C的一个毒株接种鸭胚，可引起在出壳后雏鸭出现消瘦症。此外，还有鸵鸟发生淋巴白血病的报道。一些RSV甚至可引起哺乳动物如小鼠或猴子的肿瘤。用相关病鸡的新鲜血液接种火鸡也能诱发骨硬化。火鸡对ALV－J也较易感，用急性型HPRS－103株ALV－J接种后也会诱发肿瘤。

二、鸡群禽白血病的自然发病率和死亡率

通常禽白血病在鸡群中只是散发，但最常见的淋巴白血病也会给鸡场带来很大损失。根据荷兰在1973—1979年随机抽样调查，在11 220只白色蛋鸡中有2.18%发生淋巴白血病死亡，而在7 920只褐色蛋鸡中有0.57%发生淋巴白血病死亡。有时，广泛流行鸡传染性法氏囊病会减少禽白血病的发病死亡率。与此相反，2型马立克病病毒（MDV）则会使某些品系鸡在出壳后感染ALV的发病率显著升高。在白来航鸡，接种2型MDV疫苗后也会提高自发性法氏囊淋巴肉瘤的发病率。核酸分子杂交检测表明，用ALV和2型MDV共感染鸡后，MDV仅与转化的法氏囊细胞密切相关，而与未转化的细胞无关。体外试验也证明，2型MDV可增强ALV和RSV基因的表达。

在鸡场中，成红细胞白血病的发病率要显著低于淋巴白血病，但早在20世纪30年代就曾在一个5周龄鸡群发生偶见的成红细胞白血病呈局部流行的报道。成髓细胞白血病多为散发，自然发病也很少发生。在ALV－J发现前，髓细胞瘤白血病也只是散发。但是，当以HPRS－103株ALV－J接种肉用型鸡后，可诱发高达27%的髓细胞瘤白血病的发病率。而且，由ALV－J诱发的肿瘤后来相继在其他很多国家报道。在商业化经营的肉用型鸡的种鸡群，每周约1.5%的肿瘤死亡率是比较常见的。

根据一些学者在30多年前对肿瘤发生类型的分析，如果除去最常见的淋巴细胞肿

瘤，在肉鸡和蛋鸡中血管瘤分别占25%和19%，肾母细胞瘤占19%和3%～10%。结缔组织瘤虽然不是病鸡死亡的主要原因，但它也在肉鸡的非淋巴性肿瘤中占20%。结缔组织瘤虽然发病率很低，如低于1/1 000，但有时也会呈流行性。此外，20世纪50年代末曾在一个有600只1岁蛋鸡的鸡群发生了组织细胞肉瘤，在4个月期间检查的400只鸡中，有90%的鸡发生这种肉瘤。另一方面，在有ALV－J感染的鸡群也偶然发生发病率很低的组织细胞肉瘤。

鸡群发生骨硬化的比率要比淋巴肉瘤低得多，只是在肉鸡中可能发生流行。在各种类型鸡中，似乎公鸡比母鸡更容易发生骨硬化。在1986年一次骨硬化病的流行中，在病料中检测到ALV序列。

三、鸡群中的ALV感染率

在鸡场暴发淋巴白血病时，最常分离到的病毒是ALV－A。另外，在20世纪60年代，就曾有研究表明，在8个有代表性商业经营的鸡群采集的蛋中，有1.6%～12.5%的鸡胚中可分离到ALV－A，显示这些鸡群都能排毒。与此相比，ALV－B的分离率较低，它们向鸡胚的排毒程度也低，对肉用型鸡场的病毒分离的这类研究还不多。在20世纪90年代初，英国研究人员调查了不同类型的鸡群对ALV－J血清抗体的阳性率，结果发现5个肉用型品系鸡中有3个呈现ALV－J抗体阳性，而7个蛋用型品系鸡全部为阴性。利用病毒学和血清学方法，美国在20世纪90年代后期对肉用型鸡群的调查也进一步发现，对ALV－J的感染率已达84%。随后，在其他国家也发现，肉用型鸡群中ALV－J的感染率已相当高了。当然，随调查鸡群的年龄和其他因素的不同，这种感染率有很大差别。

早在20世纪70年代初，芬兰的商业经营的鸡场就已分别分离到A、B、C、D亚群ALV，在调查的10个鸡群中有4个检测出了对这4个亚群的抗体。在肯尼亚和马来西亚，一些野鸟和鸡群中对ALV－A和ALV－B的抗体阳性也很普遍，肯尼亚还检出对ALV－D的抗体。

此外，在不同种的野鸡中可检出ALV－F和ALV－G的抗体，对ALV－H的抗体也见于匈牙利鹧鸪中，ALV－I的抗体见于鹌鹑中。在蒙古野鸡、中国鹌鹑和鸡中还发现某些尚不能鉴定亚群的病毒，这些都与内源性病毒相关。但是，在日本鹌鹑、鸽子、鹅、北京鸭和番鸭中尚未发现相应的内源性ALV。很多种脊椎动物，都是以孟德尔模式整合有内源性反转录病毒的基因组并出现在不同的染色体位点上。在多数家鸡属和雉科的一些种的基因组中，都有与RAV－0相关的DNA序列，而珍珠鸡、鹌鹑、孔雀、一些种类的野鸡、火鸡基因组上则还没有发现相应的DNA序列。

四、鸡群ALV的传播模式

Payne等（2012）最近提出了ALV在鸡群间传播方式的两个模式图（图4–1和图4–2）。图4–1主要表现了经典的A、B、C、D、E亚群（主要为A、B亚群）ALV在鸡（主要以蛋用型鸡为主）群内的多种传播方式，即横向传播及垂直传播（包括先天性感染和遗传传播），这与其他禽病经典著作中的描述是类似的。图4–2则只表现ALV–J在鸡群内的传播方式（主要根据肉用型鸡），即横向传播和只包括先天性感染的垂直传播，但不包含遗传传播，因为ALV–J不能通过遗传的方式从亲代传给子代。而图4–1模式中的ALV–E，则可以通过遗传方式从亲代传给子代。

比较这两个传播模式图时，还应注意到另一个重要区别，即在图4–1中的A和B亚群ALV只有先天性垂直感染才容易诱发免疫耐受性、持续的病毒血症及随后的白血病，但横向传播只会引起被传播鸡感染后的短暂性病毒血症并随后诱发免疫反应，很少会产生白血病。但是在ALV–J感染鸡群后，除了先天性垂直感染很容易诱发免疫耐受性、持续的病毒血症及随后的成髓细胞瘤白血病外，先天性垂直感染的雏鸡也能通过横向感染被接触的雏鸡，并使后者呈现免疫耐受性状态和持续的病毒血症，还能在一部分鸡诱发成髓细胞瘤白血病，感染的鸡在性成熟时即使产生抗体且没有病毒血症也不发病，但也有较大的可能性排毒。也就是说，相比A和B亚群ALV，ALV–J的横向传播能力要强得多。

在现有的文献资料中，对公鸡在鸡群内传播ALV的作用，说法都不明确。根据现有的研究资料分析，似乎感染的公鸡不会造成ALV–J的先天性感染，这可能与ALV不能在精子内复制有关。病毒血症阳性公鸡的精液中也会有ALV，在与母鸡自然交配时或人工授精时，也可能感染母鸡，但这仍只能算作是一种横向感染。现在不清楚的是，感染了ALV的精液对ALV在鸡群中的传播是否有一定的流行病学意义，这也是文献资料中一直很少直接论述的问题。山东农业大学家禽病毒性肿瘤病实验室正在这方面开展系统的研究，初步结果表明，鸡胚卵黄囊人工接种ALV–J后孵化出的公鸡中，有一部分可维持持续性的病毒血症，且可在精液中排除病毒。用感染有ALV–J的精液给未感染的母鸡进行人工授精后，虽然没有从母鸡检测出病毒血症，但它们所产蛋孵化出的雏鸡中有一部分可用RT–PCR检测出ALV–J，在38只孵出的雏鸡中，还从1只血液分离到ALV–J（李阳等，待发表资料）；而在用无ALV–J感染的精液人工授精的母鸡的后代中，用同样方法均没有检测到ALV–J。这些结果证明，ALV–J感染的公鸡确能通过精液将病毒传播给母鸡，并传至下一代。相关研究还有待进一步深入进行。

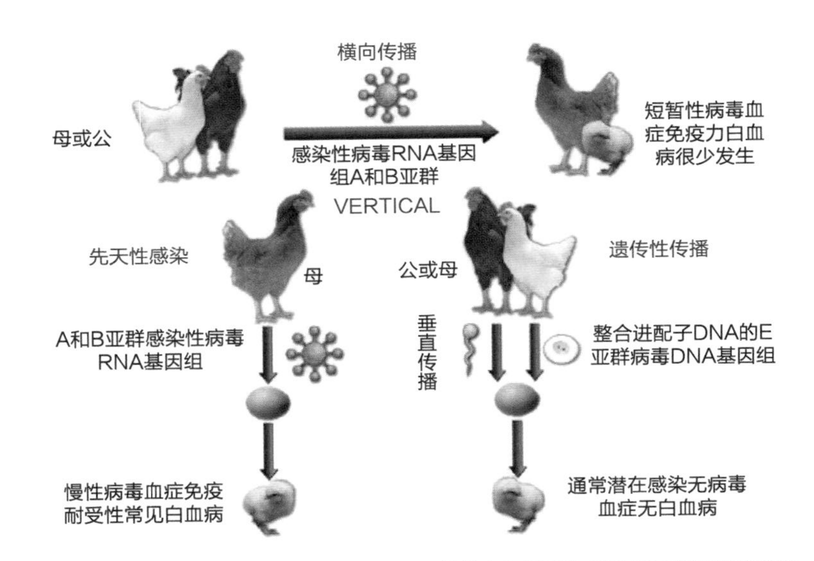

图 4-1 ALV 的三种传播模式：外源性 ALV 的横向和垂直传播及其可能的病理表现

第三种遗传性传递仅限于内源性 E 亚群 ALV。

（郭惠君根据 Payne 等于 2012 年改绘）

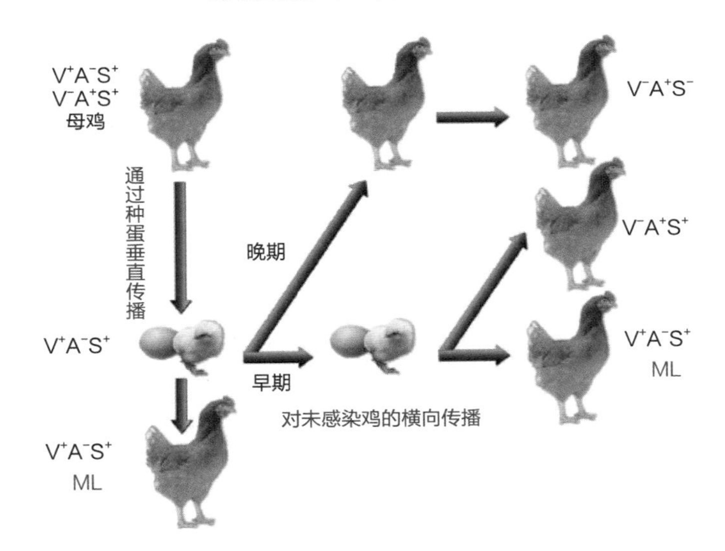

图 4-2 ALV-J 的两种传播模式

显示垂直传播和横向传播及其致病作用。早期横向感染也能在一部分感染鸡诱发病毒血症和肿瘤。A. 抗体反应；V. 病毒血症状态；S. 排毒状态，+/– 表示有或无；ML. 感染鸡可能发生骨髓细胞样白血病。

（郭惠君根据 Payne 等于 2012 年改绘）

第二节　我国鸡群禽白血病的流行病学特点

一、我国鸡群中ALV感染发生和发展的历史动态

大约在2005年以后，全世界大多数养鸡业发达国家的商业经营的规模化养鸡场都已基本消灭和控制了禽白血病的流行。但在我国鸡群中，ALV感染仍然是一种必须给予高度关注的疫病。毫无疑问，我国鸡群禽白血病的流行病学表现与全球各国鸡群的流行病学特点基本相同，但是在20世纪90年代以来的20多年中，我国鸡群中禽白血病的发生和蔓延也有其特点。

在1999年以前，由于诊断技术上的限制，按严格的技术标准来判断，我国还一直没有鸡群感染ALV状态的报道。虽然，笔者团队曾在1987年发表了鸡群禽白血病感染状况的调查，但那时是仅根据对血清中ALV的p27抗原的检测来判断的，还不足以下结论。毫无疑问，在世界各国鸡群中曾普遍存在的A、B亚群ALV，也早已存在于我国地方品种鸡群中了。只是由于过去在一家一户散养状态下，不大可能造成明显危害，也就一直被忽视了。近几年对血清中ALV特异性抗体检测的流行病学调查已显示，我国各种类型鸡群中都已普遍存在着不同亚群的ALV感染（表4－1至表4－7）。即使很多边远山区相对封闭的鸡群中也都有一定比例鸡对A、B亚群ALV抗体呈现阳性（表4－7）。这足以说明，A、B亚群ALV感染确实早已存在于我国多种地方品系鸡群中。在1988年前后，英国首先从白羽肉鸡中发现了对鸡的致毒性更强的ALV－J，主要引发各种脏器的成髓细胞瘤白血病，特别是肝脏。该病毒很快传入全世界几乎所有培育品系的白羽肉用型鸡。毫无疑问，在此同时该病毒也随每年引进的种鸡进入了我国。实际上，我国一些白羽肉用型种鸡场已在这期间陆续发现了类似的病例，但一直弄不清楚是什么病。直到1999年，笔者团队才首先从山东和江苏两地具有疑似病变的种鸡及市场上出售的商品代白羽肉鸡中分离鉴定到ALV－J，最早的毒株被分别定名为SD9901、SD9902和YZ9901、YZ9902（杜岩等，1999、2000）。在后来的几年里，又不断从其他不同的省份分离到ALV－J（Cui等，2003），见表4－8、表4－9。随后，ALV－J又进一步传入蛋用型鸡场，以及我国自行培育的黄羽肉鸡和各地长期形成的地方品种鸡。

表 4-1 我国不同类型鸡群 ALV 血清流行病学调查（2008 年 7 月至 2009 年 7 月）

鸡群类型		ALV-A/B 抗体检出率		ALV-J 抗体检出率	
品种	代次	群数	个体数	群数	个体数
白羽肉鸡	祖代	9/23(39.1%)	14/1471(1%)	8/23(34.8%)	63/147(4.3%)
	父母代	5/7(71.4%)	26/408(6.4%)	6/7(85.7%)	54/447(12.1%)
	商品代	0/1(0)	0/100(0)	4/4(100%)	32/172(18.6%)
蛋用型鸡	祖代	4/17(23.5%)	77/1 727(4.5%)	12/17(70.6%)	46/1 727(2.7%)
	父母代	7/23(30.4%)	20/1 711(1.2%)	12/24(50%)	65/1 762(3.7%)
	商品代	1/6(16.7%)	9/313(2.9%)	3/7(42.9%)	15/289(5.2%)
我国培育型	核心群	4/6(66.7%)	4/396(1%)	4/6(66.7%)	12/396(3%)
	祖代 2	11/20(55%)	46/1 227(3.7%)	11/20(55%)	31/1 227(2.5%)
	祖代 1	3/16(18.8%)	6/791(0.8%)	0/16(0)	0/791(0)
我国地方品系	山东	18/26(69.2%)	180/2 014(8.9%)	11/26(42.3%)	72/1 961(3.7%)
	广东	14/22(63.6%)	63/3 724(1.7%)	19/22(86.4%)	240/3 728(6.4%)
	广西	12/20(60%)	24/640(3.8%)	11/20(55%)	84/3 728(13.1%)
	江苏	1/1(100%)	4/105(3.8%)	2/3(66.7%)	6/145(4.1%)
	安徽	2/3(66.7%)	33/276(12%)	2/3(66.7%)	135/276(48.9%)
	海南	1/1(100%)	3/92(3.3%)	0/1(0)	0/90(0)
合计		92/192(47.9%)	509/14 995(3.4%)	105/199(52.8%)	855/15 122(5.7%)

表 4-2 我国白羽肉用型不同鸡群 ALV-A/B 和 ALV-J 抗体检测阳性率（2008—2010 年）

品种（系）	代次	省市数	ALV-A/B 阳性鸡群数 / 检测鸡群数（阳性率）	ALV-A/B 阳性鸡只数 / 检测鸡只数（阳性率）	ALV-J 阳性鸡群数 / 检测鸡群数（阳性率）	ALV-J 阳性鸡只数 / 检测鸡只数（阳性率）
白羽	祖代	3	4/12(33.3%)	15/1148(1.31%)	5/12(41.7%)	84/1135(7.4%)
	父母代	4	5/6(83.3%)	32/565(5.67%)	5/6(83.3%)	101/565(17.9%)
	商品代	2	1/4(25%)	5/178(2.81%)	3/4(75%)	33/178(18.5%)
ROSS	祖代	3	7/13(53.8%)	30/1202(2.5%)	0/13(0)	1/1248(0.08%)
	父母代	1	1/2(50%)	6/162(3.7%)	0/3(0)	1/219(0.5%)
安卡	商品代		/	/	3/3(100%)	30/72(41.7%)
	祖代	1	5/6(83.3%)	22/265(3.89%)	4/6(66.6%)	16/265(6%)
总计			23/43(43.5%)	110/3520(3.1%)	20/47(42.6%)	266/3682(7.2%)

注：一个鸡群中阳性率大于 2% 且有 2 个阳性鸡以上者为阳性鸡群；/ 表示未检测。

表 4-3 我国蛋用型不同鸡群 ALV-A/B 和 ALV-J 抗体检测阳性率（2008—2010 年）

品种（系）	代次	省市数	ALV-A/B 阳性鸡群数 / 检测鸡群数（阳性率）	ALV-A/B 阳性鸡只数 / 检测鸡只数（阳性率）	ALV-J 阳性鸡群数 / 检测鸡群数（阳性率）	ALV-J 阳性鸡只数 / 检测鸡只数（阳性率）
海兰褐	祖代	5	4/34(11.8%)	73/3 513(2.1%)	4/34(11.8%)	17/3 513(0.48%)
	父母代	11	18/48(37.5%)	147/2 867(3.8%)	19/52(36.5%)	206/4 071(5.1%)
	商品代	4	15/50(30%)	76/1 717(4.4%)	15/46(32.6%)	95/1 462(6.5%)
海兰灰	祖代	1	0/1(0)	0/80(0)	0/1(0)	0/80(0)
	父母代	1	1/1(100%)	6/60(10%)	0/1(0)	1/60(1.67%)
尼克	祖代	1	1/3(33.3%)	76/1 252(6.1%)	0/3(0)	6/1 252(0.48%)
	父母代	1	2/2(100%)	5/588(0.85%)	1/2(50%)	2/588(0.34%)
	商品代	1	/	/	1/1(100%)	3/5(60%)
伊莎	祖代	1	0/1(0)	0/68(0)	1/1(100%)	21/68(30.9%)
	父母代	2	2/6(33.3%)	9/360(2.5%)	4/7(57.1%)	13/380(3.4)
	商品代	1	1/2(50%)	3/159(1.89%)	0/2(0)	0/119(0)
罗曼	祖代	1	3/12(25%)	12/719(1.67%)	9/12(75%)	40/719(5.56%)
	父母代	2	3/8(37.5%)	7/464(1.51%)	6/8(75%)	24/464(5.17%)
	商品代	3	1/3(33.3%)	2/176(1.14%)	3/4(75%)	13/192(6.77%)
总计			51/141 (36.2%)	416/9 032 (4.6%)	62/174 (35.6%)	440/12 972 (3.4%)

注：一个鸡群中阳性率大于 2% 且有 2 个阳性鸡以上者为阳性鸡群；/ 表示未检测。

表 4-4　2009 年客户商品代蛋鸡发生肿瘤 / 血管瘤问题的父母代种鸡场血清抗体检测结果

鸡场	月份	周龄	ALV-A/B 阳性率	ALV-J 阳性率
A 父母代	5	90	0/89	11/89
B 父母代	5	47	1/90	1/90
C 父母代	5	27	0/90	1/90
D 父母代	6	40	0/30	10/30
E 父母代	6	26	0/30	14/31
F 父母代	8	23	0/80	11/80
H 父母代	8	35	8/92	12/92
4I 父母代	8	35	7/20	1/20
J 父母代	8	35	2/20	4/20
K 父母代	9	20	21/30	0/30
L 父母代	9	35	4/44	5/44

注：种鸡场 K 在开始进入性成熟期时，ALV-A/B 抗体阳性率已高达 70%，但对 ALV-J 抗体为阴性，表明其后代蛋鸡客户中的禽白血病很可能是由 ALV-A/B 而不是 ALV-J 引起的。

表 4-5　2009 年发生肿瘤 / 血管瘤问题的商品代蛋鸡场血清抗体检测结果

鸡场	月份	周龄	ALV-A/B 阳性率	ALV-J 阳性率
A1	9	21 ~ 13	19/132	29/132
A2	9	33 ~ 50	6/52	0/52
A3	8	21 ~ 23	9/33	5/40
B1	9	30	7/20	1/20
B2	9	30	2/20	4/20

注：商品代蛋鸡场 A2 在开产后，ALV-A/B 抗体阳性率已高达 11%，但对 ALV-J 抗体为阴性，表明该鸡群禽白血病很可能是由 ALV-A/B 而不是 ALV-J 引起的。

表 4-6 我国培育的黄羽肉用型不同鸡群 ALV-A/B 和 ALV-J 抗体检测阳性率（2008—2010 年）

类型	品种（系）	代次	省市数	ALV-A/B 阳性鸡群数 / 检测鸡群数（阳性率）	ALV-A/B 阳性鸡只数 / 检测鸡只数（阳性率）	ALV-J 阳性鸡群数 / 检测鸡群数（阳性率）	ALV-J 阳性鸡只数 / 检测鸡只数（阳性率）
地方改良品系	鲁禽	祖代	1	4/4(100%)	93/996(9.34%)	4/4(100%)	29/996(2.91%)
				1/4(25%)	5/354(1.41%)	2/4(50%)	10/354(2.82%)
	广东黄鸡	祖代	1	5/11(45.45%)	24/2 303(1.04%)	8/11(72.73%)	34/2 303(1.48%)
		父母代	1	2/5(40%)	40/1 593(2.51%)	4/5(80%)	33/1 593(2.07%)
	新兴黄	祖代	1	3/3(100%)	21/807(2.6%)	1/3(33.3%)	3/807(0.37%)
	农大三号	原种	1	0/2(0)	0/308(0)	0/2(0)	0/308(0)
	安徽黄鸡	祖代	2	4/6(66.7%)	49/607(8.1%)	6/6(100%)	182/607(30%)
	DHGDg5	祖代	1	1/1(100%)	6/80 (7.5%)	1/1(100%)	8/80 (10.0%)
		父母代	1	4/4(100%)	61/958(6.37%)	4/4(100%)	70/958(7.31%)
	DHGDe4	祖代	1	0/2(0)	0/319(0)	1/2(50%)	15/320(4.69%)
		父母代	1	3/3(100%)	19/1 200(1.58%)	3/3(100%)	76/1 200(6.33%)
	DHGDf2	祖代	1	0/2(0)	0/160(0)	0/2(0)	2/160(1.25%)
		父母代	1	1/1(100%)	4/159(2.52%)	1/1(100%)	6/160(3.75%)
		父母代	1	1/1(100%)	8/400(2%)	1/1(100%)	77/400(19.25%)
	DHGDf6	父母代	1	0/2(0)	1/317(0.32%)	0/2(0)	1/316(0.32%)
总计				29/51 (56.8%)	331/10 561 (3.1%)	36/51(70.6%)	546/10 562 (5.2%)

注：一个鸡群中阳性率大于 2% 且有 2 个阳性鸡以上者为阳性鸡群。

表 4-7　我国各地地方品种不同鸡群 ALV-A/B 和 ALV-J 抗体检测阳性率（2008—2010 年）

品种（系）	代次	ALV-A/B 阳性鸡群数 / 检测鸡群数（阳性率）	ALV-A/B 阳性鸡只数 / 检测鸡只数（阳性率）	ALV-J 阳性鸡群数 / 检测鸡群数（阳性率）	ALV-J 阳性鸡只数 / 检测鸡只数（阳性率）
莱芜黑	祖代	4/5(80%)	45/645(7%)	3/5(60%)	10/645(1.555%)
	父母代	0/2(0)	2/392(0.51%)	1/2(50%)	5/392(1.27%)
芦花鸡	祖代	3/3(100%)	13/447(2.9%)	1/3(33.3%)	5/447(1.12%)
	父母代	0/3(0)	0/225(0)	0/3(0)	0/225(0)
百日鸡	祖代	1/4(25%)	21/369(5.69%)	2/4(50%)	21/369(5.69%)
寿光鸡	祖代	4/4(100%)	135/394(34.3%)	0/4(0)	0/341(0)
	父母代	1/2(50%)	64/162(39.5%)	0/2(0)	0/109(0)
琅琊鸡	祖代	2/2(100%)	15/527(2.85%)	2/2(100%)	23/527(4.36%)
石岐杂鸡	祖代	2/2(100%)	22/597(3.69%)	2/2(100%)	16/597(2.68%)
山东麻鸡	父母代	1/1(100%)	9/30(30%)	1/1(100%)	12/30(40%)
北京油鸡	祖代	1/1(100%)	119/1867(6.37%)	0/1(0)	0/1795(0)
广东麻鸡	祖代	1/3(33.3%)	28/298(6.71%)	2/3(66.7%)	20/298(6.71%)
岭南黄鸡	商品代	1/1(100%)	20/80(25%)	1/1(100%)	39/80(50%)
安徽麻鸡	祖代	2/2(100%)	35/382(9.16%)	2/2(100%)	161/382(42.1%)
狼山鸡	祖代	1/1(100%)	4/105(3.81%)	1/1(100%)	4/105(3.81%)
	商品代	/	/	1/1(100%)	2/22(9.1%)
肥西鸡	祖代	0/1(0)	0/92(0)	0/1(0)	0/92(0)
宁国鸡	祖代	1/1(100%)	2/184(1.1%)	0/1(0)	0/184(0)
	商品代	0/1(0)	0/92(0)	1/1(100%)	2/92(2.17%)
太湖鸡	商品代	/	/	1/1(100%)	12/184(6.52%)
广西三黄鸡	祖代	5/9(55.6%)	118/1061(11.1%)	4/9(44.4%)	105/978(10.7%)
	父母代	1/6(16.7%)	10/169(5.92%)	1/6(16.7%)	11/169(6.51%)

（续）

品种（系）	代次	ALV-A/B 阳性鸡群数 / 检测鸡群数（阳性率）	ALV-A/B 阳性鸡只数 / 检测鸡只数（阳性率）	ALV-J 阳性鸡群数 / 检测鸡群数（阳性率）	ALV-J 阳性鸡只数 / 检测鸡只数（阳性率）
广西花鸡	祖代	1/3(33.3%)	1/67(1.49%)	0/3(0)	0/67(0)
	父母代	0/1(0)	0/23(0)	1/1(100%)	2/23(8.7%)
广西矮脚黄鸡	祖代	2/3(66.7%)	19/215(8.84%)	3/3(100%)	24/215(11.2%)
	父母代 1	3/5(60%)	11/177(6.21%)	2/5(40%)	15/177(8.47%)
	父母代 2	1/2(50%)	3/66(4.55%)	1/2(50%)	5/66(7.58%)
黄麻鸡	祖代	3/3(100%)	15/628(2.39%)	3/3(100%)	160/628(25.5%)
	父母代	1/2(50%)	3/73(4.11%)	2/2(100%)	31/73(42.5%)
铁脚麻鸡	祖代	/	/	3/3(100%)	340/1 104(30.8%)
	父母代	1/3(33.3%)	3/138(2.17%)	4/4(100%)	27/158(17.1%)
瑶鸡	祖代	1/1(100%)	3/92(3.26%)	1/1(100%)	27/92(29.3%)
	父母代	0/2(0)	2/73(2.74%)	1/2(50%)	5/73(6.85%)
龙胜凤鸡	祖代	1/1(100%)	6/92(6.52%)	1/1(100%)	8/92(8.7%)
雪山草鸡	祖代	1/1(100%)	11/118(9.3%)	1/1(100%)	33/118(28%)
新扬州鸡	祖代	0/1(0)	1/59(1.67%)	1/1(100%)	6/59(10%)
肥西鸡	祖代	0/1(0)	0/184(0)	0/1(0)	0/184(0)
宣城鸡	祖代	1/1(100%)	33/184(17.9%)	1/1(100%)	135/184(73.4%)
太湖鸡	祖代	/	/	1/1(100%)	10/172(5.8%)
昌山鸡	父母代	1/1(100%)	5/120(4.17%)	1/1(100%)	9/120(7.5%)
文昌鸡	父母代	0/1(0)	1/38(2.63%)	0/1(0)	1/38(2.63%)
大三黄	父母代	0/1(0)	1/24(4.17%)	0/1(0)	0/24(0)
合计		151/356 (42.42%)	1600/35 511 (4.51%)	172/369 (46.61%)	2 539/38 947 (6.52%)

注：一个鸡群中阳性率大于 2% 且有 2 个阳性鸡以上者为阳性鸡群；/ 表示未检测。

2008—2009年，鸡ALV－J造成的肿瘤/血管瘤给我国蛋鸡业带来了极大损失。据保守估计，在全国饲养的12亿～15亿只产蛋鸡中，一年至少因ALV－J肿瘤/血管瘤造成直接死亡的有5 000万只（崔治中，2010）。在这期间，全国多个大型蛋用型种鸡公司因销售了被垂直感染ALV－J的鸡苗而被许多客户投诉。随着蛋用型鸡父母代鸡场和商品代鸡场开始重视从无ALV－J感染的蛋鸡祖代鸡场引种并扩大繁殖后代，也随着我国自繁自养的蛋用型原种鸡公司开始实施严格的净化措施，从2010年起，ALV－J和其他ALV感染在蛋鸡群中引发的肿瘤/血管瘤日趋减少。2013年以后，相关的报告或投诉已很少出现。在我国培养的各种黄羽肉鸡和我国各地固有的地方品种中，ALV－J和其他亚群ALV感染也已普遍存在。但在一些自繁自养的黄羽肉鸡和我国各地固有地方品种鸡场已开始了对ALV的净化，有的已获得成功。

图4－3描述了ALV－J传入我国并在不同类型鸡群中逐渐传播开来的途径。

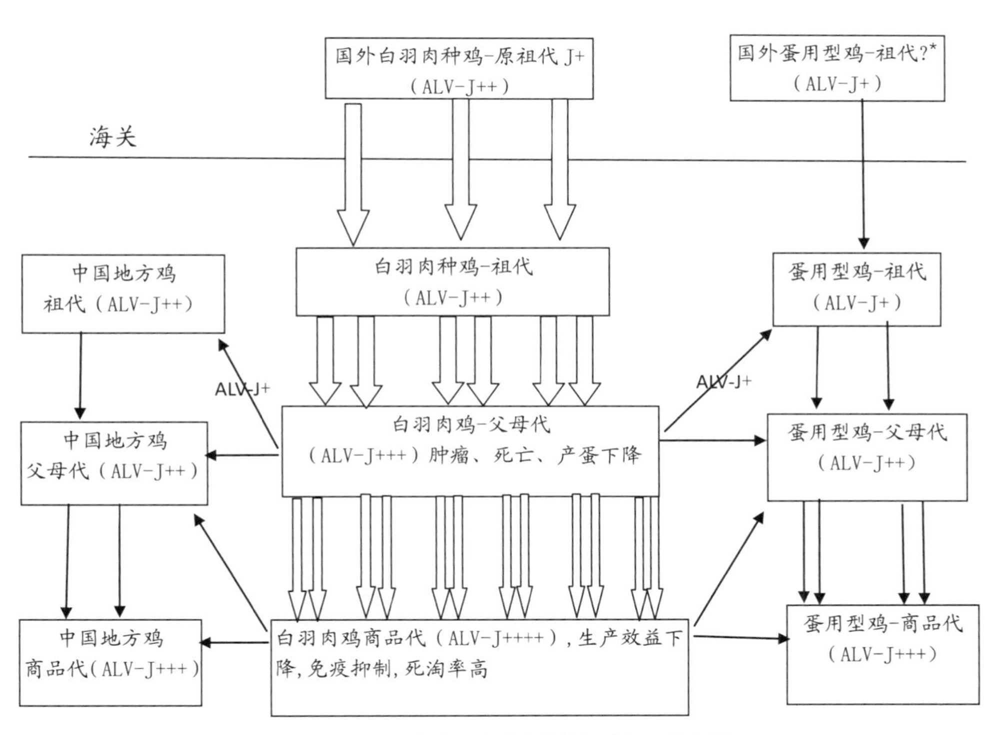

图 4-3　ALV-J 在我国鸡群中的传播途径和放大过程

* 国内曾有人怀疑蛋鸡的 ALV-J 可能是传入的，但经多次检测，结果否定了这一推测，所以此处用“？”。

（一）我国白羽肉用型鸡群ALV感染的来源、发生和现状

我国商品代白羽肉鸡每年出栏量50亿～60亿只，为此需饲养大约5 000万套父母代种鸡及100万套祖代种鸡。从20世纪80年代开始，我国白羽肉用型祖代种鸡全靠从欧美进口（以美国为主）。20世纪末至2005年，我国饲养的白羽肉鸡主要是原祖代引自美国但已由我国自繁自养的爱维因鸡（Avein），此外还有每年必须引进的祖代种鸡AA（或AA+）、科宝、哈巴特等不同的品系。在全国各地饲养的这些品系都在引进种用鸡苗时带入了ALV-J，并已分别造成了不同程度的损失。主要是在父母代种鸡发病，在开产前后开始出现骨髓细胞瘤，造成肝、脾肿大或肋骨上有肉瘤样赘生物。肿瘤直接死淘率平均3%～5%，个别父母代种鸡场在18～24周龄内肿瘤直接死淘率即可达19.4%。但一开始，各养鸡公司都不认识该病，常将其误诊为马立克病。还有的种鸡场隐瞒病情，这更助长了ALV-J在我国肉鸡群中的长期蔓延。1999—2005年，笔者团队已分别从江苏、山东、河南、宁夏不同省（自治区）分离到ALV-J（表4-8、表4-9）。在祖代种鸡也会发生，但发病率和死亡率相对较低。对商品代肉鸡主要引起生长迟缓、饲料利用率降低，但也有一部分商品代肉鸡群30日龄以后就开始发生急性骨髓细胞样细胞瘤，并造成5%～10%的死淘率。

表4-8　2011—2014年全国部分蛋用型种鸡场ALV流行病学调查

场名	代次	检测年份	品系	阳性数/检测数（蛋清p27检出率）	阳性数/检测数（ALV-J抗体检出率）	阳性数/检测数（ALV-A/B抗体检出率）
北京某种鸡公司A	曾祖代	2011	京红京粉	0/323(0)	0/530(0)	0/530(0)
北京某种鸡公司A	祖代	2011	京红京粉	0/2 966(0)	0/2 966(0)	0/2 966(0)
北京某种鸡公司A	祖代	2012	京红京粉	1/3 030(0.03%)	0/3 097(0)	0/3 097(0)
北京某种鸡公司A	祖代	2013	京红1号	0/3 003(0)	1/3 006(0.03%)	0/3 006(0)
北京某种鸡公司A	祖代	2014	京红1号	0/150(0)	0/150(0)	0/150(0)
上海某种鸡公司A	曾祖代	2011	新杨褐	0/100(0)	0/100(0)	0/100(0)
上海某种鸡公司A	祖代	2011	新杨褐/罗曼/海兰	0/1 360(0)	0/1 360(0)	0/1 360(0)
上海某种鸡公司A	曾祖代	2013	新杨褐	0/100(0)	1/100(1.0%)	3/100(3.0)
上海某种鸡公司A	祖代	2013	新杨褐/海兰/罗曼	0/700(0)	11/785(1.4%)	25/785(3.2%)
上海某种鸡公司A	曾祖代	2014	新杨褐	0/150(0)	15/150(10.0%)	6/150(4.0%)
上海某种鸡公司A	祖代	2014	新杨褐	0/150(0)	1/150(0.7%)	0/150(0)
上海某种鸡公司B	祖代	2014	安卡	13/150(8.7%)	2/150(1.3%)	1/150(0.7%)

（续）

场名	代次	检测年份	品系	阳性数 / 检测数（蛋清 p27 检出率）	阳性数 / 检测数（ALV–J 抗体检出率）	阳性数 / 检测数（ALV–A/B 抗体检出率）
山东某种鸡公司 A	祖代	2011	海兰褐	1/666(0.2%)	3/919(0.3%)	1/919(0.1%)
山东某种鸡公司 A	祖代	2012	海兰褐	1/1 314(0.08%)	0/1 314(0)	0/1 314(0)
山东某种鸡公司 A	祖代	2013	海兰褐	4/1 369(0.3%)	2/1 297(0.2%)	5/1 297(0.4%)
山东某种鸡公司 A	祖代	2014	海兰褐	0/150(0)	1/150(0.7%)	0/150(0)
山东某种鸡公司 B	祖代	2011	特佳	4/200(2.0%)	0/200(0)	0/200(0)
山东某种鸡公司 B	祖代	2012	尼克	5/131(3.8%)	0/131(0)	18/131(13.7%)
山东某种鸡公司 B	祖代	2013	尼克红 / 珊瑚粉	1/320(0.3%)	1/140(0.7%)	17/150(11.3%)
山东某种鸡公司 B	祖代	2014	尼克红 / 珊瑚粉	0/150(0)	0/150(0)	8/150(5.3%)
河北某种鸡公司 A	曾祖代	2011	京白 939	2/100(2.0%)	0/100(0)	15/100(15.0%)
河北某种鸡公司 A	祖代	2011	京白 939	7/976(0.7%)	2/840(0.2%)	98/840(11.7%)
河北某种鸡公司 A	祖代	2012	京白 939	13/840(1.5%)	11/348(3.2%)	56/840(6.7%)
河北某种鸡公司 A	祖代	2013	京白 939	0/840(0)	92/840(11.0%)	206/840(24.5%)
河北某种鸡公司 A	曾祖代	2014	京白 939	9/450(2.0%)	4/450(0.9%)	13/450(2.9%)
河北某种鸡公司 A	祖代	2014	京白 939	4/150(2.7%)	2/150(1.3%)	6/150(4.0%)
河北某种鸡公司 B	祖代	2011	海兰灰	0/100(0)	0/100(0)	0/100(0)
河北某种鸡公司 C	祖代	2011	海兰灰	0/240(0)	0/228(0)	0/228(0)
河北某种鸡公司 C	祖代	2012	海兰灰	ND	0/225(0)	0/225(0)
河北某种鸡公司 C	祖代	2013	海兰灰	ND	3/228(1.3%)	1/228(0.4%)
河北某种鸡公司 C	祖代	2014	海兰褐	0/150(0)	2/150(1.3%)	2/150(1.3%)
河北某种鸡公司 D	祖代	2011	伊莎	0/144(0)	2/144(1.4%)	0/144(0)
河北某种鸡公司 D	祖代	2012	伊莎	1/30(3.3%)	0/150(0)	0/150(0)
河北某种鸡公司 D	祖代	2013	伊莎	0/144(0)	7/144(4.9%)	3/144(2.1%)
河北某种鸡公司 D	祖代	2014	伊莎	0/150(0)	0/150(0)	4/150(2.7%)
河北某种鸡公司 E	祖代	2014	AA+	0/150(0)	0/150(0)	1/150(0.7%)
江苏某种鸡公司 A	祖代	2014	海兰	0/150(0)	9/150(6.0%)	1/150(0.7%)
江苏某种鸡公司 B	祖代	2014	海赛克斯	0/150(0)	0/150(0)	2/150(1.3%)
江苏某种鸡公司 C	祖代	2014	AA+	0/150(0)	2/150(1.3%)	0/150(0)
江苏某种鸡公司 D	祖代	2014	绿壳蛋鸡	0/150(0)	0/150(0)	1/150(0.6%)

表 4-9 2012 年对浙江和江苏两省不同地方品种鸡群的 ALV 感染状态的检测结果

来源省份	品种 / 品系	日龄	性别	蛋清 ALV-p27 阳性样品数 / 检测总样品数（阳性率）	血清 ALV-J 抗体 阳性样品数 / 检测总样品数（阳性率）	血清 ALV-A/B 抗体 阳性样品数 / 检测总样品数（阳性率）
浙江	兴安麻鸡	364	母	8/55(14.55%)	25/55(45.45%)	4/55(7.27%)
		364	公		2/12(16.67%)	1/12(8.33%)
	宁都黄鸡	364	母	6/50(12%)	12/50(24.00%)	3/50(6%)
		364	公		2/12(16.67%)	1/12(8.33%)
	博白黄鸡	364	母	5/47(10.64%)	11/47(23.40%)	3/47(6.38%)
		364	公		0/8(0)	0/8(0)
	容县黄鸡	294	母	8/53(15.09%)	15/54(27.78%)	1/54(1.85%)
		294	公		1/10(10%)	0/10(0)
	萧山鸡	175	母	6/48(12.50%)	6/45(13.33%)	1/45(2.22%)
		175	公		2/13(15.38%)	0/13(0)
	梅岭鸡 B 系	175	母	3/75(4%)	7/75(9.33%)	1/75(1.33%)
		175	公		0/13(0)	0/13(0)
	兴业黄鸡	175	母	2/38(5.26%)	2/38(5.26%)	0/38(0)
		175	公		0/6(0)	0/6(0)
	梅黄鸡 18 系	182	母	10/72(13.89%)	26/73(35.62%)	3/73(4.11%)
		182	公		7/14(50%)	0/14(0)
	文昌鸡	175	母	12/75(16.00%)	5/75(6.67%)	4/75(5.33%)
		175	公		3/17(17.65%)	0/17(0)
	白耳黄鸡	84	母		19/72(26.39%)	1/72(1.39%)
		84	公		10/39(25.64%)	1/39(2.56%)
	东乡黑鸡	84	母		6/87(6.90%)	1/87(1.15%)
		84	公		3/40(7.50%)	1/40(2.50%)
	崇仁麻鸡	84	母		7/79(8.86%)	1/79(1.27%)
		84	公		1/38(2.63%)	3/38(7.89%)
	祁东黄鸡	84	母		5/78(6.41%)	1/78(1.28%)
		84	公		1/34(2.94%)	0/34(0)
	梅岭鸡 L 系	84	母		3/41(7.32%)	2/41(4.88%)
		84	公		1/28(3.57%)	2/28(7.14%)
	江山白羽乌骨鸡	77	母		0/75(0)	5/75(6.67%)
		77	公		0/24(0)	0/24(0)
	伊莎鸡 A	350	母	6/12(50.00%)	5/13(38.46%)	0/13(0)
		350	公		2/3(66.67%)	0/3(0)
	伊莎鸡 B	50	母	9/21(42.86%)	0/22(0)	0/22(0)
		50	公		0/3(0)	0/3(0)

（续）

来源省份	品种 / 品系	日龄	性别	蛋清 ALV–p27 阳性样品数 / 检测总样品数（阳性率）	血清 ALV–J 抗体 阳性样品数 / 检测总样品数（阳性率）	血清 ALV–A/B 抗体 阳性样品数 / 检测总样品数（阳性率）
浙江	伊莎鸡 C	34	母	7/27(25.93%)	2/28(7.14%)	0/28(0)
		34	公		1/9(11.11%)	0/9(0)
	伊莎鸡 D	42	母	4/28(14.29%)	11/29(37.93%)	0/29(0)
		42	公		2/4(50%)	0/4(0)
	梅黄鸡 05 系	52	母	5/37(13.51%)	25/37(67.57%)	3/37(8.11%)
		52	公		0/4(0)	0/4(0)
	漓源黄鸡	52	母	6/38(15.79%)	4/38(10.53%)	2/38(5.26%)
		52	公		0/6(0)	0/6(0)
	粤 15 号	52	母	3/38(7.89%)	5/38(13.16%)	4/38(10.53%)
		52	公		1/5(20%)	0/5(0)
江苏	藏鸡	229	母	7/30(23.33%)	13/30(43.33%)	0/30(0)
	藏鸡	229	公		1/4(25%)	0/4(0)
	快大乌骨鸡	229	母	12/30(40%)	11/30(36.67%)	0/30(0)
	快大乌骨鸡	229	公		2/5(40%)	0/5(0)
	北京油鸡	229	母	27/30(90%)	13/29(44.83%)	0/29(0)
	北京油鸡	229	公		1/5(20%)	1/5(20%)
	大骨鸡	229	母	9/30(30%)	3/31(9.68%)	0/31(0)
	大骨鸡	229	公		0/5(0)	0/5(0)
	边鸡	229	母	14/30(46.67%)	12/30(40%)	3/30(10%)
	边鸡	229	公		1/4(25%)	0/4(0)
	茶花鸡	229	母	6/30(20%)	2/29(6.90%)	0/29(0)
	茶花鸡	229	公		0/4(0)	0/4(0)
	乌隐鸡	229	母	4/29(13.79%)	10/30(33.33%)	0/30(0)
	乌隐鸡	229	公		1/4(25%)	0/4(0)
	金湖乌骨鸡	229	母	3/30(10%)	8/31(25.81%)	2/31(6.45%)
	金湖乌骨鸡	229	公		0/4(0)	0/4(0)
	汶上芦花鸡	382	母	13/30(43.33%)	11/31(35.48%)	2/31(6.45%)
	白耳鸡	382	母	7/27(25.93%)	13/30(43.33%)	0/30(0)
	仙居鸡	382	母	33/64(51.56%)	42/60(70%)	5/60(8.33%)
	仙居鸡	382	公		3/7(42.86%)	0/7(0)
	微型鸡	345	母	22/30(73.33%)	8/30(26.67%)	4/30(13.33%)
	微型鸡	345	公		2/5(40%)	1/5(20%)

（续）

来源省份	品种/品系	日龄	性别	蛋清 ALV-p27 阳性样品数/检测总样品数（阳性率）	血清 ALV-J 抗体 阳性样品数/检测总样品数（阳性率）	血清 ALV-A/B 抗体 阳性样品数/检测总样品数（阳性率）
江苏	新狼山鸡	345	母	1/30(3.33%)	8/31(25.81%)	0/31(0)
	新狼山鸡	345	公		1/5(20%)	1/5(20%)
	隐性白鸡	296	母	2/30(6.67%)	6/30(20%)	0/30(0)
	隐性白鸡	296	公		0/5(0)	0/5(0)
	崇仁麻鸡	296	母	5/30(16.67%)	12/30(40%)	0/30(0)
	崇仁麻鸡	296	公		1/5(20%)	1/5(20%)
	清远麻鸡	296	母	7/30(23.33%)	3/30(10%)	3/30(10%)
	清远麻鸡	296	公		1/5(20%)	1/5(20%)
	石岐杂鸡	296	母	6/30(20%)	3/30(10%)	0/30(0)
	石岐杂鸡	296	公		0/5(0)	1/5(20%)
	老狼山鸡	296	母	7/30(23.33%)	2/30(6.67%)	2/30(6.67%)
	老狼山鸡	296	公		0/5(0)	0/5(0)
	太和乌骨鸡	345	母	13/30(43.33%)	16/30(53.33%)	2/30(6.67%)
	太和乌骨鸡	345	公		3/5(60%)	2/5(40%)
	瓢鸡	126	母		4/30(13.33%)	1/30(3.33%)
	瓢鸡	126	公		2/5(40%)	0/5(0)
	文昌鸡	126	母		7/30(23.33%)	0/30(0)
	文昌鸡	126	公		1/5(20%)	0/5(0)
	瓦灰鸡	126	母		5/30(16.67%)	2/30(6.67%)
	瓦灰鸡	126	公		1/5(20%)	0/5(0)
	肖山鸡	126	母		9/30(30%)	2/30(6.67%)
	肖山鸡	126	公		1/5(20%)	0/5(0)
	寿光鸡	126	母		2/30(6.67%)	2/30(6.67%)
	寿光鸡	126	公		0/5(0)	0/5(0)
	青壳蛋鸡	126	母		4/30(13.33%)	2/30(6.67%)
	青壳蛋鸡	126	公		1/11(9.09%)	0/11(0)
	矮脚黄鸡	126	母		7/30(23.33%)	2/30(6.67%)
	矮脚黄鸡	126	公		1/5(20%)	2/5(40%)
	固始鸡	126	母		5/30(16.67%)	7/30(23.33%)
	固始鸡	126	公		1/5(20%)	1/5(20%)

进入21世纪，国际育种公司已在ALV－J净化方面取得了不同程度的进展。从2001年起，笔者团队开始帮助国内一些白羽肉用型种鸡公司直接与提供祖代种鸡的国外育种公司交涉。如帮助饲养AA+鸡和Ross鸡的北京爱拔益加家禽育种有限公司、山东益生种畜禽股份有限公司及北京大风家禽育种有限公司与提供种鸡的美国爱维杰公司（Aveigen）交涉，并通过病毒分离法对进口的鸡直接检疫。除得到了部分赔偿外，更重要的是国内这几个公司由此从美国爱维杰公司得到了提供ALV－J净化的种源的保证。因此从2002年起，这几个公司销售的父母代种鸡中就不再有ALV－J及相关肿瘤的投诉。这一优势让这些公司迅速扩大了在国内市场上的份额，与此同时，使得其他品系的种鸡不得不退出或让出国内大部分市场。这一市场效应使ALV－J净化度优势在市场份额竞争中发挥了主导作用，客观上也加快了我国白羽肉鸡中ALV－J的净化进程。从2006年后，在全国范围内，就不再有与ALV－J肿瘤相关的投诉和报道。但由于ALV－J早已传入我国其他类型系鸡群，如蛋用型鸡和黄羽肉鸡，所以ALV－J还可能再回到一些生物安全措施不严密的白羽肉种鸡场。实际上，在2008—2010年全国性的血清流行病学调查也证明，在一些白羽肉鸡群中仍存在着不同程度的ALV感染（表4－1、表4－2）。

迄今为止除了ALV－J感染外，在我国白羽肉鸡群中还没有与其他亚群ALV感染相关的肿瘤病例报道，也没有从白羽肉鸡分离到其他亚群ALV的报道。但是，在血清学流行病学调查中，发现有些白羽肉鸡群对A、B亚群ALV抗体有一定的阳性率。这可能与少数鸡场同时饲养有其他类型鸡（蛋用型鸡甚至地方品系鸡）的横向感染有关，另一种可能性是曾经使用了由不同亚群的外源性ALV感染的某种弱毒疫苗造成的。

（二）我国蛋用型鸡群ALV感染的来源、发生和现状

我国各地饲养的蛋用型鸡的种源绝大部分是每年进口的祖代鸡繁育的后代，还有一些自繁自养的培育型蛋用型种鸡也都是从进口的蛋用型鸡中选育出来的。虽然进口的蛋用型种鸡分别来自不同跨国育种公司的不同品系，如海兰鸡、罗曼鸡、尼克鸡、伊莎鸡等，但基本上都不带有外源性ALV感染。这是因为，这些跨国公司在1987年前就已实现了外源性ALV的净化，而且近三十年来仍一直坚持严格的检测。当然，国内还有少数在我国本地品种基础上培育起来的蛋鸡，有可能会存在A、B亚群ALV感染。

20世纪90年代ALV－J在全球白羽肉鸡中普遍暴发，除个别市场份额很小的品种外均被其感染。但在1991年，白羽肉鸡中发生ALV－J的报道后的20多年中，国外几乎没有蛋鸡发生ALV－J感染的报道。而且一般认为，蛋鸡即使感染ALV－J也不易发生肿瘤。但在我国的蛋鸡群中，最近几年中却发生了主要由ALV－J引起的肿瘤/血管瘤的广泛流行。最初是2005年中国农业大学徐缤蕊等在河北省某蛋鸡群发现了典型的骨髓细胞瘤病例，

并用ALV–J特异性单克隆抗体JE9进行免疫组织化学检测证实了ALV–J抗原的存在。随后，笔者团队从河北、山东、陕西、河南等省的多个蛋用型鸡场的典型的骨髓细胞样细胞瘤病鸡中分离到ALV–J。2008—2010年的血清流行病学调查也进一步显示，我国不同品系的蛋用型鸡群也已普遍感染了不同亚群的ALV（表4–3至表4–5）。

在随后几年中，蛋用型鸡群中由ALV引发的白血病日趋增加，在发生骨髓细胞样细胞瘤的同时，还有较高比例的病鸡在体表的不同部位出现血管瘤，如脚爪部、翅膀及胸部。

2008—2009年，我国各地商品代蛋鸡鸡群在开产前后发生了ALV引起的肿瘤/血管瘤的大流行。主要发生在海兰褐鸡，但其他品系鸡如尼克鸡、罗曼鸡中也有发生。病原分离及血清学调查表明，这期间的肿瘤/血管瘤主要是由ALV–J引起的，但有的鸡场可能是由ALV–A/B引起的。以我国主要的蛋用型鸡海兰褐为例，由于其客户鸡场发生了ALV相关的肿瘤/血管瘤，所以在全国4个主要的海兰褐祖代种鸡公司中，有3个祖代鸡公司先后被投诉。由于在全国范围内广泛宣传了垂直传播在ALV流行中的作用，在政府主管部门的监管下，各祖代和父母代种鸡公司及时淘汰了有问题的种鸡群，各父母代及商品代鸡场注意从ALV洁净度好的种鸡公司引种。从2010年起，农业部下文要求对全国所有蛋用型和白羽肉用型祖代及曾祖代种鸡场对禽白血病的感染状态实施强制性抽检，在政府各级主管部门及市场的严格监控下，全国绝大多数种鸡场开始高度重视禽白血病的检疫和净化。由于各代种鸡场对外源性ALV净化度迅速改善，蛋鸡中ALV感染及其相关肿瘤/血管瘤发生率迅速减少（表4–8）。2013年后，在我国蛋鸡中基本没有再发现禽白血病的病例报告。

（三）我国自繁自养的地方品系鸡群ALV感染的来源、发生和现状

这里所谓地方品系鸡包括两大类：一类是我国各地固有的地方品种鸡，即各种“土”鸡；另一类是用某种地方品种鸡通过与进口的快大型白羽肉鸡（一般用隐性白羽鸡）杂交数代后培育出来的黄色或杂色的黄羽肉鸡。杂交过程大多是从20世纪80年代末、90年代初开始的。现在已形成品系的这类培育品种鸡，有的已开始封闭育种，有的还在不断引入不同性能种鸡用于改良。

笔者曾对全国部分地方品种鸡场做了血清流行病学调查。结果表明，在所调查的7个已经审定的培育型黄羽肉鸡品种中，6个品种既感染了ALV–A/B也感染了ALV–J，只有从1个品种的鸡群采集的有限量血清样品对ALV–A/B和ALV–J抗体均为阴性（表4–6）。在调查6个省的25个地方品种鸡中，有22个鸡群ALV–A/B抗体呈阳性，20个对ALV–J抗体呈阳性，其中大多数对这两大类亚群ALV的抗体均为阳性（表4–7）。只有

2个品种所检测的血清样品对ALV–A/B和ALV–J抗体均呈阴性。即使是表现为抗体阴性的鸡群，也不能保证真正阴性，因为检测样品的数量有限；还有的采集血清样品时年龄偏小，感染后的抗体反应还未能显现出来。这说明，ALV感染在我国自繁自养的各个品种鸡群中已非常普遍。而且，由于我国还没有在我国自繁自养的各个品种鸡群中普遍开展白血病的监控和净化，这类鸡群对ALV的感染率还有不断升高的趋势。表4–9列出了2012年按农业部办公厅的文件对浙江和江苏两省范围内的多个不同地方品种鸡对ALV的感染状态的检测调查结果。从该表可看出，不论是根据蛋清中的p27抗原的检测还是根据血清抗体的检测，被调查的所有46个不同品种的鸡群都不同程度感染了致病性强的ALV–J，46个鸡群中有37个感染了ALV–A/B或其他亚群ALV，有9个没有检测到。特别值得关注的是，对ALV–J的感染率普遍高于对ALV–A/B的感染率，其中有的鸡群对ALV–J的抗体阳性率甚至高达35%～45%。2013年，对各地的地方品种鸡又做了一次流行病学调查，结果与2012年类似。根据蛋清p27抗原检测，在所调查的25个鸡群中23个为阳性；在总共采集的1 011份蛋清样品中，171份阳性（平均阳性率17.51%）。根据血清抗体检测，被调查的所有31个鸡群对ALV–J抗体都呈阳性，在1 875只鸡的血清样品中有608份为阳性（阳性率32.4%）；其中，27个鸡群检测出ALV–A/B抗体，在1 875只鸡的血清样品中有340份为阳性（阳性率18.1%）。从总体看，2013年比2012年还有上升的趋势。

对表现出肿瘤的地方品系鸡群做病毒分离时，所鉴定到的病毒绝大多数都是ALV–J，几乎没有分离到其他亚群。然而，从临床上健康的地方品种鸡中，却也已分离到ALV–A/B和一些尚未鉴定的亚群。显然，在我国自繁自养的地方品系鸡群，实际上存在着各种不同亚群的ALV。然而从现场发病鸡群分离到的大多是ALV–J，表明即使是在不同遗传背景的中国地方品种鸡，J亚群也是致病性最强的ALV。

早在2005年和2006年，笔者团队就已多次从广东的地方品系黄羽肉鸡中分离到ALV–J。对分离到的毒株的*gp85*基因及其3'–LTR序列测定比较表明，其中有些毒株与2000年从白羽肉鸡分离到的毒株高度同源（Sun和Cui，2007）。这表明，我国地方品系鸡中的ALV–J确是来自进口的白羽肉鸡。可以推测，这是在20世纪90年代开始用白羽肉鸡改良地方品种鸡用以培育黄羽肉鸡时，由于引进感染了ALV–J的白羽肉鸡的种鸡作杂交时，将ALV–J带进了鸡群。在以后的育种繁育过程中，由于忽视ALV的净化，从而使其蔓延开来；而且，培育型黄羽肉鸡与原有的本地鸡种饲养在同一鸡场，甚至共用同一孵化厅，导致进一步将ALV–J传入各地固有的地方品种鸡中（图4–3）。

至于ALV–J在中国各种遗传背景的地方品种鸡的近10年传播过程中是否发生了适应性变异，即对某些地方品种鸡的传染性和致病性更强了，还有待深入研究。从实际流行情况看，多数地方品种中对ALV的感染率还在不断升高（表4–9）。

（四）我国鸡群ALV感染状态血清流行病学调查

血清流行病学调查和病料中病毒分离鉴定都可作为研究不同地区不同类型鸡群中不同亚群ALV感染状态的方法和手段。虽然血清流行病学调查结果与特定鸡群发病与否无直接关系，但血清学调查覆盖面大，能反映大范围内不同群体感染的真实状态。由于目前市场上能供应的血清抗体检测试剂盒只能将经典A/B（或包括C、D亚群）与J亚群区别开来，所以其结果准确性不够。从病料中分离和鉴定ALV，可通过*gp85*基因序列比较准确判定鸡群中所感染的ALV的亚群。但由于操作过程复杂，有一定技术难度，而且成本高，所检测的样品数有限，因此其代表性也受到限制。

在2008—2010年实施农业“十一五”公益性行业科研专项经费项目“鸡白血病流行病学和防控措施的示范性研究”（以下简称“鸡白血病专项”）的过程中，分别对全国东南部主要养鸡省份不同类型的鸡群做了血清流行病学调查。从表4–1可见，在2008—2009年所调查的192个鸡群中，对ALV–A/B抗体呈现阳性的有92个鸡群，占47.9%；在199个鸡群中，对ALV–J抗体呈阳性的鸡群105个，占52.8%。表4–2至表4–7更是显示了2008—2010年在不同类型鸡群的更大范围血清学调查结果，都表明我国不同地区不同类型的鸡群中都已有ALV–A/B或ALV–J的不同程度感染。而且，不论是哪种类型的鸡，不论是连续进口种鸡群还是我国自繁自养的品种，从原祖代—祖代—父母代—商品代，都可能分别存在着ALV–A/B或ALV–J ALV感染。有相当比例的鸡场，同时存在着不同亚群ALV的感染。只有非常少量的品种和鸡群，在采样期间没有检出对ALV的抗体。

2008—2009年，全国有一半以上的蛋鸡群包括一些大型商品代蛋鸡场和部分蛋用型父母代种鸡场都出现了由ALV–J感染诱发的骨髓细胞样肿瘤，在临床表现上有较高比例的皮肤血管瘤，在开始产蛋后的鸡群造成很高死亡率。由于ALV–J对商品代蛋鸡的传播主要来自种鸡场，为了预防和净化蛋用型鸡和白羽肉鸡中的白血病，农业部办公厅从2010年起每年下文要求全国蛋用型鸡和白羽肉鸡祖代以上的种鸡场对ALV的感染状态实施强制性监控。这一措施大大加快了我国蛋鸡场的净化进度，相应种鸡场中对ALV的感染率显著下降，曾经广泛流行的骨髓细胞瘤在蛋鸡中的发病率显著下降，从2013年后几乎不再发现蛋鸡骨髓细胞瘤的病例，更不再有投诉。相对于2008—2009年（表4–3），2011年后的连续几年中绝大多数从事商业化经营的蛋用型祖代鸡场对ALV的感染率都降到了很低甚至零的水平（表4–8）。这很清楚地显示出，农业部对蛋用型种鸡场实施的对ALV感染状态的强制性监控措施发挥了显著的实际效果。

然而，与已在全国范围内蛋用型祖代以上种鸡场开展了对ALV感染状态的强制性监控相反，在我国自繁自养的黄羽肉鸡和地方品种鸡群中，还没有普遍开展对白血病感染状态的监控和净化，这类鸡群中对ALV的感染率还有不断升高的趋势（表4–9）。

当然，现有的血清抗体检测试剂盒可以显示鸡群是否有外源性ALV的感染，但它只能将经典A/B（或包括C、D亚群）与J亚群区别开来。因此，血清学调查的结果只是给我们描述我国鸡群ALV感染的一个大致状态，还不能准确涉及ALV的亚群多样性，这有待于对不同地区、不同鸡群的ALV野毒株进行进一步的基因组、抗原性检测和鉴定。

二、我国鸡群中分离到的ALV亚群的多样性

已报道的ALV有A～J 十个亚群，但与鸡相关的还只有A、B、C、D、E和J等六个亚群，其中E亚群属非致病性的内源性ALV，而C和D亚群很少在临床病例样品中分离到。根据1999年以来对我国不同发病鸡群和临床健康鸡群病毒分离鉴定的结果表明，不同类型鸡群中引发禽白血病相关肿瘤/血管瘤的主要是J亚群，但也有A和B亚群。此外，还有的毒株的gp85序列显著不同于已知的A、B、C、D、E、J亚群，很可能属于一个新的亚群K（表4–10、图4–4、图4–5）。

表 4–10　鸡源不同亚群 ALV 相互间 gp85 氨基酸序列同源性（%）比较

病毒亚群	病毒亚群						
	A	B	C	D	E	J	K
A	88.2 ~ 99.4	77.2 ~ 80.7	82.8 ~ 85.5	80.7 ~ 84.8	81.8 ~ 85.2	36.2 ~ 39.8	81.1 ~ 84.7
B		91.6 ~ 98.8	79.6 ~ 81.7	87.2 ~ 89.6	79.2 ~ 83.4	36.4 ~ 38.9	77.1 ~ 81.7
C			*	86.6	83.3 ~ 84.4	38.0 ~ 40.6	82.9 ~ 84.5
D				*	84.2 ~ 85.0	35.0 ~ 37.2	80.2 ~ 82.6
E					97.9 ~ 99.4	36.0 ~ 38.4	82.0 ~ 86.0
J						91.4 ~ 97.5	35.3 ~ 37.8
K							91.9 ~ 100.0

注：本表包括 2011—2014 年从我国不同省的不同地方品种鸡分离到的 26 个K亚群毒株，同属于K亚群的 2 个日本毒株和 1 个中国台湾毒株。其余 A～E 亚群包含 2013 年能从基因库（GenBank）收集的毒株，ALV–J 包含约 20 个毒株。但在 GenBank 中 C 和 D 亚群都只有 1 株有序列发表，所以同一亚群同源性范围用“*”表示。

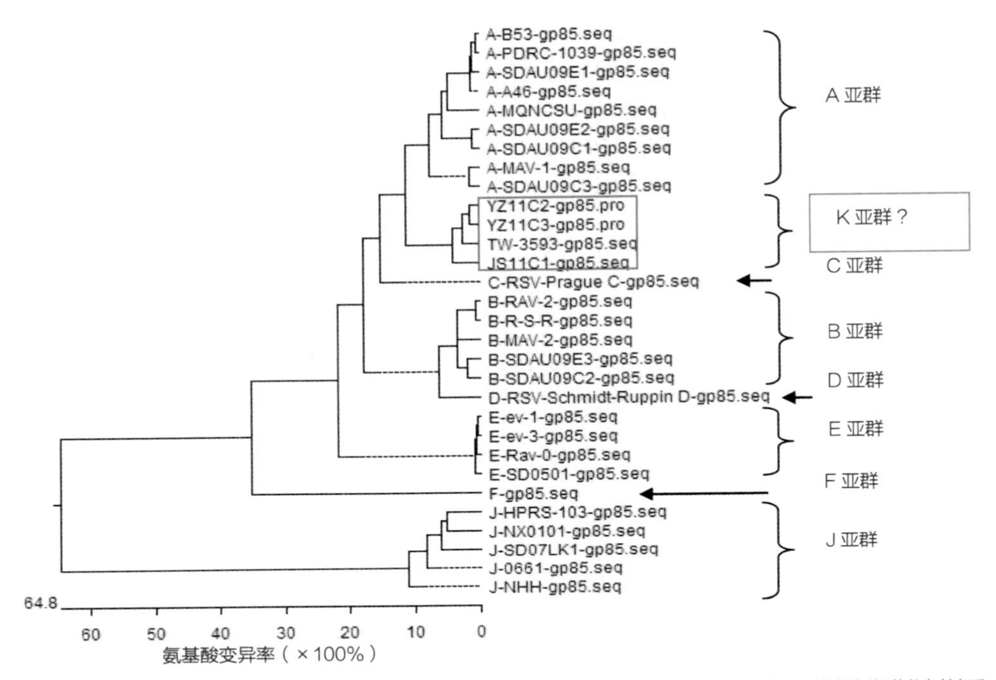

图 4-4 根据 gp85 显示我国三个新的 K 亚群 ALV 毒株与其他国际上确认的 ALV 各个亚群的遗传进化树关系

（引自王鑫等，2012）

如前所述，ALV的亚群与囊膜蛋白gp85相关。根据分离株gp85的同源性比较，我国鸡群中流行的ALV已显示出亚群的多样性。在2008—2010年实施“鸡白血病专项”过程中，山东农业大学、中国农业大学、扬州大学、华南农业大学、广西大学、农业部动物疾病控制中心等课题组共分离到119株ALV，对其中97株*ENV*基因的扩增和测序。*ENV*基因序列同源性比较表明，在97株确定亚群的ALV中大部分为J亚群，占83株，其余是A亚群8株、B亚群3株、C亚群1株、E亚群1株、新确定的K亚群3株。但是，在2012—2014年，山东农业大学从10个不同的中国地方品种鸡中分离到47株ALV。其中，18株属于J亚群，在这18株ALV－J中有9株是从呈现白血病病理表现的死亡鸡分离到的，另外9株则是从临床健康鸡分离到的；还有其余29株分别属于A亚群（4株）、C亚群（2株）和K亚群（23株），它们均是从临床健康鸡或种蛋中分离到。

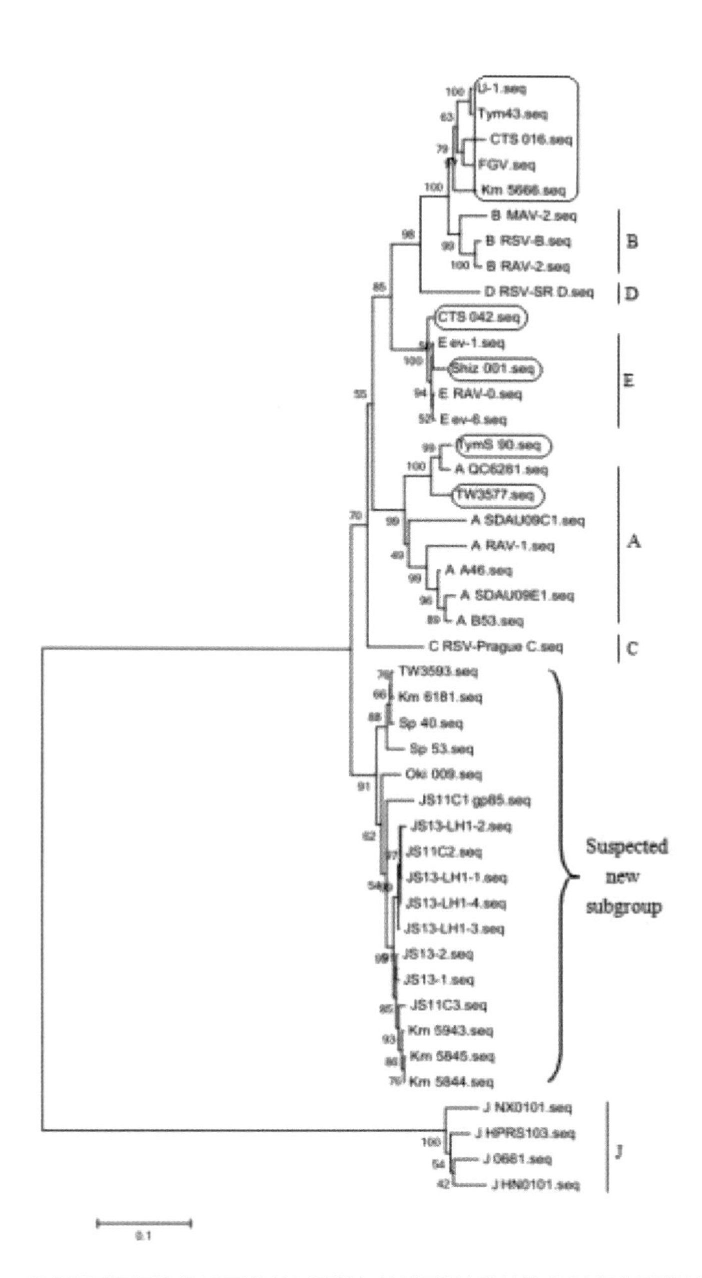

图 4-5 根据 gp85 显示我国更多的 K 亚群 ALV 毒株与其他国际上确认的 ALV 各个亚群的遗传进化树关系

注："suspected new subgroup" 代表 K 亚群。

（引自 Cui N 等，*Journal of General Virology*，2014）

（一）我国鸡群最早分离鉴定到的，也是最主要流行的ALV-J亚群

虽然其他亚群ALV早就存在于我国鸡群中，但自从ALV-J在20世纪90年代随引进的白羽肉鸡传入我国后，这以后20多年来ALV-J一直是我国各种类型鸡群中引发白血病的主要亚群。

1. 白羽肉鸡中的ALV-J　1998年，山东农业大学家禽病毒性肿瘤病实验室从江苏和山东的商品代白羽肉鸡及疑似髓细胞样细胞瘤的肉用型白羽父母代种鸡中分离到4株J亚群ALV，分别称之为YZ9901、YZ9902、SD9901和SD9902（杜岩等，1999、2000），并完成了用于鉴别亚群的*gp85*基因扩增和测序。这是我国鸡群中最早的ALV-J分离鉴定，并在人工接种试验证明所分离到的ALV-J能在白羽肉鸡诱发典型的骨髓细胞样细胞瘤（杜岩等，2002），见图4-5。在以后连续几年中，又不断从山东、宁夏、河南等地患有典型骨髓细胞样细胞瘤的白羽肉用型种鸡及商品代肉鸡中分离鉴定到多株ALV-J。在2004年前，我国仅从白羽肉用型鸡群中分离到ALV，而且均为J亚群（杜岩等，1999、2000；Cui等，2003；王增福等，2005），见表4-11、表4-12。

表4-11　1999—2001年从我国白羽肉鸡中分离到的ALV-J的来源和致病性

（引自Cui等，2003）

毒株	分离时间	样品来源病鸡背景			肿瘤表现	组织切片中髓样细胞	与单抗JE9的IFA
		公司	类型	年龄			
YZ9901	1999年1月	B?	C	7	从屠宰场取样，无病理表现	未做	+
SD9901	1999年8月	A	PS	45	肝脾上有许多细小肿瘤结节	有	+
SD9902	1999年8月	A	PS	45	肝脾上有许多细小肿瘤结节	有	+
SD0001	2000年5月	?	PS	30	肝脾肋骨胸骨上有肿瘤结节	有	+
SD0002	2000年8月	A?	C	4-5	肝脾上有许多细小肿瘤结节	有	+
HN0001	2000年11月	C	PS	26	肝脾上有许多细小肿瘤结节	有	+
SD0101	2001年2月	B	PS	55	肝脾上有许多细小肿瘤结节	有	+
NX0101	2001年4月	A	PS	20	肝脾肋骨胸骨上有肿瘤结节	有	+

注：① A、B、C表示其品系背景很清楚的公司，A？或B？表示其品系背景是根据gp85和3'LTR序列推断出来的。② C表示商品代肉鸡，PS表示父母代种鸡。

表 4-12　我国 2002—2003 年 ALV-J 的来源和致病性

（引自王增福、崔治中等，2005）

毒株	分离年份	公司 B	类型 C	周龄	肿瘤表现	与单抗 JE9 的 IFA
SD0201	2002	A	PS	?	肝脾上有许多细小肿瘤结节	+
SD0301	2003	A	PS	42	肝脾上有许多细小肿瘤结节	+
HB0301	2003	B	PS	36	肝脾上有许多细小肿瘤结节	+
BJ0301	2003	B	PS	?	肝脾上有许多细小肿瘤结节	+
BJ0302	2003	B	PS	?	病变不典型	+
BJ0303	2003	B	PS	?	病变不典型	+

2. 中国地方品系和黄羽肉鸡中的ALV-J　从2005年起，笔者团队又先后从中国地方品系的黄羽肉鸡分离到多株ALV，但在2008年前也都仅限于ALV－J，没有分离鉴定出其他亚群的ALV（成子强等，2005；Sun和Cui, 2007）。虽然从2010年后又开始不断分离到其他亚群，但从我国临床上显现鸡白血病的大部分地方品系和黄羽肉鸡鸡群分离到的仍以ALV－J为主。

3. 蛋用型鸡中的ALV-J　虽然早在2004年，中国农业大学就已报道了蛋用型鸡中可能与ALV－J相关的髓细胞样肿瘤，但直到2006年，才从呈现典型的髓细胞样肿瘤的蛋鸡分离鉴定到ALV－J（王辉等，2008）。2009—2010年，蛋用型鸡中ALV－J相关的以肿瘤/血管瘤为特征的白血病的发病率日趋升高。2008—2009年，蛋用型鸡特别是商品代蛋鸡群肿瘤/血管瘤白血病呈暴发流行趋势。在此期间，全国多个兽医实验室开始普遍高度重视鸡白血病，纷纷从病鸡分离ALV，所分离到的ALV中绝大部分属于ALV－J。

（二）我国鸡群中分离到的ALV-A/B

2008—2010年进行的大规模血清流行病学调查证明，对ALV－A/B或ALV－J血清抗体呈现阳性的鸡群的比率类似，都在50%左右。特别是在2009年时，对16个出现肿瘤/血管瘤海兰褐蛋鸡群的血清学检测表明，多数表观典型肿瘤/血管瘤的鸡群对ALV－A/B或ALV－J均呈现阳性。但也有的患病鸡群仅对ALV－A/B的抗体为阳性，而对ALV－J为阴性（表4－3至表4－5）。这表明，许多鸡群也感染了ALV－A/B，甚至个别仅仅感染了ALV－A/B，但并没有感染ALV－J。然而在此期间，国内其他实验室从肿瘤/血管瘤病鸡分离到几十株

ALV，报道的都是ALV－J，几乎没有ALV－A/B分离鉴定的报道。因此推测，1999—2009年，只分离到ALV－J而没有分离鉴定出ALV－A/B，可能与检测方法有关。在2009年以前，仅仅用ALV－J特异性单抗做间接荧光抗体法（IFA）来识别ALV，因而很可能把一些其他亚群ALV忽略漏检了。为此，从2009年起，当用细胞培养法分离ALV时，除了在用ALV－J单抗做IFA来检测ALV－J以外，还同时用ALV－p27抗原ELISA检测试剂盒检测细胞上清液中的p27。如果呈阳性，进一步以相应引物用PCR扩增*env*基因。如扩增和克隆到*env*基因，通过序列比较来确定ALV分离株的亚群。用这一方法，山东农业大学家禽肿瘤性病毒病实验室分别从有疑似病理表现的我国地方品系鸡群分离到了ALV－B，从进口的白羽肉用型祖代鸡和中国地方品系鸡分离到ALV－A。

（三）我国鸡群中内源性ALV-E

虽然我国也已发表了有关内源性E亚群ALVgp85的序列，但这些相关gp85片段都是利用细胞基因组DNA进行PCR扩增到的。这就很难区别这些片段究竟是来自游离的有传染性的E亚群ALV粒子，还是来自细胞染色体基因组上固有的序列。笔者团队也曾将一些p27呈阳性的中国地方品系鸡的原始鸡胚CEF培养液接种p27为阴性的SPF来源的CEF及DF1细胞，以此来分离鉴定能传染的游离E亚群ALV。理论上讲，在接种这两种细胞后，如果DF1细胞上清液p27持续阴性，但可使SPF来源CEF培养上清液转为p27阳性，就可判为有传染性的游离E亚群ALV。

2012年春，某鸡场有一批进口祖代白羽肉种鸡，刚开始进入产蛋高峰期，整个鸡群在整个饲养期间临床表现都很健康，产蛋性能也很正常。但在开产后实施人工授精前做例行抽样检测时发现，有一定比例的血清样品呈现ALV－A/B抗体阳性，还有一定比例鸡种蛋蛋清检测出ALV－p27抗原。从该鸡群中挑取23只种蛋蛋清p27为阳性的鸡作为外源性ALV感染的可疑检测对象，分别采集2个蛋取蛋清接种DF1细胞，还同时2次采集血浆一一接种DF1细胞，在含5%CO_2的培养箱中37℃下培养5～7d。为了保证病毒的检出率，在培养5～7d后，再将细胞消化悬浮后移至另一新的细胞瓶继续培养。在经过连续2次5～7d培养后，分别采集细胞培养上清液，用IDEXX公司提供的ALV－p27抗原ELISA检测试剂盒检测是否有ALV感染，但均为阴性，表明都没有外源性ALV感染。但是，为了判定该祖代鸡群的后代能否继续作为种鸡销售，必须找出该鸡群部分鸡血清中出现ALV－A/B抗体及蛋清中检测出p27的原因。为此，研究人员继续做了一系列系统的比较研究。将这23只可疑感染鸡人工授精后，每只鸡分别取2～3枚授精种蛋孵化至9～11日龄，按常规方法分别一一制备鸡胚成纤维细胞（CEF），并在培养瓶中盲传3代后（每代培养3～4d），再取细胞上清液用ALV－p27抗原ELISA检测试剂盒做p27检测，从一只鸡的鸡胚培养中检出p27，表明相应的鸡胚有ALV感染。将获得的阳性上清接种DF1细胞，培养9d后，p27检测为阴性；但同样细胞培养上清接种用SPF鸡和祖代白羽肉鸡的鸡胚制备的CEF细胞后，在第1天p27检测的S/P值有所升高，而随着培养时间延长，S/P值逐渐降低。这些结果表明该病毒无法在DF1上生长，即该病毒为内源性ALV；同时也说明在其他CEF上也只有有限的复制能力。将p27检测阳性的细胞培养上清液经高速离心去除细胞碎片后，使用RNA提取试剂盒提取细胞培养上清液中游离病毒粒子中的基因组RNA。再以病毒RNA反转录后的cDNA为模板扩增ALV的*env*基因，*gp85*基因序列与已知的内源性ALV－E的ev－3片段同源性高达99.1%，与已发表的E亚群其4个毒株同源性也在97.0%以上。将鸡胚检出毒的gp85表达产物免疫的小鼠血清与B亚群ALV感染的DF1细胞做IFA，结果显示该血清可与B亚群的ALV呈现阳性反应，表明该检出病毒与ALV－B有抗原交叉反应。将鸡胚检出毒的gp85表达产物免疫16只SPF鸡，分别在1～3次免疫后3周采集血清，用检测ALV－A/B抗体的ELISA试剂盒检测，有1只稳定地显示阳性反应，在3次免疫后采集的3次血清都呈明显的阳性反应。还有2只则只显示较低的一过性阳性反应（徐海鹏等，2014）。这一结果证明，该鸡胚检出的内源性E亚群ALV的gp85确能在一部分鸡诱发与其他亚群特别是A/B亚群的交叉抗体反应。这一系统研究结果表明，由于该批祖代鸡的某些遗传特性或其他的应激作用，在部分鸡刺激了内源性ALV－E的表达，因而不仅在一部分鸡蛋清中p27的表达量达到了可检测出的水平，也刺激了可与ALV－A/B显示交叉反应的相应抗体的产生。在这个试验中，虽然从个别鸡的鸡胚中分离到可在CEF上短暂复制的少量的游离ALV－E，但它在细胞培养中的复制能力很差，很难持续传代复制。

（四）中国地方鸡群中新鉴定出的ALV-K

2010年以来，在用DF1细胞培养对一些地方鸡群进行ALV感染状态检测时，也分离到一些ALV野毒株。它们相互间gp85蛋白序列同源性显著高于与其他亚群的同源性程度，很难把它们划归哪一类鸡群中已知的亚群，可划为一个新的亚群。根据发现先后的定名习惯，笔者团队在2012年就已在发表的论文将其定名为K亚群（图4－4），其代表株为2011年从芦花鸡中分离到的JS11C1株。由于我国饲养着许多地方品系鸡，这些鸡具有不同的遗传背景，而且从来没有做过任何净化工作，因此在我国鸡群中分离鉴定出新的亚群ALV是很自然的现象，也是预期中的结果。随后，又陆续从不同的地方品种鸡群中分离到类似的毒株（图4－5，表4－10）。

病毒囊膜蛋白gp85是确定ALV亚群的基本依据，这可以通过血清交叉病毒中和试验、病毒干扰试验、病毒混合表型试验等经典病毒学的方法及囊膜蛋白基因序列比较来实现对ALV病毒分离株亚群的鉴定。但前几种经典病毒学的方法操作比较复杂且需要已知的参考毒株，限制了其应用范围。随着分子病毒学技术的发展和成熟，1995年以来，国际上已普遍接受并采用gp85氨基酸序列同源性比较来鉴定ALV的亚群。由于JS11C1株是用DF1细胞分离到的，显然它不属于不能在DF1细胞上复制的E亚群内源性ALV，而属外源性ALV。在对*gp85*基因编码的氨基酸序列同源性比较中，JS11C1株等gp85氨基酸序列与A亚群同源性平均为81.1%，与B亚群同源性平均为79.8%，与C亚群和D亚群的同源性分别为82.7%和80.2%，与E亚群的同源性平均为81.6%，与J亚群的同源性最低平均为38.3%。而在野鸟中有序列发表的F亚群的同源性也只有57.1%。根据现有发表毒株的比较资料，同一亚群ALV的 gp85同源性都应在90%以上，或非常接近90%（表4–10）。即使是经典的C和D亚群，它们和A亚群中某些毒株gp85的同源性也高达84.6%～85.5%，与B亚群中某些毒株gp85的同源性高达87.2%～89.6%。而经典达C与D亚群间的同源性也达86.6%。显然，JS11C1株明显不同于鸡源ALV的6个已知亚群。然而，JS11C1株与GenBank中来自我国台湾土著鸡分离株TW–3593（HM582658）的gp85氨基酸序列同源性达92.5%，与日本报道的也是从土著鸡分离到的6株病毒gp85的同源性也均大于92%。为此可以推论，这个K亚群ALV是东亚地区土著鸡中长期存在着的一个特有的亚群。

三、不同亚群ALV间及与其他病毒的共感染

在1999—2000年刚分离鉴定出ALV–J时，就已注意并发现了我国鸡群中ALV–J与禽网状内皮组织增殖症病毒（REV）的共感染问题。实际上同一鸡群甚至同一只鸡个体对不同病毒的共感染是很普遍的现象。本章仅讨论ALV与其他肿瘤性病毒的共感染问题。

（一）不同亚群ALV间的共感染

1999年以来，笔者团队每年都从不同鸡群分离到J亚群的ALV。由于技术上的原因，对J亚群以外其他亚群ALV的分离鉴定工作开始得较晚。直到笔者团队研发了ALV–A特异性单抗，才于2010年在同一只鸡同一份肿瘤病料中同时分离鉴定出ALV–J和ALV–A（刘绍琼等，2011）。但是，根据血清学调查，同一群鸡同时感染ALV–J和ALV–A/B的现象非常普遍。2008—2010年，笔者团队曾对全国各地多种不同类型鸡群做了血清流行病学调查。在所调查的大约200个鸡群中，有92/192（47.9%）个对A/B亚群抗体阳性，105/199（52.8%）个对J亚群抗体阳性（表4–1），但从这个数字无法判断是否有的鸡群对两大类亚群同时呈现阳性。当对来自上述调查结果中来自每一次独立采样的原始数据进行仔细分析时，发现确实有一定

比例的鸡群同时对A/B及J亚群抗体呈阳性反应。例如，表4－2中对安卡鸡祖代鸡群调查中，分别有5/6和4/6个群体对A/B和J亚群抗体阳性，这表明这6群鸡中至少有3群同时有A/B亚群及J亚群ALV感染。同一表中来自4个省（直辖市）的6个白羽肉鸡父母代鸡群中分别都有5个对A/B和J亚群ALV抗体阳性，也说明至少有4个群体同时有两种亚群ALV感染。

当对我国培育型黄羽肉鸡和地方固有品种鸡群也作类似分析时，这种对两类亚群ALV抗体都呈现阳性的鸡群更是普遍（表4－7、表4－9）。

此外，在2009年对11个有白血病相关的肿瘤/血管瘤的父母代蛋用型父母代种鸡群的血清调查也证明，其中至少5个鸡群同时对A/B和J亚群抗体呈阳性反应。在有肿瘤表现的5个商品代蛋鸡群中，也有4个鸡群同时检出A/B和J亚群ALV抗体（表4－4、表4－5）。当然，血清学检测的结果只能对群体中对不同亚群ALV共感染状态做出一个粗略的判断。直接的证据还有待于从同一只鸡分离到或检测出不同亚群的ALV。1999—2010年，由于技术原因，更多地注意分离检测ALV－J，而忽视了对其他亚群外源性ALV的分离鉴定。2009年以来，在发现我国鸡群对A/B亚群ALV的抗体阳性率也很高的同时，开始注重从同一只鸡同时分离鉴定不同亚群ALV。如2010年对一些“817”肉杂鸡颈部出现的肉瘤进行病原学研究时，就从同一份病料中同时分离到ALV－J和ALV－A。虽然后来又进一步证明，在其中起急性致肿瘤作用的是ALV－J，但在细胞上和鸡体连续传代过程中，该ALV－A仍继续被检出，只是逐渐减少，最后很难检出了（李传龙等，2012）。

（二）ALV-J与REV的共感染

禽网状内皮组织增殖症病毒（REV）是鸡群中另一种致肿瘤性病毒。REV感染在我国鸡群中很普遍，在大多数情况下，REV感染都呈亚临床感染。但是在感染雏鸡后，则易诱发免疫抑制。1999年以来，山东农业大学家禽病毒性肿瘤病实验室先后从全国各地的白羽肉用型鸡、蛋用型鸡、我国自行培育的黄羽肉鸡及中国地方品种等不同类型的鸡群分离到近百株ALV，也有相当高比例的分离物在分离鉴定出ALV－J的同时，还能用REV特异性抗体作间接免疫荧光反应（IFA）检测出REV感染（表4－13）。在流行病学上更值得注意的是，从表现有典型ALV－J病理变化的种鸡群收集的种蛋中，也同时分离鉴定到ALV－J和REV（表4－14）。这一现象说明，一部分同时感染了ALV－J和REV的种鸡，可以发育到性成熟，并能正常产蛋。由这些种蛋孵出的雏鸡就会同时有ALV－J和REV先天性共感染。这些雏鸡不论今后能否长期存活，至少在从孵化厅运输到饲养场这1～2d内，在拥挤的运输箱内，可导致相当比例的同一箱内的雏鸡发生横向感染。

表 4-13 具有不同临床病理变化的病鸡中 ALV-J 和 REV 的感染和共感染

年份	省（自治区、直辖市）	鸡的类型	周龄	肉眼病变	仅 ALV-J	仅 REV	ALV-J 和 REV
1999	江苏	白羽肉种鸡	6	生长迟缓	0/4	2/4[A]	0/4
1999	山东	白羽肉种鸡	6	生长迟缓	0/4	4/4[C]	0/4
1999	江苏	商品肉鸡	7	髓细胞样细胞瘤	2/2	0/2	0/2
1999	山东	白羽肉种鸡	40	髓细胞样细胞瘤	1/2	0/2	1/2
2000	山东	白羽肉种鸡	27	髓细胞样细胞瘤	1/3	0/3	2/3
2000	海南	白羽肉种鸡	26	髓细胞样细胞瘤	0/1	0/1	1/1
2001	山东	白羽肉种鸡	55	髓细胞样细胞瘤	1/2	0/2	1/2
2001	宁夏	白羽肉种鸡	20	髓细胞样细胞瘤	1/1	0/1	0/1
2001	山东	商品肉鸡	6	髓细胞样细胞瘤	1/1	0/1	0/1
2002	山东	白羽肉种鸡	30	髓细胞样细胞瘤	1/1	0/1	0/1
2004	山东	白羽肉种鸡	25	髓细胞样细胞瘤	2/2	0/2	0/2
2005	山东	白羽肉种鸡	30	髓细胞样细胞瘤	1/1	0/1	0/1
2005	广东	三黄鸡	25	髓细胞样细胞瘤	3/4	0/4	0/4
2005	广东	三黄鸡	27	髓细胞样细胞瘤	3/4	0/4	1/4
2007	山东	海兰褐蛋鸡	35	髓细胞样细胞瘤	0/6	1/6	2/6
2007	山东	海兰褐蛋鸡	30	髓细胞样细胞瘤	4/7	1/7	2/7
2008	山东	海兰褐蛋鸡	32	髓细胞样细胞瘤	0/1	0/1	1/1
	小计				21/38	2/38	11/38
2008	山东	海兰褐蛋鸡	20	腺胃肿大	0/2	0/2	2/2
2008	山东	地方品种鸡	18	腺胃肿大	2/2	0/2	0/2
2008	山东	尼克蛋鸡	20	腺胃肿大	6/10	0/10	4/10
2008	山东	罗曼蛋鸡	10	腺胃肿大	2/8	1/8	5/8
2008	海南	海兰褐蛋鸡	21	腺胃、脾、肝肿大	2/2	0/2	0/2
	小计				12/24	1/24	11/24
2009	北京	海兰褐蛋鸡	19	非典型肿瘤	1/3[D]	2/3[B]	0/3
	合计				34/73	11/73	22/73

注：A 和 C 表示同时检测出鸡传染性贫血病毒；B 和 D 表示同时检测和分离到 MDV。

表 4-14　种鸡群通过鸡胚对 ALV-J 和 REV 的感染和共感染

鸡场	省份	鸡类型	周龄	仅 REV	仅 ALV-J	REV+ ALV-J
A	广东	三黄鸡	27	2/14	2/14	1/14
B	广东	三黄鸡	35	5/17	1/17	0/17
C	广东	三黄鸡	25	2/12	5/12	1/12
D	广东	三黄鸡	30	5/29	3/29	1/29
小计				14/72	11/72	3/72
E	山东	蛋鸡	28	1/50	0/50	0/50
F	山东	蛋鸡	28	0/30	0/30	0/30
小计				1/80	0/80	0/80

注：在收集蛋时，鸡场 A、B、C、D 正有很高的肿瘤发病死淘率，鸡场 E、F 无肿瘤发生。表中数据为检出病毒胚数／总检测胚数。

（三）ALV与MDV的共感染

相对于REV与MDV或ALV的共感染，MDV与ALV的共感染相对少一点。但鉴于MDV与ALV在我国鸡群中的感染是如此普遍，从一些肿瘤病鸡同时分离到MDV和ALV也是不断发生的，这在白羽肉鸡群的肿瘤病鸡和其他类型的鸡也都可以检测到，不过其频率可能比MDV和REV或ALV和REV的共感染发生的频率低一些。2006年，来自山东3个不同的海兰褐蛋鸡场送来的7只有髓细胞样细胞瘤的病鸡中，有6只分离到ALV-J，其中有2只同时还分离到I型MDV。2011—2012年，对3个患有髓细胞样肿瘤的海兰褐商品代蛋鸡群进行连续的病毒分离观察，证明这些鸡群中有很高比例个体对ALV-J呈现病毒血症，同时还有一定比例鸡同时有MDV的病毒血症，但都没有分离到REV（表4-15和图4-6）。

表 4-15　2011—2012 年对 3 个患有髓细胞样肿瘤鸡群 3 种肿瘤病毒的分离率

鸡群来源	ALV	MDV	REV	ALV-J+MDV
章丘 A 场	8/8(100%)	1/8(12.5%)	0/8	1/8
章丘 B 场	12/13(92.3%)	5/13(38.5%)	0/13	5/13
肥城	8/10(80%)	1/10(10%)	0/10	0/10
总计	28/31(90.3%)	7/31(22.6%)	0/31	6/31

注：这 3 个鸡群都是海兰褐商品代鸡，采样时是 35 ～ 40 周龄，开产后曾有 15% ～ 30% 的肿瘤死亡率，并在病理剖检和组织切片中确证。

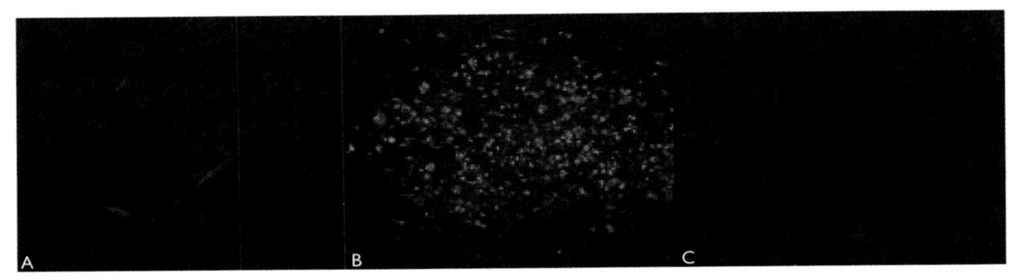

图 4-6 用针对不同病毒的单克隆抗体对病料接种的细胞的 IFA 结果

同一只鸡同一份血浆接种细胞后培养 14d，当看到病毒蚀斑后，取出培养皿中带有细胞单层的盖玻片，分别用对 ALV-J（A）、MDV（B）和 REV（C）的特异性单克隆抗体作 IFA，显示各自识别的感染细胞。其中，ALV-J 和 MDV 为阳性，REV 为阴性。

（四）鸡群中ALV、MDV与REV三种肿瘤病毒的共感染

ALV、MDV与REV三种病毒同时感染同一鸡群也是常见的。当对来自同一鸡群的多只疑似病鸡采集血液样品接种细胞分离病毒时，常常从同一个鸡群检测分离到三种病毒，有时是同一只鸡只有一种病毒，有时是同一只鸡同时检出两种病毒。但迄今为止，从同一只鸡同时检测并分离到这三种病毒的病例还只有几例。2006—2010年，对来自6个临床上判断患有J亚群髓细胞样细胞瘤并有2只或以上病鸡的鸡群，对3种肿瘤病毒同时进行病毒分离鉴定，结果见表4-16。而在另一次对更多数量样品的检测中，则只发现ALV-J和MDV的共感染（表4-15）。当然这还不能代表这种现象的真正比例，临床上实际比例有多高，还有待今后的研究。

表 4-16 临床表现肿瘤的蛋用型鸡场对 3 种肿瘤病毒的分离鉴定

年份	鸡场	类型	鸡	病毒分离检测结果			备注
				MDV	ALV-J	REV	
2006	QD	父母代	1	−	+	+	
			3	−	+	−	
2006	LK	父母代	1	−	+	−	
			2	+	+	−	
			3	−	−	−	
2006	ZP	父母代	1	−	+	−	
			2	+	+	−	

（续）

年份	鸡场	类型	鸡	病毒分离检测结果			备注
				MDV	ALV–J	REV	
2007	XT	父母代	1		+		
			2		–		
			3		+		
			4		–		
			5		+		
			6		–		
2009	DQY	商品代	1	+	+	–	
			2	+	–	+	
			3	+	–	+	
2010	WS	商品代	1	+	+	+	
			2	+	+	–	

注：从送检病鸡采血浆接种 CEF，在 7 ～ 14d 后分别用针对 REV 及 ALV–J 的单克隆抗体做间接免疫荧光抗体试验（IFA）。如出现 MDV 样病毒蚀斑，再用致病性 MDV 特异性的单抗 H19 和 BA4 做 IFA。

四、引起我国鸡群禽白血病高发的流行病学因素

目前在我国，不同亚群的致病性ALV仍在鸡群中流行，而且每年还都有MDV疫苗免疫失败的投诉。近十年来，鸡群中REV感染的流行面和感染率还有增加的趋势。这与我国养鸡及其经营管理的现状密切相关。我国养鸡业的结构及其管理模式为ALV在我国不同类型鸡群中不断流行创造了条件，也为有效预防控制MDV和REV感染增加了难度。

（一）对进口种鸡ALV检疫监控不完善、不严格

在我国不同类型鸡群中流行的白血病主要是由ALV–J引起的。在1999年我国报道证明了ALV–J的存在后，在以后的五六年中仍没有对进口种鸡实施检疫，特别是当国际上不同跨国公司的白羽肉种鸡群的ALV净化程度参差不齐、有的公司已基本实现净化时，

我国相关部门没能采取选择性进口的措施，甚至在2003—2005年，还有些尚未净化的白羽肉种鸡被引进。

（二）种鸡场管理不规范，不同类型不同来源种鸡混养现象普遍

现阶段我国仍然有一些种鸡场同时饲养着不同类型的种鸡，如同时饲养白羽肉种鸡或蛋用型鸡或不同的地方品系鸡。即使是同一类型的鸡，往往也可能饲养不同来源的鸡。而且更为严重的是，有时还共用同一孵化厅，在一些小的种鸡场，甚至共用同一孵化器。这导致了ALV在不同类型鸡间的传播，例如，将ALV–J从白羽肉种鸡传播给蛋用型鸡及我国固有的地方品种鸡。国外的蛋用型鸡都没有ALV–J流行的报告，我国固有的地方品系鸡过去也没有ALV–J感染，显然都是从白羽肉鸡传播过去的。共用同一鸡场及同一孵化厅是引发这一问题最重要的原因之一。目前，我国各地的许多固有的地方品种鸡都已感染了ALV–J，显然与此有关。

（三）在改良品种过程中，盲目地引进未经检疫的种鸡

从20世纪90年代开始，我国许多省份都引进生长较快的白羽肉鸡种鸡，通过与固有的本地品种鸡杂交来改良本地品种鸡的生产性能，使之兼有肉味较好和生长较快的优点，而且还保留一定的毛色。经这样改良培育形成的各种黄羽肉鸡，在我国已有相当大的饲养规模，年出栏量大约已达30亿只。在这个过程中，这些培育品种也都先后不同程度地感染了ALV–J。

（四）我国固有的地方品种鸡从来没有对ALV采取过检测和净化措施

我国固有的地方品系鸡中实际上一直存在着其他经典亚群的ALV，如A和B亚群，甚至还有一些尚未鉴定的我国特有的亚群。但是，我国对这些鸡群一直未采取过ALV净化措施。随着养殖规模的扩大和鸡的流动性增大，这些亚群的ALV感染也在我国鸡群中日趋严重流行开来，致病性也逐渐增强。

（五）弱毒疫苗污染REV和外源性ALV

有相当一段时间内，我国用于生产弱毒疫苗的鸡胚并非来自SPF鸡群，这导致这些弱毒疫苗不可避免地污染了REV或外源性ALV。这些疫苗的跨地区广泛应用，也显著加重了我国鸡群对REV或ALV感染的普遍性和多样性。在2005年前，我国由于REV污染弱毒疫苗造成的商业纠纷不断发生。从2006年起，农业部颁布条例规定，所有弱毒疫苗必须用SPF鸡来源的鸡胚或细胞作为生产疫苗的原料，使弱毒疫苗中污染REV或外源性

ALV的问题大大减少。随后，我国建起了很多家SPF鸡场供应SPF鸡胚，但并不是每一个SPF鸡场都是真正保证质量的，确有部分SPF鸡场不能保证没有REV或外源性ALV感染。2011年对部分SPF鸡场的调查结果表明，还有部分SPF鸡场有可能存在外源性ALV感染。如表4－17所示，有2个SPF鸡场的种蛋的蛋清中检测出ALV的p27抗原。

即使是在供应市场的弱毒疫苗中，在最近的抽检中也在部分疫苗中分别检测出REV或ALV－A（Zhao等，2014；Li等，2014）。显然，弱毒疫苗中ALV污染的问题还要引起高度关注。

表 4-17　2011 年对山东部分 SPF 鸡场 ALV 感染状态的调查（白来航鸡品系）

场名	蛋清 p27 检出率（阳性数 / 检测数）	ALV-J 抗体检出率（阳性数 / 检测数）	ALV-A/B 抗体检出率（阳性数 / 检测数）
A	0.0(0/100)	0.0(0/100)	0.0(0/100)
B	0.0(0/100)	0.0(0/100)	0.0(0/100)
C	0.0(0/100)	0.0(0/100)	0.0(0/100)
D	0.0(0/100)	0.0(0/100)	0.0(0/100)
E	1.0%(1/100)	0.0(0/100)	0.0(0/100)
F	2.9%(3/105)	0.0(0/105)	0.0(0/105)
G	0.0(0/100)	0.0(0/100)	0.0(0/100)
H	0.0(0/100)	0.0(0/100)	0.0(0/100)
I	0.0(0/100)	0.0(0/100)	0.0(0/100)
J	0.0(0/99)	0.0(0/99)	0.0(0/99)

第三节　我国鸡群中ALV的分子流行病学特点

ALV基因组的基本结构是由*gag*、*pol*和*env*三个编码基因及两端的非编码序列5’UTR和3’UTR组成的。*gag*基因编码的是衣壳蛋白，*pol*基因产物是功能蛋白，二者都比较稳定。*env*基因编码的囊膜糖蛋白与宿主易感性病毒中和反应密切相关，是ALV亚群分类的基础，也是比较容易发生变异的基因。*env*基因产物多分为gp85和gp37两部分，位于病毒粒子表面的gp85蛋白更容易发生变异。ALV的5’UTR和3’UTR及由其组成的LTR是另一个容易发生变异的区域，虽然不编码任何蛋白质，但它与ALV的前病毒cDNA的合成及整合进宿主细胞基因组过程密切相关，LTR的变异与其生物学特性密切相关。

一、囊膜蛋白gp85的多样性及其变异趋势

*gp85*是ALV基因组上最容易发生变异的基因，它是决定ALV亚群的基础。在鸡的已经正式认定的6个亚群中，A～E 5个亚群间的同源性都在75%以上，但J亚群与其他亚群的同源性都很低，只有30%～40%。即使是最近在中国地方品系鸡中分离到的新的K亚群，其*gp85*基因与A～E及J亚群的同源性程度也在这个范围内。然而，在J亚群内的不同毒株间，变异却很大。下面将分别比较不同类型鸡群中ALV－gp85的变异及其同源性关系，重点放在ALV－J上，这是因为自20世纪90年代以来的20多年中，在我国各种不同类型鸡群中白血病的主要病原是ALV－J。

（一）中国白羽肉鸡中ALV-J不同毒株及其与国外参考株gp85的同源性

1999—2003年，从我国主要白羽肉鸡产区的不同品系白羽肉鸡中分离到的14株ALV－J野毒的*gp85*间的同源性关系，及其与英国和美国参考株间的同源性关系见表4－18、表4－19、图4－7、图4－8。这14个毒株与ALV－J的原型毒——英国最早在1988年分离到的PHRS－103间gp85的同源性为88.2%～95.8%，而与美国不同年份分离到的5个参考株间gp85的同源性为82.8%～94.2%。如果将不同年份的分离毒分别与英国在1988年分离到的原型毒HPRS－103株相比，在最初两年，这种同源性似乎有下降的趋势，即逐渐偏离原型毒HPRS－103株。但随后几年的分离株与HPRS－103的gp85的同源性又有所升高。看来，这种同源性差异的发生是随机的，并没有越来越偏离原型毒（表4－20）。

表 4-18　1999—2002 年从我国白羽肉鸡分离到的 ALV-J 的 8 个代表株与 ALV-J 原型株 HPRS-103 及 5 个美国参考株间 gp85 氨基酸序列同源性比较

（引自 Cui 等，2003）

氨基酸同源性（%）														毒　株
1	2	3	4	5	6	7	8	9	10	11	12	13	14	
	92.5	87.8	95.5	89.3	84.4	89.9	94.2	93.8	91.6	92.5	89.2	88.9	90.3	1 HPRS-103
		88.2	90.2	87.6	85.7	90.9	91.1	89.9	89.6	89.9	88.9	89.5	89.9	2 Hcl
			88.2	88.8	82.6	88.5	89.1	88.5	88.2	88.5	88.8	89.5	86.2	3 0661
				90.2	84.7	88.6	92.9	93.2	92.9	93.2	87.9	87.9	89.0	4 4817
					84.0	87.3	90.9	91.5	91.9	90.9	91.2	89.2	88.3	5 6683
						82.8	84.1	84.1	86.0	84.4	85.9	84.6	82.1	6 6827
							92.2	91.9	90.3	91.6	88.6	92.8	89.9	7 YZ9901
								95.8	92.9	95.5	89.9	91.2	93.2	8 SD9901
									93.8	98.4	90.5	90.8	92.2	9 SD9902
										94.2	91.5	90.5	89.9	10 SD0001
											90.2	90.5	91.9	11 SD0002
												89.2	87.6	12 HN0001
													88.2	13 SD0101
														14 NX0101

注：表中 ALV-J 的毒株次序 1～14 是根据分离年份先后排列的。毒株 2～6 为 1993—1997 年分离到的美国株，7～14 为 1999—2001 年中国分离到的毒株。

表4-19 1999—2003年从我国白羽肉鸡分离的14株ALV-J与原型株HPRS-103间gp85氨基酸序列同源性比较（%）

病毒	SD9901	SD9902	YZ9901	SD0001	SD0002	HN0001	SD0201	NX0101	SD0201	SD0301	HB0301	BJ0301	BJ0302	BJ0303
HPRS-103	94.2	92.9	89.6	91.6	92.2	89.2	88.9	90.3	91.2	95.8	90.2	94.1	91.6	91.6
SD9901		94.8	91.9	92.9	95.1	89.9	91.2	93.2	91.9	94.5	89.6	90.6	90.3	90.3
SD9902			90.6	93.8	98.7	89.9	89.9	91.2	90.6	93.2	89.3	91.5	89.6	89.6
YZ9901				89.9	90.9	88.2	92.5	89.6	88.7	90.3	86.6	87.3	89.4	89.4
SD0001					93.8	91.5	90.5	89.9	91.9	91.6	89.9	92.2	90.3	90.3
SD0002						89.9	90.2	91.6	90.9	93.5	89.6	90.9	89.6	89.6
HN0001							89.5	87.6	86.9	88.2	89.5	90.2	89.9	89.9
SD0102								88.2	87.9	89.2	87.6	88.6	87.6	87.6
NX0101									89.3	93.2	87.9	88.6	88.6	88.6
SD0201										91.6	88.3	89.6	87.4	87.4
SD0301											90.2	93.2	90.9	90.9
HB0301												91.2	90.2	90.2
BJ0301													95.4	95.4
BJ0302														100

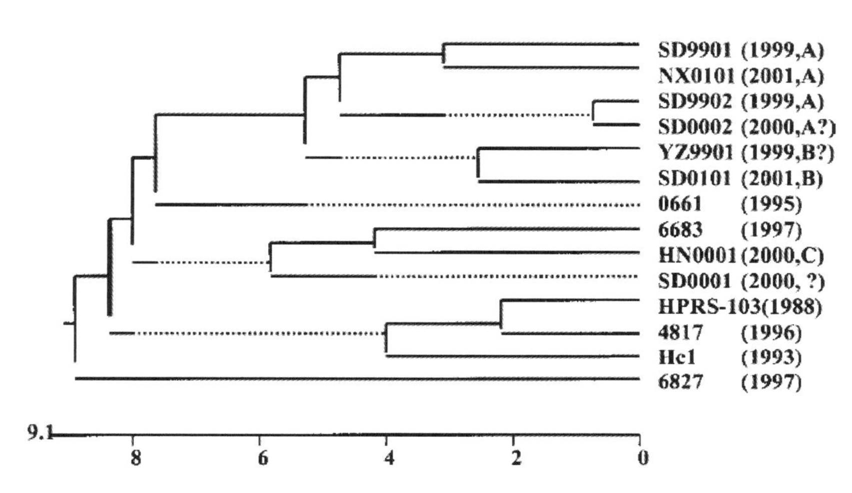

图 4-7　最早从我国白羽肉鸡中分离的 8 个 ALV-J 代表株与早年报道的 ALV-J 国际参考株间 gp85 氨基酸序列同源性关系的系谱发生树

注：HPRS-103 为最早的原型毒，0661、6683、4817、Hc1 和 6827 为美国分离株。各株名后括号中的数字表示病毒株分离年份，A、B、C 分别表示来自不同品系的白羽肉鸡，来源详见表 4-18。

（引自 Cui 等，2003）

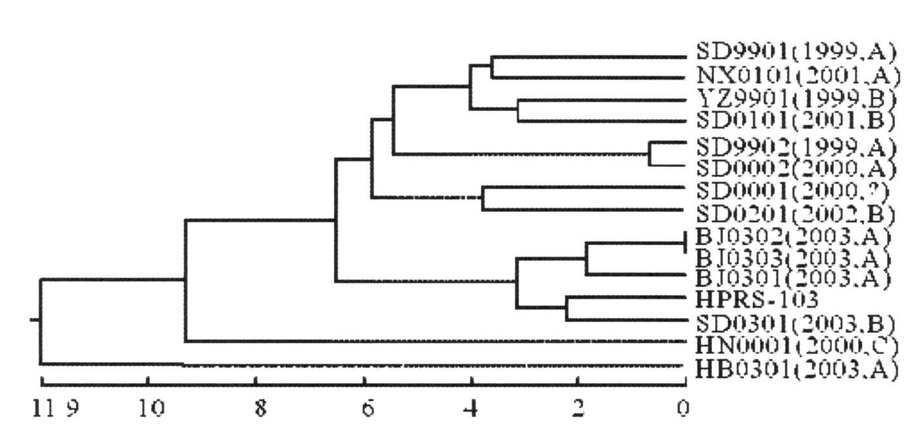

图 4-8　1999—2003 年从我国白羽肉鸡中分离的 14 个 ALV-J 代表株与早年报道的 ALV-J 原型毒 HPRS-103 gp85 氨基酸序列同源性关系的系谱发生树

（引自王增福等，2005）

表 4-20 不同年份之间 ALV-J 野毒株及其与原型毒 HPRS-103 间 gp85 氨基酸序列同源性平均值（%）

	1999 年	2000 年	2001 年	2002 年	2003 年
HPRS-103	92.23	91.00	89.60	91.20	92.66
1999 年	92.43	92.14	91.26	90.4	90.1
2000 年		91.73	89.88	89.90	90.35
2001 年			88.2	88.6	88.75
2002 年					88.86
2003 年					92.76

（二）中国黄羽肉鸡与白羽肉鸡ALV-J分离株gp85的同源性

全球ALV-J都有一个共同来源，即某个白羽肉鸡品系。比较黄羽肉鸡分离到的ALV-J的*gp85*基因与白羽肉鸡分离株的同源性关系，有助于阐明黄羽肉鸡ALV-J的来源。我国黄羽肉鸡中的ALV-J，最早是在2005年和2006年分离到的。表4-21显示了不同黄羽肉鸡群分离到的ALV-J与不同品系白羽肉鸡分离株间*gp85*的同源性关系，可见从华南地区黄羽肉鸡分离到的GD0512株与2000年从河南白羽肉鸡分离到的HN0001株的*gp85*间的同源性高达96.1%。从表4-21可看出，HN0001与广东黄羽肉鸡中分离到的8株ALV-J的*gp85*的同源性均为91.8%~96.1%，而与我国其他地区白羽肉鸡分离到的ALV-J的*gp85*的同源性仅为89.2%~93.1%，都显著低于96.1%。这表明，这些黄羽肉鸡群的ALV-J，特别是GD0512株与白羽肉鸡的HN0001株有共同的来源。系谱进化树更清楚地显示了这一点（图4-9、图4-10），在几十个ALV-J野毒株中，从华南地区黄羽肉鸡分离到的GD0512株与2000年从河南白羽肉鸡分离到的HN0001株紧紧地靠在一起。在对这两个毒株的*gp37*和3'末端缺失性突变的比较研究也证明了这一点（见本章本节的“二”和“五”）。

2009年后，在广西、广东、江苏、山东等地又从各地培育品种的黄羽肉鸡及一些地方品种分离到若干株ALV-J，它们与2005—2006年分离的ALV-J及白羽肉鸡来源的典型毒株的gp85同源性见表4-22。可以看出，2009年后从几个省份黄羽肉鸡和地方鸡分离到的12株gp85相互间的同源性变化为88.4%~97.7%。而与2000年从白羽肉鸡分离到的HN0001的gp85间同源性变化为90.3%~95.2%，但与其他白羽肉鸡来源的8个毒株gp85间

表 4-21　1999—2006 年我国白羽和黄羽肉鸡中分离到的 ALV-J 与国外参考株间 gp85 同源性比较

同源性百分比（%）（右上）；差异性百分比（%）（左下）

	1	2	3	4	5	6	7	8	9	10	11	12	13	14	15	16	17	18	19	20	21	22	23	24	25	26	27		
1		91.1	94.8	90.6	89.3	87.3	87.0	93.5	86.7	91.5	91.8	89.6	92.8	90.2	91.5	91.8	91.2	89.9	95.8	96.4	93.2	91.6	93.8	90.8	94.5	93.2	92.2	**1**	SD0301ZB.PRO
2	9.5		91.4	91.8	91.4	86.1	85.5	90.8	86.2	92.8	92.7	89.8	92.1	91.4	90.8	93.1	91.7	91.4	91.4	91.4	89.8	91.8	92.1	91.4	92.8	92.1	92.1	**2**	0661gp85.PRO
3	5.4	9.1		90.9	90.9	87.9	86.6	91.2	88.0	91.2	92.2	88.6	91.2	89.9	91.9	90.2	91.2	89.5	95.5	97.4	89.0	92.9	93.2	89.5	92.9	93.2	90.9	**3**	4817gp85.PRO
4	10.1	8.7	9.7		94.8	88.2	85.3	90.5	87.6	92.2	92.5	92.5	93.2	91.2	90.2	92.2	91.1	93.5	91.2	90.6	89.9	91.2	92.2	90.8	91.9	92.8	90.2	**4**	5701gp85.PRO
5	11.6	9.1	9.7	5.4		87.9	85.9	89.5	86.6	92.5	92.2	89.9	92.5	92.8	90.5	90.8	90.5	92.2	89.9	89.6	88.9	92.5	91.5	89.9	91.5	92.2	89.5	**5**	6683gp85.PRO
6	14.0	15.4	13.2	12.8	13.2		93.8	87.3	94.8	88.6	88.2	86.3	88.6	87.9	87.9	86.9	88.5	87.9	88.6	87.9	86.3	89.3	87.9	86.6	87.6	88.3	85.9	**6**	6803gp85.PRO
7	14.4	16.2	14.7	16.4	15.6	6.5		86.9	93.2	87.6	87.2	85.6	88.2	87.5	86.6	86.6	86.9	86.6	86.3	87.0	84.0	87.9	86.3	85.6	86.0	86.0	85.6	**7**	6827gp85.PRO
8	6.8	9.8	9.4	10.2	11.3	14.0	14.4		86.0	91.2	90.2	89.2	91.5	89.8	90.2	91.1	90.2	90.2	93.5	92.5	90.9	90.6	90.9	90.2	92.2	90.9	91.9	**8**	ADOL-HC1gp85.PRO
9	14.7	15.3	13.1	13.6	14.7	5.4	7.2	15.5		87.9	87.6	86.6	87.9	86.3	87.6	86.9	88.6	87.9	88.0	88.0	85.1	88.3	88.3	86.6	87.7	88.6	86.6	**9**	AF88gp85.PRO
10	9.0	7.6	9.4	8.2	7.9	12.4	13.6	9.4	13.2		98.4	92.2	93.5	93.5	92.5	93.8	93.1	94.4	91.9	92.2	89.3	93.2	93.2	90.8	93.5	93.5	91.2	**10**	GD0510Agp85.pro
11	8.7	7.7	8.3	7.9	8.3	12.9	14.1	10.6	13.6	1.6		91.8	93.8	93.1	92.5	93.8	92.4	93.1	91.5	92.8	88.9	93.1	93.1	90.5	93.1	92.8	90.8	**11**	GD0510Bgp85.pro
12	11.3	11.0	12.4	7.9	10.9	15.2	16.0	11.7	14.7	8.3	8.7		92.2	92.2	90.5	92.5	92.1	96.1	89.9	89.3	88.9	90.9	90.6	89.5	90.6	90.9	90.2	**12**	GD0512gp85.pro
13	7.5	8.4	9.4	7.2	7.9	12.4	12.8	9.0	13.2	6.8	6.5	8.3		94.4	91.8	95.1	92.1	92.5	91.2	91.9	92.2	93.2	93.8	92.2	93.5	93.5	91.8	**13**	GD06LGgp85.pro
14	10.5	9.1	10.9	9.4	7.6	13.3	13.7	10.9	15.2	6.9	7.2	8.3	5.8		92.1	94.4	93.1	91.8	89.2	89.2	90.2	91.8	90.5	90.8	91.5	90.8	91.1	**14**	GD06SL1gp85.pro
15	9.0	9.8	8.6	10.5	10.2	13.2	14.8	10.5	13.6	7.9	8.0	10.2	8.7	8.3		92.8	94.1	92.1	91.2	92.5	88.6	92.2	91.9	89.9	91.2	90.9	89.9	**15**	GD06SL2gp85.pro
16	8.7	7.3	10.5	8.3	9.8	14.5	14.9	9.4	14.4	6.5	6.5	7.9	5.1	5.8	7.6		93.1	93.1	90.5	90.8	90.8	91.5	91.5	90.8	91.8	91.5	91.1	**16**	GD06SL3gp85.pro
17	9.4	8.8	9.4	9.4	10.2	12.5	14.5	10.5	12.4	7.2	8.0	8.3	8.3	7.3	6.1	7.2		93.1	91.5	92.2	89.9	92.5	92.5	90.8	92.2	92.2	91.2	**17**	GD06SL4gp85.pro
18	10.9	9.1	11.3	6.9	8.3	13.3	14.9	10.6	13.2	5.8	7.2	4.0	7.9	8.7	8.3	7.2	7.3		90.8	90.5	89.2	93.1	91.8	89.8	91.5	92.2	90.5	**18**	HN0001gp85.PRO
19	4.3	9.1	4.7	9.4	10.9	12.4	15.1	6.8	13.1	8.6	9.0	10.9	9.4	11.7	9.4	10.2	9.0	9.8		97.1	90.3	91.6	92.5	90.5	94.2	93.8	92.2	**19**	HPRS-103gp85.PRO
20	3.7	9.1	2.6	10.1	11.3	13.2	14.4	7.9	13.1	8.3	7.6	11.6	8.6	11.7	7.9	9.8	8.3	10.2	3.0		90.3	93.8	94.2	90.8	93.8	94.2	92.2	**20**	line0gp85.PRO
21	7.2	11.0	12.0	10.9	12.0	15.1	18.0	9.7	16.7	11.6	12.1	12.0	8.3	10.5	12.4	9.8	10.9	11.7	10.5	10.5		89.9	91.9	89.9	93.2	92.2	92.2	**21**	NX0101gp85.pro
22	9.0	8.7	7.5	9.4	7.9	11.6	13.2	10.1	12.7	7.2	7.2	9.7	7.2	8.7	8.3	9.0	7.9	7.2	9.0	6.4	10.8		94.2	92.2	92.9	93.8	92.5	**22**	SD0001gp85.pro
23	6.4	8.4	7.2	8.3	9.0	13.2	15.1	9.7	12.7	7.2	7.2	10.1	6.5	10.2	8.6	9.0	7.9	8.7	7.9	6.1	8.6	6.1		92.2	95.5	98.4	93.8	**23**	SD0002gp85.pro
24	9.8	9.1	11.3	9.8	10.9	14.9	16.1	10.5	14.8	9.8	10.2	11.3	8.3	9.8	10.9	9.8	9.8	10.9	10.2	9.8	10.9	8.3	8.3		92.8	92.5	94.4	**24**	SD0101gp85.PRO
25	5.7	7.6	7.5	8.6	9.0	13.6	15.5	8.3	13.5	6.8	7.2	10.1	6.8	9.0	9.4	8.7	8.3	9.0	6.1	6.4	7.2	7.5	4.7	7.6		95.8	94.5	**25**	SD9901gp85.PRO
26	7.2	8.4	7.2	7.5	8.3	12.8	15.5	9.7	12.4	6.8	7.6	9.7	6.8	9.8	9.7	9.0	8.3	8.3	6.4	6.1	8.2	6.4	1.6	7.9	4.3		94.1	**26**	SD9902gp85.PRO
27	8.3	8.4	9.7	10.5	11.3	15.6	16.0	8.6	14.7	9.4	9.8	10.5	8.7	9.4	10.9	9.4	9.4	10.2	8.3	8.3	8.3	7.9	6.5	5.8	5.8	6.1		**27**	YZ9901gp85.PRO
	1	**2**	**3**	**4**	**5**	**6**	**7**	**8**	**9**	**10**	**11**	**12**	**13**	**14**	**15**	**16**	**17**	**18**	**19**	**20**	**21**	**22**	**23**	**24**	**25**	**26**	**27**		

注：表中 GD 开头的 8 株从广东黄羽肉鸡分离到；SD 开头的 6 株从山东白羽肉鸡分离到；YZ9901、HN0001、NX0101 3 株分别从江苏、河南和宁夏的白羽肉鸡分离到，HPRS-103 为最早 ALV-J 的原型毒，从英国白羽肉鸡分离到；其余从美国白羽肉鸡分离到。

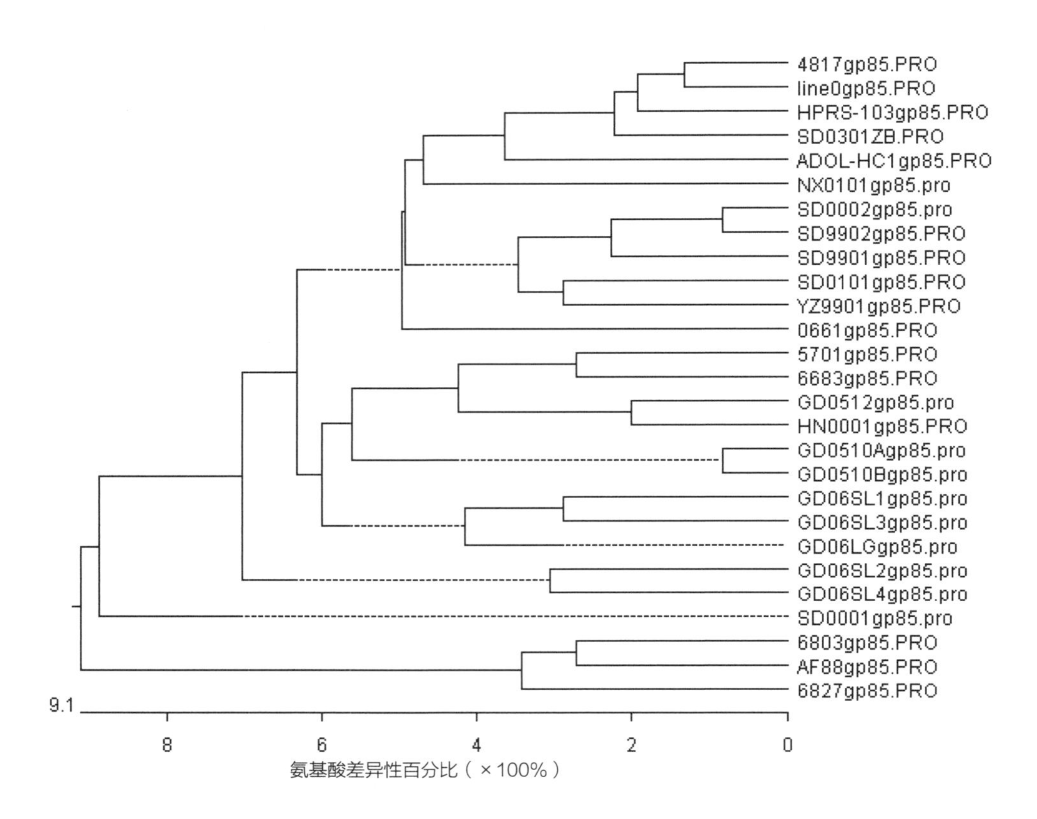

图4-9　1999—2006 年从我国白羽和黄羽肉鸡中分离到的 ALV-J 与国外参考株间 gp85 系谱发生树

注：GD 开头的 8 株从广东黄羽肉鸡分离到；SD 开头 6 株从山东白羽肉鸡分离到；YZ9901、HN0001、NX0101 3 株分别从江苏、河南和宁夏的白羽肉鸡分离到；HPRS-103 为最早 ALV-J 的原型毒，从英国白羽肉鸡分离到；其余从美国白羽肉鸡分离到。

同源性为86.9%～96.3%，显示很大的变异范围。而与2006年前从广东分离到的8株ALV-J gp85的同源性为88.9%～95.2%。这不仅显示同源性变异范围增大，而且没有规律。这表明，我国不同地区不同黄羽肉鸡的ALV-J来源已随着时间呈现更大的多源性，而且相关交叉（图4-10），已很难追踪其相互间的关系。

（三）我国蛋用型鸡群ALV-J与其他来源ALV-J的gp85同源性比较

从白羽肉鸡发现ALV-J以来，ALV-J一直只见于白羽肉鸡。当2008—2009年我国各地蛋鸡群中发生以髓细胞样肿瘤/血管瘤为主要病变的ALV-J感染大流行时，不仅让国际蛋用型种禽公司感到担忧，也让世界禽病界感到惊讶，2010—2011年多个国际学术期刊纷纷发表了中国学者在蛋鸡ALV-J方面的研究报告。大家自然会关注，中国蛋鸡

表 4-22　2009 年后从地方品系和黄羽肉鸡分离到的 ALV-J 与 2006 年前从黄羽和白羽肉鸡分离株 gp85 同源性比较

同源性百分比（%）

	1	2	3	4	5	6	7	8	9	10	11	12	13	14	15	16	17	18	19	20	21	22	23	24	25	26	27	28		
1		90.6	90.1	92.3	90.9	92.6	91.2	91.8	90.6	96.0	90.3	93.8	94.0	90.3	93.8	90.9	90.0	92.9	90.1	89.8	90.3	92.9	90.1	90.6	90.9	91.5	93.5	92.3	1	4817gp85.PRO
2	9.0		91.5	92.6	92.3	91.5	92.6	92.0	93.2	90.9	88.6	92.3	92.0	89.8	92.3	89.2	90.5	93.8	91.8	90.1	89.2	90.3	88.9	88.9	91.2	92.9	91.5	92.6	2	GD0510Agp85.pro
3	12.0	8.3		93.2	92.9	91.5	93.2	92.9	96.3	90.9	90.1	92.0	91.5	90.3	91.5	90.1	92.0	93.5	93.2	90.6	90.1	90.1	90.1	90.9	92.6	94.0	90.3	92.3	3	GD0512gp85.pro
4	9.0	6.8	8.3		94.9	92.6	95.5	92.9	93.2	92.0	92.9	94.0	94.3	92.6	94.0	91.5	92.6	94.6	94.0	89.5	90.3	91.5	92.3	89.5	93.5	94.3	94.3	93.5	4	GD06LGgp85.pro
5	10.5	6.9	8.3	5.8		92.6	95.2	93.5	92.3	90.1	90.9	92.6	91.2	91.2	92.0	90.6	92.8	94.0	92.6	90.1	89.2	90.1	90.1	88.9	92.9	94.0	91.8	93.2	5	GD06SL1gp85.pro
6	8.6	7.6	9.8	8.3	8.0		93.2	94.6	92.6	92.0	89.8	92.9	92.6	90.9	92.0	90.3	91.1	94.0	91.8	89.5	89.8	89.8	89.8	88.9	92.6	94.6	92.3	94.3	6	GD06SL2gp85.pro
7	10.2	6.5	7.9	5.1	5.8	7.2		93.2	93.5	91.2	91.5	92.3	92.0	91.2	92.3	90.6	91.4	93.5	93.8	89.5	88.9	90.1	90.6	89.5	92.9	94.3	91.8	93.5	7	GD06SL3gp85.pro
8	9.4	7.2	8.3	8.3	7.2	6.1	7.2		93.5	92.0	90.6	92.9	92.9	91.5	92.6	91.2	91.1	95.2	91.2	89.8	89.5	90.6	91.2	89.2	92.9	94.6	92.3	94.6	8	GD06SL4gp85.pro
9	10.9	5.8	4.0	7.9	8.7	8.0	7.2	7.2		91.5	90.1	93.8	92.3	90.3	92.0	90.1	92.8	94.3	94.0	91.5	90.9	90.9	90.3	90.9	93.5	95.2	91.5	93.2	9	HN0001gp85.PRO
10	4.7	8.6	10.9	9.4	11.7	9.4	10.2	9.0	9.8		91.5	92.6	93.5	91.2	94.9	92.0	88.8	93.2	90.3	89.8	90.6	92.6	90.3	90.3	91.2	91.8	93.2	93.8	10	HPRS-103gp85.PRO
11	12.0	11.6	12.0	8.3	10.5	12.4	9.8	10.9	11.7	10.5		91.2	92.9	90.6	94.0	92.0	88.8	91.5	90.1	88.6	88.9	89.2	89.8	86.9	90.3	91.2	93.5	92.0	11	NX0101gp85.pro
12	7.5	6.8	9.4	6.8	8.3	8.3	8.7	7.9	6.9	9.0	10.8		94.9	92.6	93.8	92.3	91.4	94.0	92.0	91.8	89.8	92.0	90.6	89.2	93.2	94.3	93.8	93.2	12	SD0001gp85.pro
13	7.2	7.2	10.1	6.5	10.2	8.6	9.0	7.9	8.7	7.9	8.6	6.1		92.6	96.0	93.5	91.7	95.5	90.9	90.3	90.1	91.2	91.2	88.9	92.0	93.2	95.7	93.2	13	SD0002gp85.pro
14	11.3	9.4	10.9	8.0	9.5	10.9	9.5	9.8	10.6	10.2	10.9	8.3	8.3		93.2	94.0	90.5	92.6	89.5	88.6	88.6	89.8	90.6	87.8	92.3	93.2	93.5	92.6	14	SD0101gp85.PRO
15	7.5	6.8	10.1	6.8	9.0	9.4	8.7	8.3	9.0	6.1	7.2	7.5	4.7	7.6		94.0	90.8	94.0	90.3	90.1	90.9	91.5	91.5	89.5	92.0	93.5	96.3	93.5	15	SD9901gp85.PRO
16	9.7	9.4	10.5	8.7	9.4	10.9	9.4	9.4	10.2	8.3	8.3	7.9	6.5	5.8	5.8		90.0	91.5	88.4	89.2	88.1	91.5	91.2	87.2	90.9	91.8	93.8	91.5	16	YZ9901gp85.PRO
17	11.8	8.4	8.8	8.0	7.3	9.9	9.2	9.6	7.3	13.4	13.4	9.9	9.5	11.1	10.6	10.3		92.6	91.4	89.1	90.3	90.0	91.1	90.3	94.6	94.6	91.7	91.7	17	GXSH02gp85.pro
18	8.3	5.4	7.9	6.5	6.9	6.5	7.6	5.4	6.5	7.9	10.1	6.8	5.1	8.0	6.8	8.7	8.0		93.2	90.6	91.2	91.8	91.5	90.6	94.0	95.2	94.0	95.2	18	GDXX gp85.pro
19	11.7	7.6	7.9	6.9	8.3	9.1	6.9	10.2	7.2	11.3	11.7	9.0	10.5	11.8	11.3	12.5	9.2	7.9		88.9	89.5	89.2	89.5	90.1	92.9	93.5	90.6	92.0	19	HN gp85.pro
20	12.0	9.7	10.5	12.0	10.9	12.0	11.7	11.3	9.0	12.0	13.5	9.3	11.2	12.8	11.6	11.3	12.2	10.5	12.4		90.9	90.6	88.4	90.6	91.5	90.6	89.5	90.9	20	JQS gp85.pro
21	10.9	9.8	10.9	10.6	11.8	11.3	12.1	11.4	9.5	10.5	12.8	11.7	11.3	13.3	10.2	12.5	11.1	9.4	11.4	10.1		91.5	89.8	93.8	92.3	91.5	90.1	91.8	21	NHB gp85.pro
22	7.2	7.9	10.5	8.7	10.2	10.9	10.2	9.4	9.1	7.5	12.0	8.3	9.4	10.6	9.0	9.7	10.3	8.3	11.3	9.4	8.7		92.3	91.5	92.6	92.3	91.5	91.2	22	SCAU-0901 gp85.pro
23	10.5	9.4	10.2	7.2	9.8	10.6	9.1	8.4	9.5	10.2	10.9	9.8	9.0	9.8	8.7	9.7	9.9	8.3	10.6	12.1	10.6	8.2		89.5	92.9	93.2	91.5	91.2	23	SZ-08 gp85.pro
24	9.1	8.7	8.4	10.2	10.6	11.0	9.9	10.3	8.0	9.4	14.1	10.9	11.3	12.9	10.6	12.1	9.6	8.7	9.1	9.0	6.1	7.2	9.5		92.3	91.2	88.6	91.2	24	XG-09 gp85.pro
25	10.2	7.2	7.6	6.5	6.9	7.6	6.9	6.9	6.2	9.8	10.9	7.2	8.7	8.3	8.7	8.7	6.2	5.8	6.9	9.4	8.7	6.5	7.2	7.2		97.7	92.6	94.6	25	XX1-09 gp85.pro
26	9.8	5.4	6.2	5.8	5.8	5.4	5.5	5.1	4.4	9.4	10.2	6.1	7.6	7.6	7.2	8.0	6.6	4.7	6.5	10.2	9.4	7.2	7.2	8.4	2.3		93.8	95.7	26	XX2-09 gp85.pro
27	7.9	7.9	11.6	6.5	9.4	9.0	9.4	8.7	9.8	8.2	7.9	7.5	5.0	7.2	4.3	6.1	9.5	6.8	10.9	12.4	11.3	9.0	8.7	11.7	7.9	6.9		93.5	27	HAY013.pro
28	9.0	6.1	8.7	7.2	7.2	6.1	6.9	5.4	7.2	7.2	9.4	7.9	7.9	8.7	7.5	8.7	9.9	5.1	8.7	10.1	9.4	9.0	9.4	8.7	5.8	4.7	7.5		28	CAUGX01-gp85.pro
	1	2	3	4	5	6	7	8	9	10	11	12	13	14	15	16	17	18	19	20	21	22	23	24	25	26	27	28		

差异性百分比（%）

注：1 为美国的参考株，10 号 HPRS—103 为从英国白羽肉鸡分离到的最早 ALV—J 的原型毒，2 ～ 8 为 2005—2006 年从广东黄羽肉鸡分离到的毒株，9 和 11 ～ 16 为 1999—2003 年从山东、江苏、河南和宁夏的白羽肉鸡分离到的毒株，17 ～ 28 为 2009 年后华南农业大学、扬州大学、广西大学及中国农业大学从不同省份黄羽肉鸡或地方品系鸡分离到的 ALV—J。

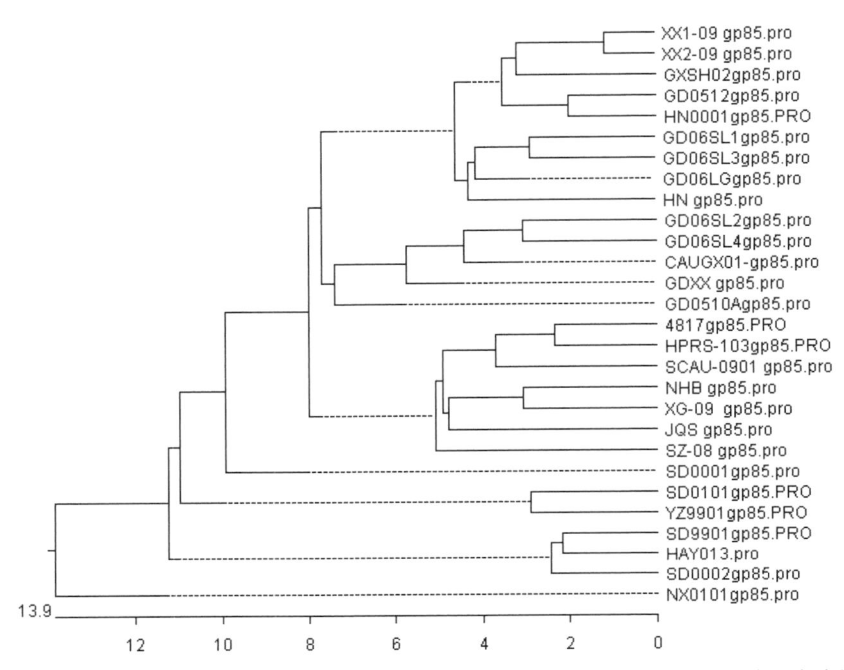

图 4-10 2009 年后从地方品系和黄羽肉鸡分离到的 ALV-J 与 2006 年前从黄羽和白羽肉鸡分离株 gp85 的系谱发生树

群中ALV-J从何而来？分析*gp85*基因的遗传进化树是其中一个重要手段，实际上，早在2004—2005年，中国农业大学徐缤蕊等已报道了蛋鸡中典型的髓细胞样肿瘤病变，并用针对ALV-J的单抗JE9做特异性免疫组化试验从中检出ALV-J特异性抗原，证明其病原是ALV-J。随后，山东农业大学家禽病毒性肿瘤病实验室在2006年又进一步从河北山东蛋用型鸡分离到了ALV-J，但其gp85已与以往从白羽肉鸡及黄羽肉鸡分离到的ALV-J有了很大的偏离（表4-23），与5株国际参考株之间的同源性平均为86.0%（83.5%~83.7%），其中与HPRS-103的同源性最高，也仅为87.3%。与来自白羽肉用型鸡的8株国内参考株的同源性平均为87.8%（86.4%~88.9%），而国内8株参考株相互之间的同源性平均为91.5%（87.6%~95.8%）（王辉等，2008、2009）。显然，当时从蛋鸡分离到的这两株ALV-J的*gp85*基因已发生了很大的变异，很难根据同源性关系找出其来源（图4-11）。

在实施由山东农业大学主持的“十一五”鸡白血病专项过程中，山东农业大学等6个单位从蛋鸡的肿瘤/血管瘤病鸡分离到大量ALV-J毒株。2007—2010年从蛋鸡分离到的ALV-J的25个毒株与原型毒HPRS-103的gp85的同源性为87.9%~96.7%；而与1999—2001年从不同省份白羽肉鸡分离到的4个代表株间的gp85同源性为87.0%~99%，其变异范围大于相对于原型毒的变异范围。其中，同源性最低的是2001年从宁夏白羽肉鸡分

表 4-23　蛋鸡 ALV-J 分离株 SD07LK1 和 SD07LK2 株与其他毒株 gp85 氨基酸序列的同源性比较

同源性百分比（%）

差异性百分比（%）

	1	2	3	4	5	6	7	8	9	10	11	12	13	14	15		
1	■	88.2	82.6	88.2	87.8	88.8	86.2	88.2	88.5	89.5	89.1	88.5	88.5	85.5	85.5	**1**	0661gp85
2	8.4	■	84.7	90.2	95.5	87.9	89.0	92.9	93.2	87.9	92.9	93.2	88.6	87.3	87.3	**2**	4817gp85
3	15.5	13.7	■	85.7	84.4	85.9	82.1	86.0	84.4	84.6	84.1	84.1	82.8	83.5	83.5	**3**	6827gp85
4	9.5	9.4	14.1	■	92.5	88.9	89.9	89.6	89.9	89.5	91.2	89.9	90.9	86.6	86.6	**4**	ADOL-HC1gp85
5	9.1	4.7	14.1	6.8	■	89.2	90.3	91.6	92.5	88.9	94.2	93.8	89.9	87.3	87.3	**5**	HPRS-103gp85
6	9.9	11.7	14.2	11.3	10.5	■	87.6	91.5	90.2	89.2	89.9	90.5	88.6	88.9	88.9	**6**	HN0001gp85
7	11.0	12.0	17.3	9.7	10.5	12.4	■	89.9	91.9	88.2	93.2	92.2	89.9	86.4	86.4	**7**	NX0101gp85
8	8.4	7.5	12.5	10.1	9.0	8.3	10.8	■	94.2	90.5	92.9	93.8	90.3	89.6	89.6	**8**	SD0001gp85
9	8.4	7.2	14.5	9.7	7.9	9.4	8.6	6.1	■	90.5	95.5	98.4	91.6	88.0	88.0	**9**	SD0002gp85
10	8.8	11.0	15.4	10.3	9.9	10.3	10.6	8.0	7.7	■	91.2	90.8	92.8	86.9	86.9	**10**	SD0101gp85
11	7.6	7.5	14.9	8.3	6.1	9.8	7.2	7.5	4.7	7.3	■	95.8	92.2	87.7	87.7	**11**	SD9901gp85
12	8.4	7.2	14.9	9.7	6.4	9.0	8.2	6.4	1.6	7.3	4.3	■	91.9	88.3	88.3	**12**	SD9902gp85
13	8.4	9.7	15.6	8.6	8.3	9.8	8.3	7.9	6.5	5.8	5.8	6.1	■	86.7	86.7	**13**	YZ9901gp85
14	10.3	11.3	15.3	12.4	11.3	9.8	12.4	8.6	10.5	11.1	10.9	10.1	10.9	■	99.0	**14**	**SD07LK1gp85**
15	10.3	11.3	15.3	12.4	11.3	9.8	12.4	8.6	10.5	11.1	10.9	10.1	10.9	1.0	■	**15**	**SD07LK2gp85**
	1	**2**	**3**	**4**	**5**	**6**	**7**	**8**	**9**	**10**	**11**	**12**	**13**	**14**	**15**		

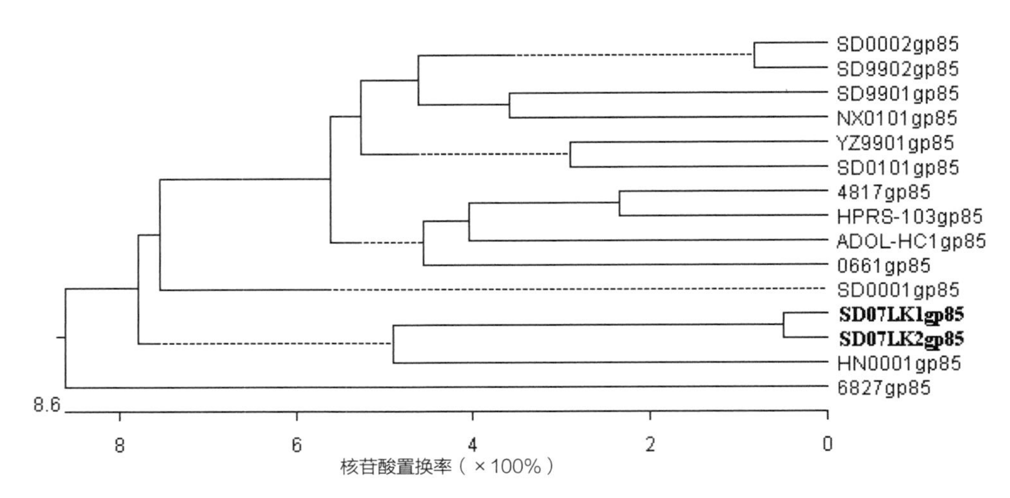

图4-11 2007年蛋鸡分离毒SD07LK1和SD07LK2株与2002年前国内外从白羽肉鸡分离到的其他毒株gp85系谱发生树

（引自王辉等，2009）

离到的NX0101，与2009年从江苏蛋鸡分离到的JS09GY2和JS09GY3之间，同源性只有87%。但2008年从江苏蛋鸡分离到的HA08株与1999年从山东白羽肉鸡分离到的SD9901的gp85间的同源性居然高达99%，这表明二者来源的年份、省区和鸡的类型虽然不相同，但系谱关系很密切（图4-12）。这说明，ALV-J在1999年以来的10多年中，在我国不同类型鸡群中的传播过程中，一方面在变异，一方面原有的毒株仍然在鸡群中继续流行着。

2007—2010年从多省蛋鸡（分别来自海兰、罗曼和尼克三个品系）分离到的25株ALV-J的相互比较还表明，它们的gp85同源性也是在87.6%～99%这一很大范围内。也就是说，蛋鸡来源的ALV-J相互间的差异性并不小于蛋鸡来源与白羽鸡来源间的差异性。我国蛋鸡来源ALV-J与我国白羽肉鸡来源ALV-J的差异性也不小于蛋鸡ALV-J与最早的英国原型毒HPRS-103间的差异性。虽然过去多年在蛋鸡的流行过程中，ALV-J的gp85范围发生了很大变异，但这种变异并不是在一个方向上越来越偏离在1988年分离到的原型毒HPRS-103株，而是在一定的范围内多方向变异。

（四）ALV-J中国流行毒株gp85演变趋势

从1988年分离到ALV-J，到2002—2005年各跨国育种公司先后实现了ALV-J净化，ALV-J在西方国家的白羽肉鸡中流行了15年，现在已很少再能分离到ALV-J。但在我

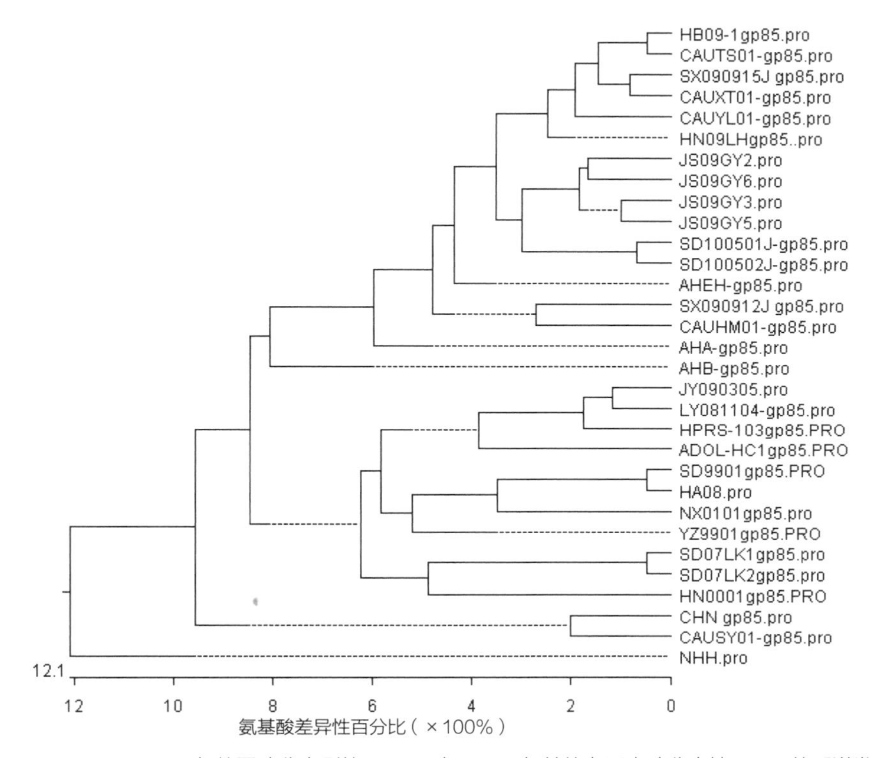

图 4-12　2007—2010 年从蛋鸡分离到的 ALV-J 与 2001 年前从白羽肉鸡分离株 gp85 的系谱发生树

注：从白羽肉鸡分离到的毒株分别是 SD9901、YZ9901、HN0001、NX0101 及 HPRS-103（英国）和 ADOL-Hcl（美国）；其余均是从蛋鸡分离到的。

国，ALV－J也在20世纪90年代初随种鸡进入我国鸡群，前后已20多年，且流行面越来越广。不仅分布于全国各地，而且已传入我国引进白羽肉鸡杂交改良后的培育型鸡群的几乎所有品系品种，将近一半的中国纯地方品种鸡，以及相当多的祖代、父母代特别是商品代蛋鸡群。因此，病毒发生演变的程度也更高。在本章第一、二节中已分别对从我国白羽肉鸡、黄羽肉鸡及地方品系鸡和蛋用型鸡群中分离到的ALV－J的gp85氨基酸序列进行了同源性比较。这里再进一步将从1999—2012年从白羽肉鸡分离到的 7株、黄羽肉鸡及地方品系鸡分离到的 7株和蛋用型鸡群中分离到的12株ALV－J的gp85氨基酸序列同源性进行全面比较，以阐明ALV－J的*gp85*基因变异规律或变异趋势。表4－21列出了不同年代从不同地区不同类型鸡群中分离到的ALV－J的代表株的gp85同源性比较。从表4－21及相应的图4－10至图4－12的分析结果可以看出，虽然1999年以来在我国不同地区不同类型鸡群的流行过程中，ALV－J的gp85范围发生了很大变异，但这种变异并不是在一个方向上越来越偏离的原型毒HPRS－103株，而是在一定的范围内多方向变异。但其变异的程度在缓慢地增大中，且相互间的偏离程度的增大比对原始毒偏离的程度还要大。

对自1988年以来的20多年中已收集到的100多株来自不同类型鸡群的ALV－J的gp85的同源性进行了大量比较，并没有看出与毒株来源鸡的类型之间的关系。但是，当对同一批毒株同样的序列进行遗传系谱分析时，似乎大多数毒株gp85在遗传系谱图中的分布还是与毒株来源鸡的类型有一定关系的（图4－13）。由图4－13可见，除了少数毒株外，来自同一类型鸡的毒株往往都集中分布在一个区域。这似乎表明，在对ALV－J的gp85序列进行比较分析时，遗传系谱分析比数字化的同源性程度比较更能代表毒株间的遗传演变关系。

（五）中国鸡群A亚群ALV gp85与国际参考株的同源性比较

对于ALV亚群的鉴定，经典方法是病毒间在细胞培养上的干扰试验或病毒中和反应，但这些方法都比较复杂，还需有已知亚群的ALV参考株。鉴于ALV的亚群是基于病毒囊膜蛋白的gp85，因此，近几年来国内外都开始根据gp85的同源性比较来确定亚群。我国最初分离鉴定的4株ALV－J（SD9901、SD9902、YZ9901、YZ9902）就是用这个方法确定的。但对大量可疑样品盲目进行PCR，并对PCR产物克隆和测序，要浪费大量人力和财力。在笔者团队研发出ALV－J特异性单抗JE9（Qin等，2001）后，山东农业大学家禽病毒性肿瘤病实验室及国内其他实验室都先将可疑病料接种细胞培养，然后用ALV－J特异性单抗JE9进行IFA。在证明分离到的病毒确是ALV－J后，再进行PCR及测序。如果IFA阴性，就认为没有ALV－J感染，同时也不再做进一步研究。用这一方法，国内已分离和报道了100多株ALV－J。在2010年前，一直没有其他亚群ALV的报道。但是，血清流行病学调查表明，我国有近半数鸡群可检出对ALV－A/B的抗体（见本章第一节），特别是有些发生疑似白血病肿瘤的鸡群，对ALV－J抗体为阴性而ALV－A/B抗体为阳性。因此推测，由于10年来一直用ALV－J特异性单抗JE9进行IFA的第一步检测，这很容易把ALV－J检测出来，但也很可能忽略了其他亚群ALV。

1. A亚群ALV中国分离株的鉴定　将可疑病料接种细胞培养后，在用单抗JE9进行IFA的同时，还可检测细胞培养上清液中的p27抗原。如果IFA为阴性，但p27检测为阳性，就对细胞提取DNA，并用不同亚群ALV的gp85序列作为引物做PCR，将PCR产物克隆后测序。用这个方法，分别从白羽肉鸡和我国培育型黄羽肉鸡中分离鉴定出SDAU09C1、SDAU09C3、SDAU09E1、SDAU09E2 4株A亚群ALV（张青婵等，2010）。从表4－24可以看出，这4个分离株的gp85氨基酸序列与过去几十年中美国鸡群中分离鉴定的A亚群ALV参考株的同源性最高，为88.3%～98.5%，显著高于与其他亚群外源性

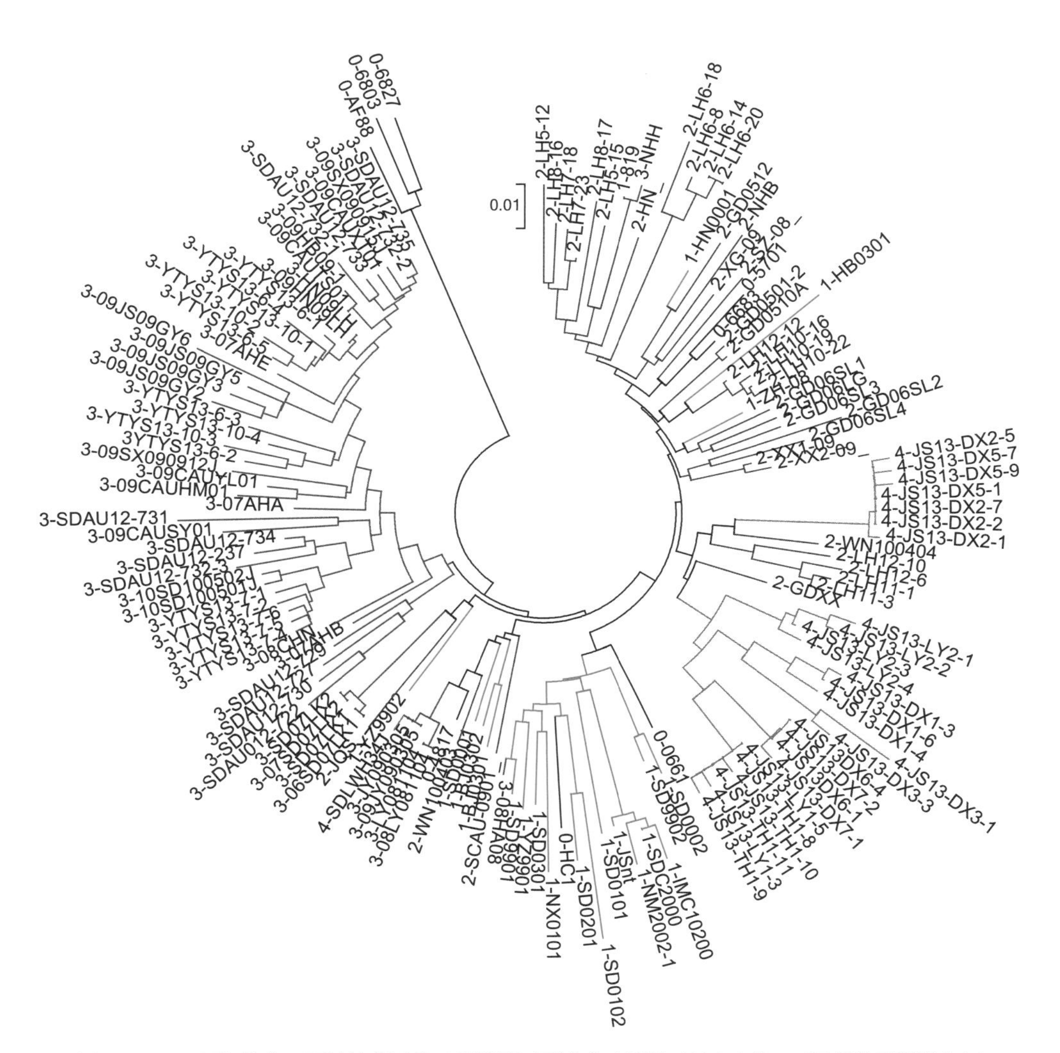

图 4-13　不同年份从不同遗传背景的 4 种类型鸡群中分离到的 ALV-J 的 gp85 遗传系谱发生树

注：图中包括 145 个毒株，按其开头的数字，0 为美国报道的白羽肉鸡来源毒株（黑线），也包括从英国分离的原型毒 HPRS-103；1 为从中国的白羽肉鸡分离的毒株（红色线）；2 为中国黄羽肉鸡分离毒株（蓝色线）；3 为中国蛋鸡分离的毒株（绿色线）；4 为中国固有的地方品种鸡来源病毒株（粉红色线）。

B、C、D亚群ALV（77.9%～85.3%）或内源性E亚群ALV（82.1%～85%）的同源性，更显著高于与J亚群ALV间的同源性（30.9%～39.3%）。对前病毒基因组DNA的扩增序列拼接结果显示，毒株SDAU09C1、SDAU09C3、SDAU09E1、SDAU09E2的基因组大小分别是7 469、7 498、7 251、7 392bp。它们的*env*基因大小依次为1 827、1 839、1 830、

1 806bp。其中，SDAU09C1的*gp85*基因大小为1 017bp，编码相应的氨基酸序列大小是339个氨基酸；SDAU09C3的*gp85*基因大小为1 032bp，编码相应的氨基酸序列大小是344个氨基酸；SDAU09E1的*gp85*基因大小为1 020bp，编码氨基酸序列大小是340个氨基酸；SDAU09E2的*gp85*基因大小为1 017bp，编码相应的氨基酸序列大小是339个氨基酸和197个氨基酸。将它们的gp85氨基酸序列与不同亚群参考株进行同源性比较，结果见表4-24，SDAU09C1与10株A亚群ALV参考株的同源性为89.1%~91.5%，与B、C、D、E亚群ALV参考株的同源性仅为78.8%~85.2%；SDAU09C3与10株A亚群ALV参考株的同源性为87.7%~97.4%，与B、C、D、E亚群ALV参考株的同源性仅为76.9%~83.8%；SDAU09E1与10株A亚群ALV参考株的同源性为88.3%~98.5%，其中与已知的疫苗污染毒株毒株PDRC-1039、PDRC-3246、PDRC-3249和RSA毒株的同源性最高，为97.4%以上，与B、C、D、E亚群ALV参考株的同源性仅为77.7%~83.8%；SDAU09E2与10株A亚群ALV参考株的同源性为89.4%~91.2%，与B、C、D、E亚群ALV参考株的同源性仅为77.9%~84%；4个分离株与J亚群ALV参考株的同源性平均仅为38%左右。表明分离株SDAU09C1、SDAU09C3、SDAU09E1和SDAU09E2属于A亚群ALV。系统发生分析也显示，分离株SDAU09C1、SDAU09C3、SDAU09E1和SDAU09E2与A亚群ALV参考株的遗传关系最近（表4-10、表4-23、图4-14）。

2. A亚群ALV中国分离株的致病性　第五章第四节将详细叙述两株A亚群ALV中国分离株SDAU09C1、SDAU09E1对不同遗传背景的不同品系鸡可能引起的病理变化。其中，SDAU09E1是从山东某地自行培育的黄羽肉鸡的种蛋蛋清中分离到的，而SDAU09C1则是从进口的某白羽肉鸡的祖代鸡群分离到的（张青婵等，2010）。试验的这两个ALV-A中国分离株对鸡的致病性特别是致肿瘤性并不强，这两个毒株在对鸡的致病性强度上尚看不出明显差别。但也确实可以引发某种肿瘤，如纤维肉瘤或血管瘤（详见第五章）。然而，当比较SDAU09E1和SDAU09C1这两株A亚群ALV的病毒血症动态时，则显出了显著差别。

从表4-25可看出，1日龄SPF来航鸡经腹腔接种SDAU09C1后，从第2周开始，42.8%的攻毒鸡检测到泄殖腔p27抗原，第5周攻毒鸡100%呈泄殖腔p27抗原阳性，并且一直持续到第14周。检测的8只攻毒鸡，在第2周有1只出现病毒血症，在第3周全部出现病毒血症，并且在较高水平持续至14周以上。在这一组内用于监测横向感染的鸡，有1只在第7、9、11周时检测到泄殖腔p27，而且在第7周时检测到病毒血症。所有攻毒鸡在14周内均为抗体阴性，而8只考察横向感染的鸡到第14周时有5只检测到了抗体。这表明1日龄SPF鸡腹腔接种SDAU09C1病毒后能够引起耐受性病毒血症，而且产生横向传播的能力较强。

表 4-24　A 亚群 ALV 分离株 SDAU09C1、SDAU09C3、SDAU09E1 和 SDAU09E2 的 gp85 氨基酸序列与各亚群 ALV 参考株的同源性比较

同源性百分比（%）

	1	2	3	4	5	6	7	8	9	10	11	12	13	14	15	16	17	18	19	20	21	22	23	24	25	26	27	28	29	30	31	32		
1		90.6	88.9	97.9	89.1	91.2	90.9	90.6	91.5	89.1	89.1	89.4	90.0	90.3	78.9	80.7	78.8	85.3	84.6	84.7	84.4	84.6	84.0	85.2	37.8	38.6	38.8	36.9	38.6	39.4	37.8	38.5	1	SDAU09C1.pro
2			88.0	90.0	88.3	97.1	96.8	96.5	97.4	87.7	88.3	88.9	89.1	88.5	77.6	78.7	76.9	83.8	82.3	83.0	83.3	83.5	82.4	83.6	38.3	39.5	39.3	37.7	39.4	40.2	38.3	39.3	2	SDAU09C3.pro
3				89.7	97.7	88.9	88.6	88.3	89.5	91.2	98.2	98.5	97.4	91.2	78.4	78.6	77.7	82.9	81.7	83.2	82.9	83.1	82.8	83.8	37.1	38.3	38.1	36.6	38.3	39.4	37.5	38.5	3	SDAU09E1.pro
4					89.4	90.9	90.6	90.3	91.2	89.7	89.4	89.7	90.3	90.3	79.5	80.7	78.8	85.5	83.7	85.0	84.7	84.9	84.3	85.5	38.1	39.0	39.1	37.2	38.9	39.7	38.1	38.8	4	SDAU09E2.pro
5						89.1	88.9	88.6	90.3	91.5	99.4	98.5	99.1	90.9	78.3	78.9	77.9	83.2	82.2	83.8	83.5	83.7	83.4	84.0	37.1	38.0	38.1	36.2	38.3	39.1	37.5	38.1	5	A-RSA.pro
6							99.7	98.6	98.6	88.6	89.2	89.8	90.0	89.4	78.2	79.3	77.4	84.4	83.2	83.9	84.2	84.4	83.3	84.5	38.3	39.5	39.3	37.4	39.4	40.2	38.3	38.9	6	A-1.pro
7								98.3	98.3	88.3	88.9	89.5	89.7	89.1	77.9	79.0	77.2	84.1	82.9	83.6	83.9	84.1	83.0	84.2	38.3	39.5	39.3	37.4	39.4	40.2	38.3	38.9	7	A-10.pro
8									97.7	88.0	88.6	89.2	89.4	88.8	78.2	79.0	77.4	84.1	82.9	83.9	84.2	84.4	83.3	84.5	38.3	39.5	39.3	37.1	39.4	39.9	38.3	38.9	8	A-48.pro
9										89.2	90.4	90.4	91.2	89.4	78.5	79.6	77.7	85.0	83.5	84.2	84.5	84.7	83.6	84.8	38.3	39.1	39.3	37.1	39.4	39.9	38.3	38.9	9	A-MAV-1.pro
10											91.5	92.4	91.2	97.9	78.4	78.6	78.3	82.9	80.5	83.2	83.5	83.7	82.8	83.8	37.8	38.6	38.8	36.9	38.9	39.4	38.1	38.1	10	A-MONCSU.pro
11												99.1	99.1	91.2	78.1	78.6	77.4	83.2	82.0	83.8	83.5	83.7	83.4	84.1	36.8	37.6	37.8	35.9	37.9	38.7	37.1	37.8	11	A-PDRC-1039.pro
12													98.2	92.1	78.7	79.2	78.0	83.5	82.6	84.4	84.1	84.3	84.0	84.7	37.1	38.0	38.1	36.2	38.3	39.1	37.5	38.1	12	A-PDRC-3246.pro
13														90.6	78.6	79.2	78.2	84.1	83.1	84.7	84.4	84.6	84.0	84.9	37.1	38.0	38.1	36.2	38.3	39.1	37.5	38.1	13	A-PDRC-3249.pro
14															79.5	79.1	78.9	83.4	81.0	82.8	82.8	83.0	82.4	83.2	37.9	39.1	38.9	37.0	39.1	39.9	38.3	38.3	14	A-RAV-1.pro
15																93.9	98.8	80.6	88.2	80.4	80.4	80.9	80.0	81.2	38.3	38.5	39.3	36.5	39.5	39.3	38.7	39.0	15	B-S-R B.pro
16																	93.3	81.8	88.4	81.8	81.8	82.4	81.8	83.0	39.3	39.1	40.6	37.4	40.7	40.5	39.6	39.6	16	B-MAV-2.pro
17																		79.9	87.5	80.0	80.3	80.8	79.6	80.6	38.8	38.6	39.5	36.9	39.6	39.7	39.1	39.5	17	B-RAV-2.pro
18																			83.9	84.2	84.8	84.7	83.9	85.4	38.9	39.1	40.3	37.4	40.1	40.2	38.9	39.6	18	C-Prague C.pro
19																				84.1	84.1	84.6	83.5	85.0	38.1	38.0	38.8	36.9	38.9	39.1	38.1	38.5	19	D-S-R D.pro
20																					98.3	97.7	97.7	98.5	37.4	37.6	38.1	35.9	37.9	38.3	37.7	38.1	20	E-SD0501.pro
21																						99.4	97.7	99.1	37.4	37.6	38.1	35.9	37.9	38.3	37.7	38.1	21	E-ev-1.pro
22																							97.7	99.1	37.0	37.5	38.3	35.8	38.1	38.3	37.3	38.0	22	E-ev-3.pro
23																								98.2	36.7	37.2	37.4	34.5	37.9	36.6	36.4	36.7	23	E-ev-6.pro
24																									36.5	37.0	37.8	35.3	37.6	37.8	36.8	37.5	24	E-RAV-0.pro
25																										88.8	89.3	80.8	91.2	87.9	90.3	87.6	25	J-NX0101.pro
26																											92.8	83.9	92.4	90.8	91.4	89.5	26	J-0661.pro
27																												83.4	94.5	91.2	90.9	91.2	27	J-4817.pro
28																													82.1	87.3	83.7	84.4	28	J-ADOL-7501.pro
29																														89.2	90.6	88.6	29	J-Hc1.pro
30																															90.5	90.8	30	J-HN0001.pro
31																																88.9	31	J-HPRS103.pro
32																																	32	J-SD07LK1.pro
	1	2	3	4	5	6	7	8	9	10	11	12	13	14	15	16	17	18	19	20	21	22	23	24	25	26	27	28	29	30	31	32		

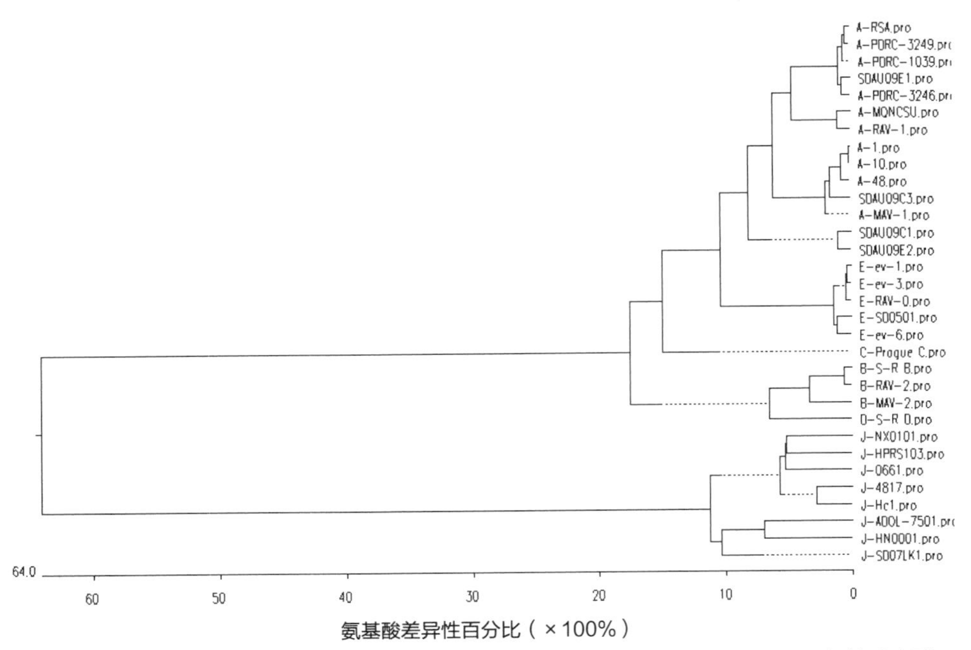

图 4-14 分离株 SDAU09C1、SDAU09C3、SDAU09E1 和 SDAU09E2 gp85 氨基酸序列与各亚群参考株的进化树分析

表 4-25 两株 ALV-A 腹腔接种 1 日龄 SPF 鸡后病毒血症、泄殖腔 p27、抗体的动态

检测指标	接种病毒	感染方式	感染后时间（周）							
			1	2	3	5	7	9	11	14
病毒血症	对照组		0/12	0/12	0/12	0/12	0/12	0/12	0/12	0/12
	SDAU09C1	注射	0/8	1/8	8/8	8/8	8/8	8/8	8/8	8/8
		接触感染	0/4	0/4	0/4	0/4	1/4	1/4	0/4	0/4
	SDAU09E1	注射	0/8	0/8	0/8	2/8	5/8	0/8	0/8	0/8
		接触感染	0/4	0/4	0/4	0/4	0/4	0/4	0/4	0/4
泄殖腔 p27	对照组		0/20	0/20	0/20	0/20	0/20	0/20	0/20	0/20
	SDAU09C1	注射	0/30	12/28	18/24	20/20	20/20	19/19	19/19	17/17
		接触感染	0/10	0/10	0/10	0/10	1/8	1/8	1/8	0/8
	SDAU09E1	注射	0/30	0/30	1/27	5/21	13/21	6/20	5/18	1/18
		接触感染	0/10	0/10	0/9	0/8	0/8	0/8	0/7	0/7

（续）

检测指标	接种病毒	感染方式	感染后时间（周）							
			1	2	3	5	7	9	11	14
抗体	对照组				0/20	0/20	0/20	0/20	0/20	0/20
	SDAU09C1	注射			0/24	0/20	0/20	0/19	0/19	0/17
		接触感染			0/10	0/10	0/8	2/8	3/8	5/8
	SDAU09E1	注射			0/27	0/21	0/21	1/20	1/18	0/18
		接触感染			0/9	0/8	0/8	0/8	0/7	0/7

注：表中数据为阳性鸡只数／检测鸡只总数。

在1日龄腹腔接种SDAU09E1后，第3周时有1只攻毒鸡检测到泄殖腔p27抗原，到第7周时 p27阳性率达到高峰（62%），此后开始下降，到第14周时降为5%。用于检测病毒血症的8只攻毒鸡在第5周有2只出现病毒血症，在第7周有5只出现病毒血症，到第9周时病毒血症全部消失。攻毒鸡仅有1只在第9、11周时出现抗体。在这一组内用于监测横向感染的鸡均没有检测到泄殖腔p27抗原、病毒血症和抗体。这表明1日龄SPF鸡腹腔接种SDAU09E1后只引起一过性病毒血症，横向感染能力较弱。

（六）中国鸡群B亚群ALV的gp85与国际参考株的同源性比较

与A亚群ALV类似，在20世纪90年代到2010年的前十多年中，我国鸡群中的B亚群ALV也可能由于技术原因被忽略了。同样，将从有肿瘤表现的鸡群的几只芦花鸡采集的血浆接种于DF－1细胞后7d，从1份细胞培养上清液中检出ALV p27抗原，表明该鸡体内存在外源性ALV感染。在用针对多个亚群ALV的*gp85*基因序列的引物作PCR并克隆测序后，确定分离到的ALV属B亚群，将其命名为SDAU09C2。

1. B亚群ALV中国分离株的鉴定　SDAU09C2株前病毒全基因组全长7 718bp。其主要基因起止位点和长度分别为：*gag*基因相当于碱基位604～2709，长2 106bp；*pol*基因相当于碱基位3036～5414，长2 379bp；*env*基因相当于碱基位5278～7104，长1 827bp。两端相同的长末端重复序列（LTR）全长为327bp，其中U3相当于碱基位1～225和7393～7617，长225bp；R相当于碱基位226～246和7618～7638，长21bp；U5相当于碱基位227～306和7639～7718，长80bp。

SDAU09C2株的*gp85*基因的开放阅读框大小为1 038bp，编码346个氨基酸残基。其氨基酸序列与GenBank中已发表的ALV各亚群参考株的氨基酸序列同源性比较表明，该毒株与B亚群的参考毒株RSR B、RAV–2、MAV–2、Prague B的gp85在氨基酸水平同源性最高，分别为92.5%、92.5%、95.1%、94.9%。而与A亚群毒株MQNCSU、MAV–1、RSA–A、RAV–1、A46、B53的gp85氨基酸同源性分别为78.9%、79.5%、79.4%、79.5%、79.7%、78.9%，与C、D亚群的gp85的氨基酸同源性分别为82.0%和89.9%，与E亚群RAV–0、ev–1、ev–3、SD0501的同源性分别为83.3%、82.9%、83.4%、82.6%。它与J亚群HPRS–103、NX0101、SD07LK1、ADOL–7501、ADOL–Hc–1的同源性最低，分别只有37.1%、38.4%、38.7%、37.1%、38.7%（表4–10，表4–26）。尽管ALV的*gp85*基因很容易发生变异，但一般认为同一亚群ALV的*gp*85氨基酸序列的同源性应为90%左右。SDAU09C2株gp85的氨基酸序列与国际上已发表的仅有4株B亚群白血病病毒序列的同源性达到92.5%以上，而与其他亚群相应序列的同源性都不足90%，为89.9%～37.1%，因此可以确定该分离毒株属于B亚群。不同亚群参考株间gp85氨基酸序列遗传进化树分析也支持了这一结论（图4–15）。

2. B亚群ALV中国分离株的致病性　第五章第四节将详细叙述从中国地方品种芦花鸡中分离到的一株B亚群ALV SDAU09C2（Zhao等2010）的致病性。将其接种海兰褐蛋鸡的5日龄胚卵黄囊，可见少数感染鸡在30周龄出现肠系膜上的由淋巴细胞浸润产生的多灶性肉瘤，在肝脾形成大量弥漫性白色细小肿瘤结节。

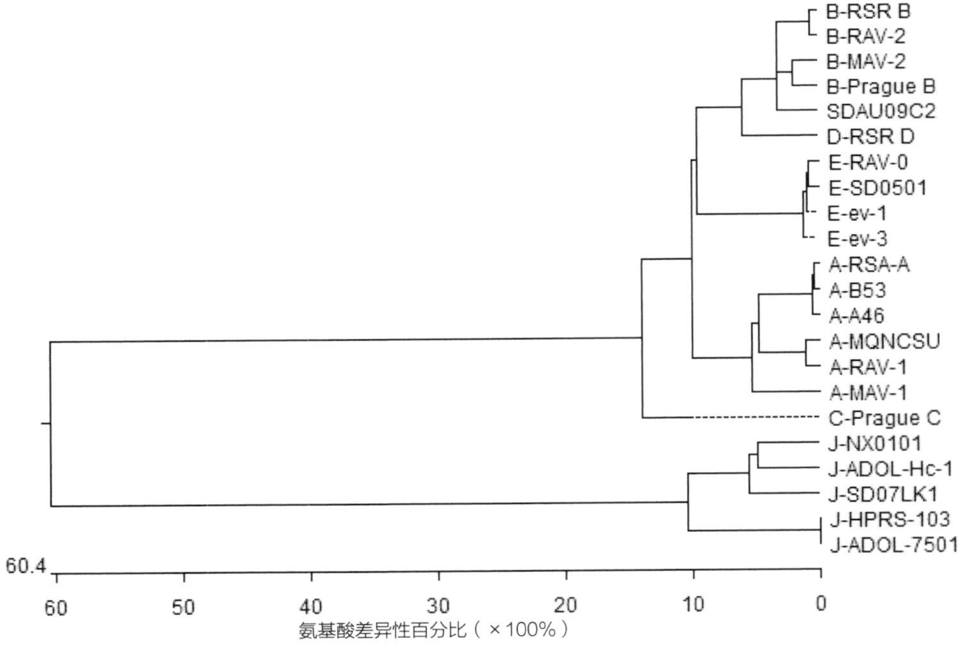

图 4–15　B 亚群 ALV 中国分离株 SDAU09C2 与鸡的不同亚群 ALV 参考株间 gp85 氨基酸序列的遗传进化树

表 4-26 B 亚群 ALV 中国分离株 SDAU09C2 与不同亚群 ALV 参考株 gp85 同源性比较

同源性百分比（%）

	1	2	3	4	5	6	7	8	9	10	11	12	13	14	15	16	17	18	19	20	21	22		
1		78.9	79.5	79.4	79.5	79.7	78.9	92.5	92.5	95.1	94.9	82.0	89.9	83.3	82.9	83.4	82.6	37.1	38.4	38.7	37.1	38.7	1	SDAU09C2
2			89.7	91.7	97.9	91.4	91.8	78.9	78.3	79.2	78.8	83.4	81.0	83.8	83.4	83.6	83.4	37.5	38.9	38.6	37.5	39.2	2	A-MQNCSU
3				90.6	89.4	91.4	90.6	78.3	77.7	79.6	78.2	84.9	83.4	84.8	85.0	85.2	84.4	38.2	39.9	39.9	38.2	39.9	3	A-MAV-1
4					90.9	99.1	99.4	78.5	77.9	79.2	78.4	83.4	82.4	84.0	83.7	83.9	83.7	36.5	38.2	38.2	36.5	38.9	4	A-RSA-A
5						90.6	90.9	79.5	78.9	79.2	78.8	83.4	81.0	83.2	82.8	83.0	82.8	37.5	38.9	38.6	37.5	39.5	5	A-RAV-1
6							99.1	78.8	78.2	79.5	78.7	84.3	83.3	84.9	84.6	84.8	84.6	36.5	38.2	38.2	36.5	38.9	6	A-A46
7								78.0	77.4	78.9	77.8	83.4	82.2	84.1	83.7	83.9	83.7	36.9	38.6	38.6	36.9	39.2	7	A-B53
8									98.8	93.9	94.3	80.5	88.1	81.2	80.9	81.3	80.6	37.1	38.4	39.1	37.1	38.7	8	B-RSR B
9										93.4	93.7	79.9	87.5	80.6	80.3	80.8	80.0	37.4	38.7	39.4	37.4	38.7	9	B-RAV-2
10											96.1	81.8	88.4	83.0	82.4	82.8	82.1	36.8	38.4	38.7	36.8	38.7	10	B-MAV-2
11												82.0	88.3	82.7	82.0	82.6	81.7	36.3	37.0	37.3	36.3	37.3	11	B-Prague B
12													83.8	85.4	85.3	85.2	84.4	38.9	40.5	40.5	38.9	40.8	12	C-Prague C
13														85.0	84.6	85.1	84.3	37.4	38.4	38.7	37.4	38.7	13	D-RSR D
14															99.1	99.1	98.5	36.7	38.7	38.4	36.7	39.0	14	E-RAV-0
15																99.4	98.6	37.4	39.7	39.4	37.4	39.3	15	E-ev-1
16																	98.0	37.3	39.3	39.0	37.3	39.6	16	E-ev-3
17																		37.1	39.4	39.1	37.1	39.0	17	E-SD0501
18																			80.8	82.4	100.0	82.4	18	J-HPRS-103
19																				89.3	80.8	90.9	19	J-NX0101
20																					82.4	89.9	20	J-SD07LK1
21																						82.4	21	J-ADOL-7501
22																							22	J-ADOL-Hc-1
	1	2	3	4	5	6	7	8	9	10	11	12	13	14	15	16	17	18	19	20	21	22		

（七）中国鸡群K亚群ALV的gp85与国际参考株的同源性比较

如本章第二节“二（四）”所述，ALV的K亚群是从中国地方品种鸡分离鉴定出的新的亚群。迄今为止，已从3个不同省份的多个鸡场的10个不同的地方品种中分离到约26个K亚群毒株，它们的gp85与其他亚群参考株的同源性程度和相关性见表4-10、图4-4和图4-5。

由于所有鉴定为ALV-K的26个毒株都来自临床健康鸡，都是在对种鸡群流行病学调查或净化检测过程分离到的，因此它们对不同品种鸡的致病性还正在试验中。

二、我国不同鸡群ALV囊膜蛋白gp37的同源性比较

囊膜蛋白的另一部分gp37是ALV囊膜蛋白基因的跨膜段，通常并不暴露在病毒的粒子表面，因此它与病毒识别或接合宿主细胞表面受体关系不密切，与病毒中和反应的关系也不密切。通常gp37比较稳定，且不作为ALV的亚群分群的分子基础。

表4-27列出了山东农业大学家禽病毒性肿瘤病实验室在1999—2012年从我国不同地区的白羽肉鸡、黄羽肉鸡及蛋鸡中分离到的26株ALV-J与5株美国参考株和英国的HPRS-103的gp37的同源性关系，均为88.9%~99.5%。其中与1988年英国分离到的原型毒株HPRS-103相比，同源性比较均匀，为90.4%~95.9%。但是1995年美国分离的4817株与已有毒株的同源性都较低，为88.9%~92.3%，其中4817株与我国安徽某地黄羽肉鸡分离到的WN100401和WN100402株的同源性最低，为88.9%。另一方面，在2001年从宁夏及2003年从山东的白羽肉鸡分离到的两株病毒NX0101及SDD301ZB间的同源性却高达99.5%。特别是，2000年从河南白羽肉鸡及2005年从广东黄羽肉鸡分离到的HN0001及GD0512间也高达99.5%。在前面也介绍了这两个毒株间gp85的同源性高达99.5%（表4-22），证明这两个毒株在系谱上高度同源，虽然这两个毒株是在不同年份从不同地区不同类型鸡分离到。

虽然习惯上都以gp85作为不同毒株间系谱关系的最常用依据。但是上述分析表明，在严格判定两个毒株间的系谱关系时，也要比较gp37。图4-16显示了上述比较的33个ALV-J毒株间在gp37上的系谱关系。从图4-16可以看出，不同毒株的gp37的系谱关系在分布上虽然与其分离地点和鸡的类型不是完全一致，但是在有些情况下，其相关程度还是比较高的。例如，同时从广东黄羽肉鸡分离到的16~22号都集中在一起。不过，在同一时期从同一地区同一类型鸡群分离到的另一株病毒，即编号为23的GD0512却与白羽肉鸡来源的毒株紧密地分布在同一区。此外，不同省份但都是来自蛋鸡的4个毒株（图中编号为28~30、33）也是靠在一起的。

表 4-27　不同亚群 ALV 的 gp37 氨基酸序列与各亚群 ALV 参考株的同源性比较

同源性百分比（%）

	1	2	3	4	5	6	7	8	9	10	11	12	13	14	15	16	17	18	19	20	21	22	23	24	25	26		
1		97.5	89.7	90.9	89.1	90.3	89.6	90.6	90.1	91.1	90.6	90.4	90.3	89.7	91.6	91.6	91.6	92.1	58.5	58.2	54.2	56.4	57.1	57.7	56.4	56.6	1	SDAU09C1.pro
2			91.1	92.4	89.6	91.8	91.1	91.1	90.6	91.6	90.1	91.9	91.8	90.1	92.1	92.1	92.1	92.6	57.9	58.2	54.2	57.4	57.1	58.7	56.4	57.7	2	SDAU09C3.pro
3				94.4	93.1	94.4	94.6	96.1	95.6	96.6	93.1	94.4	93.9	93.6	97.1	97.0	97.0	97.0	56.4	57.1	53.4	55.9	55.6	57.1	55.4	56.6	3	SDAU09E1.pro
4					92.3	95.9	93.9	94.9	94.4	95.4	92.9	95.9	95.4	92.9	95.4	95.4	95.4	95.9	58.5	59.6	56.3	58.0	58.0	59.6	57.0	59.1	4	SDAU09E2.pro
5						92.3	96.1	94.1	93.6	94.6	98.0	92.3	91.8	97.5	95.1	95.1	95.1	95.1	57.4	58.2	54.7	56.9	56.6	58.2	56.4	57.7	5	A-RSA.pro
6							93.9	94.9	94.4	95.4	92.9	99.0	96.4	92.9	95.4	95.4	95.4	95.9	59.1	60.1	57.1	58.5	58.5	60.1	58.0	59.6	6	A-MAV-1.pro
7								94.6	94.1	95.1	96.1	93.9	94.4	96.6	95.6	95.6	95.6	95.6	57.4	58.2	54.7	56.9	56.6	58.2	56.4	57.7	7	A-MONCSU.pro
8									99.5	99.5	94.1	94.9	94.4	94.6	98.0	98.0	98.0	98.0	57.4	58.7	55.2	57.4	56.6	58.2	56.9	58.2	8	A-PDRC-1039.pro
9										99.0	93.6	94.4	93.9	94.1	97.5	97.5	97.5	97.5	56.9	58.2	55.7	57.4	57.1	57.7	57.4	58.2	9	A-PDRC-3246.pro
10											94.6	95.4	94.9	95.1	98.5	98.5	98.5	98.5	57.9	58.7	55.2	57.4	57.1	58.7	56.9	58.2	10	A-PDRC-3249.pro
11												92.9	92.3	97.5	95.1	95.1	95.1	95.1	58.5	59.2	55.4	56.9	57.7	58.2	57.4	57.7	11	B-S-R B.pro
12													96.4	92.9	95.4	95.4	95.4	95.9	59.1	60.1	56.9	58.5	58.5	60.1	58.0	59.6	12	B-MAV-2.pro
13														92.3	94.9	94.9	94.9	95.4	58.5	59.6	56.6	58.0	58.0	59.6	57.5	59.1	13	C-Prague C.pro
14															95.6	95.6	95.6	95.6	57.4	58.2	54.4	56.9	56.6	58.2	56.4	57.7	14	D-S-R D.pro
15																99.0	99.0	99.0	57.4	58.2	54.4	56.9	56.6	58.2	56.4	57.7	15	E-SD0501.pro
16																	100.0	99.0	57.4	58.2	54.7	56.9	56.6	58.2	56.4	57.7	16	E-ev-1.pro
17																		99.0	57.4	58.2	54.7	56.9	56.6	58.2	56.4	57.7	17	E-ev-3.pro
18																			57.9	58.7	55.2	57.4	57.1	58.7	56.9	58.2	18	E-ev-6.pro
19																				94.9	90.9	94.4	96.4	94.9	93.4	94.4	19	J-NX0101.pro
20																					90.9	93.4	95.5	94.9	92.9	96.0	20	J-0661.pro
21																						91.4	92.4	93.4	89.3	91.4	21	J-4817.pro
22																							94.4	94.9	91.9	94.9	22	J-ADOL-7501.pro
23																								96.0	95.9	96.5	23	J-Hc1.pro
24																									92.4	96.0	24	J-HN0001.pro
25																										94.4	25	J-HPRS103.pro
26																											26	J-SD07LK1.pro
	1	2	3	4	5	6	7	8	9	10	11	12	13	14	15	16	17	18	19	20	21	22	23	24	25	26		

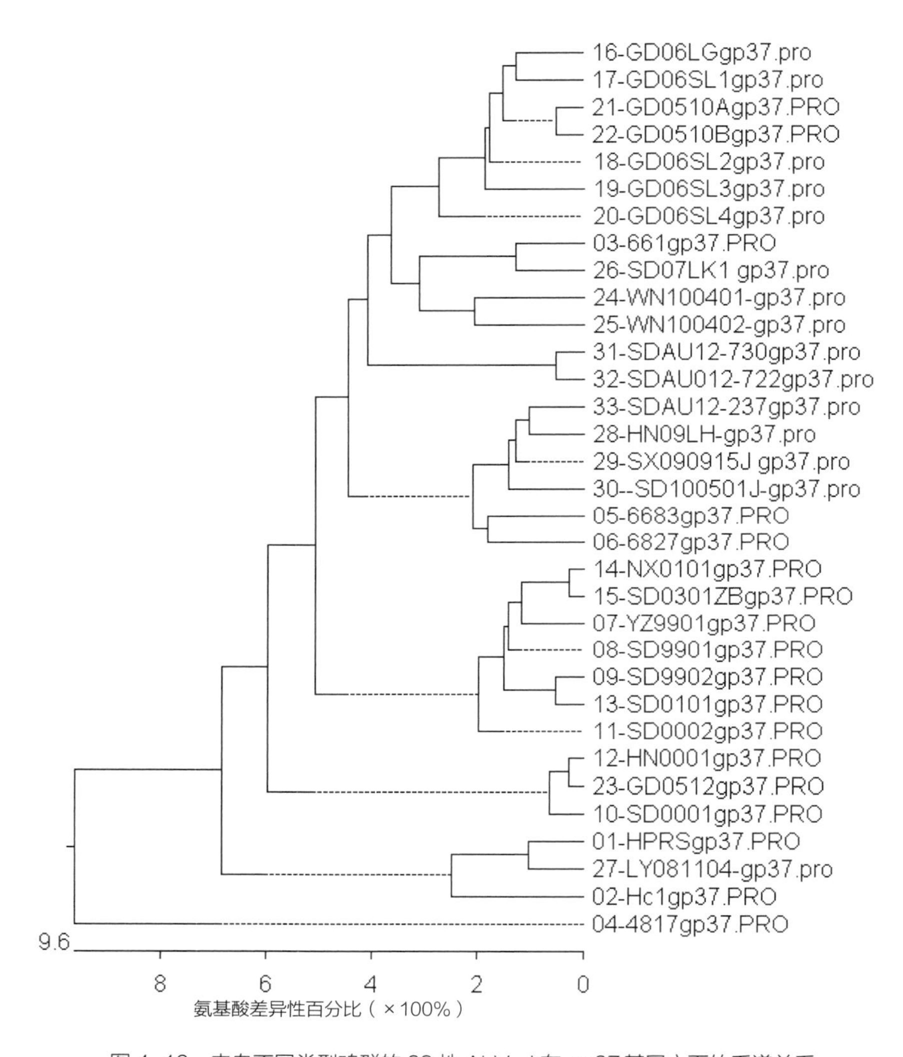

图 4-16 来自不同类型鸡群的 33 株 ALV-J 在 *gp37* 基因方面的系谱关系

注: 图中编号，1 为 1988 年从英国白羽肉鸡分离的 HPRS-103; 2 ~ 6 为 1997 年前从美国白羽肉鸡分离到的参考株; 7 ~ 15 为 1999—2003 年从我国白羽肉鸡分离到的毒株; 16 ~ 27 为 2005—2010 年分别从广东、安徽的黄羽肉鸡分离到的毒株; 28 ~ 33 为 2006—2012 年从我国山东、河南、陕西等省蛋鸡分离到的毒株。

同时，也将4株A亚群、1株B亚群、4株J亚群ALV的中国分离株分别与不同亚群ALV的国际参考株的gp37同源性进行了比较（表4-28）。结果表明，A、B、C、D、E亚群ALV的所有比较毒株的gp37的同源性都很高，在亚群间无明显差异（图4-17）。

表 4-28　B 亚群 ALV 中国分离株 SDAU09C2 与不同亚群 ALV 参考株 gp37 氨基酸序列同源性比较

同源性百分比（%）

	1	2	3	4	5	6	7	8	9	10	11	12	13	14	15	16		
1		94.4	96.4	92.9	94.6	93.4	96.4	95.9	93.4	95.9	95.9	95.9	56.1	57.7	56.6	56.6	1	SDAU09C2
2			93.9	96.1	93.5	96.1	93.9	94.4	96.6	95.6	95.6	95.6	56.6	57.7	57.1	57.1	2	A-MQNCSU
3				92.4	93.2	92.9	99.0	96.4	92.9	95.4	94.5	95.0	57.7	58.7	58.2	58.2	3	A-MAV-1
4					92.9	98.0	92.4	91.9	97.5	95.1	95.1	95.1	56.6	57.7	57.1	57.1	4	A-RSA-A
5						92.9	93.2	92.5	92.9	97.4	97.4	97.4	50.7	50.0	50.0	49.3	5	A-PDRC-1039
6							92.9	92.4	97.5	95.1	95.1	95.1	57.7	58.7	58.2	57.1	6	B-RSR B
7								96.4	92.9	95.4	94.5	95.0	57.7	58.7	58.2	58.2	7	B-MAV-2
8									92.4	94.9	94.9	94.9	57.1	58.2	57.7	57.7	8	C-Prague C
9										95.6	95.6	95.6	56.6	57.7	57.1	57.1	9	D-RSR D
10											100.0	99.0	56.6	57.7	57.1	57.1	10	E-ev-1
11												98.5	56.6	57.7	57.1	57.1	11	E-ev-3
12													56.6	57.7	57.1	57.1	12	E-SD0501
13														93.9	94.4	92.3	13	J-HPRS-103
14															94.4	94.9	14	J-NX0101
15																93.9	15	J-SD07LK1
16																	16	J-ADOL-7501
	1	2	3	4	5	6	7	8	9	10	11	12	13	14	15	16		

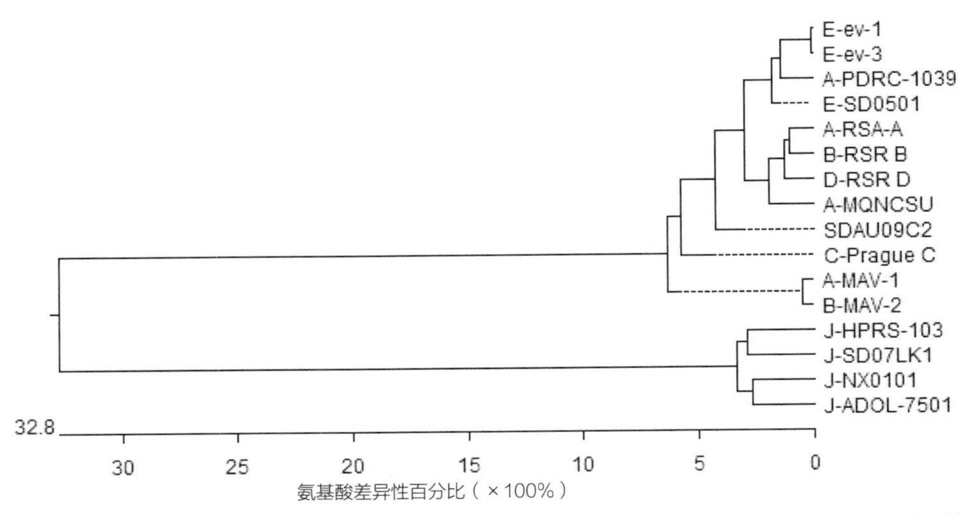

图 4-17 B 亚群 ALV 中国分离株 SDAU09C2 与鸡的不同亚群 ALV 参考株间 gp37 氨基酸序列遗传进化树

表4－29进一步显示了根据gp85确定的不同亚群间gp37的同源性关系，更是比较了中国鸡群中新分离鉴定的K亚群ALV与其他亚群的gp37的同源性关系。结果显示，除了与J亚群ALV的gp37的同源性较低，只有54.7%～59%外，与其他亚群的gp37的同源性都很高，均为88.7%～99%。

表 4-29 鸡源的 7 个不同亚群 ALV 的 gp37 氨基酸序列同源性比较（%）

病毒亚群	A	B	C	D	E	J	K
A	86.7～97.9	91.1～99.0	89.3～96.4	89.8～96.4	90.1～98	53.7～59.5	88.7～98
B		93.8～95.3	93.8-96.4*	94.3～97.9	97.4～95.8	57.3～60.4	94.8～97.4
C				91.9	92.4～92.9	57.1～59.4	92.3～94.4
D				*	96.0～96.5	56.9～58.9	94.9～97.0
E					98.7～100	54.1～58.4	97.0～99.0
J						90.9～98.5	54.7～59.0
K							98.0～99.0

三、我国鸡群中ALV的*gag*基因同源性比较

如第二章所述，ALV的衣壳蛋白是病毒的结构蛋白，是由*gag*基因编码的。衣壳蛋白与ALV的亚群分类无关，已有不同亚群ALV的衣壳蛋白都具有相同的抗原性。从表4–30可见，在不同亚群ALV的代表株间，*gag*基因编码的蛋白质的氨基酸序列非常保守，其变异也与亚群无关。表4–30列出了4个A亚群ALV、1个B亚群ALV和2个J亚群ALV的中国分离株与A、B、C、D、E亚群和J亚群的14个国际参考株间gag氨基酸的同源性程度。不论属于哪个亚群，所有比较的毒株在*gag*基因编码的蛋白质的氨基酸序列上的同源性都在95%以上。正因为如此，也就没有必要一一比较大量中国分离株的*gag*基因的同源性关系。

四、我国鸡群中ALV的*Pol*基因同源性比较

如第二章所述，ALV的*pol*基因编码反转录酶及其他功能蛋白也都非常保守。从表4–31可见，在不同亚群的ALV的代表株间，*gag*基因编码的蛋白质的氨基酸序列非常保守，其变异也与亚群无关。表4–31列出了4个A亚群ALV、1个B亚群ALV和2个J亚群ALV的中国分离株与A、B、C、D、E亚群和J亚群的14参考株间gag氨基酸的同源性程度。不论属于哪个亚群，所有比较的毒株在*pol*基因编码的蛋白质的氨基酸序列上的同源性都在97%以上。

五、我国鸡群中ALV基因组3’末端序列的多样性及其演变

（一）根据3’末端缺失区追踪中国鸡群中ALV–J来源的遗传标志

1999—2005年，从我国白羽肉鸡分离到许多株ALV–J，它们间的gp85有较大的差异。对它们的LTR的分析表明，虽然在LTR的一些区域也有许多变异，但都在“E”位点有一个共同的127bp的缺失性突变。而且，这一缺失性突变与美国在1995年分离到的ALV–J的“4817”株完全相同。图4–18显示了从中国和美国白羽肉鸡分离到的ALV–J相对于ALV–J的原型毒株HRRS–103的3’末端的缺失性突变，其中1999—2001年分离到的8株中国株与1996年前美国株4817间有一完全相同的大片段缺失性突变序列（图4–19）。由于大片段的缺失性突变相对是较为稳定的，所以可以作为一种遗传标志。在这样大片段缺失性突变范围内序列都完全一致，说明我国1999—2005年分离到的这些毒株与美国的“4817”株有着非常密切的遗传关系。这一结果是与这期间及此前多年中我国白羽肉鸡种鸡主要从美国进口这一事实相符。

表 4-30 不同亚群 ALV 毒株间 gag 氨基酸序列的同源性比较

同源性百分比(%)

	1	2	3	4	5	6	7	8	9	10	11	12	13	14	15	16	17	18	19	20		
1	■	98.2	97.7	98.0	98.3	98.0	97.9	98.1	97.7	97.9	97.8	97.9	98.1	97.9	97.9	97.9	98.6	98.3	98.4	97.3	1	SDAU09C1.pro
2		■	98.2	98.1	98.5	98.1	97.9	98.3	97.9	98.3	98.2	98.0	98.2	98.4	98.2	98.4	98.7	98.6	98.3	97.4	2	SDAU09C3.pro
3			■	98.0	98.9	97.9	98.4	98.7	97.6	98.9	98.3	98.1	98.4	99.6	99.1	99.3	98.4	98.6	98.4	97.1	3	SDAU09E1.pro
4				■	98.2	98.1	97.7	97.9	97.9	98.4	97.9	97.6	97.9	98.2	97.8	98.0	98.3	98.5	98.6	97.3	4	SDAU09E2.pro
5					■	98.6	98.4	98.7	98.4	99.1	99.4	98.5	98.7	99.1	99.1	99.1	99.2	98.6	98.7	97.6	5	A-RSA.pro
6						■	97.7	97.9	99.5	98.4	98.2	97.8	98.0	98.2	98.2	98.2	98.8	98.3	99.1	98.3	6	A-MAV-1.pro
7							■	98.7	97.7	98.0	97.9	97.9	98.1	98.7	98.7	98.7	98.3	97.9	98.1	96.9	7	A-MQNCSU.pro
8								■	97.6	98.2	98.3	98.0	98.2	98.7	98.7	98.7	98.4	98.2	98.2	97.1	8	B-S-R B.pro
9									■	98.1	98.0	97.6	97.7	98.0	98.0	98.0	98.4	97.9	98.7	97.9	9	B-MAV-2.pro
10										■	98.8	97.9	98.1	99.1	98.7	98.9	98.4	98.6	98.7	97.4	10	C-Prague C.pro
11											■	97.9	98.1	98.5	98.5	98.5	98.6	98.1	98.4	97.3	11	D-S-R D.pro
12												■	99.7	98.2	98.2	98.2	98.4	98.1	97.9	96.7	12	E-SD0501.pro
13													■	98.5	98.5	98.5	98.6	98.4	98.1	97.0	13	E-ev-1.pro
14														■	99.6	99.8	98.8	98.9	98.6	97.4	14	E-PDRC-1039.pro
15															■	99.6	98.8	98.5	98.4	97.4	15	E-PDRC-3246.pro
16																■	98.8	98.6	98.4	97.4	16	E-PDRC-3249.pro
17																	■	99.0	99.0	98.7	17	J-SD07LK1.pro
18																		■	98.7	97.6	18	J-ADOL-7501.pro
19																			■	97.7	19	J-HPRS103.pro
20																				■	20	J-NX0101.pro
	1	2	3	4	5	6	7	8	9	10	11	12	13	14	15	16	17	18	19	20		

表 4-31　不同亚群 ALV 毒株间 pol 蛋白氨基酸序列的同源性比较

同源性百分比（%）

	1	2	3	4	5	6	7	8	9	10	11	12	13	14	15	16	17	18	19	20		
1		98.2	97.7	98.0	98.3	98.0	97.9	98.1	97.7	97.9	97.8	97.9	98.1	97.9	97.9	97.9	98.6	98.3	98.4	97.3	1	SDAU09C1.pro
2			98.2	98.1	98.5	98.1	97.9	98.3	97.9	98.3	98.2	98.0	98.2	98.4	98.2	98.4	98.7	98.6	98.3	97.4	2	SDAU09C3.pro
3				98.0	98.9	97.9	98.4	98.7	97.6	98.9	98.3	98.1	98.4	99.6	99.1	99.3	98.4	98.6	98.4	97.1	3	SDAU09E1.pro
4					98.2	98.1	97.7	97.9	97.9	98.4	97.9	97.6	97.9	98.2	97.8	98.0	98.3	98.5	98.6	97.3	4	SDAU09E2.pro
5						98.6	98.4	98.7	98.4	99.1	99.4	98.5	98.7	99.1	99.1	99.1	99.2	98.6	98.7	97.6	5	A-RSA.pro
6							97.7	97.9	99.5	98.4	98.2	97.8	98.0	98.2	98.2	98.2	98.8	98.3	99.1	98.3	6	A-MAV-1.pro
7								98.7	97.7	98.0	97.9	97.9	98.1	98.7	98.7	98.7	98.3	97.9	98.1	96.9	7	A-MQNCSU.pro
8									97.6	98.2	98.3	98.0	98.2	98.7	98.7	98.7	98.4	98.2	98.2	97.1	8	B-S-R B.pro
9										98.1	98.0	97.6	97.7	98.0	98.0	98.0	98.4	97.9	98.7	97.9	9	B-MAV-2.pro
10											98.8	97.9	98.1	99.1	98.7	98.9	98.4	98.6	98.7	97.4	10	C-Prague C.pro
11												97.9	98.1	98.5	98.5	98.5	98.6	98.1	98.4	97.3	11	D-S-R D.pro
12													99.7	98.2	98.2	98.2	98.4	98.1	97.9	96.7	12	E-SD0501.pro
13														98.5	98.5	98.5	98.6	98.4	98.1	97.0	13	E-ev-1.pro
14															99.6	99.8	98.8	98.9	98.6	97.4	14	E-PDRC-1039.pro
15																99.6	98.8	98.5	98.4	97.4	15	E-PDRC-3246.pro
16																	98.8	98.6	98.4	97.4	16	E-PDRC-3249.pro
17																		99.0	99.0	98.7	17	J-SD07LK1.pro
18																			98.7	97.6	18	J-ADOL-7501.pro
19																				97.7	19	J-HPRS103.pro
20																					20	J-NX0101.pro
	1	2	3	4	5	6	7	8	9	10	11	12	13	14	15	16	17	18	19	20		

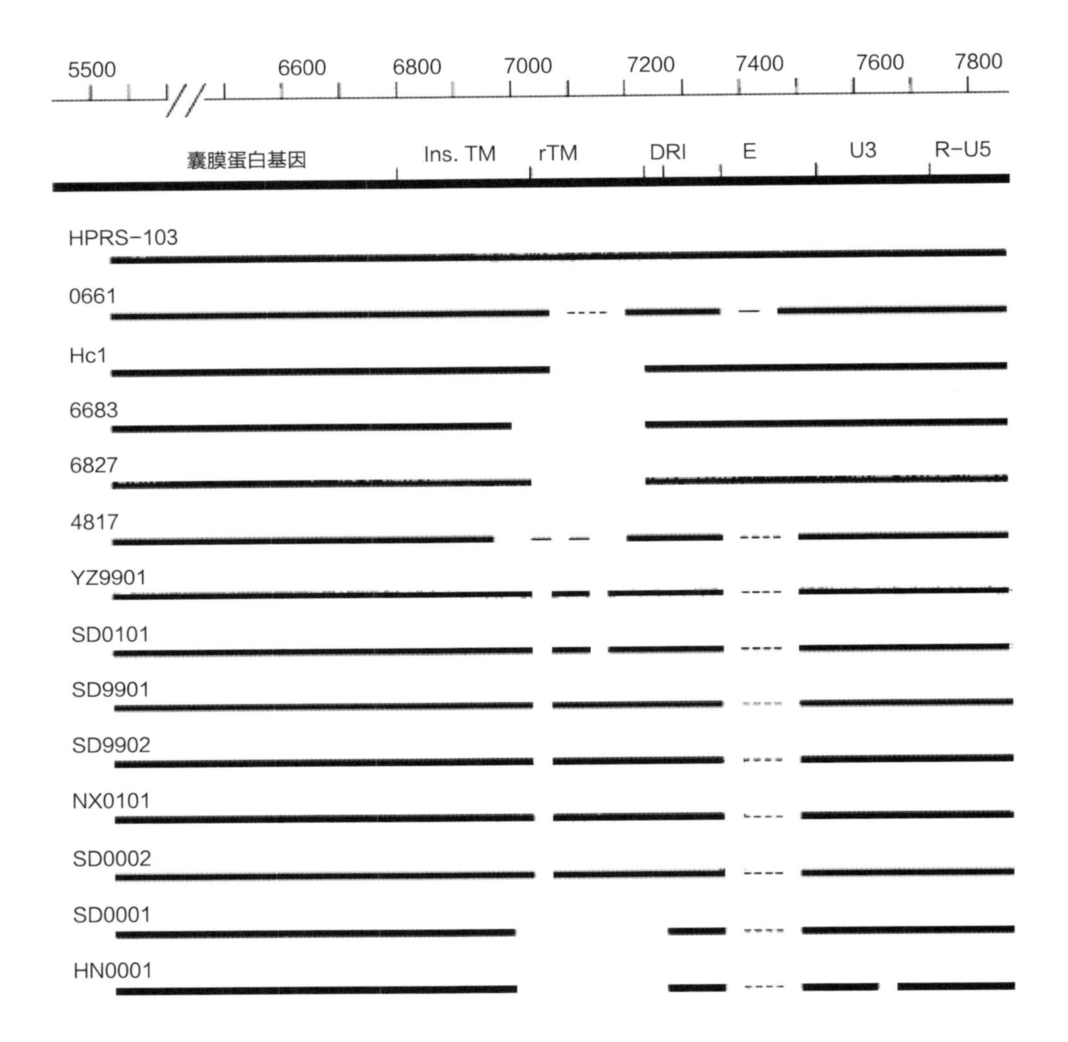

图 4-18 白羽肉鸡的中国分离株与国外参考株 ALV-J 基因组 3' 末端比较

注：图中粗线间空白处代表有大片段缺失性突变，在空白处的虚线表示还有一些短的不连续 DNA 序列。图中最粗的黑线代表 ALV 基因组的 3' 端非编码区。ins TM．不完全的 TM; rTM．重组 TM；R．重复序列。

2005—2006年从华南地区黄羽肉鸡分离到的GD0512株ALV–J，与2000年从河南白羽肉鸡分离到的HN0001株的gp85和gp37均有高度的同源性。对它们的3'末端分析也表明，它们具有与HN0001非常类似的两个缺失性突变区（图4–20）。这更说明，这批黄羽肉鸡分离到的ALV–J与HN0001有共同的来源。

```
7335                                                        7394   Strains
GCGGATAGGAATCCCCTCAGGACAATTCTGCTTGAAATATGATGGCACCTTCCCTATTGT   HPRS-103
GCGGATAGGAATCCCCTCAGGACAATTCTGCTTGAAATATGGT-----------------   0661
GCGGATAGGAATCCCCTCAGGACAATTCTGCTTGAAATATGATGGCACCTTCCCTGTTTT   Hc1
GCGGATAGGAATCCCCTCAGGACAATTCTGCTTGAAATATGGTAACACCTTCCCTGTTTT   6683
GCGGATAGGAATCCCCTCAGGACAATTCTGCTTGAAATATGATGACACCTTCCATGTTTT   6827
GCGGTTAGGAGTCCCCTCAGGA---------------TATAGT-----------------   4817
GCGGTTAGGAGTCCCCTCAGGA---------------TATAGT-----------------   YZ9901
GCGGTTAGGAGTCCCCTCAGGA---------------TATAGT-----------------   SD0101
GCGGTTAGGAGTCCCCTCAGGA--------------CATAGT-----------------    SD9901
GCGGTTAGGAGTCCCCTCAGGA---------------TATAGT-----------------   SD9902
GCGGTTAGGAGTCCCCTCAGGA---------------TATAGT-----------------   NX0101
GCGGTTAGGAGTCCCCTCAGGA---------------TATAGT-----------------   SD0002
GCGGTTAGGAGTCCCCTCAGGA---------------TATAGT-----------------   SD0001
GCGGATAGGAGTCCCCTCAGGA---------------TATAGT-----------------   HN0101

  7395                                                      7454
GCCCTTAGACTATTCAAGTTGCCTCTGTGGATTAGGACTGGAGGCAGCTCGGATGGTCTG   HPRS-103
---------------------------------------------------------CTG   0661
GCCCTTAGACTATTCAAGTTGCCTCTGTGGATTAGGACTGGAGGCAGCTCGGATGGCCTG   Hc1
GCCCTTAGACTATTCAAGTTGCCTCTGTGGATTAGGACTGGAGGCAGCTCAGATGGTCTG   6683
GCCCTTAGACTATTCAAGTTGCCTCTGTGGATTAGGACTGGAGGCAGCTCGGATGGTCTG   6827
--------------AGTTG-----------------------------------------   4817
--------------AGTTG-----------------------------------------   YZ9901
--------------AGTTG-----------------------------------------   SD0101
--------------AGTTG-----------------------------------------   SD9901
--------------AGTTG-----------------------------------------   SD9902
--------------AGTTG-----------------------------------------   NX0101
--------------AGTTG-----------------------------------------   SD0002
--------------AGTTG-----------------------------------------   SD0001
--------------AGTTG-----------------------------------------   HN0101

7455                                                        7514
ATGGCCAAATAGAGCAAGCTAGATAGGTAACTGCGAAATACGCTTTTGCATAGGGAGGGG   HPRS-103
ATGGCCAAATAGAGCAAGCTAGATAGGTAACTGCGAAATACGCTTTTGCATAGGGAGGGG   0661
ATGGCCAAATAGAGCAAGCTAGATAGGTAACTGCGAAATACGCTTTTGCATAGGGAGGGG   Hc1
ATGGCCAAATAGAGCAAGCTAGATAGGTAACTGCGAAATACGCTTTTGCATAGGGAGGGG   6683
ATGGCCAAATAGAGCAAGCTAGATAGGTAACTGCGAAATACGCTTTTGCATAGGGAGGGG   6827
----------------------------------------CGCTTTTGCATAGGGGGGGG   4817
----------------------------------------TGCTTTTGCATAGGGGGGGG   YZ9901
----------------------------------------TGCTTTTGCATAGGGGGGGG   SD0101
----------------------------------------TGCTTTTGCATAGGGGGGGG   SD9901
----------------------------------------TGCTTTTGCATAGGGGGGGG   SD9902
----------------------------------------TGCTTTTGCATAGGGGGGGG   NX0101
----------------------------------------TGCTTTTGCATAGGGGGGGG   SD0002
----------------------------------------TGCTTTTGCATAGGGGGGGG   SD0001
----------------------------------------TGCTTTTGCATAGGGGGGGG   HN0101
```

图 4-19　图 4-18 中相当于 DR1 与 E 区间的全部序列

注：虚线表示相对于 HPRS-103 发生缺失性突变的序列。序列两侧的数字代表在 HPRS-103 全基因组上的碱基位点。

rTM

6967

```
T A T C A T A G A A T T A G G G A G C A G C T G T A - G G T T C C G A A C G C G HPRS-103
T A T C A T A G A A T T A G G G A G C A G C T G T A - G G T T C C G A A C G - - ADOL-7501
T A T C A T A G A A T T A T G G A G C A G C T G T A A G - T T C C G A A C G C G GD0510A
T A T C A T A G A A T T A G G G A A C A G C T G T A - G G T T C C G A A C G C G GD0512
T A T C A T A G A A T T A G G G A A C A G C T G T A - G G T T C C G A A C G C G HN0001
T A T C A T A G A A T T A G G G A G C A G C T G T A A G G T T C C G A A C G T A YZ9901
T A T C A T A G A A T T A G G G A G C A G C T G T A A G G T T C C G A A C G C A SD0002
T A T C A T A G A A T T A G G G A G C A G C T G T A A G G T T C C G A A C G C A SD9902
T A T C A T A G A A T T A G G G A G C A G C T G T A - G G T T C C G A A C G T A NX0101

A T G T G A C G G G A G G C T G C G A G G G A T A T C C G G A G G A A T A G G A HPRS-103
- - - - - - - - - - - - - - - - - - - - - - - - - - - - - - - - - - - - - - - - ADOL-7501
A T G T G A C G G G A G G C T G C - - - - - - - - - - - - - - - - - - - - - - - GD0510A
A T G T A A C G G G - - - - - - - - - - - - - - - - - - - - - - - - - - - - - - GD0512
A T G T A A C G G G - - - - - - - - - - - - - - - - - - - - - - - - - - - - - - HN0001
A T G T A A C G G G A G G C T G C G A G G G A T A T T C G - - - - - - - - - - - - A YZ9901
A T G T A A C G G G A G G C T G C G A G G G A T A T T C G - - - - - - - - - - - - A SD0002
A T G T A A C G G G A G G C T G C G A G G G A T A T T C G - - - - - - - - - - - - A SD9902
A T G T A A C G G G A G G C T G C G A G G G A T A T T C G - - - - - - - - - - - - A NX0101

G A A T G G G C C G T T C A T T T G C T G A A A G G A C T G C T T T T G G G G C HPRS-103
- - - - - - - - - - - - - - - - - - - - - - - - - - - - - - - - - - T G G A G C ADOL-7501
- - - - - - - - - - - - - - - - - - - - - - - - - - - - - - - - - - - - - - - - GD0510A
- - - - - - - - - - - - - - - - - - - - - - - - - - - - - - - - - - - - - - - - GD0512
- - - - - - - - - - - - - - - - - - - - - - - - - - - - - - - - - - - - - - - - HN0001
G A - - G G A C T G C T - - T T T G G G G C T T G T A G T T A T T T T G T T G C YZ9901
G A - - G G A C T G C T - - T T T G G G G C T T G T A G T T A T T T T G T T G C SD0002
G A - - G G A C T G C T - - T T T G G G G C T T G T A G T T A T T T T G T T G C SD9902
G A - - G G A C T G C T - - T T T G G G G C T T G T A G T T A T T T T G T T G C NX0101

T T G T G G T A A T G T G C C T G C C T T G C C T T T T G C A A T T T G T G T C HPRS-103
T - - - - - - - - - - - - - - - - - - - - - - - - - - - - - - - - - - - - - - - ADOL-7501
- - - - - - - - - - - - - - - - - - - - - - - - - - - - - - - - - - - - - - - - GD0510A
- - - - - - - - - - - - - - - - - - - - - - - - - - - - - - - - - - - - - - - - GD0512
- - - - - - - - - - - - - - - - - - - - - - - - - - - - - - - - - - - - - - - - HN0001
T - - - A G T A G T A T G C C T - - - - T G C C T T T T G C A A T T T G T G T C YZ9901
T - - - A G T A G T G T G C C T G C C T T G C C T T T T G A A A T T T G T G T C SD0002
T - - - A G T A G T G T G C C T G C C T T G C C T T T T G C A A T T T G T G T C SD9902
T - - - A G T A G T G T G C C T G C C T T G C C T T T T G C A A T T T G T G A C NX0101

C A G T A G C A T C C G A A G G A G T A T T A A T A A T T C A A T C A G C T A T HPRS-103
- - - - - - - - - - - - - - - - - - - - - - - - - - - - - - - - - - - - - - - - ADOL-7501
- - - - - - - - - - - - - - - - - - - - - - - - - - - - - - - - - - - - - - - - GD0510A
- - - - - - - - - - - - - - - - - - - - - - - - - - - - - - - - - - - - - - - - GD0512
- - - - - - - - - - - - - - - - - - - - - - - - - - - - - - - - - - - - - - - - HN0001
C A G T A G C G T C C G A A G G A C G A T T G A T A A T T C A A T C A G C T A T YZ9901
C A A T A G C A T C C G A A A G A T G A T T A A T A A T T C A A T C A G C T A T SD0002
C A A T A G C A T C C G A A A G A T G A T T A A T A A T T C A A T C A G C T A T SD9902
C A G T A G C G T C C G A A G G A C G A T T A A T A A T T C A A T C A G C T A T NX0101

C A C A C G G A A T A T A A G A A G T T G C A A A A G G C T T G T A G G C A G C HPRS-103
- - - - - - - - - - - - - - - - - - - - - - - - - - - - - - - - - - - - - - - - ADOL-7501
C A C G - - - - - - - - - - - - - - - - - - - - - - - - - - T G T A G G - - - - GD0510A
- - - - - - - - - - - - - - - - - - - - - - - - - - - - - - - - - - - - - - - - GD0512
- - - - - - - - - - - - - - - - - - - - - - - - - - - - - - - - - - - - - - - - HN0001
C A C A C G - - - - - - - - - A G G T T G T A A A A G G C T T G T A G G C A G C YZ9901
C A C G C G G A A T A T A A G A A G T T G C A A A A G G C T T G T A G G C A G C SD0002
C A C G C G G A A T A T A A G A A G T T G C A A A A G G C T T G T A G G C A G C SD9902
C A C A C G - - - - - - - - - A G G T T G T A A A A G G C T T G T A G G C A G C NX0101
```

```
C C A A A A A T G G G G C A A T G T A A A G C A G T G C A T G G G T A G G G G T HPRS-103
- - - - - - - - - - - - - - - - - - - - - - - - - - - - - - - G G T A G G G G T ADOL-7501
- - - - - - - - - - - - - - - - - - - - - - - - - - - - - - - - - - - - - - G T GD0510A
- - - - - - - - - - - - - - - - - - - - - - - - - - - - - - - - - - - - - - - - GD0512
- - - - - - - - - - - - - - - - - - - - - - - - - - - - - - - - - - - - - - - - HN0001
C C G A A A A T G G G G C A G T A T A A A A C A G T G C A C G G G T A G G G G T YZ9901
C C G A A A A T G G A G C A G T G T A A A G C A G T A C G A G G G T G G T G G T SD0002
C C G A A A A T G G A G C A G T G T A A - G C A G T A C G A G G G T G G T G G T SD9902
C C G A A A A T G G G G C A G T A T A A A A C A G T G C A C G G G T A G G G G T NX0101

                                                  rTM

A T G A A A C T T G C G A A T C G G G C T G T A A C G G G G C A A G G C T T G A HPRS-103
A T G A A A C T T G C G A A T C G G G C T G T G A C G G G G C A A G G C T T G A ADOL-7501
A T G A A A C T T G C G A A T C G G G C T G T A A C G G G G C A A G G C T T G A GD0510A
- - - - - - - - - - - - - - - - - - - - - - - - - - - - - G C A A G G C T T G A GD0512
- - - - - - - - - - - - - - - - - - - - - - - - - - - - - G C A A G G C T T G A HN0001
A T G A A A C T T G C G A A T C G G G C T G T A A C G G G G C A A G G C T T G A YZ9901
A T G A A A C T T G C G A A T C G G G C T G T A C C G G G G C A A G G C T T G A SD0002
A T G A A A C T T G C G A A T C G G G C T G T A A C G G G G C A A G G C T T G A SD9902
A T G A A A C T T G C G A A T C G G G C T G T A A C G G G G C A A G G C T T G A NX0101

C T G A G G G G A C T G C A G C A T G T A T A G G C G C T G G G C G G G G C T T HPRS-103
C T G A G G G G A C C A T A C T A T G T A T A G G C G C T G G G C G G G G C T T ADOL-7501
C T G A G G G G A C A G C G G C A T G T A T A G G C G G A A A G C G G G G C T T GD0510A
C T G A G G G G A C C A T A G T A T G T A T A G G C G A A A A G C G G G G C T T GD0512
C T G A G G G G A C C A T A G T A T G T A T A G G C G A A A A G C G G G G C T T HN0001
C T G A G G G G A C C A T A G T A T G T A T A G G C G A A A G G C G G G G C T T YZ9901
C T G A G G G G A C C A T A G T A T G T A T A G G C G A A A G G C G G G G C T T SD0002
C T G A G G G G A C C A T A G T A T G T A T A G G C G A A A G G C G G G G C T T SD9902
C T G A G G G G A C C A T A G T A T G T A T A G G C G A A A G G C G G G G C T T NX0101

C G G T T G T A C G C G G A T A G G A A T C C C C T C A G G A C A A T T C T G C HPRS-103
C G G T T G T A C G C G G A T A G G A A T C C C C T C A G G A C A A T T C T G C ADOL-7501
C G G T T G T A C G C G G T T A G G A G T C C C C T C A G G A - - - - - - - - - GD0510A
C G G T T G T A C G C G G T T A G G A G T C C C C T C A G - A - - - - - - - - - GD0512
C G G T T G T A C G C G G T T A G G A G T C C C C T C A G - A - - - - - - - - - HN0001
C G G T T G T A C G C G G T T A G G A G T C C C C T C A G G A - - - - - - - - - YZ9901
C G G T T G T A C G C G G T T A G G A G T C C C C T C A G G A - - - - - - - - - SD0002
C G G T T G T A C G C G G T T A G G A G T C C C C T C A G G A - - - - - - - - - SD9902
C G G T T G T A C G C G G T T A G G A G T C C C C T C A G G A - - - - - - - - - NX0101

T T G A A A T A T G A T G G C A C C T T C C C T A T T G T G C C C T T A G A C T HPRS-103
T T G A A A T A T G A T G A C A C C T T C C A T G T T T T G C C C T T A G A C T ADOL-7501
- - - - - - T A T A G T - - - - - - - - - - - - - - - - - - - - - - - - - - - - GD0510A
- - - - - - T A T A G T - - - - - - - - - - - - - - - - - - - - - - - - - - - - GD0512
- - - - - - T A T A G T - - - - - - - - - - - - - - - - - - - - - - - - - - - - HN0001
- - - - - - T A T A G T - - - - - - - - - - - - - - - - - - - - - - - - - - - - YZ9901
- - - - - - T A T A G T - - - - - - - - - - - - - - - - - - - - - - - - - - - - SD0002
- - - - - - T A T A G T - - - - - - - - - - - - - - - - - - - - - - - - - - - - SD9902
- - - - - - T A T A G T - - - - - - - - - - - - - - - - - - - - - - - - - - - - NX0101

A T T C A A G T T G C C T C T G T G G A T T A G G A C T G G A G G C A G C T C G HPRS-103
A T T C A A G T T G C C T C T G T G G A T T A G G A C T G G A G G C A G C T C G ADOL-7501
- - - - - G G T T A C - - - - - - - - - - - - - - - - - - - - - - - - - - - - - GD0510A
- - - - - A G T T G C - - - - - - - - - - - - - - - - - - - - - - - - - - - - - GD0512
- - - - - A G T T G C - - - - - - - - - - - - - - - - - - - - - - - - - - - - - HN0001
- - - - - A G T T G T - - - - - - - - - - - - - - - - - - - - - - - - - - - - - YZ9901
- - - - - A G T T G T - - - - - - - - - - - - - - - - - - - - - - - - - - - - - SD0002
- - - - - A G T T G T - - - - - - - - - - - - - - - - - - - - - - - - - - - - - SD9902
- - - - - A G T T G T - - - - - - - - - - - - - - - - - - - - - - - - - - - - - NX0101
```

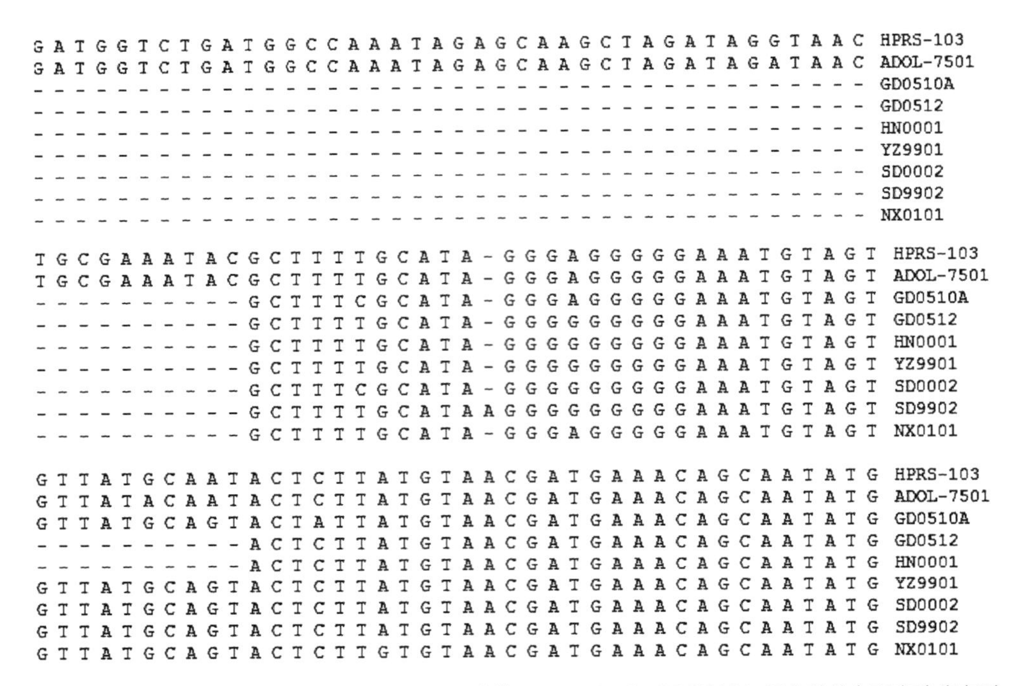

图 4-20 从广东黄羽肉鸡分离到的 ALV-J 野毒株 GD0510A 和 GD0512 与国内外从白羽肉鸡分离到的 ALV-J 基因组 3' 末端核酸序列比较

注："-"代表缺失的碱基；rTM 代表位于囊膜基因 *env* 下游的相当于囊膜蛋白跨膜区（TM）的重复序列。

然而，利用同样的比较方法，笔者团队对2006年从患有典型髓细胞样肿瘤的蛋用型鸡群分离到的两株ALV-J的LTR比较发现，存在另一位点的缺失性突变（图4-21）。这表明这两个毒株与上述毒株有不同的传染来源。

（二）不同亚群ALV不同毒株间LTR序列同源性比较

长末端重复序列（LTR）是在ALV基因组RNA反转录形成前病毒cDNA过程中形成的两个拷贝，分别位于前病毒基因组的两端。如图4-21所示，LTR由U3-R-U5三部分组成。R和U5区在各个亚群间高度保守，尤其是R区域，有时在不同亚群之间的同源性可达100%。U3区域有多种重要的转录调控元件，在病毒复制和转录过程中起调控作用，但很容易在病毒复制传播过程中发生变异。不同毒株间不仅有点突变的差异，更有一小段一小段序列的缺失性突变。4个A亚群中国分离株与不同亚群的不同毒株间在整个LTR片段及其在U3-R-U5不同区域的同源性比较见表4-32。

B亚群中国分离株SDAU09C2株U5序列长为80bp。其序列与GenBank中已发表的

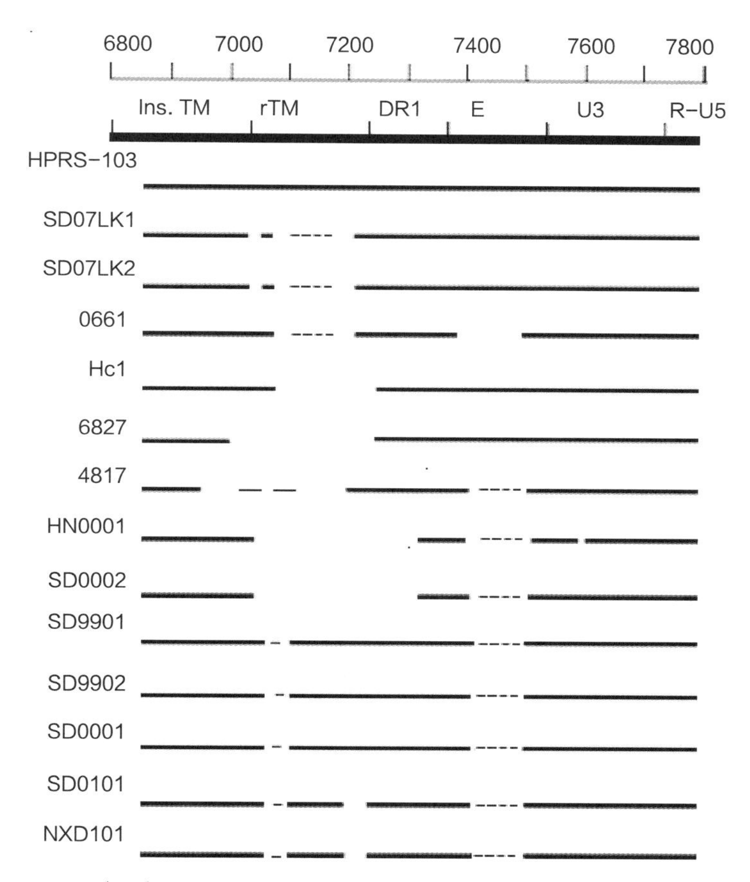

图 4-21 蛋鸡两个 ALV-J 分离株 SD07LK1 和 SD07LK2 株及其他毒株 3' 末端比较

（引自王辉等，2009）

注：粗线间空白处代表有大片段缺失性突变，在空白处的虚线表示还有一些短的不连续 DNA 序列。

ALV各亚群参考毒株进行核苷酸序列同源性比较表明，SDAU09C2株U5区域与A亚群毒株MQNCSU、MAV-1、RSA-A、RAV-1的同源性分别为95.0%、92.3%、98.8%、96.2%；与B亚群毒株RSR B、MAV-2的同源性分别为97.5%、97.4%；与C、D亚群毒株Prague C、RSR D的同源性分别为91.2%、90.0%；与J亚群毒株HPRS-103、NX0101、SD07LK1、ADOL-7501的同源性分别为93.8%、93.8%、95.0%、95.0%，但与内源性E亚群毒株ev-1、ev-3、SD0501的同源性却分别只有87.5%、87.2%、85.9%（表4-33）。显然，在内源性和外源性ALV间，在U5区差别较大。

SDAU09C2株R序列长为21bp。其序列与GenBank中已发表的ALV各亚群参考毒株进行核苷酸序列同源性比较表明，SDAU09C2株R区域与A亚群毒株MQNCSU、MAV-1、

表4-32 4个A亚群ALV中国分离株与不同亚群ALV参考株LTR区核苷酸的同源性（%）

不同亚群参考株	SDAU09C1				SDAU09C3				SDAU09E1				SDAU09E2			
	LTR	U3	R	U5	LTR	U3	R	U5	LTR	U3	R	U5	LTR	U3	R	U5
SDAU09C1																
SDAU09C3	91.4	92.5	90.5	88.8												
SDAU09E1	66.5	48.6	95.2	87.5	67.3	48.6	95.2	92.5								
SDAU09E2	85.9	88.2	85.7	81.2	85	85.8	85.7	85	65.7	50.6	90.5	83.8				
A-RSA	89	89	100	85	87.7	87.6	90.5	86.2	65.1	47.1	95.2	86.2	86.5	83.7	85.7	96.2
A-MQNCSU	87.3	87.7	90.5	85	88.9	87.6	100	88.8	64.4	46.5	95.2	86.2	90.4	91	85.7	92.5
B-S-R B	88.5	89.2	100	83.8	87.6	88.3	90.5	85	65.5	49.4	95.2	85	87	84.8	85.7	95
B-RAV-2	86.9	87.3	100	85	85.9	86.3	90.5	86.2	65.4	48.6	95.2	86.2	85.8	82.4	85.7	96.2
C-Prague C	90.5	88.7	95.2	92.5	89.8	87.3	95.2	93.8	68	48.9	100	91.2	85.3	84.4	90.5	88.8
D-S-R D	90.1	89.2	100	88.8	88.8	88.3	90.5	88.8	66.2	47.1	95.2	91.2	84.3	84	85.7	87.5
E-ev-1	69.1	50.9	90.5	90	70.5	51.5	100	95	92.8	90.3	95.2	97.5	67.5	52.9	85.7	85
E-ev-3	69.1	50.9	90.5	90	70.5	51.5	100	95	93.1	90.9	95.2	97.5	67.5	52.9	85.7	85
E-ev-6	69.5	51.5	90.5	90	70.9	52.1	100	95	92.8	90.3	95.2	97.5	67.9	53.5	85.7	85
A-PDRC-1039	70.2	51.5	95.2	90	70.9	52.1	95.2	95	93.5	90.9	100	97.5	68.6	53.5	90.5	85
A-PDRC-3246	69.1	50.9	90.5	90	70.5	51.5	100	95	92.4	89.7	95.2	97.5	67.5	52.9	85.7	85
A-PDRC-3249	69.5	50.9	95.2	90	70.2	51.5	95.2	95	92.8	89.7	100	97.5	67.9	52.9	90.5	85
E-SD0501	69.1	51.5	90.5	88.8	70.5	52.1	100	93.8	91.3	88.6	95.2	96.2	66.8	52.3	85.7	83.8
J-SD07LK1	88.5	89.6	81	86.2	86.9	86.8	90.5	85	63	49.2	85.7	82.5	88.9	86.5	95.2	92.5
J-ADOL-7501	88.5	90.6	81	81.2	88.2	88.2	90.5	83.8	64.8	50.3	85.7	82.5	89.2	87.4	95.2	90
J-HPRS103	88.9	91.5	81	82.5	87.6	88.2	90.5	83.8	63.7	50.8	85.7	82.5	90.7	88.8	95.2	93.8
J-NX0101	88.5	90.1	81	83.8	86.6	85.8	90.5	85	64.1	52.5	85.7	83.8	90.1	87.9	95.2	95

RSA－A、RAV－1的同源性分别为90.5%、81.0%、100.0%、100.0%；与B亚群毒株RSR B、MAV－2的同源性分别为100.0%、80.0%；与C、D亚群毒株Prague C、RSR D的同源性分别为95.2%、100.0%；与E亚群毒株ev－1、ev－3、SD0501的同源性分别为90.5%、90.5%、90.5%；与J亚群毒株HPRS－103、NX0101、SD07LK1、ADOL－7501的同源性分别为81.0%、81.0%、81.0%、81.0%（表4－34）。显然，"R"区的同源性与内源性和外源性ALV或不同的亚群间没有密切关系。

SDAU09C2株U3序列长为225bp。其序列与GenBank中已发表的ALV各亚群参考毒株进行核苷酸序列同源性比较表明，SDAU09C2株U3区域与A亚群毒株MQNCSU、RSA－A、RAV－1、MAV－1、RSR A、PDRC－1039及山东农业大学家禽病毒性肿瘤病实验室自行分离毒株SDAU09C1、SDAU09E1的同源性分别为91.1%、82.4%、84.6%、37.3%、82.1%、51.0%、86.8%、49.7%；与B亚群毒株RSR B、MAV－2的同源性分别为84.0%、36.1%；与C、D亚群毒株Prague C、RSR D的同源性分别为82.6%、82.6%；与E亚群毒株ev－1、ev－3、SD0501的同源性分别为50.3%、50.3%、49.0%；与J亚群毒株HPRS－103、NX0101、SD07LK1的同源性分别为87.4%、86.5%、85.3%（表4－35）。显然，SDAU09C2株U3与内源性E亚群ALV的同源性都很低，但与其他亚群则有高有低，没有规律。

（三）4株A亚群中国分离株的复制特性与其LTR－U3序列的相关性

4株A亚群中国分离株ALV在DF1细胞上的复制动态比较表明，病毒SDAU09C1复制能力最强，SDAU09E2次之，SDAU09E1最慢。这可能与它们基因组中U3区的序列差异有关，特别是与在U3区带有好几个转录调控元件有关。实际上，从表4－32已可以看出，复制能力最强的SDAU09C1株病毒的U3区序列与经典的A、B、C、D、J亚群病毒株的同源性都为87.7%～91.5%，而与内源性E亚群ALV的U3区的同源性很低，只有50.9%～51.15%。但是，复制最慢的SDAU09E1株则正好相反，与经典的A、B、C、D、J亚群病毒株U3区的同源性很低，只有46.5%～52.5%；而与E亚群U3区的同源性却高达88.6%～93.1%。因此，对A亚群的中国野毒株的致病性，可以通过其U3区的比较来作出初步判断。当然，相关的结论还有待进一步深入研究。

六、ALV *gp85*基因的准种多样性及其在抗体免疫选择压作用下的演变

准种（quansispecies）的概念最初是作为模拟地球上最初出现的大分子如RNA的演化模型提出来的，后来由牛津大学的一批学者开始将病毒准种（viral quasispecies）这个

表 4-33　B 亚群 ALVSDAU09C2 与鸡的不同亚群 ALV 参考株 U5 序列同源性比较

同源性百分比（%）

	1	2	3	4	5	6	7	8	9	10	11	12	13	14	15	16		
1		95.0	92.3	98.8	96.2	97.5	97.4	91.2	90.0	87.5	87.2	85.9	93.8	93.8	95.0	95.0	1	SDAU09C2
2			93.6	96.2	93.6	95.0	97.4	92.5	88.8	88.8	88.5	87.2	93.8	95.0	95.0	96.2	2	A-MQNCSU
3				93.6	91.0	92.3	94.9	96.2	91.0	89.7	89.7	88.5	92.3	94.9	92.3	94.9	3	A-MAV-1
4					97.4	98.8	98.7	92.5	91.2	88.8	88.5	87.2	95.0	95.0	96.2	96.2	4	A-RSA-A
5						98.7	96.2	89.7	88.5	85.9	85.9	84.6	92.3	92.3	93.6	93.6	5	A-RAV-1
6							97.4	91.2	90.0	87.5	87.2	85.9	93.8	93.8	95.0	95.0	6	B-RSR B
7								93.6	89.7	87.2	87.2	85.9	96.2	96.2	97.4	97.4	7	B-MAV-2
8									95.0	93.8	93.6	92.3	90.0	92.5	91.2	93.8	8	C-Prague C
9										93.8	93.6	92.3	86.2	87.5	87.5	88.8	9	D-RSR D
10											100.0	98.7	83.8	86.2	85.0	87.5	10	E-ev-1
11												98.7	83.3	85.9	84.6	87.2	11	E-ev-3
12													82.1	84.6	83.3	85.9	12	E-SD0501
13														95.0	93.8	93.8	13	J-HPRS-103
14															93.8	96.2	14	J-NX0101
15																95.0	15	J-SD07LK1
16																	16	J-ADOL-7501
	1	2	3	4	5	6	7	8	9	10	11	12	13	14	15	16		

表 4-34　SDAU09C2 与鸡的不同亚群 ALV 参考株 R 序列同源性比较

同源性百分比（%）

	1	2	3	4	5	6	7	8	9	10	11	12	13	14	15	16		
1		90.5	81.0	100.0	100.0	100.0	80.0	95.2	100.0	90.5	90.5	90.5	81.0	81.0	81.0	81.0	1	SDAU09C2
2			81.0	90.5	90.5	90.5	80.0	95.2	90.5	100.0	100.0	100.0	90.5	90.5	90.5	90.5	2	A-MQNCSU
3				81.0	81.0	81.0	100.0	85.7	81.0	81.0	81.0	81.0	90.5	90.5	90.5	90.5	3	A-MAV-1
4					100.0	100.0	80.0	95.2	100.0	90.5	90.5	90.5	81.0	81.0	81.0	81.0	4	A-RSA-A
5						100.0	80.0	95.2	100.0	90.5	90.5	90.5	81.0	81.0	81.0	81.0	5	A-RAV-1
6							80.0	95.2	100.0	90.5	90.5	90.5	81.0	81.0	81.0	81.0	6	B-RSR B
7								85.0	80.0	80.0	80.0	80.0	90.0	90.0	90.0	90.0	7	B-MAV-2
8									95.2	95.2	95.2	95.2	85.7	85.7	85.7	85.7	8	C-Prague C
9										90.5	90.5	90.5	81.0	81.0	81.0	81.0	9	D-RSR D
10											100.0	100.0	90.5	90.5	90.5	90.5	10	E-ev-1
11												100.0	90.5	90.5	90.5	90.5	11	E-ev-3
12													90.5	90.5	90.5	90.5	12	E-SD0501
13														100.0	100.0	100.0	13	J-HPRS-103
14															100.0	100.0	14	J-NX0101
15																100.0	15	J-SD07LK1
16																	16	J-ADOL-7501
	1	2	3	4	5	6	7	8	9	10	11	12	13	14	15	16		

表 4-35 SDAU09C2 与鸡的不同亚群 ALV 参考株 U3 序列同源性比较

同源性百分比（%）

	1	2	3	4	5	6	7	8	9	10	11	12	13	14	15	16	17	18	19	20		
1		91.1	82.4	84.6	37.3	82.1	51.0	86.8	49.7	84.0	36.1	82.6	82.6	50.3	50.3	49.0	87.4	86.5	85.3	87.9	1	SDAU09C2
2			85.5	85.3	40.7	85.1	52.5	87.6	51.0	86.0	39.4	85.7	86.7	52.5	52.5	50.4	85.0	85.0	82.8	86.9	2	A-MQNCSU
3				93.8	38.4	99.6	47.1	89.0	46.0	97.4	38.6	96.1	99.5	47.2	47.1	46.5	88.5	87.1	86.7	87.6	3	A-RSA-A
4					38.6	94.4	47.7	89.2	46.0	95.9	38.8	92.2	95.5	47.1	47.7	47.1	89.6	87.7	87.4	88.7	4	A-RAV-1
5						38.5	58.3	40.7	57.1	38.8	98.3	39.4	38.5	58.3	58.9	57.1	40.5	41.9	39.5	41.0	5	A-MAV-1
6							46.3	88.7	45.2	97.0	38.7	95.7	99.1	45.7	46.3	45.7	88.3	86.3	86.4	87.3	6	A-RSR A
7								50.7	90.9	47.6	58.4	47.5	47.4	97.1	97.7	95.4	49.3	48.7	46.7	50.0	7	A-PDRC-1039
8									49.3	89.2	39.9	89.2	89.2	50.0	50.7	49.3	92.5	91.9	90.1	89.7	8	A-SDAU09C1
9										46.5	57.2	46.4	46.2	90.3	90.9	88.6	48.1	48.1	46.1	50.6	9	A-SDAU09E1
10											39.0	94.8	96.9	47.6	47.6	47.0	88.8	86.6	86.7	87.9	10	B-RSR B
11												39.6	38.8	58.4	59.0	57.2	40.7	41.1	39.7	41.1	11	B-MAV-2
12													96.0	47.2	47.5	46.9	88.3	86.3	86.4	86.4	12	C-Prague C
13														47.4	47.4	46.8	88.7	86.8	86.9	87.7	13	D-RSR D
14															99.4	98.3	48.7	48.7	46.7	49.3	14	E-ev-1
15																97.7	49.3	48.7	46.7	50.0	15	E-ev-3
16																	48.7	46.7	47.3	48.0	16	E-SD0501
17																		95.9	95.5	94.2	17	J-HPRS-103
18																			93.3	91.9	18	J-NX0101
19																				91.5	19	J-SD07LK1
20																					20	J-ADOL-7501
	1	2	3	4	5	6	7	8	9	10	11	12	13	14	15	16	17	18	19	20		

概念用于病毒研究，用它来代表某一病毒（主要是某些RNA病毒）在同一个宿主体内大量复制后形成的群体基因组遗传多样性。这是因为RNA聚合酶在RNA复制过程中的自我纠正功能较差，在病毒复制的几乎每一个循环，基因组上都可能有碱基的突变。一个病毒粒子经几十次复制循环后，很容易形成一个几乎由无限个体组成的相互间极为相似但基因组上又有所差别的病毒准种群体。自20世纪90年代以来，在病毒准种这个概念上，以人免疫缺陷病毒（HIV）作为对象研究的最多，主要关注的是病人的免疫反应与禽流感病毒（AIV）准种群体演变间的相互关系，关注免疫选择压对AIV准种群体演变的影响，这与禽流感病人的病程和结局密切相关。此外，对人的其他病毒的准种也有类似研究，如人戊型肝炎病毒等。在这20多年中，对动物RNA病毒的准种也已积累了一些试验资料，如口蹄疫病毒、ALV、猪繁殖与呼吸综合征病毒等。由于在现代规模化养殖企业中，不仅饲养的动物群体很大而且密度也很大，这就导致同一种病毒不仅可以在同一动物群体中迅速传播，还可能维持持续感染状态，同一病毒在该群体中形成相互相关的更大的准种群。

ALV是一个在复制过程中非常容易发生突变的反转录病毒，特别是其*gp85*基因，其次是LTR区。而在ALV的多个亚群中，ALV-J又是突变率最高的。为此，本节将以ALV-J为代表，阐述ALV的准种多样性及其在特定选择压如免疫选择压作用下的演化。

（一）长期带毒鸡体内ALV-J的准种多样性

禽白血病病毒（ALV）是RNA病毒，且属于反转录病毒科，其在反转录过程中，病毒 RNA聚合酶缺乏严密的校读功能，使ALV在复制过程中很容易发生变异的基因组。这些突变体在体内不同的选择压机制如免疫选择压影响下，很可能产生基因组高度异质性的病毒群体，即准种群。

以一只人工接种ALV-J分离株NX0101的感染性克隆后长期带毒的鸡为模型，详细比较分析了从其不同脏器分离到的病毒*gp85*基因扩增产物的多个克隆序列，证明了在同一只鸡体内确实存在着高度的准种多样性，即使最初人工接种的是相对很均一的感染性克隆ALV-J的细胞培养液。为了确定用于接种鸡的病毒的准种均匀度，将NX0101株病毒的感染性克隆（张纪元等，2005）经细胞培养连续传5代后，提取细胞基因组中的ALV-J前病毒DNA，并以其为模板扩增*gp85*基因，将PCR产物克隆后随机挑取10个克隆测序。从表4-36可以看出，该病毒在细胞上连传5代增殖后，其*gp85*基因的同源性仍很高，与原始的质粒克隆序列的同源性为99.2%~99.9%，而它们相互之间的同源性为99.0%~99.9%。若以该传代病毒接种鸡胚卵黄囊，孵出的鸡在几个月内都能显示病毒血症，在21周龄后几乎都开始出现了ALV-J抗体。其中一只在25周龄扑杀，肝、肺和肾脏都显现肿瘤。分别从不同脏器采集样品接种细胞培养分离病毒，并分别扩增和克隆*gp85*基因，各测定10个独立克隆的序列。将从不同脏器肿瘤中分离到的ALV–J的*gp85*克隆分别与接种病毒的原始序列一一进行同源性比较。结果表明，从左肾大块肿瘤分离到的病毒的*gp85*基因与原始毒株NX0101*gp85*基因的同源性为94.9%～95.9%，平均同源性为95.6%（表4–37）。从没有明显肿瘤变化的右肾分离到的病毒*gp85*基因与原始毒株NX0101*gp85*基因的同源性为94.9%～96%，平均同源性为95.7%（表4–38）。肝脏分离病毒的*gp85*基因与原始毒株NX0101*gp85*基因的同源性为94.1%～95.8%，平均同源性为94.9%（表4–39）。肺中病毒的*gp85*基因与原始毒株NX0101*gp85*基因的同源性为94.1%～95%，平均同源性为94.4%（表4–40）。从以上结果可知，ALV–J NX0101株在机体内的长期感染过程中，病毒*gp85*基因发生了很大变异，其中与原始毒株NX0101差异最大的是肺（表4–40）。对来自各脏器的*gp85*基因克隆序列的分析表明，来自同一脏器的10个*gp85*克隆序列间差异最大的是肝脏（表4–41），器官与器官之间病毒*gp85*基因同源性差异也很大（表4–42、表4–43）。

表 4–36 传代毒株 gp85 自身阳性克隆间及与原始毒株 NX0101 gp85 同源性比较（%）

克隆	NX0101	传代毒株（5 代）cDNA PCR 产物克隆									
		N1	N2	N3	N4	N5	N6	N7	N8	N9	N10
NX0101	-	99.2	99.9	99.8	99.9	99.7	99.8	99.8	99.9	99.9	99.6
N1	-	-	99.7	99.1	99.3	99.2	99.5	99.5	99.1	99.6	99.5
N2	-	-	-	99.0	99.9	99.1	99.1	99.1	99.7	99.2	99.1
N3	-	-	-	-	99.3	99.2	99.5	99.5	99.1	99.6	99.5
N4	-	-	-	-	-	99.5	99.7	99.7	99.3	99.8	99.7
N5	-	-	-	-	-	-	99.5	99.6	99.2	99.7	99.6
N6	-	-	-	-	-	-	-	99.8	99.5	99.9	99.8
N7	-	-	-	-	-	-	-	-	99.5	99.9	99.8
N8	-	-	-	-	-	-	-	-	-	99.6	99.5
N9	-	-	-	-	-	-	-	-	-	-	99.9
N10	-	-	-	-	-	-	-	-	-	-	-

表 4-37　呈现大块肿瘤的左侧肾脏中病毒 gp85 克隆间及与原始毒株 NX0101gp85 同源性比较（%）

克隆	NX0101	呈现大块肿瘤的左侧肾脏 cDNA PCR 产物克隆									
		Z1	Z2	Z3	Z4	Z5	Z6	Z7	Z8	Z9	Z10
NX0101	-	95.4	94.9	95.4	95.7	95.7	95.7	95.8	95.4	95.9	95.8
Z1	-	-	96.7	99.1	99.3	99.2	99.5	99.5	99.1	99.6	99.5
Z2	-	-	-	99	98	98.1	98.1	99.1	98.7	99.2	99.1
Z3	-	-	-	-	99.3	99.2	99.5	99.5	99.1	99.6	99.5
Z4	-	-	-	-	-	99.5	99.7	99.7	99.3	99.8	99.7
Z5	-	-	-	-	-	-	99.5	99.6	99.2	99.7	99.6
Z6	-	-	-	-	-	-	-	99.8	99.5	99.9	99.8
Z7	-	-	-	-	-	-	-	-	99.5	99.9	99.8
Z8	-	-	-	-	-	-	-	-	-	99.6	99.5
Z9	-	-	-	-	-	-	-	-	-	-	99.9
Z10	-	-	-	-	-	-	-	-	-	-	-

表 4-38　右侧肾脏中病毒 gp85 自身克隆间及与原始毒株 NX0101gp85 同源性比较（%）

克隆	NX0101	右侧肾脏 cDNA PCR 产物克隆									
		S1	S2	S3	S4	S5	S6	S7	S8	S9	S10
NX0101	-	95.3	96	95.8	94.9	95.9	95.7	96	95.8	95.9	95.9
S1	-	-	99	99.5	99.1	99.6	99.6	99.7	99.5	99.3	99.5
S2	-	-	-	98.8	98.6	98.9	98.9	99	98.8	98.8	98.8
S3	-	-	-	-	98.2	99.7	99.5	99.8	99.6	99.6	99.6
S4	-	-	-	-	-	98.4	98.1	97.4	98.2	97.2	98.2
S5	-	-	-	-	-	-	99.6	99.9	99.7	99.7	99.7
S6	-	-	-	-	-	-	-	99.7	99.5	99.5	99.5
S7	-	-	-	-	-	-	-	-	99.8	99.8	99.8
S8	-	-	-	-	-	-	-	-	-	99.6	99.6
S9	-	-	-	-	-	-	-	-	-	-	99.6
S10	-	-	-	-	-	-	-	-	-	-	-

表 4-39 肝脏中病毒 gp85 自身克隆间及与原始毒株 NX0101gp85 同源性比较（%）

克隆	NX0101	肝脏 cDNA PCR 产物克隆									
		G1	G2	G3	G4	G5	G6	G7	G8	G9	G10
NX0101	-	94.5	95.8	94.9	95.7	94.1	94.6	94.2	95	95.3	94.9
G1	-	-	97.7	98.8	97.6	98.4	99.5	98.9	98.1	98.4	97.4
G2	-	-	-	97.9	99.7	98.5	98.9	98.9	98.1	97.9	99.2
G3	-	-	-	-	97.8	98.5	98.9	99.4	98.5	99.5	98.7
G4	-	-	-	-	-	99.4	98.7	98.7	98.9	98.8	99.1
G5	-	-	-	-	-	-	98.5	98.8	98.5	98.5	99.2
G6	-	-	-	-	-	-	-	99	98.5	98.7	98.7
G7	-	-	-	-	-	-	-	-	98.6	99.3	99.3
G8	-	-	-	-	-	-	-	-	-	99.3	98.4
G9	-	-	-	-	-	-	-	-	-	-	98.5
G10	-	-	-	-	-	-	-	-	-	-	-

表 4-40 肺脏中病毒 gp85 自身克隆间及与原始毒株 NX0101gp85 同源性比较（%）

克隆	NX0101	肺脏 cDNA PCR 产物克隆									
		F1	F2	F3	F4	F5	F6	F7	F8	F9	F10
NX0101	-	94.1	93.7	94.8	95	94.2	94.5	94..5	94.7	94.2	94.4
F1	-	-	98.7	98.5	98.7	98.4	99	98.7	98.7	98.7	98.7
F2	-	-	-	99.4	99	98.9	99.6	99	99.1	99.4	99.5
F3	-	-	-	-	99.2	98.9	98.4	98.8	99.1	99.3	97.6
F4	-	-	-	-	-	99.2	98.9	99.2	99.4	99.5	99.4
F5	-	-	-	-	-	-	98.9	99.2	98.9	98.2	98.7
F6	-	-	-	-	-	-	-	98.6	98.9	99.2	99
F7	-	-	-	-	-	-	-	-	98.6	98.3	99.1
F8	-	-	-	-	-	-	-	-	-	99.3	99
F9	-	-	-	-	-	-	-	-	-	-	98.9
F10	-	-	-	-	-	-	-	-	-	-	-

表 4-41　各脏器内阳性克隆之间病毒 gp85 的同源性范围和平均同源性（%）

器官内阳性克隆间	左肾大肿瘤	肝脏	右肾	肺
同源性范围	96.7 ~ 99.9	97.4 ~ 99.7	97.4 ~ 99.9	97.6 ~ 99.6
平均同源性	99.3	98.7	99.2	98.9

表 4-42　各器官与攻毒毒株及原始攻毒株 gp85 间的同源性范围和平均同源性（%）

项目	左肾大肿瘤与原始毒株 NX0101	肝脏与原始毒株 NX0101	右肾与原始毒株 NX0101	肺与原始毒株 NX0101	传代毒株（5 代）与原始毒株 NX0101
同源性范围	94.9 ~ 95.9	94.1 ~ 95.8	94.9 ~ 96	93.7 ~ 95	99.1 ~ 99.9
平均同源性	95.6	94.9	95.7	94.4	99.75

表 4-43　不同脏器之间病毒 gp85 的同源性范围和平均同源性（%）

项目	左肾大肿瘤与肝脏	左肾大肿瘤与右侧肾脏	左肾大肿瘤与肺	肝脏与右侧肾脏	肝脏与肺	右侧肾脏与肺
同源性范围	95.8 ~ 99.3	96.6 ~ 99.8	94.9 ~ 98	95.8 ~ 99.6	95.1 ~ 97.9	95.4 ~ 99.9
平均同源性	96.1	98.1	96	96.3	96.5	95.8

以上结果足以说明J亚群ALV感染白羽肉鸡后，经过一个长期的感染过程，即使在同一个体内也已经不再是单一的病毒，而是病毒*gp85*基因发生不同变异的病毒准种群。这说明即使个体感染单一亚群ALV，也不再是一个同质的病毒群，而是复杂多样的同一亚群ALV异质准种群。如果用感染性克隆株NX0101接种后在同一个体内变异就那么复杂多样，那么在不同来源、不同鸡场、不同鸡舍的个体之间更是千变万化、复杂多样了。准种的多样性与反转录病毒基因组RNA在发生复制过程中易发生突变相关，但同时也与机体内存在的免疫选择压作用密切相关（包括抗体免疫和细胞免疫），特异性免疫反应对原有的毒株表现出抑制作用，但又有助于让抗原表位发生突变的新的准种成为新的优势准种。

（二）同一感染鸡群内ALV-J的准种多样性

从一群患有严重肿瘤/血管瘤的40周龄商品代海兰褐蛋鸡中挑选出10只临床病鸡，采血接种细胞分离病毒。在培养6d后，用ALV-J特异性单抗进行IFA，证明有ALV-J复制后，提取细胞基因组DNA扩增ALV-J *gp85*基因。从每只鸡分离的病毒均取2～3个PCR产物的克隆测序，用以比较同一鸡群中感染的ALV-J的准种多样性。从表4-44可看出，同一群体同一时期分离到的这10株病毒的gp85虽然呈现一定的同源性，但是都有不同程度的差异，显示出高度的准种多样性。在从不同个体分离到的ALV-J gp85间，有的相互间最低的同源性只有79%，差异还很大，甚至不亚于这么多年来从不同地区不同类型鸡群中分离到的代表株间的最大差异。而且，即使是从同一只鸡分离到的病毒样品，对其同一次PCR产物的不同克隆进行序列比较，也都显示同一个体中感染的ALV-J gp85的准种多样性。

将表4-44与表4-37至表4-43的结果比较后可以看出，过去在对ALV-J进行分子流行病学研究时，仅分析随机来自1只鸡的ALV-J的1个克隆甚至仅仅是1个鸡群的1个克隆的序列作为代表，这显然是不够的，容易得出片面的结论。

表4-44 同一感染鸡群内ALV-J的gp85准种多样性

同源性百分比（%）

差异性百分比（%）

	1	2	3	4	5	6	7	8	9	10		
1		94.2	90.6	89.1	91.1	88.7	89.9	87.4	96.8	95.5	1	SDAU12-735gp85.pro
2	6.1		89.3	90.3	90.9	90.0	91.8	85.5	96.4	97.1	2	SDAU12-237gp85.pro
3	10.0	11.6		93.9	95.1	95.8	89.7	80.3	90.3	90.3	3	SDAU012-722gp85.pro
4	11.8	10.4	6.4		93.1	91.0	89.2	79.0	89.2	90.8	4	SDAU012-727gp85.pro
5	9.5	9.7	5.0	7.3		92.3	88.2	80.0	90.8	91.4	5	SDAU12-729gp85.pro
6	12.3	10.8	4.3	9.6	8.2		90.1	79.7	88.7	89.4	6	SDAU12-730gp85.pro
7	10.9	8.7	11.1	11.7	12.9	10.6		81.0	90.2	91.9	7	SDAU12-731gp85.pro
8	13.8	16.1	22.9	24.7	23.3	23.7	21.9		87.5	84.7	8	SDAU12-732gp85.pro
9	3.3	3.7	10.4	11.7	9.9	12.3	10.5	13.8		96.2	9	SDAU12-733gp85.pro
10	4.6	3.0	10.4	9.9	9.2	11.5	8.6	17.1	3.9		10	SDAU12-734gp85.pro
	1	2	3	4	5	6	7	8	9	10		

（三）ALV-J在抗体免疫选择压作用下变异的细胞培养模拟试验

在带有ALV-J抗体的鸡胚成纤维细胞上进行连续传代的试验表明，在抗体免疫选择压的作用下，ALV-J中国分离株NX0101的*gp85*基因发生了有规律的变化。在经过30～50代连续传代后，在有抗体的3个独立细胞培养系列，都在高变区的同样位点诱发了几个氨基酸的改变（图4-22）。这一氨基酸改变导致的抗原表位的变化，有可能帮助逃逸抗体的病毒中和作用（王增福等，2006；Wang等，2007）。

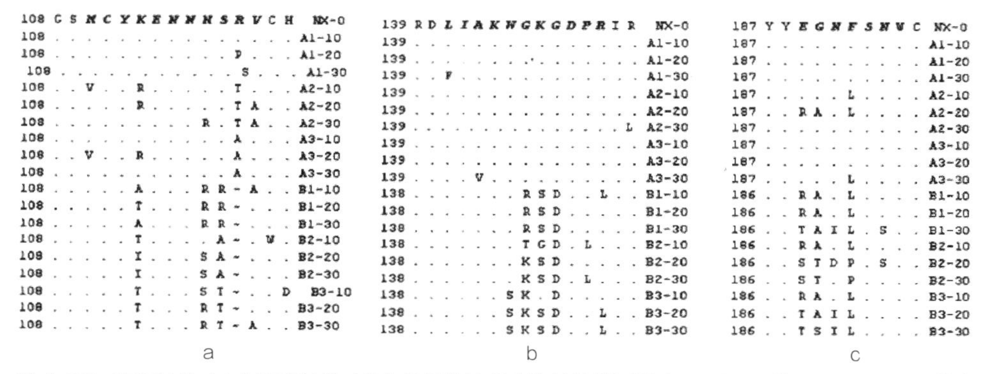

图4-22 在无抗体（A）和有抗体（B）的细胞培养上连续传代过程中NX0101株ALV-J gp85的高变区中氨基酸的变异

注：a、b、c三图分别代表gp85的不同片段。a．位于高变区hr1内的亚高变区；b．位于高变区hrl1内的亚高变区；c.位于高变区hr2内的亚高变区。最上面一行大写英文字母表示在NX0101原始毒（NX-0）的氨基酸序列，每段左侧数字表示第一个氨基酸在gp85序列上的位点，这些字母黑斜体部分是根据已发表资料，以及试验中NS与S的比例推测出的高变区。在传代过程中，凡是与NX-0相比发生变异的氨基酸在下面各行中用相应氨基酸的字母表示，“黑点”代表该位点没有发生变异。每一块右侧的大写字母及其后的数字分别代表组（A/B）-独立传代系列-代次。

表4–45和表4–46分别显示了原代病毒NX0101在培养基中含有和不含有ALV–J特异性抗体的条件下连续传代过程中*gp85*基因的变异。从表4–45可见，原代病毒与第10代、20代和30代病毒的平均同源性分别为98.37%、98.3%和98.5%，最低同源性仍高达97.7%（表4–45）。尽管无抗体组的3个不同传代系列之间也出现了一定程度的变异，但这些变异都是随机分布在整个gp85蛋白上。从系统进化树可以看出，无抗体组3个独立系列没有呈现出规律性，而且3个独立系列与原代病毒在系统进化树上存在相互交叉现象（图4–23）。但是在有特异性抗体的条件下，有抗体组3个独立传代系列与原代病毒的gp85蛋白氨基酸序列的同源性明显低于无抗体组与原代病毒gp85蛋白氨基酸序列的同源性，最高同源性为96.1%，最低同源性为93.8%。原代病毒与B组第10、20和30代病毒的平均同源性分别为96%、94.70%和94.36%（表4–46），有逐渐降低的趋势。从系统进化树也可以看出，在有抗体的3个传代系列，同一个独立传代系列的不同代次病毒却总是在一个系统进化树的分支上。而且，在含抗体组中第20代病毒总是与第30代病毒关系比较近，而与第10代病毒关系比较远。这表明，在抗体不变的条件下，这一变异趋势逐渐变缓。另外，从表4–45还可以看出，在有抗体组的一些不同传代系列之间的同源性要小于它们与原代病毒之间的同源性，例如，B1–30与B2–30的同源性为93.2%，而B2–20与B3–30的同源性为92.2%（表4–46）。这就说明，在免疫选择压作用下ALV–J的变异呈现出多样性的趋势，与不含抗体的细胞上连续传代相比，有抗体的存在不仅造成了3个高变区

氨基酸变异增多，而且还在144～147位氨基酸的4个位点上出现了完全不同的氨基酸（图4-22）。图4-22列出了gp85上的3个高变区域及其相对位置，在有抗体的B组的变异明显大于无抗体的A组。这些变异主要集中在110～120、141～151和189～194位氨基酸3个高变区。在有抗体的B组的3个高变区上大多数变异在低代次出现后，在高代次还继续维持这一变异。这说明这些稳定的变异不是随机变异，而是在特异性抗体作用下有规律的变异。尽管在无抗体的A组也发生了11处碱基位点的变异，但仅发生在某个独立传代系列中的变异却有6处，而仅有一处变异是在第20代和30代同时出现。有一些变异尽管在第10代和第20代同时出现，但第30代并未维持相应的变异，这说明这些变异是随机变异，且不稳定。

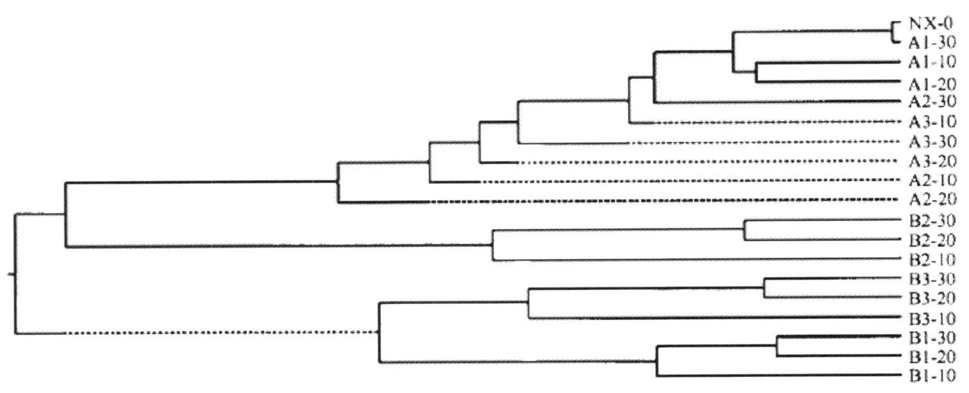

图4-23 NX0101原代与A、B两组传代病毒gp85蛋白氨基酸序列系谱发生树

表4-45 原代NX0101与无抗体组不同传代系列的gp85蛋白氨基酸同源性比较（%）

准种	NX-0	A1-10	A1-20	A1-30	A2-10	A2-20	A2-30	A3-10	A3-20	A3-30
NX-0		97.7	98.7	99.7	98.7	98.1	97.7	98.7	98.1	98.1
A1-10			98.7	97.4	96.8	96.1	95.8	96.8	96.4	96.4
A1-20				98.7	97.7	97.1	96.8	97.7	97.1	97.1
A1-30					98.4	97.7	97.4	98.4	97.7	97.7
A2-10						98.7	97.1	97.7	98.4	97.7
A2-20							97.1	97.1	97.1	97.1
A2-30								96.8	96.1	96.1
A3-10									98.7	98.1
A3-20										98.1
A3-30										

表 4-46　原代 NX0101 与有抗体组不同传代系列的 gp85 蛋白氨基酸同源性比较（%）

准种	NX-0	B1-10	B1-20	B1-30	B2-10	B2-20	B2-30	B3-10	B3-20	B3-30
NX-0		96.7	95.7	94.5	96.1	95.2	95.5	94.8	94.1	93.8
B1-10			98.1	96.8	95.8	93.5	94.8	95.5	96.1	95.1
B1-20				98.1	95.8	93.2	94.5	95.5	95.5	93.8
B1-30					93.8	93.5	93.2	93.5	94.8	93.5
B2-10						94.8	96.8	95.8	95.1	93.5
B2-20							96.8	94.2	93.5	92.2
B2-30								95.5	95.1	94.5
B3-10									96.8	95.8
B3-20										98.4
B3-30										

进一步分析还发现，原代病毒与无抗体组的3个传代系列的差异性平均值为1.61% ± 0.63%，而原代病毒与有抗体组的3个传代系列差异性平均值为4.87% ± 0.87%。当组内比较时，无抗体传代组各系列各代次间的平均变异为2.5% ± 0.81%，而有抗体组为4.94% ± 1.5%。这说明抗体免疫选择压的作用显著加大了病毒的变异程度（表4-47）。

表 4-47　在有抗体与无抗体条件下不同传代系列 gp85 变异程度比较（X ± SD）

项目	与原代 NX-0 的差异性（%）	组内相互间的差异性（%）
无抗体 A 组	1.61 ± 0.633	2.59 ± 0.81
有抗体 B 组	4.87 ± 0.87	4.94 ± 1.52
P 值	*P*<0.01	*P*<0.01

对*gp85*基因上高变区核苷酸序列中有义突变（NS）与无义突变（S）的比例显著升高是免疫选择压发挥作用的一个重要的参数指标。表4-48中分别列出了无抗体和有抗体条件下的传代过程中在整个*gp85*基因上，以及110 ~ 120、141 ~ 151和189 ~ 194位氨基酸这3个高变区域上的NS/S。在整个gp85上，无论是有抗体组还是无抗体组，均没有显示出免疫选择压的作用。有抗体组在整个gp85上的NS/S值为1.53（49/32），而无抗体组在整个gp85上的NS/S为0.93（28/30），差异不大。但在高变区差别就很明显。无抗体组在

上述3个高变区域上的NS/S分别为2（8/4）、1（3/3）和1.3（4/3），而有抗体组在上述3个高变区域上的NS/S分别为4.1（13/3）、4.7（14/3）和3.6（11/3），均显著高于无抗体组（表4–48）。从NS/S的比值结果可以看出，免疫选择压的作用并不是对整个gp85都起作用，只是使ALV–J高变区hr1和hr2中3个亚高变区域的NS/S明显增大。这说明，这些区域是受特异性抗体即免疫选择压作用的区域，或者说这些区域是形成gp85蛋白上与病毒中和反应相关的抗原表位的核心区域。

由图4–21也可看出抗体的选择作用。在有抗体的3个系列（B）细胞上连续培养过程中，20代毒都是与30代毒更接近，而与10代毒较远，表明在连续传20代后，病毒在同一抗体作用下已渐趋稳定。但在无抗体组（A）看不出这一规律。

表 4–48 无抗体与有抗体传代毒相对于原代 NX0101gp85 上高变区有义突变与沉默突变的比例

区域	无抗体 A 组			有抗体 B 组		
	有义突变	沉默突变	二者比例	有义突变	沉默突变	二者比例
总 gp85	28	30	0.93	49	32	1.52
110 ~ 120 位氨基酸 (hr1)	8	4	2	13	3	4.1
141 ~ 151 位氨基酸 (hr1)	3	3	1	14	3	4.7
189 ~ 194 位氨基酸 (hr2)	4	3	1.3	11	3	3.6

对ALV–J的另一毒株HN0001所进行的类似研究也证明，在添加特异性抗血清的细胞培养上连续传代过程中，在其gp85的高变区的氨基酸发生了有规律的变异，导致抗原表位的变化（图4–24）。

虽然表4–44至表4–47、图4–22至图4–24只是实验室的结果，但在某种程度上也是对鸡体内实际发生的免疫选择压作用的一种模拟。由这一结果可以推测，在鸡体感染ALV–J后产生的抗体反应，也会导致长期带毒鸡体内病毒及其*gp85*基因的突变和演化。

（四）用高通量测序技术探索ALV准种多样性及其在在不同复制条件下的演变规律

考虑到准种多样性，在山东农业大学家禽病毒性肿瘤病实验室已开始对每一次PCR产物都选用10 ~ 20个的克隆分别进行测序比较。但是，成本和人工操作都限制了测序克隆数量的进一步增加，这就限制了对个体体内某种病毒准种多样性及其演化过程真实面貌的了解。特别是不容易分析出适应变化着的生态环境的新准种的发生趋势，即如何从最初比例极低的突变准种演变为优势准种。最近几年发展并广泛应用的高通量测序技术则有助于解决这一问题，有可能促进对病毒准种及其演化规律的研究产生一次质的飞跃。高通量测序技术的优势是其数据量大，在相对较低的成本和应用较少人工的条件下，可显示同一测序样品中数十万个核酸分子的同一位点的不同序列，从而显示出准种的多样性及那些比例极低的准种。利用这一技术，对一些易于变异的医学RNA病毒的准种多样性已取得很大进展，最多的是在AIV，此外还有B、C、E型肝炎病毒，人多瘤病毒，H1N1流感病毒等。他们探索了在抗病毒药物和免疫压力下、在病人不同的病程期间的这些病毒的准种多样性，特别是一些优势准种及某些稀少准种演化规律，从中推断出与药物抵抗力、免疫选择压或病程相关的基因位点或区域。在动物病毒中，用高通量测序技术成功确定了狂犬病毒在野生动物狐狸和臭鼬间发生跨种传播相关的变异准种，还发现了与猪瘟病毒的与毒力显著增强相关的变异准种等。笔者团队已开始研究了ALV基因组上与准种多样性及致病性相关的是*gp85*基因和LTR。高通量测序技术的优势是其数据量大，可显示同一测序样品中数万个核酸分子的同一位点的不同序列。虽然这一方法也有其局限性，即能够可靠读出序列的片段只有300～400bp。但是，决定ALV亚群及

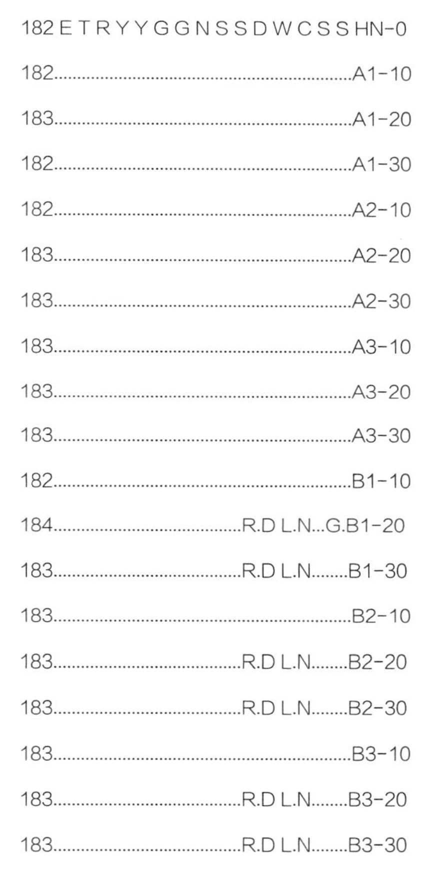

图4-24　在无抗体（A）和有抗体（B）的细胞培养上连续传代过程中HN0001株ALV-J gp85的高变区中氨基酸的变异

注：最上面一行大写英文字母表示在HN0001的原始毒（NX-0）的氨基酸序列，每段左侧数字表示第一个氨基酸在gp85序列上的位点，这些字母黑斜体部分是根据已发表资料以及试验中NS与S的比例推测出的高变区。在传代过程中，凡是与NX-0相比发生变异的氨基酸在下面各行中用相应氨基酸的字母表示，“黑点”代表该位点没有发生变异。右侧的大写字母及其后的数字分别代表组（A/B）－独立传代系列－代次。

（引自李艳、崔治中等，2007）

识别细胞受体的gp85的高变区分别分布在几个200～300bp的片段内，而另一个重要的基因片段LTR中最重要的3'UTR区也只有300bp，用高通量测序技术均可将如此大小的片段可靠读出。

初步研究表明，不论是以病鸡血清或组织作为样品，还是以细胞培养物的上清液作为样品，如果以有一个编码氨基酸差异就作为一个准种单体型的话，在读出的1万个独立核酸分子的有效序列中，就可能显现出3 000～4 000条不同的准种单体型。其中有的是优势准种，占整个分子数的10%以上，最优势可达60%～70%甚至更高。但还有很多是很稀少的，只占总数的0.1%甚至更低。而高通量测序技术及相应的生物信息分析方法，就能把这些很 稀少的准种识别并记录下来。

1. 在体内和细胞培养上复制的ALV-J 的gp85准种演变　在进行ALV的分子流行病学研究时，通常都是从细胞培养上分离到病毒后再将PCR扩增到的相应基因，如最常用的*gp85*基因克隆后完成测序。所以在20世纪90年代以来的20多年中，国内外对ALV-J gp85报道的多达几百条序列实际上都是在细胞培养上复制后的ALV-J的优势准种序列。最近，我们用高通量测序技术，对同一ALV-J接种物分别接种鸡和细胞后鸡血清和细胞培养上清液中的ALV-J gp85的相当于hr2和vr3区的大约95个氨基酸的片段进行了序列信息分析。比较表明，血清和细胞培养上清液中的优势准种差异非常显著。在一只鸡2周龄血清中占前4位的4个优势准种都具有LSD插入性突变，占整个有效序列数的66.3%，相对于这4个准种在原始接种物中只有1.35 %的比例，有极为显著的提升。相反，用同一原始接种物感染的细胞培养上清液中前10名优势准种，均没有这种LSD插入性突变。当把原始接种物、细胞培养上清液和感染鸡血清中ALV-J的这一片段（第91～93位氨基酸）的最优势准种进行同源性比较时可见，原始接种物中的最优势准种（占19 803条有效单体序列的32.85%）与细胞培养上清液中的最优势准种（占17 012条有效单体序列的26.79%）和感染鸡血清中（占24 986条有效单体序列的32.85%）的同源性分别为91.1%和91.2%，而细胞培养上清液和感染鸡血清中ALV-J的这一片段的最优势准种间的同源性只有88.9%。显然，在鸡体内和细胞培养上两个不同生态环境下的复制过程中，同样来源的病毒在复制环境的选择作用下，分别演化产生了差异很大的病毒准种群体。因此，根据细胞培养分离病毒所得到的病毒基因组演变的信息，并不能真正代表在鸡体内存在的优势准种的病毒基因组。

2. ALV-J在感染鸡体免疫选择压作用下的演化　在本节的“六（三）”中已描述了在细胞培养上ALV-J gp85在抗体选择压作用下的演变，即抗原表位相关的氨基酸的有规律的演变过程（图4-22、图4-24）。这是通过对扩增序列的有限数量克隆测序得到的定性信息，虽然可以看出最优势准种在特定抗原表位相关氨基酸逐渐演变的过程，但不能提供一个可以定量的逐渐演变的动态过程的详细信息。利用现代高通量测序技术，笔者团队跟踪了有抗体反应和始终无抗体反应的免疫耐受感染鸡ALV–J的持续病毒血症过程中其gp85演变的动态，特别是比较了gp85不同准种量化了的优势地位演变动态。如图4–25所示，在没有抗体反应的A2号鸡，从2～16周龄的5次采集的血清ALV–J病毒粒子基因组RT–PCR产物的高通量测序中，gp85的相应片段的最优势准种序列及其比例基本不变，始终保持在60%左右，也没有出现新的优势准种。但是，在产生抗体反应又保持持续性病毒血症的A4号鸡，在2周龄时占26.9%的最优势准种（A403）在群体中的比例逐渐下降，到16周龄比例降至5.9%成为第三优势准种，而在2周龄时在1万多条有效序列中还显不出来的2个准种（A401和A402）逐渐增多，在16周龄时分别占群体的10.9%和9.5%，成为第一和第二优势准种。这一试验为ALV–J在鸡体免疫反应的选择作用下gp85发生有规律演变提供了非常可靠的试验数据。

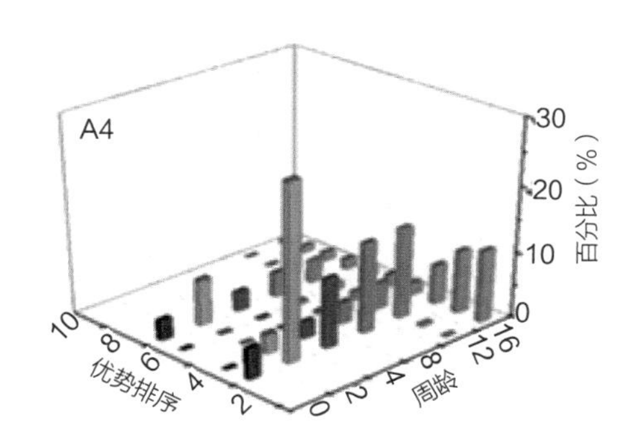

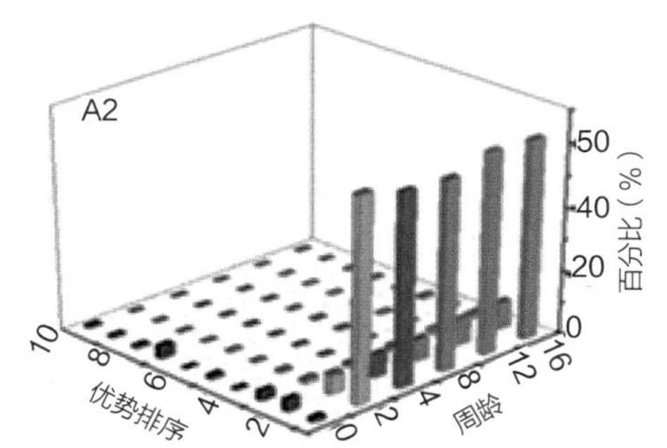

	0周	2周	4周	8周	12周	16周
A401	None	None	None	None	0.1	10.9
A402	None	None	None	None	0.5	9.5
A403	4.7	26.9	10.5	13.7	13.8	5.9
A404	0	3	2.5	3.2	3.9	1.8
A405	None	0.1	0.1	0.5	1.3	1.8
A406	0	0.2	0.2	0.5	1.1	1.8
A407	3.1	7	2.9	3.7	3.4	1.5
A408	None	None	None	None	0.1	1.3
A409	None	None	None	None	0	1
A4010	None	None	None	None	0	0.9

	0周	2周	4周	8周	12周	16周
A201	1.5	64.8	60.6	59.7	63.4	62.5
A202	3.8	6.5	7.2	6.8	8.3	8.3
A203	3.1	1.6	1.3	1.6	1.8	2
A204	0.4	0.9	0.5	0.6	0.8	1.1
A205	1.4	0.4	0.5	0.5	0.5	0.8
A206	0.3	0.6	0.5	0.5	0.7	0.5
A207	4.1	0.3	0.4	0.4	0.4	0.5
A208	0.8	0.2	0.3	0.4	0.3	0.4
A209	0.8	0.2	0.2	0.3	0.4	0.3
A2010	0.9	0.2	0.2	0.3	0.3	0.3

图 4–25　在有（A4）和无抗体（A2）反应的呈现持续性病毒血症鸡体内 ALV–J 的 gp85 的优势准种演变规律

注：X 轴表示在同一病毒群体中特定准种所占的百分比；Y 轴上的数字表示在 16 周龄时特定准种的优势排序；Z 轴表示样品采集的周龄。下部的表用来表示在不同周龄时特定准种（如 A401，A201）所占群体的百分比，其中 0 周表示是在原始接种物中的比例。

参考文献

崔治中. 2010. 当前我国蛋鸡群中J–亚群白血病的危害、流行趋势预测及防控措施, 中国科学技术协会给国科院的"预防与控制生物灾害咨询报告".

崔治中. 2012. 我国鸡群肿瘤病流行病学及其防控研究[M]. 北京:中国农业出版社.

刘绍琼, 王波, 张振杰, 等. 2011. 817肉杂鸡肉瘤组织分离出A、J亚型禽白血病病毒[J]. 畜牧兽医学报 (3) :396–401.

王鑫, 赵鹏, 齐鹏飞, 等. 2012. 一个鸡源禽白血病病毒新亚群的分离与鉴定[J]. 病毒学报 (25) :609–614.

毛娅卿, 李卫华, 董宣, 等. 2013. 差异极大的不同准种隐藏于同一J亚型禽白血病病毒野毒株中[J]. 中国科学:生命科学 (56) :414–420.

徐海鹏, 孟凡峰, 董宣, 等. 2014. 种蛋中内源性禽白血病病毒的检测和鉴定[J]. 畜牧兽医学报 (45) :1317–1323.

赵鹏, 李德庆, 董宣, 等. 2014. SPF鸡感染禽白血病病毒A/B亚群后血清抗体与卵黄抗体的变化及其相关性[J]. 畜牧兽医学报 (45) :614–620.

董宣. 2015. 我国鸡群禽白血病病毒的多样性、致病性及其在免疫选择压下准种演变[D]. 博士学位论文. 泰安: 山东农业大学.

李建亮. 2015. 不同遗传背景鸡群来源J亚群禽白血病病毒gp85的分子演变分析[D]. 博士学位论文. 泰安: 山东农业大学.

Cui N., Su S., Chen Z., et al. 2014.Sequence Analysis and Biological Characteristics of Rescued Clone of Avain Leukosis Virus Strain JS11C1, Isolated from Indigenous Chickens[J]. Journal of General Virology , 95:2512–2522.

Dong X., Ju S., Zhao P., et al. 2014.Synergetic effects of subgroup J avian leukosis virus and reticuloendotheliosis virus co-infection on growth retardation and immunosuppression in SPF chickens[J]. Vet Microbiol, (172) : 425–431.

Dong X., Zhao P., Chang S., et al. 2015a .Synergistic pathogenic effects of co-infection of subgroup J avian leukosis virus and reticuloendotheliosis virus in broiler chickens[J]. Avian Pathol, (44) : 43–49.

Dong X., Zhao P., Li W., et al. 2015b. Diagnosis and sequence analysis of avian leukosis virus subgroup J isolated from Chinese Partridge Shank chickens[J]. Poult Sci, (94) : 668–672.

Li J., Dong X., Yang C., et al. 2015. Isolation, identification, and whole genome sequencing of reticuloendotheliosis virus from vaccine against Marek's disease[J]. Poult Sci, 94 (4) :643–649.

Mao Y., Li W., Dong X., et al. 2013. Different quasispecies with great mutations hide in the same subgroup J field strain of avian leukosis virus. Science China[J]. Life sciences, (56) : 414–420.

Nair V. , Fadly A.M. 2013. Leukosis/Sarcoma group. In: Diseases of Poultry[M]. 13th ed. D. E. Swayne. Inc., Ames, Iowa, USA:John Wiley & Sons.

Payne L. N. , Nair V. 2012. The long view: 40 years of avian leucosis[J]. Avian Path, 41:11–19.

Weiss R. A. , Vogt P. K. 2011. 100 years of Rous sarcoma virus[J]. J. Exp. Med, 208: 2351–2355.

Zhao P., Cui Z., Ma C., et al. 2012.Serological survey of the avian leukosis virus infection in china native chickens[J]. Journal of Animal and veterinary Advances, (11) : 2584–2587.

Zhao P., Dong X. , Cui Z. 2014.Isolation, identification, and gp85 characterization of a subgroup A avian leukosis virus from a contaminated live Newcastle Disease virus vaccine, first report in China[J]. Poult Sci, (93) : 2168–2174.

Zhao P., Dong X., Cui Z. 2014.Isolation, identification, and gp85 characterization of a subgroup A avian leukosis virus from a contaminated live Newcastle Disease virus vaccine, first report in China[J]. Poult Sci, 93 (9) : 2168–2174.

第五章

禽白血病的临床表现和病理变化

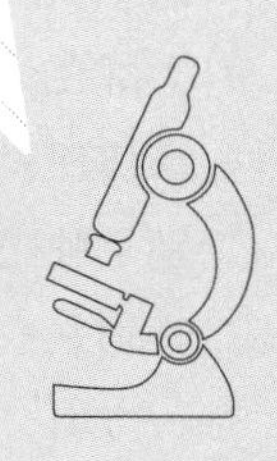

ALV感染对鸡群的危害表现为两方面：① ALV诱发产生的肿瘤死亡，死亡率通常为1%～2%，但偶尔也可达到20%甚至更高。② 大多数感染鸡发生的ALV亚临床感染，可对一些重要的生产性能如产蛋率和蛋的质量产生不良影响。

迄今为止，还没有显示ALV感染带来的公共卫生问题。利用PCR技术也已从鸡蛋蛋清中检出了内源性和外源性ALV，但并没有证据表明它能对人类健康造成危害。在对548个人的血清学调查中，男性和女性对ALV抗体的阳性率存在着显著差异，但却与是否曾有鸡群的接触史无关。虽然从鸡细胞生产的人水疱病及腮腺炎病毒疫苗中可以检测出反录酶活性，但却没有从相关的疫苗中检出ALV核酸，也没有从用过这类疫苗的人血清中检出相应的ALV抗体。显然，现在还没有证据显示ALV对人类有害。

禽病文献中关于鸡白血病的临床和病理变化的报道已有100多年的历史。已出版的不同禽病经典著作，已对在鸡群发生禽白血病时各种不同的临床表现和病理变化，以及不同脏器、不同组织发生和出现的不同形态大小、由不同细胞类型形成的肿瘤和其他相关病变进行了详细的描述。其中有些病变主要与某个亚群相关，但多数肿瘤性病理变化并不局限于某个亚群ALV引起。本章前三节有关禽白血病临床病理表现的描述都引自*Diseases of Poultry*（第13版，2013）一书，它汇集了过去半个多世纪以来国际上主要养鸡大国在禽白血病临床病理方面的文献报道。这些报道既有来自对特定毒株人工感染后的临床病理表现的研究报告，也有对现场病例观察的描述。在这些多种多样的临床病理表现特别是肿瘤病变的描述中，有些病变是常见的，但也有很多类型的临床病理变化并不常见，特别是近年来在我国并不常见。但是，作为一种临床病理资料，本章将其全部收纳进来。一方面，了解禽白血病曾经出现的这些多种多样的病理变化，从兽医病理学角度是有价值的；另一方面，这类肿瘤病今后在我国的鸡群中也可能会发生，一旦发生时这些资料就可作为有用的参考。

长期以来，经典的A、B亚群ALV感染在我国鸡群一直存在，但实际发病率特别是特征性的肿瘤发病率很低，不仅不会引起养鸡业的关注，也一直很少受到我国禽病界的关注。鸡场的临床兽医可能偶尔会见到相关的病理变化，但很容易与马立克病的肿瘤相混淆，因而也多被忽视。直到20世纪90年代，由于ALV－J在白羽肉鸡中的流行，且出现了很高比例的肿瘤发病率和死亡率，因此对鸡白血病的关注才逐渐增加。由于肿瘤发生的组织器官、形态特征及细胞类型，既与病毒的亚群及毒株特点有关，也与发病鸡的类型和遗传背景有关，本章在第四节中分别描述鸡白血病在我国不同鸡群中白血病肿瘤病理变化多样性的表现。在这一节中，将着重于在我国鸡群中所观察到的禽白血病的肉眼和病理组织学直接观察结果的简单明了的描述。

第一节 临床表现

鸡在感染禽白血病病毒后，多数仅为亚临床感染，而且大多数在临床上只表现出一些非特异的症候，如食欲减少、瘦弱、腹泻、脱水、水肿等。在淋巴白血病时，有时可显腹部膨大，鸡冠苍白皱缩、偶尔发绀。在发生成红细胞增多症白血病或成髓细胞瘤白血病时，可见羽毛囊孔出血。在出现临床表现后，病程可能很快发展，病鸡可能在几周内死亡，也有些病鸡还未显出任何临床表现就已死亡。

当一部分感染鸡或病鸡有特定的肿瘤发生发展时，就会出现一些特征性的临床表现。在骨髓细胞瘤白血病时，可在头部、胸部、小腿部形成结节性突起。如果髓细胞瘤发生在眼眶，则可造成出血或瞎眼。此外，在皮肤上还会出现血泡样的血管瘤，当这些血泡破裂时就会引起出血。发生肾瘤时有可能压迫坐骨神经导致脚麻痹。在皮肤和肌肉中还会发生可触及的肉瘤或其他结缔组织瘤。随着各种肿瘤病程继续发展，前面提到的各种临床症候均会显现出来。在骨硬化时，多波及四肢骨的长骨。触摸腿骨可感觉到骨干和骨后端部呈均匀性或不规则性肿大，相应部位比较温热。随着骨的病变发展，病鸡呈现靴形小腿。这些病鸡常常身体矮小，行走呈踩高跷步态，关节较僵直。

有些ALV感染鸡，不一定会出现明显的病变，但生产性能下降。在蛋鸡，其产蛋性能下降。对于同群蛋鸡来说，在整个产蛋饲养期内，每只排毒鸡要比非排毒鸡平均少产20～35枚蛋，还表现为性成熟延后，第一枚蛋产出较晚，产蛋率低、蛋较小、蛋壳较薄。这些排毒鸡最后由非肿瘤性疾病造成的死亡率增高5%～15%，受精率下降2.4%，孵化率下降12.4%。那些排毒鸡大多数呈现病毒血症，而其他非排毒鸡则可产生免疫反应，对ALV抗体呈现阳性。ALV感染对白羽肉种鸡的影响也与蛋鸡相同，但同时还会导致商品代肉鸡生长迟缓。在ALV-J感染肉用型种鸡后，这些病理作用尤为明显。ALV-J感染的种鸡产出较小的蛋，而且在鸡胚尿囊液中可检出p27抗原，从胚体也可分离到病毒。ALV-J感染还会诱发免疫抑制，在人工感染试验中，这种免疫抑制在接种后3～4周即表现出来。公鸡感染ALV后，病毒可出现于精液中，但对精液的数量没有影响。有研究表明，ALV感染也会影响精液的质量和精子活力。

第二节 禽白血病的非肿瘤性病变

ALV感染有时还可引起其他一些非特征性症状。幼龄鸡、火鸡、丛林原鸡感染一些ALV毒株（如A亚群RAV-1、RAV-60、MAY，以及B、D亚群部分毒株）后，可发生贫血、肝炎、免疫抑制和衰竭，有些也会死亡。接种RAV-1株ALV后，还可引起心肌炎和慢性血管循环障碍性症候。在一些感染ALV的成年鸡发生心肌炎时，也能在细胞质内见到病毒粒子形成的内涵体。接种RAV-7株ALV的鸡还会产生与非脓性脑脊髓膜炎相关的某些神经症侯的共济失调、平衡障碍和昏睡等。在经鸡胚接种RAV株毒后发生中枢神经系统持续性感染的鸡也会出现恶性病变和相应的临床症状。MAV-2（0）株感染鸡会发生骨髓再生障碍性贫血，这时是因为病鸡红细胞的血红蛋白不能结合铁离子，感染鸡的存活期大大缩短。由ALV感染诱发的免疫抑制还引起淋巴器官萎缩，高γ-球蛋白血症和对有丝分裂素的反应下降、抗体反应下降等。免疫系统的这些病理变化与B淋巴细胞的成熟障碍及抑制性T细胞封闭作用相关。除了生长迟缓和淋巴器官萎缩外，RAV-2还能引起体脂过度沉积、甘油三酯和胆固醇含量升高、甲状腺素浓度降低（甲状腺功能不足），以及胰岛素浓度升高。常见的生长迟缓都与病毒感染诱发甲状腺功能不足相关。由先天性ALV-J感染引起的生长迟缓也与甲状腺功能不足而影响脑下垂体的功能有关。

第三节 禽白血病多种多样的肿瘤性病变

本节将详细地叙述禽白血病的各种细胞类型肿瘤的肉眼病变及其病理组织学表现，特别是对一些类似的肿瘤，即属于同一细胞系列、不同分化时期的细胞肿瘤间的区别做了非常细致的鉴别性描述，例如髓细胞瘤和成髓细胞增多症白血病、纤维瘤和纤维肉瘤等。其中有些类型肿瘤并不常见、发病率也不高，对大多数禽病工作者来说，只要大致了解即可。但对于专门从事兽医病理学研究的人员来说，所有这些细节性的描述还是很有价值的。

ALV可能诱发多种不同的肿瘤性病理表现，主要表现为以下几种肿瘤。

一、淋巴肉瘤白血病（lymphoid leukosis）

【解剖病变】 感染鸡一般要在4月龄或更大年龄时，才会形成典型的淋巴肉瘤。肿瘤主要位于肝脏、脾脏和法氏囊，其他脏器如肾脏、肺、性腺、心脏、骨髓和肠系膜有时也会发生淋巴肉瘤。

淋巴肉瘤质地柔软，表面光滑、有良好的光泽度。将肿瘤块切开后，呈灰白色到乳白色，偶尔还会有坏死区。肿瘤可以生长成结节状、点状或弥散形。在结节状肿瘤，淋巴样肿瘤的直径可达0.5～5cm，既可单个发生，也可出现许多个结节。结节通常呈圆球形，但也有扁平状的，特别是位于脏器的表面时。在肝脏中常见点状圆形淋巴肉瘤，由许多直径小于2mm的小结节组成，均匀地分布在整个实质器官中。当发生弥漫性淋巴肉瘤时，相关脏器均匀地肿大，呈轻度灰白色，质地显著变脆。发生这种类型淋巴肉瘤时，肝脏有时实质纤维化，质地硬化。

【病理组织学变化】 所有的肿瘤呈结节性，在起源上是多中心的。肉眼观察时，即使肿瘤完全呈现弥漫性表现，在显微镜下所看到的也仍是一个个小的结节。这表明在肿瘤细胞增生时，所形成的肿瘤结节取代并压迫器官本身的细胞，而不是浸润到器官的实质细胞间。在肝脏中的肿瘤结节四周似乎还有一层纤维细胞样的带，可能是来自肝窦内皮细胞。

在法氏囊中的淋巴肉瘤，还可看出肿瘤生长的滤泡样结构。淋巴肉瘤是由较大的淋巴样细胞（淋巴母细胞）聚集组成的，这些细胞的大小数量不同，但都处在分化的早期。它们的细胞质膜界限不很清晰，多数细胞的细胞质嗜碱性，细胞核呈空泡状，其染色质凝聚并偏向边缘，还有1～2个很明显的嗜酸性的核仁。大多数肿瘤细胞的细胞质含有大量RNA，用甲基绿吡哆宁片染色呈红色。这表明它们是些不成熟的正在快速分裂的细胞。当将湿的触片用May－Grunwald－Gemsa、甲基绿吡咯宁和其他细胞质染料染色时，这一特征最明显。这些肿瘤细胞具有B细胞抗原标志，能产生并带有表面IgM。

【超显微结构】 在鸡的淋巴肉瘤的淋巴样细胞中，可以看到一些病毒粒子从淋巴细胞的细胞质膜出芽而出。

【病理发生】 ALV可以在鸡的大多数组织器官中复制，病毒感染可能在各种组织器官中引发暂时性的淋巴细胞集结灶，这应该看作是一种炎性反应而不是转化的肿瘤结节。相对来说，在法氏囊淋巴细胞中的ALV感染要比在其他造血细胞中持续更长时间，从而容易使法氏囊细胞成为肿瘤性转化的靶细胞。这种靶细胞必须是长期居留在法氏囊中的细胞，如果在5月龄前切除法氏囊或用其他方法处理法氏囊组织，就会防止和减少淋巴肉瘤白血病的发生。骨髓性巨噬细胞是供ALV复制的主要法氏囊细胞，它在将病毒感染向淋巴样细胞传递过程中起着重要作用。在感染后不同时期，例如人工接种条件下在感染后4周时，就可在法氏囊的1个或多个滤泡中出现淋巴母细胞增生，这些滤泡称为转化性滤泡，这种变化可看作是肿瘤前局灶性增生。这种转化性滤泡是整合进基因组的ALV前病毒DNA对*c–myc*基因激活的结果。由于*c–myc*基因处于病毒LTR增强子的调控作用下，*c–myc*的过量表达引起细胞成熟过程中的分化停止、法氏囊干细胞增生。由于这类被转化的B细胞分化停止，它就会干扰法氏囊内免疫球蛋白从IgM到IgG的转换和产生。因此，这时产生的淋巴肉瘤细胞表面具有IgM的特征。如果这些细胞的增生仅局限在法氏囊滤泡内，将不会进一步恶性肿瘤化。有些感染鸡，虽然法氏囊中有许多滤泡已被转化，但其中大多数将发生退行性变，只有一部分可持续生长并在法氏囊中形成结节样肿瘤，通常要到14周龄左右才会成为可见的肿瘤结节。实际上那些转化的滤泡要再进一步发展到完全的恶性肿瘤状态，还需要其他细胞遗传性的进一步转化，还有其他一些肿瘤基因如*Blym*–1、*Mta/Bok*、*c–bic*等也要参与进去后，才容易促成初步转化的结节样肿瘤进一步发展为恶性肿瘤状态。致肿瘤性试验表明，在致淋巴肉瘤或致成红细胞增生性白血病过程中，*c–bic*可以与*c–myc*相互协调发挥作用。此外，一种非编码性的转录子即称为miR–155的特殊的微小RNA也与致肿瘤作用相关。 对基因组水平的分析也表明，*myc*可在许多位点如c–bic/miR–155位点激活和诱发回文样结构基因组的不稳定性，是其激发法氏囊淋巴肉瘤化的主要因素。对B细胞淋巴瘤的前病毒DNA在细胞基因组上插入位点的分析还表明，端粒酶反转录酶（TERT）启动子/增加子区是最常见的整合位点。由此推测，ALV插入性激活细胞TERT的上调表达是启动并增强B细胞淋巴瘤发生的重要因子。还有证据表明，与原癌基因*Bcl*–2相关的细胞凋亡颉颃因子NR–13，可以抑制法氏囊肿瘤细胞的凋亡。一些血管生成因子也参与由*myc*诱导的淋巴瘤的形成过程。大约从12周龄起，在法氏囊中形成的肿瘤细胞开始转移到其他器官和组织。在内脏中形成的这种转移性肿瘤往往与法氏囊肿瘤具有相同的DNA插入性片段，这证明它们来源于法氏囊。当然，在法氏囊内也可能存在不同起源的淋巴肉瘤结节，因而在全身产生多克隆起源的淋巴肉瘤。

在胚胎接种ALV的试验感染中，激活*c–myb*基因也能诱发B细胞淋巴瘤。这种肿瘤能在感染后7周开始转移，而在法氏囊中却不再能检测到原始肿瘤。从ALV诱发的肿瘤还能形成可移植性肿瘤，其中RPL株ALV来源的肿瘤是可移植性肿瘤的一个典型例子。通常这种可移植性肿瘤在移植后5～10d内即可形成可触摸到的肿瘤，并广泛转移导致接种鸡很快死亡。

二、成红细胞增生性白血病（erythroblastosis）

【肉眼病变】该病通常发生在3～6月龄鸡。肝和肾呈中度肿胀而脾显著肿大。肿大的脏器呈樱桃红色至深红木色，质地变软变脆。骨髓增生、半液状呈红色。在不同脏器组织出现点状出血，如肌肉、皮下和内脏。此外，还可见到肝、脾血栓形成、梗塞和破裂。也会出现肺水肿、心包积水和肝脏表面纤维素沉积。在出现严重贫血时，血液稀薄、淡红色，凝血缓慢。相反，在急性病程不容易看到明显的肉眼病变时，血液可能呈暗红色且带有一种烟雾状的覆盖物。

【显微镜下病变】早期病例的骨髓切片中，可见血窦充满增生的但未能成熟的成红母细胞。随着病程的发展，骨髓中出现成片的形态均一的成红母细胞，其中还有一些具有髓细胞生成活性但几乎没有脂肪组织的细胞小岛。随着贫血的发展，成红母细胞逐渐减少。内脏器官的变化主要与瘀血有关，在肝、脾脏红髓、骨髓、其他器官的血窦和毛细血管中充满成红细胞。血窦高度扩张导致器官实质组织呈压迫性萎缩。在成红细胞增多症时，所有脏器各部分蓄积的成红细胞都存在于脉管内，而不是像淋巴细胞瘤或成髓细胞增多症时那样位于脉管外。在成红细胞增生性白血病时，会出现不同程度的贫血，还可以见到骨髓外的造血细胞生成现象。该病涉及的成红母细胞，具有很大的圆形的核，其染色质很细密，还有1～2个核仁，嗜碱性的细胞质占细胞很大比例。在细胞核周围有一晕环，细胞质中还有空泡，偶尔还有很细小的染色颗粒。成髓母细胞形态不规则，常常还有伪足样形状。

在血涂片中，可观察到不同数量的成红母细胞，其中最主要的是早期呈不同成熟性的成红母细胞，还有处于不同分化期的异嗜性红细胞。在发病的早期或病情发生缓和后，多易见到比较成熟的成红母细胞。血小板系列细胞增加且处在不同的分化期。大多数自然病例在外周血循环中可出现不成熟的骨髓细胞系列细胞。偶尔以成红母细胞为主，但也会发生成红母细胞增多症白血病与髓细胞瘤白血病的混合表现。在电子显微镜下观察时，除了有可能观察到正在细胞膜表面出芽的成熟病毒粒子，病鸡的成红母细胞与正常鸡的同类细胞无明显差异。

【病理发生】用慢性致肿瘤性毒株如RPL_{12}接种11日龄胚后，从第1周龄起就出现成红母细胞增多症。如用同样毒株接种1日龄鸡后，则发病的潜伏期为21～100d。由慢致癌性ALV引发的成红母细胞增多症，也涉及由整合进细胞基因组的病毒LTR对肿瘤基因*c-erbB*的激活作用。当用急性致瘤性AEV如ES4和R株人工接种鸡后7～14d，就会发生成红母细胞增多症并造成死亡。其中，ES4带有1个*v-erbA*基因，它能封闭红细胞前体细胞的分化。此外，还有*v-erbB*基因。已分离到2株ALV-J病毒1B和4B，它们具有急性细胞转化作用，它们既能诱成红母细胞增多症，也能诱发髓细胞瘤白血病及其他肿瘤。

鸡在感染了AEV后，最早的变化是第3天时在骨髓窦中出现成红母细胞增生。第7天时，原始转化的细胞出现在循环血液中，并在肝和脾的血窦性结构中出现成红细胞样增生灶。在感染鸡死之前，成红母细胞继续在肝窦和其他组织集聚，而且可形成可转移性成红母细胞性肿瘤。

三、成髓母细胞白血病（myeloblastosis）

【肉眼病变】 成髓母细胞白血病并不常见，一般只发生在成年鸡。患鸡肝显著增大，硬实，弥漫性布满灰白色的肿瘤浸润组织，使肝脏呈一种斑驳状或颗粒状表现。脾和肾也呈弥漫性细胞浸润，中度增大。骨髓被灰黄色、硬实的肿瘤浸润组织取代。当疾病严重时，这种成髓母细胞可占整个外周血细胞的75%，形成很厚的一层白细胞粥层。患鸡明显贫血，血小板低下。

【显微镜下病变】 一些实质器官特别是肝脏血管内和血管外都积聚着大量的成髓母细胞，还有一定比例的前髓细胞。在脾脏中，这些肿瘤细胞集聚在红髓中。在骨髓中，这些成髓母细胞仅限于血管窦外区域。

在病鸡的血涂片中，成髓细胞是一类大型细胞，细胞质清澈、轻度嗜碱性，细胞核很大，含有1～4个着色很浅的嗜酸性核仁。同时，还可见到前髓细胞和髓细胞，根据它们带有的特殊颗粒，很容易区别，它们在早期是嗜碱性的。该病可继发贫血，并出现异染性红细胞和网状细胞。这种继发性贫血很容易与成红母细胞增多症白血病、成髓母细胞白血病并发症相鉴别，因为在并发情况下，在血涂片中同时存在这两种类型细胞的前体细胞。

【病理发生】 成髓母细胞的肿瘤性转化是由相关的AMV中的肿瘤基因*v–myb*引起的，在人工接种后几天，就在骨髓的血管窦外区域出现许多成髓细胞的增生灶，然后很快在肝、脾和其他器官中出现白血病性肿瘤细胞浸润。在这个过程中，*v–myb*肿瘤基因作为转录因子通过下调特殊的靶基因和改变核糖体结构来转化成髓细胞系列的细胞。

四、髓细胞瘤白血病（myelocytomatosis）

【肉眼病变】 髓细胞瘤白血病的特征是它常发生在骨的表面骨膜及软骨附近，当然其他组织也会有相应的肿瘤病变。髓细胞瘤常出现在肋骨软骨接合处、胸骨的内表面、骨盆骨、下颌骨和鼻孔的软骨部位，在脑壳的平骨部分也常会发生。这种肿瘤还可发生在口腔、气管内、眼内或眼周。肿瘤呈结节状，也可能是多结节性的，质地有点柔软质脆，呈奶酪色。由ALV－J诱发的髓细胞瘤性浸润还可使肝脏和其他器官肿大。此外，还能引起骨骼肿瘤和髓细胞性白血病。

【显微镜下病变】 肿瘤通常由大量形态一致的分化完全的髓细胞组成。细胞核大呈多孔状，位于细胞中央，有一个界限清楚的核仁。在细胞质中聚集有嗜酸性颗粒，颗粒多为圆形。如将肿瘤做一个压片后再用May－Grunwald Giemsa染色，这种颗粒呈鲜红色。在髓细胞瘤白血病中也常见到一些由分化不完全的髓细胞聚集区，此外还可能见到由髓细胞－单核细胞系列的干细胞组成的未分化细胞聚集区。在肝脏中，肿瘤化的髓细胞多积聚在血管周围和实质区。在脾脏中，肿瘤细胞位于红髓中。在骨髓中，主要是由形态一致的肿瘤化髓细胞的增生组成了血窦外的髓细胞样肿瘤细胞生成区。发生由ALV－J诱发的髓细胞样肿瘤时，还会伴以明显髓细胞样细胞白血病，即循环血中可见大量肿瘤化的髓细胞。能诱发髓细胞瘤的其他一些毒株如Me29也会表现白血病。

【病理发生】 能诱发髓细胞瘤白血病急性转化的ALV毒株，如MC29t CMⅡ，都带有*v－myc*肿瘤基因。ALV－J的慢性转化性毒株也能诱发髓细胞瘤白血病，如HPRS－103和ADOL－HCl，它们并不带有肿瘤基因。对HPRS－103诱发的髓细胞瘤的研究表明，在该肿瘤发生时*c－myc*也被激活了。来自HPRS－103株病毒诱发的髓细胞瘤的急性转化性毒株966也携带*v－myc*。对HPRS－103和966这两株病毒的研究表明，它们都对骨髓单核细胞系列的细胞有亲嗜性，而这些细胞容易被诱发产生髓细胞样细胞瘤。几年前，曾从商品代蛋鸡自然发生的髓细胞样白血病分离到一株ALV－B与ALV－J的LTR的重组病毒（ALV－B/J）。但是，当以这个重组病毒接种自来航鸡后诱发的却是淋巴肉瘤，而不是髓细胞瘤，这表明在最初分离到该重组病毒ALV－B/J的商品代蛋鸡与人工感染用的试验品系之间的遗传差异决定着致病性上表现的差异。

五、血管瘤（hemangioma）

【肉眼病变】 在不同年龄鸡都可能在皮肤或内脏发生由ALV感染诱发的血管瘤。这些血管瘤表现为充满血液的囊泡状物，或较硬实的瘤状物。它们是一层内皮细胞或其他细胞增生物构成的外膜包裹的血泡。同一只鸡同时可能有多个血管瘤存在，一旦破裂，如果流血不止就会造成死亡。

【显微镜下病变】 海绵状血管瘤充满血液，其周围是由内皮细胞组成的一层薄膜。毛细管性血管瘤是一个实体增生物，并形成一种致密的团块即血管内皮瘤，其中只留下有限的裂隙作为血流的通道。这种血管瘤也会形成一种由毛细管组成的网格样结构，或形成一种由胶原支撑的索状物，其中穿插着大量血腔。

【病理发生】 从患有血管瘤分离到的相应ALV的序列分析表明，在其*env*基因和LTR部分都有特殊的序列成分。这类病毒对内皮细胞有较高的亲嗜性及杀细胞作用，但真正的分子机制还不清楚。

六、肾瘤和肾母细胞瘤

【肉眼病变】 肾脏有两种类型瘤，即肾母细胞瘤和腺瘤。肾母细胞瘤大小不一，有的较小，呈灰色、粉红色的小结节镶嵌在肾实质中；有的较大，呈灰黄的囊状的大块肿瘤组织甚至取代了大部分肾脏。肿瘤块可利用细小的纤维性血管作为梗，连接在肾脏上。大的肿瘤块呈囊泡状，可波及两侧肾。另一种肾脏的腺瘤也是形状大小不一。在同一个体内可能有多个腺瘤块。

【显微镜下病变】 发生肾母细胞瘤时，在不同肿瘤间及同一肿瘤的不同区域，可能有不同的病理组织学表现。不论是肾上皮或还是间质组织都能发生肿瘤性病变，不过在不同的肿瘤中，二者的比例和分化程度差异很大。上皮结构可表现不同变化，如上皮细胞内陷导致的肾小管扩大、肾小球变形、由扭曲的肾小管形成不定形物质等，也可见不规则或立方形的未分化细胞在一起。这些肿瘤生长时可嵌入疏松的间充质组织中，或肉瘤的基质中。此外，还可见到由分层的角质化鳞状上皮细胞结构、上皮软骨或骨组织组成的小岛。虽然肿瘤具有多样性，但很少发生转移。腺瘤的生长也是多种多样的。在恶性管状瘤，在管状区出现大量的原始的异常肾小球。此外，还常见到乳头状囊腺瘤。

【肾母细胞瘤的病理发生】 目前，在ALV诱发的肾母细胞瘤中的发生过程中，已发现相关的肿瘤基因有*c–fos*。最近又发现有两个原瘤基因*nov*和*twist*也是肾母细胞瘤中常见的ALV插入位点。

肾母细胞瘤细胞来源于肾原性的胚基，在出壳时直到6周龄鸡都位于后肾（功能肾）。AMV的BAI–A株、MDV–2（N）株、MAV–2–0株及ALV–J的1911株都可诱发肾母细胞瘤。

腺瘤生长物仅仅来自胚胎原基的上皮部分，而不会来源于间充质组织。随上皮成分退行性的程度不同，相应形成的肿瘤可分别表现为腺瘤、癌性腺瘤或实体癌瘤。MC29、DS4、MH2等株ALV和许多野毒都可诱发这类肿瘤。此外，不论是慢性还是急性转化性ALV–J，都能诱发肾脏的腺瘤和癌性瘤。

七、纤维肉瘤和其他结缔组织瘤

【肉眼病变】 在ALV自然感染病例中，小鸡和成年鸡均可发生多种不同类型的良性和恶性结缔组织瘤，通常都是散发。常见急性肿瘤的无细胞浸出液也能诱发同样的肿瘤，这包括纤维瘤、纤维肉瘤、黏液瘤和黏液肉瘤、组织细胞肉瘤、骨瘤和骨性肉瘤、软骨瘤和软骨肉瘤。良性的肿瘤生长较缓慢，且都局灶化，不呈浸润性。恶性的肉瘤则生长迅速，并向周围组织浸润，还能转移。纤维瘤长出来后就像一个纤维结节一样附在皮肤上，长在皮下组织、肌肉和其他器官，但纤维肉瘤的质地较软。如果出现在皮肤上，这些肿瘤可发生溃疡。黏液瘤和黏液肉瘤也具有柔软的质地，它们含有一些黏稠的润滑性物质，这类肿瘤主要发生在皮肤和肌肉。组织细胞肉瘤质地较坚实，新鲜的组织细胞肉瘤主要发生在内脏。骨瘤和骨肉瘤是一种质地硬实的瘤，不常见，主要出现多种骨骼的骨膜上。软骨瘤和软骨肉瘤很少发生，它们出现在有软骨的组织，有时还出现在纤维肉瘤及黏液肉瘤中。在ALV–J感染时，还可能出现神经胶原肉瘤。

【显微镜下病变】 最简单的纤维瘤是由成熟的成纤维细胞组成，有呈波浪状并列条带胶原纤维贯穿其间。生长比较慢的纤维瘤分化比较成熟，含有较多的胶原和较少的细胞成分，而生长较快的纤维瘤正相反。一些纤维瘤的局部还呈现水肿，但显然不同于黏液瘤或黏液肉瘤。纤维肉瘤中进一步可出现坏死、溃疡及继发感染，这时在肿瘤中可见多种炎性和坏死性变化。如果炎性变化明显，那就很容易将肿瘤与肉芽肿混淆。与纤维瘤不同，纤维肉瘤的特点是它能呈现快速且又破坏性地生长，可能有不同的细胞组成且这些细胞都表现出分化不成熟性。在肿瘤中可见许多形态较大又不规则的高色素性的成纤维细胞，其中有的细胞分裂还比较活跃。肿瘤中胶原蛋白含量较纤维瘤少，且多集中在分隔肿瘤的不规则的分叶间隔附近。在快速生长的纤维肉瘤中也会出现坏死区，有时还出现水肿。此外，在ALV–J感染鸡，还会形成多发性未分化性肺肉瘤。黏液瘤是由一群星状或纺锤状的细胞团组成，其周围包围着匀质的轻度嗜碱性的黏液样物质。在恶性型即黏液肉瘤中，这种黏液状物原较少，其中的成纤维细胞数量较黏液瘤更多，且更加不成熟。

组织细胞肉瘤来源于单核细胞和巨噬细胞系列细胞，不论是一个肿瘤内还是不同肿瘤间，其细胞组成差异很大。在ALV–J感染鸡，特别是那些呈现持续性病毒血症但没有形成免疫耐受性（即仍能产生抗体）的肉用型鸡，比较容易发生这种类型肿瘤。肿瘤细胞可能呈纺锤状，通常成群或囊状，就像在纤维肉瘤中那样。还含有星状的内皮组织成分，较大的吞细胞或巨噬细胞。这类肿瘤显然来自单核髓细胞系统的干细胞。由MH_2和MC_{29}株病毒诱发的所谓内皮细胞瘤也是来自这一系统细胞的肿瘤。在原发性肿瘤，纺锤样细胞还表现出伪足。而在转移性病灶，可见大量的细胞呈现原始的组织细胞样形态。骨瘤在结构上类似于骨骼，但缺乏骨骼的许多内在的组织学结构。它们是由同质的嗜酸性骨黏素组成，其中还存在一些成骨母细胞。骨肉瘤则是一类由不同浸润性细胞形成的生长物，它们可侵入并破坏周围组织。其组成的细胞也是纺锤状，或椭圆形或多角形，许多细胞正处在有弱分裂中。细胞核很显著，细胞质嗜碱性。还常常见到许多多核巨细胞。虽然肿瘤中有不同的细胞成分且生长很快，但在一些区域也存在高度分化的骨黏素生成细胞，这一特点足以用来识别和鉴定这类肿瘤。

软骨瘤具有很独特的典型结构，即在软骨素基质中可见两个或更多个软骨细胞。在软骨肉瘤中，表现出明显的细胞多样性，从最不成熟直至完全分化成熟的软骨细胞都有存在。

【病理发生】 在鸡场发生的肉瘤和其他结缔组织瘤常在感染后几个月才发生，很可能还是通过慢转化性ALV激活细胞肿瘤基因引起的。在一个商品代蛋鸡场，类似于MAV–1株的ALV诱发了肉瘤的暴发，用从病鸡得到的新分离物接种白来航鸡，也会引起肉瘤和髓细胞瘤。能够诱发肉瘤的ALV可能带有不同的肿瘤范围，如*src*、*fps*、*yes*、*ros*、*eyk*、*jun*、*gin*、*maf*、*crk*、*sea*和*erbB*等（第二章表2–1）。

这些肿瘤基因代表了可能被ALV插入鸡基因组而被激活的肿瘤基因范围，且也可能发生突变。这些细胞肿瘤基因可能控制细胞的不同的生物学功能（它们的表达产物通常都是生长因子、生长因子受体、信号传递分子或DNA转录因子），当这些基因异常表达时，细胞的增殖和分化就会失去控制，从而导致肿瘤发生。

八、骨硬化

【肉眼病变】 骨硬化最早出现的可见变化发生在胫骨和跗跖骨的骨干部分，很快也会发生在其他长骨和骨盆骨、肩胛骨、肋骨等，但不会在趾骨发生。通常这种病变是两侧对称发生的。最初表现为在正常灰白色略显透明的骨骼的背景上出现明显的淡黄色病灶。然后，骨膜开始增厚，骨质呈海绵状易被折断。这一病变通常先围绕骨体四周发展，然后漫延至主骨骺部分，使相应的骨骼呈纺锤状。有时，这种病变只表现为局灶性或呈偏心状。病变严重程度差异很大，从轻度的外生性骨疣到大片不对称肿大，直到骨髓腔完全闭合。在病程较长的病例，骨膜不再像早期那样增厚，去除骨膜后，就显出变得非常硬化的不规则的多孔骨表面。在病的早期，病鸡脾脏轻度肿大，随后则呈严重的脾萎缩，不成熟法氏囊和胸腺也显著萎缩。在发生骨硬化的病鸡也常发生淋巴肉瘤。

【显微镜下病变】 嗜碱性的成骨细胞数量和体积的增大，导致病变处骨膜显著增厚。每个胫骨破骨细胞数量增加，但破骨细胞的密度即每单位体积的破骨细胞的数量减少。与正常骨相比，病变骨的主要变化是海绵样骨组织围绕一圈向骨体的中央延伸和聚集。其中，哈佛氏管的直径呈不规则性增大，其腔隙的数量、大小和位置的变异性也显著增加。成骨细胞数量增多，很大且嗜酸性。新形成的骨组织则嗜碱性、呈纤维状。

【病理发生】 骨硬化是骨骼的一种多克隆性病，这是大量病毒感染扰乱了成骨细胞的生长和分化的结果。当用可诱发骨硬化的Br21株ALV接种后，在感染骨中病毒的量比在感染的成骨细胞培养中的病毒量高得多。在骨硬化的严重病例，其骨中含量的病毒DNA、gag前体蛋白及env蛋白的量分别要比成骨细胞培养中高出10、30和2～3倍。感染鸡的淋巴器官和骨髓都呈现变性或再生障碍性病变。一些ALV株诱发骨硬化的性能与病毒基因组中gag–pol–5'env区的序列相关，Env蛋白也在骨硬化发生过程发挥一定作用。从自然发生骨硬化病的发病骨采集到的外源性ALV与已知的成髓细胞增多症白血病相关病毒MAV–1的囊膜蛋白显示很高的序列类似性。

九、其他肿瘤

除了肾脏肿瘤外，ALV诱发的上皮细胞肿瘤还很少发生。已有的报道主要来自用急性转化性病毒作人工感染的试验，但在ALV–J感染和人工接种试验中，都会出现上皮细胞肿瘤。例如BAI–A和ALV–J的HPRS–103株都可诱发卵泡膜细胞瘤和卵巢的粒细胞瘤，用MH2株ALV或一些ALV–J株病毒接种后也可诱发睾丸的粒原细胞瘤，用MC29、MH2和HPRS–103株ALV人工接种还能诱发胰脏的恶性腺瘤，骨硬化症病毒P_{ts-56}株也能在珍珠鸡诱发胰腺瘤和恶性腺瘤及十二指肠的乳头瘤，MC29和MH2株病毒也能诱发恶性鳞状细胞瘤及肝细胞瘤，一些ALV–J可引起胆管瘤和恶性卵巢瘤，MC29和HPRS–103可诱发间皮瘤。

第四节　我国鸡群禽白血病常见肿瘤病理变化

一、我国不同类型鸡群ALV–J诱发的肿瘤的多样性及特点

ALV–J一直是我国鸡群中禽白血病的主要病原，但它在我国的发展趋势显著不同于世界上其他地区。20世纪80年代末期，在英国白羽肉用型鸡出现的ALV–J，虽然在90年代中期已蔓延至全世界几乎所有地区所有品系的白羽肉鸡中，但仅限于白羽肉鸡，并没有蔓延到蛋用型及其他品系鸡。经过10多年对原种鸡群持续严密的ALV净化，到2005年前，全球所有仍在商业运行的白羽肉鸡育种公司均已将ALV–J基本净化。此后，国外很

少再有ALV–J流行的报道。但在我国，ALV–J在90年代随引进的种鸡在白羽肉鸡中大流行后，又传进了蛋用型鸡、我国各地培育的黄羽肉鸡及我国固有的许多地方品种鸡群。虽然对种源ALV感染的检疫、监控和净化，不仅使我国白羽肉鸡和蛋用型鸡中的ALV的感染率显著下降，且近年来也很少有临床发病的报告。在一些已开展净化项目的黄羽肉鸡和地方品种鸡场，其感染率和发病率也都显著下降，但在尚未对ALV实施净化的黄羽肉鸡和我国特有的地方品种鸡群中，ALV–J和其他亚群ALV的感染率还比较高，有些鸡场仍有很高的肿瘤发病率，有的甚至还有上升趋势。

（一）白羽肉用型鸡的ALV–J肿瘤病理表现

从20世纪90年代起，随引进的白羽肉用型种鸡而带入的ALV–J在我国白羽肉鸡中的流行特点与其他国家发生的状况完全相同，而且病理表现也相同。

1999—2005年，作者曾先后剖检了位于我国白羽肉鸡主要产地的6个省市的不同品系的父母代种鸡场的大量病鸡。其最基本的典型病变是髓细胞瘤或成髓细胞增生症白血病。主要的突出表现是肝脏显著肿大，无数细小的白色增生性结节弥漫地分布在整个肿大的肝脏（图5–1）。病理组织学病变为典型的髓细胞瘤，即肿瘤细胞来源于分化到某一阶段的髓细胞。细胞形态类似于从髓细胞进一步分化来的嗜酸性白细胞或嗜碱性白细胞。细胞核呈不规则形状且较疏松，明显小于细胞质部分。在细胞质内可见许多嗜酸性颗粒（图5–2）。作为肿瘤组织一个特点，肿瘤结节内多由单一的髓细胞样肿瘤细胞组成。在一部分病鸡肿大的肝脏上，也会出现不同大小、形态的血管瘤。由髓细胞样肿瘤细胞增生导致脾肿大和肾肿瘤性增生是另一个常见的病理变化（图5–3、图5–4）。这种变化有时还可见于睾丸，睾丸显著肿大并在病理切片中呈现同样的髓细胞样肿瘤细胞浸润（图5–5、图5–6）。此外，由于髓细胞样细胞增生，还使骨髓色泽变黄（图5–7），或在胸骨、肋骨上形成白色肿瘤性增生物（图5–8、图5–9）。

将分离到的ALV–J人工接种1日龄白羽肉鸡，也可诱发出同样的髓细胞样肿瘤，在肿大的肝脏上布满细小的增生性结节，病理组织学观察也是呈现典型的髓细胞样细胞瘤（图5–10）。同时，在肾脏 、心肌、骨骼肌等内脏组织也常可见到典型的髓细胞样肿瘤细胞（图5–10）。其中，肾脏是另一个常显现肿瘤病变的脏器，呈不同程度肿大，在不同肾叶出现形态不规则的白色肿瘤块，在病理组织切片中也可见典型的髓细胞样肿瘤细胞结节。另外，类似的肿瘤结节还出现在心肌（图5–11）。

（二）黄羽肉鸡的ALV–J肿瘤病理表现

我国各地的黄羽肉鸡有多个品种，它们多是在20世纪90年代前后用引进的生长较快、体型较大的白羽肉鸡与当地某个地方品种鸡杂交后逐渐培育而成的。因此，从培育的早期阶段就已可能带进了ALV–J。

同白羽肉鸡一样，ALV–J感染黄羽肉鸡后的主要病变为肝脏的髓细胞样细胞瘤，亦表现为肝脏显著肿大，其上布满许多细小的或绿豆大小的白色肿瘤结节（图5–12、图5–13），病理组织切片亦为髓细胞样细胞瘤（图5–14）。但是，在黄羽肉鸡肿大的肝脏，除了细小的肿瘤结节外，还有中等大小甚至更大的肿瘤结节（图5–15、图5–16）。此外，有的肿瘤区的视野中除了髓细胞样肿瘤细胞外，还有淋巴细胞浸润（图5–17至图5–19）。类似的肿瘤亦表现在脾脏及肾脏，还有胸骨和肋骨（图5–20、图5–21）。

然而，在黄羽肉鸡发生ALV–J感染的白血病时还有更多的病变。中枢性免疫器官胸腺和法氏囊也会发生髓细胞样细胞瘤。在胸腺的多数小叶已萎缩时，发生肿瘤的小叶显著肿大（图5–22），病理组织切片中也是髓细胞样肿瘤细胞（图5–23、图5–24）。在发生病变的法氏囊黏膜上可见增生的白色肿瘤结节（图5–25），在病理组织切片中也是单一的髓细胞样肿瘤细胞（图5–26、图5–27）。

同白羽肉鸡一样，在发生由ALV–J引发的髓细胞样瘤的肿大的肝脏也可能出现不同大小的散在的血管瘤。在已发生ALV–J诱发的髓细胞样肿瘤的黄羽肉鸡群，在一些并未表现典型髓细胞样肿瘤的鸡，肝脏上也会出现血管瘤。此外，在这些鸡群内，一些仍能正常采食的鸡，在脚爪部出现血管瘤或出血现象（图5–28），但这样的比例不高，不会多于1%。

（三）蛋用型鸡的ALV–J肿瘤病理表现

2006—2013年，在我国蛋鸡群中ALV–J感染诱发的白血病的肿瘤病变表现出更大的多变性。与白羽肉鸡和黄羽肉鸡类似，在感染ALV–J后也会出现典型的肝脏的髓细胞样肿瘤，在整个肿大的肝脏布满了许多针尖大小或针头大小的白色增生性结节，在病理组织切片中也是呈现典型单一的髓细胞样肿瘤细胞结节。（图5–29）。这种髓细胞样肿瘤也同样常见于脾脏、肾脏、心肌、睾丸等其他脏器。有时也见于头颈部，造成脑壳局部突起（图5–30）。此外，在胸骨也会出现肿瘤细胞增生形成的赘生物。然而在这期间发生ALV–J感染的蛋鸡群，还有相当比例的病鸡在体表出现显著的皮肤血管瘤，分别发生在脚爪部、翅膀及胸部（图5–31至图5–34），而且这类血管瘤在死亡前常常可持续很多天。发生血管瘤的病鸡最后因出血不止而死亡。剖检后，一部分死亡的鸡，在内脏特别是肝脏有ALV–J诱发的典型弥漫性髓细胞样肿瘤结节。另外，也有一部分死亡鸡的肝脏上看不出明显的病变，死亡的直接原因就是体表血管瘤破裂后出血不止造成的，或者在肝脏表面上也有数量不等、大小形状不一的血管瘤。除了常见血管瘤外，ALV–J感染蛋用型鸡后还能诱发下面两种不同性质的肿瘤和病变。

1. 骨硬化症 可见病鸡一侧腿骨明显变粗（图5–35），将其截开后，骨髓已硬化呈黄色（图5–36），完全失去了正常的骨髓结构。有的鸡还可以看到骨硬化的早期过程。在同一只鸡的同一跖骨的剖面，一部分色泽正常，但有些区域已呈现粉红色或黄白色变性（详见图5–70、图5–71），该区域组织切片中，有些视野为染色和结构仍很典型的髓细胞样肿瘤细胞，而另一些视野里所有细胞染色很淡，失去正常的细胞结构，但仍能大致看出髓细胞样肿瘤细胞的轮廓。

2. 纤维肉瘤 作者曾对从一群严重感染了ALV–J的海兰褐商品代蛋鸡中挑选了30只较为消瘦的鸡做了1个月的临床病理观察，除了普遍出现了典型的髓细胞瘤/血管瘤外，还有一只肠系膜上出现了纤维肉瘤，呈多个大小不一的肉瘤块，游离于其他脏器（图5–37），对其做组织切片观察，确认为纤维细胞样肉瘤（图5–38）。从肉瘤组织仅分离到ALV–J，没有分离到ALV–A/B，也没有REV共感染。类似的纤维肉瘤也出现在另一个海兰褐父母代种鸡场，均表现在颈部皮下的肉瘤块（图5–39），病理组织切片观察也是纤维肉瘤。此外，在一些肠型或腹腔其他部位，也可出现不同大小的肉瘤样结构，经病理组织检查，也是纤维肉瘤。颈部纤维肉瘤块也见于若干个由白羽肉鸡公鸡和商品代蛋鸡杂交的后代，即所谓“817”肉杂鸡场，发病和死淘率在5%左右，显示明显的传播性（见本节“四”）。

2011—2012年，我国蛋鸡中ALV–J流行的后期，蛋用型鸡中发生ALV–J白血病时的另一个特征是，一部分病鸡肿瘤发生的全身化。在一些发病鸡群，不仅发病死亡率高，常常还有一定比例的病鸡，同一只鸡的许多不同脏器、组织都出现多个肿瘤块。这似乎表明，这些病鸡一旦在某一脏器形成肿瘤，肿瘤细胞可能在短期内转移到不同脏器组织内形成新的肿瘤块灶。下面列出了同一只商品代海兰褐产蛋鸡在不同脏器组织上产生的典型的髓细胞样肿瘤的肉眼变化及病理组织学变化，这些不同脏器和组织包括肝（图5–40至图5–47）、脾（图5–48至图5–51）、肾（图5–52至图5–54）、肺（图5–55至图5–57）、胸腺（图5–58至图5–61）、肠系膜（图5–62至图5–65）、胸骨（图5–66至图5–69）、跖骨（图5–70至图5–78）和肋骨（图5–79）等。最值得注意的是，这只病鸡的同一胫骨骨髓呈现髓细胞样肿瘤病变的不同时期，可以推论，如果这只鸡其他脏器不发生肿瘤而只在胫骨发生肿瘤，因而能存活更长时间的话，整个胫骨骨髓最后都会经历髓细胞样肿瘤细胞化，随后再变性、钙化直至胫骨逐渐肿大至如图5–35和图5–36。

在同一群鸡中，还前后多次出现了在同一只病鸡多器官组织出现广泛肿瘤的病例（图5–79至图5–82）。这一现象表明，ALV–J在我国蛋鸡群中流行多年后的致病性发生着变化，或者突变成急性致肿瘤性的概率增高了，或者其诱发的髓细胞样肿瘤细胞的转移性增强了。

此外，在同一只病鸡，在不同的脏器组织表现出不同类型细胞的肿瘤。如在肝脏中为典型的髓细胞样细胞瘤（图5–83至图5–86），而在脾脏和肠壁上却是纤维状细胞瘤（图5–87至图5–92）。

图5-1　自然发病的35周龄白羽肉用型种鸡，肝脏显著肿大

肝脏上有多个细小的白色增生性结节，为典型的 ALV-J 诱发的髓细胞样细胞瘤结节。同时还有数个血管瘤。

（崔治中　摄）

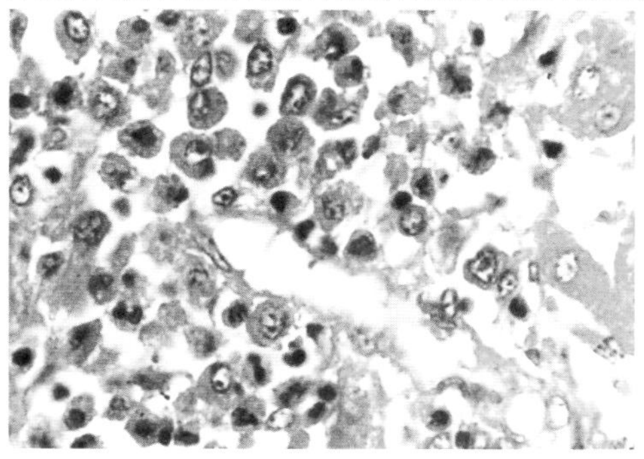

图 5-2　图 5-1 肝脏的组织切片

见大量典型的髓细胞样瘤细胞，其细胞质中有非常典型的嗜酸性颗粒。HE 1000 ×　（崔治中　摄）

图 5-3　与图 5-1 为同一只鸡，脾脏肿大

（崔治中　摄）

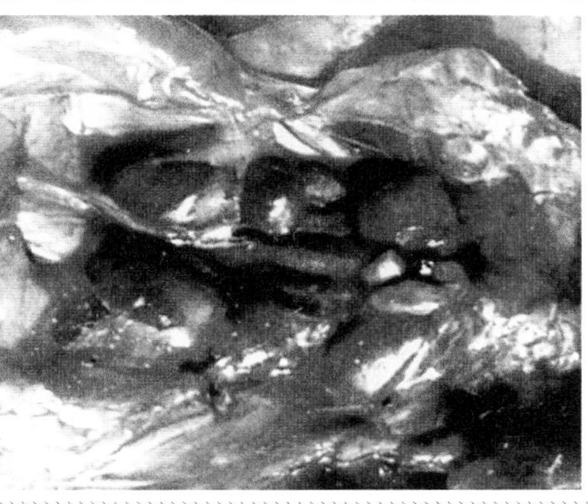

图 5-4　与图 5-1 为一只鸡，肾脏肿大

可见乳白色的增生性肿瘤块。　（崔治中　摄）

图 5-5 ALV-J自然感染发病鸡，睾丸因髓细胞样瘤细胞增生而显著肿大

（崔治中 摄）

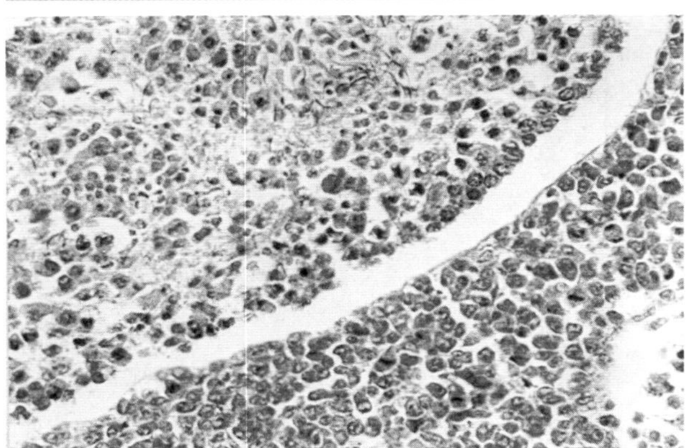

图 5-6 图 5-5 肿大睾丸的组织切片

见大量髓细胞样瘤细胞。HE 400 ×

（崔治中 摄）

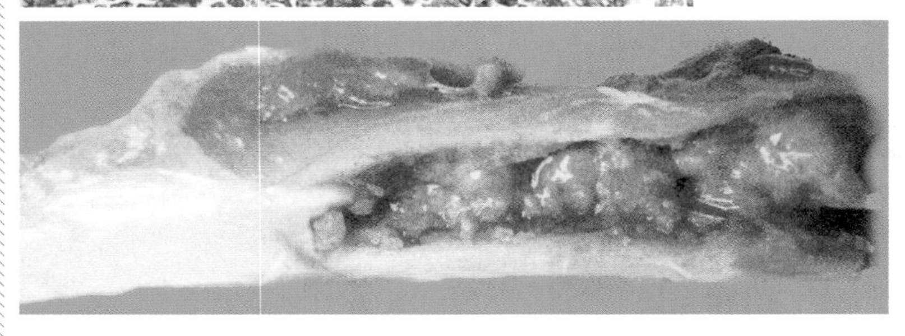

图 5-7 ALV-J 感染自然发病白羽肉种鸡，由于髓细胞样瘤细胞增生导致骨髓变黄

（崔治中 摄）

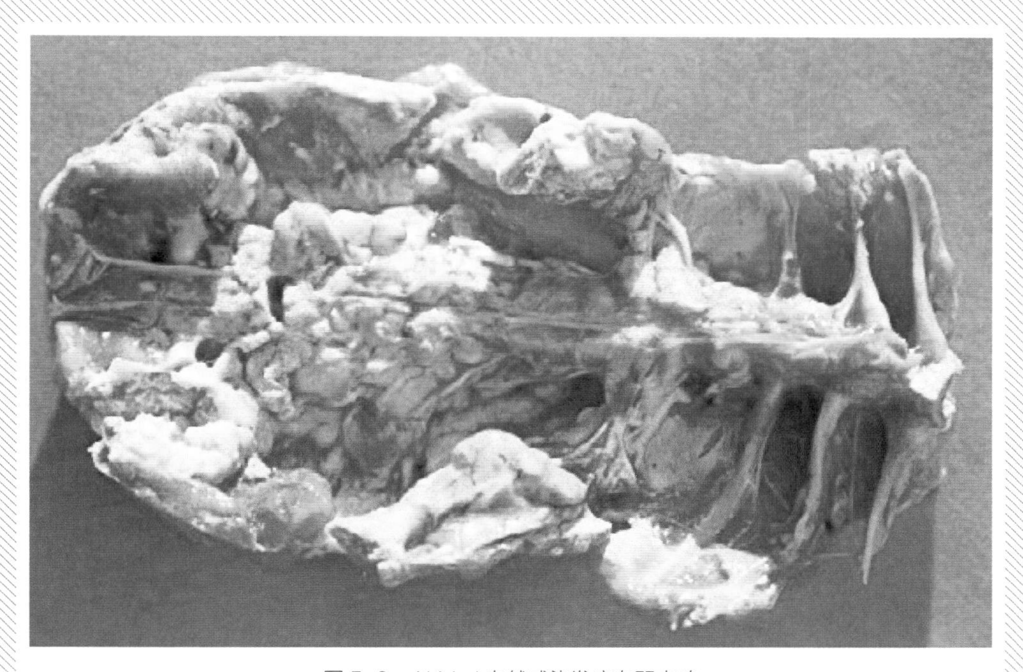

图 5-8　ALV-J 自然感染发病白羽肉鸡

见脊椎、骨膜的髓细胞样瘤细胞增生物。　（崔治中　摄）

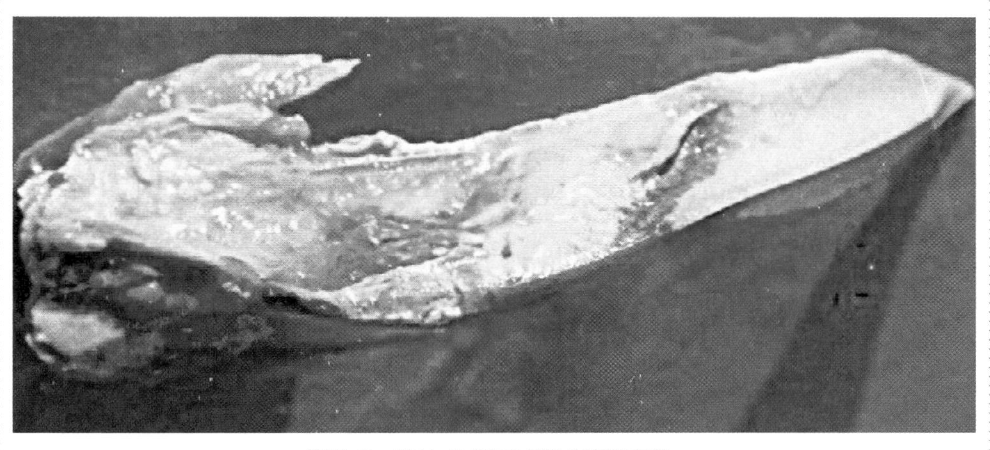

图 5-9　ALV-J 感染自然发病白羽肉鸡

见胸骨上的髓细胞样瘤细胞增生引起的赘生物。　（崔治中　摄）

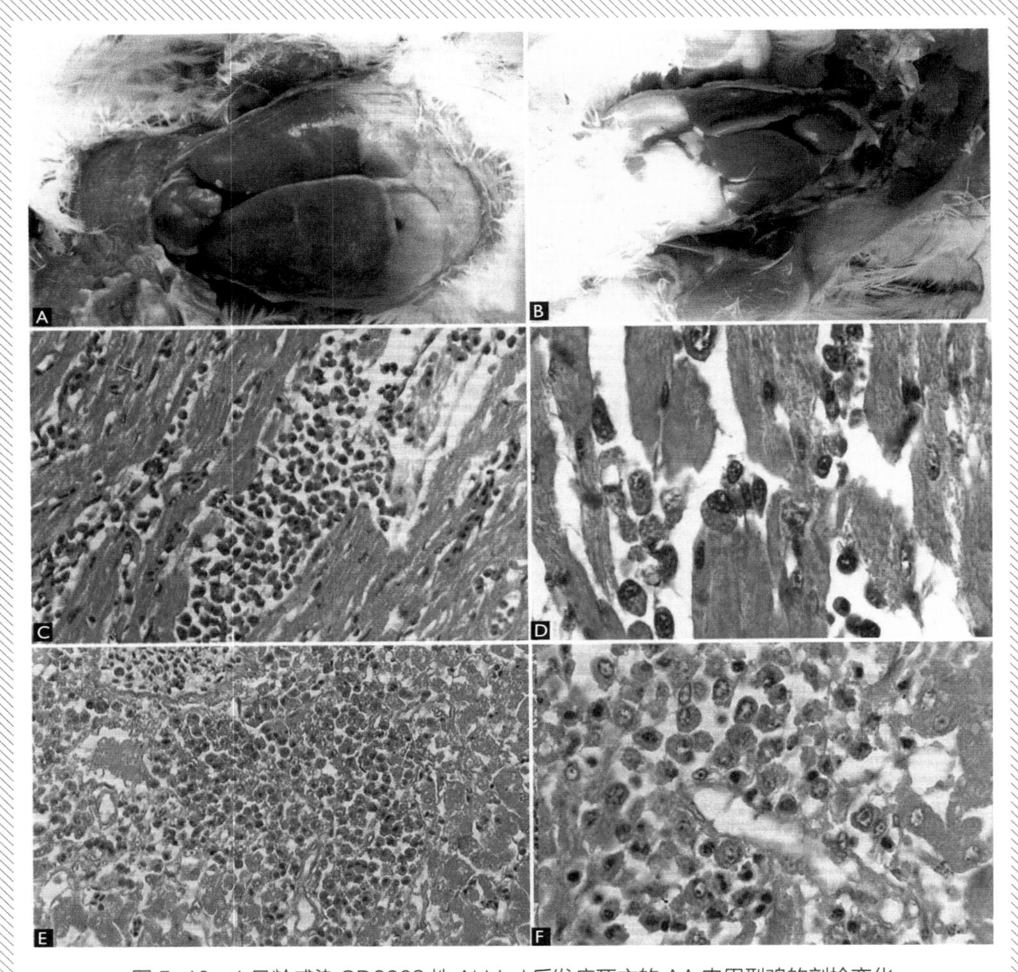

图 5-10 1 日龄感染 SD9902 株 ALV-J 后发病死亡的 AA 肉用型鸡的剖检变化

A. 1 日龄感染 SD9902 株 ALV-J 后 35d 死亡的 AA 肉用型鸡，呈现无数弥漫性白色结节的肿大肝脏；B. 同日剖杀的未攻毒的对照组试验肉鸡作为阴性对照；C. 1 日龄感染 SD9902 株 ALV–J 后 32 日龄死亡的 AA 肉鸡的心肌组织，HE，400×；D. 1 日龄感染 SD9902 株 ALV–J 后 32 日龄死亡的 AA 肉鸡的骨骼肌组织，1 000×；E. 1 日龄感染 SD9902 株 ALV–J 后 30d 死亡的 AA 肉鸡的肝脏，HE，400×；F. 1 日龄感染 SD9902 株 ALV-J 后 30d 死亡的 AA 肉鸡的肝脏。HE 1000×

（崔治中 摄）

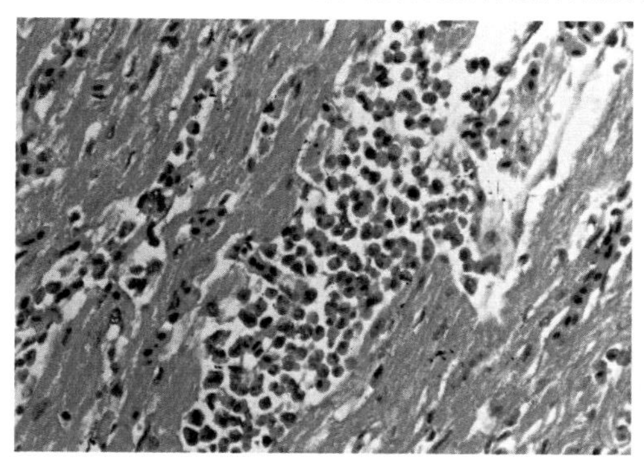

图 5-11　ALV-J 人工感染的白羽肉鸡诱发的心肌组织切片

见心肌纤维间髓细胞样瘤细胞浸润。HE 400 ×

（崔治中　摄）

图 5-12　黄羽肉鸡 ALV-J 诱发的髓细胞瘤肿大的肝脏

（崔治中　摄）

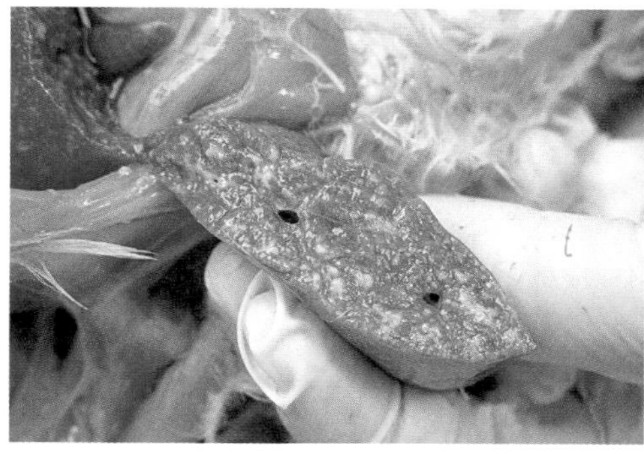

图 5-13　图 5-12 的肝脏剖面

（崔治中　摄）

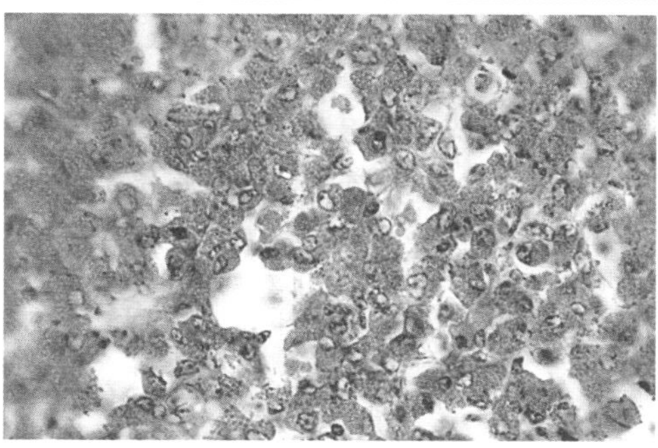

图 5-14　ALV-J 诱发 25 周龄黄羽肉鸡肝髓细胞样瘤

图示肿瘤块里的肿瘤细胞。HE 1 000 ×

（崔治中　摄）

图 5-15　ALV-J 诱发的黄羽肉鸡肝髓细胞样瘤

除肿瘤结节外还有很大的肿瘤块。　（崔治中　摄）

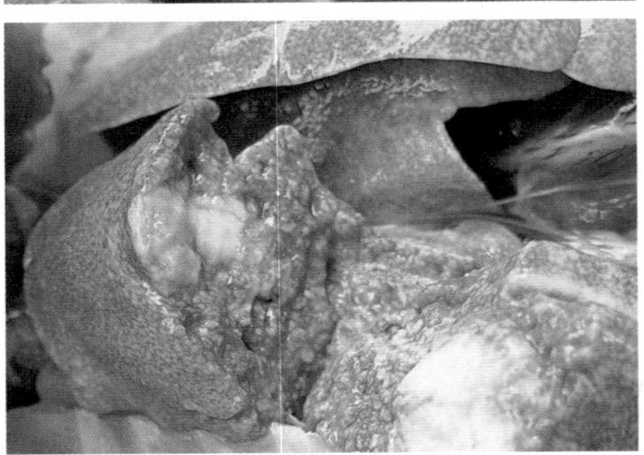

图 5-16　ALV-J 诱发黄羽肉用型 27 周龄种鸡的髓细胞样瘤肿大的肝脏剖面

显示大肿瘤块的剖面肿块。　（崔治中　摄）

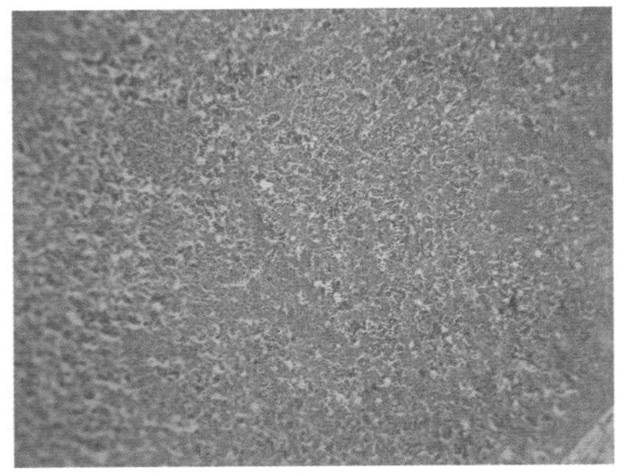

图 5-17　为图 5-16 同一肝切片的不同视野

在显示髓细胞样肿瘤细胞的同时还有淋巴细胞浸润。HE 100×　（崔治中　摄）

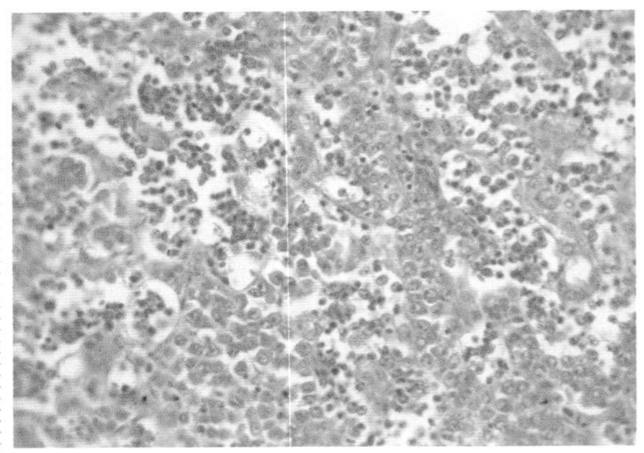

图 5-18　与图 5-17 为同一切片，进一步放大

HE 400×　（崔治中　摄）

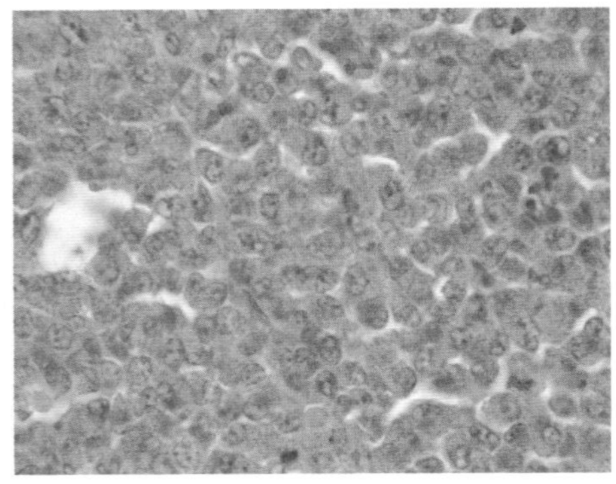

图 5-19　图 5-18 的同一视野放大

更清楚地显示髓细胞样肿瘤细胞的细胞质中的嗜酸性颗粒。HE 1 000×　（崔治中　摄）

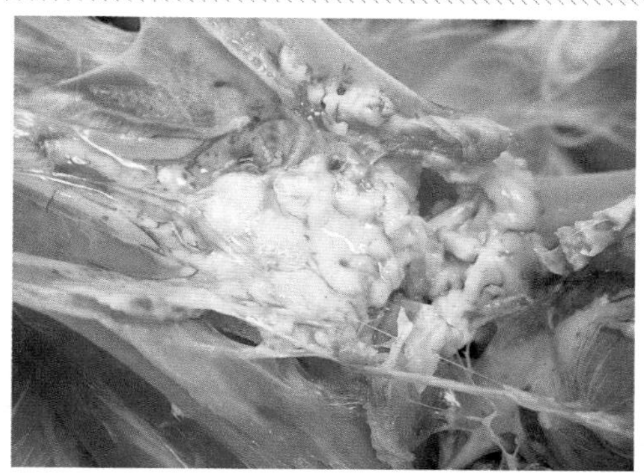

图 5-20　ALV-J 诱发黄羽肉鸡的胸骨上的髓细胞样肿瘤赘生物

（崔治中　摄）

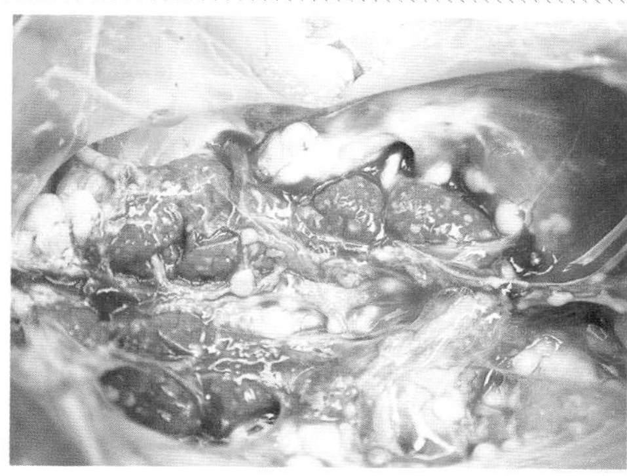

图 5-21　ALV-J 诱发的黄羽肉鸡肋骨上的髓细胞样肿瘤增生，还同时见肾脏上的肿瘤结节

（崔治中　摄）

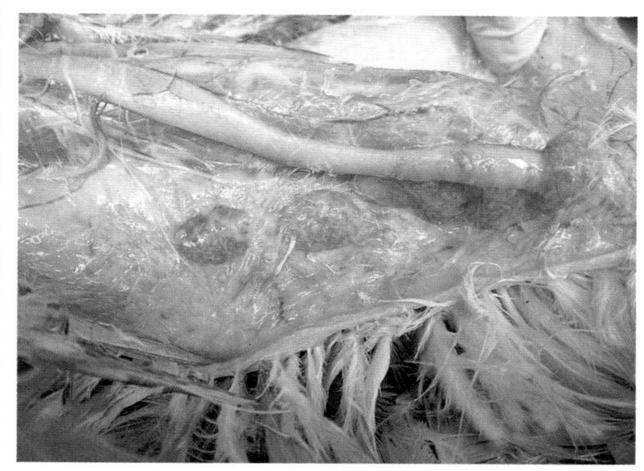

图 5-22　ALV-J 诱发的 25 周龄黄羽肉鸡胸腺髓细胞样肿瘤

（崔治中　摄）

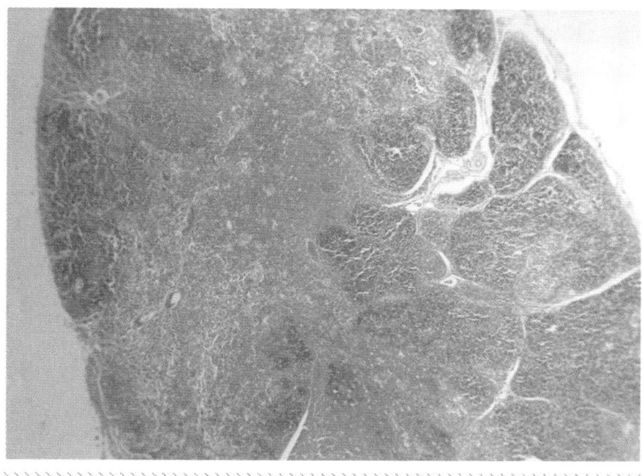

图 5-23　组织切片观察显示胸腺左侧的髓细胞样肿瘤结节

HE 50 ×　（崔治中　摄）

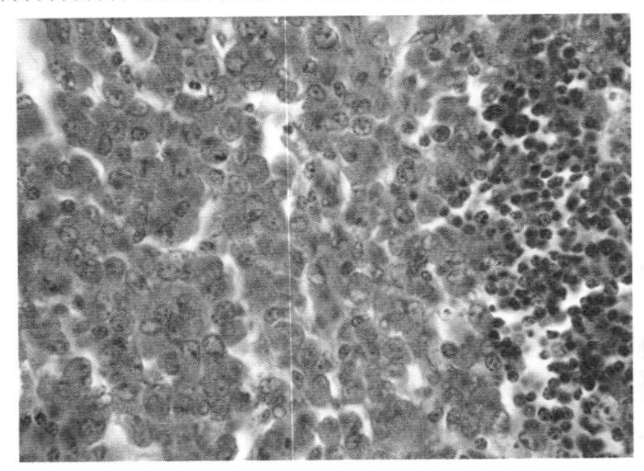

图 5-24 图 5-23 进一步放大

左侧大部分为 ALV-J 诱发黄羽肉鸡胸腺髓细胞细胞瘤细胞，右侧为正常的胸腺滤泡中的淋巴细胞。HE 1 000 ×

（崔治中 摄）

图 5-25 黄羽肉鸡法氏囊髓细胞样肿瘤结节

（崔治中 摄）

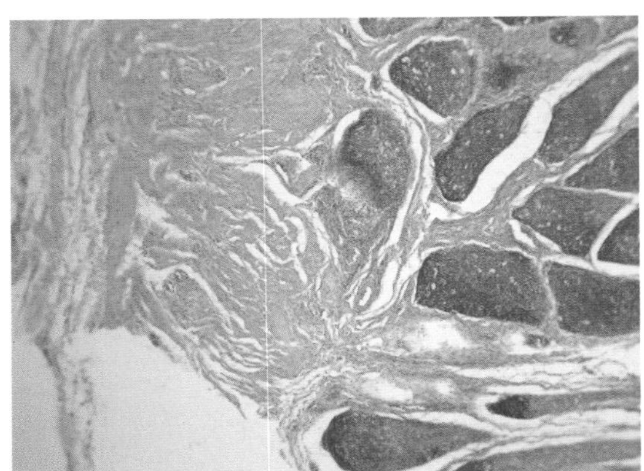

图 5-26 法氏囊肿瘤部位组织切片

显示部分正常淋巴滤泡（右侧），另一部分为髓细胞样肿瘤细胞浸润，HE 400 ×

（崔治中 摄）

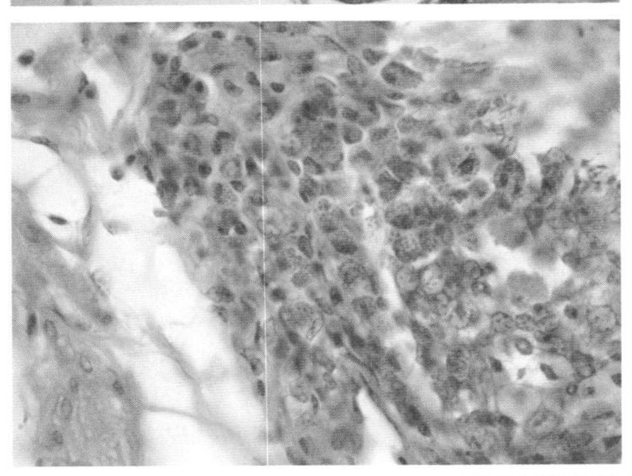

图 5-27 法氏囊髓细胞样肿瘤的组织切片

HE 1 000 × （崔治中 摄）

图 5-28　ALV-J 感染鸡群，胸部和脚爪出血

（崔治中　摄）

图 5-29　ALV-J 诱发的白羽肉鸡肝肿大

其上布满白色细小的髓细胞样肿瘤结节，还见几个血管瘤。（崔治中　摄）

图 5-30　ALV-J 诱发的脑壳髓样细胞瘤

（刘思当　提供）

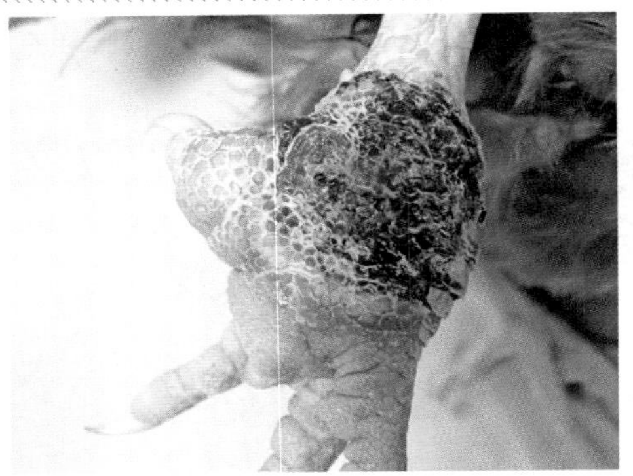

图 5-31 ALV-J 诱发海兰褐蛋鸡脚掌血管瘤

（崔治中 摄）

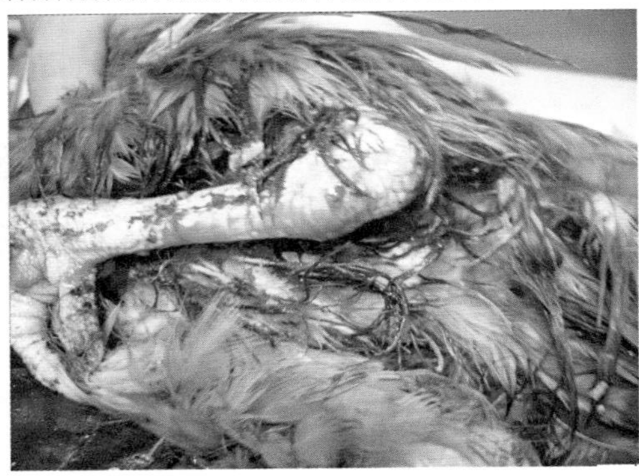

图 5-32 ALV-J 引发海兰褐蛋鸡皮肤出血

（崔治中 摄）

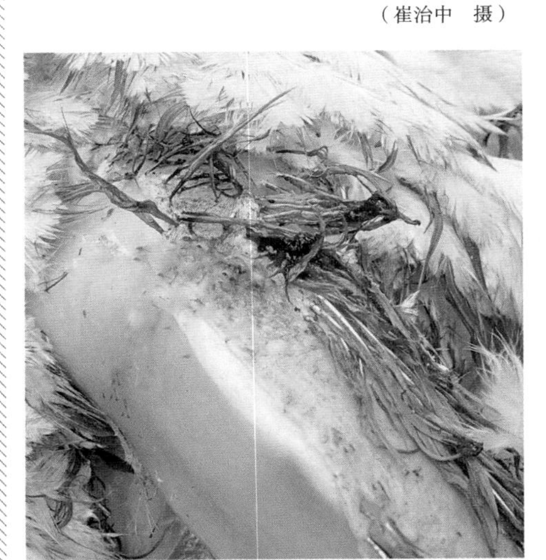

图 5-33 ALV-J 诱发的黄羽肉鸡皮肤肌肉出血

（崔治中 摄）

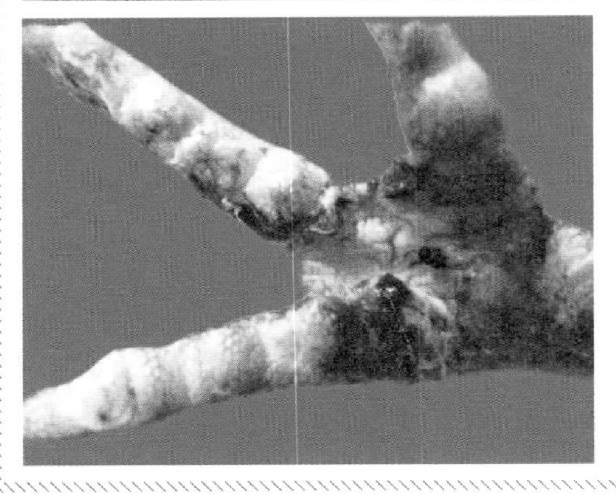

图 5-34 ALV-J 诱发的海兰褐蛋鸡脚掌出血

（崔治中 摄）

图 5-35　ALV-J 诱发的海兰核蛋鸡胫骨肿大

（崔治中　摄）

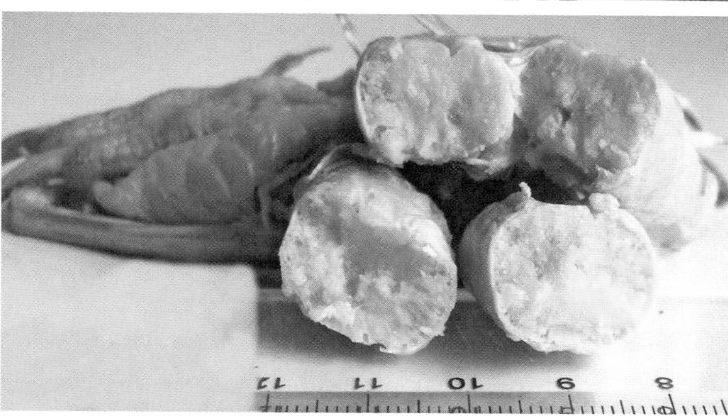

图 5-36　ALV-J 诱发的海兰褐蛋鸡腿骨硬化

（崔治中　摄）

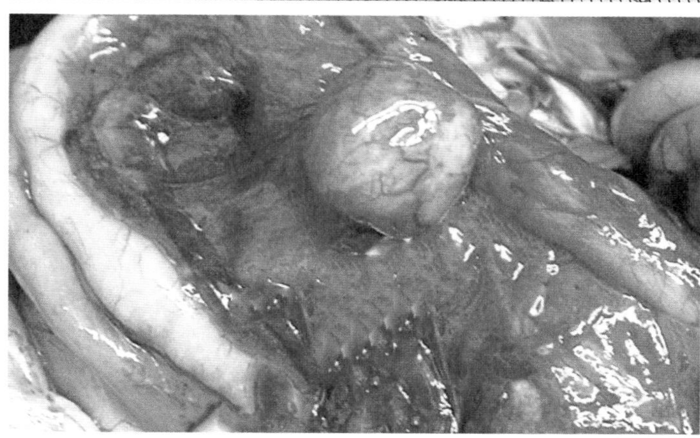

图 5-37　ALV-J 诱发的蛋鸡肠系膜纤维肉瘤（急性）

（崔治中　摄）

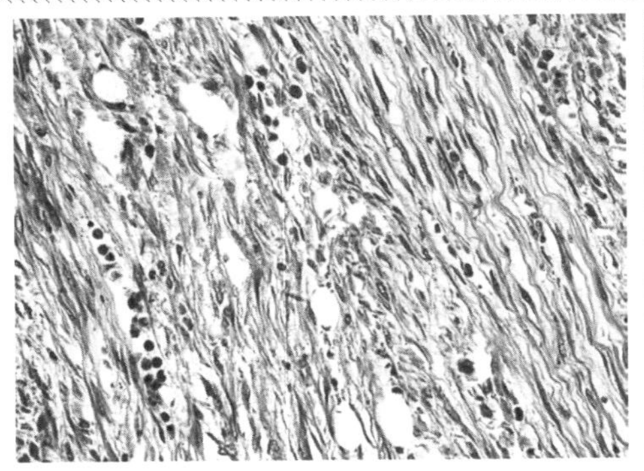

图 5-38 ALV-J 诱发的蛋鸡肠系统纤维肉瘤

HE 200 × （崔治中 摄）

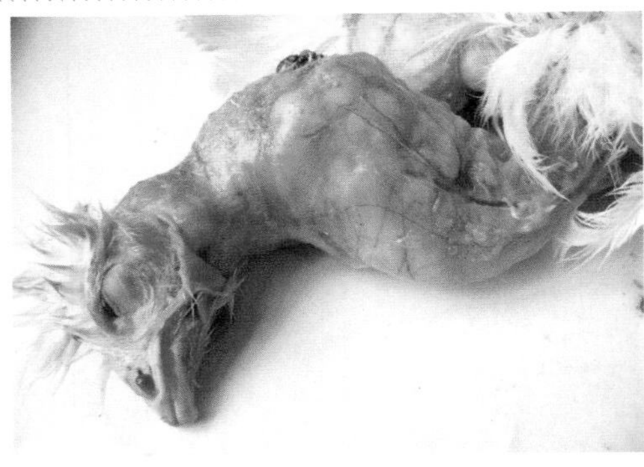

图 5-39 ALV-J 相关的蛋鸡颈部纤维肉瘤

（崔治中 摄）

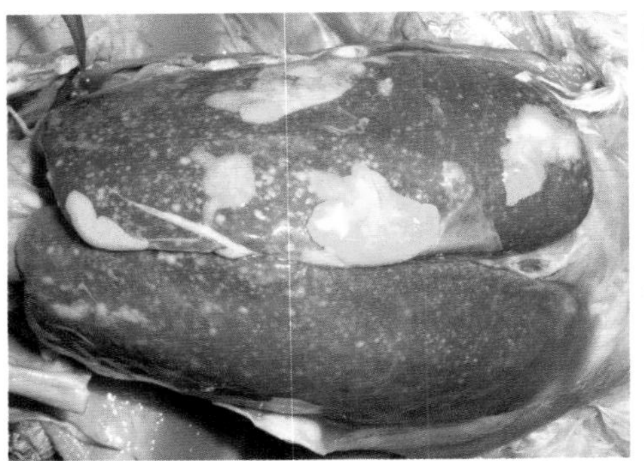

图 5-40 ALV-J 相关的禽白血病病鸡，40 周龄海兰褐商品代蛋鸡

肝脏肿大，弥漫性分布许多针头大小至绿豆大小的白色增生性结节。（崔治中 摄）

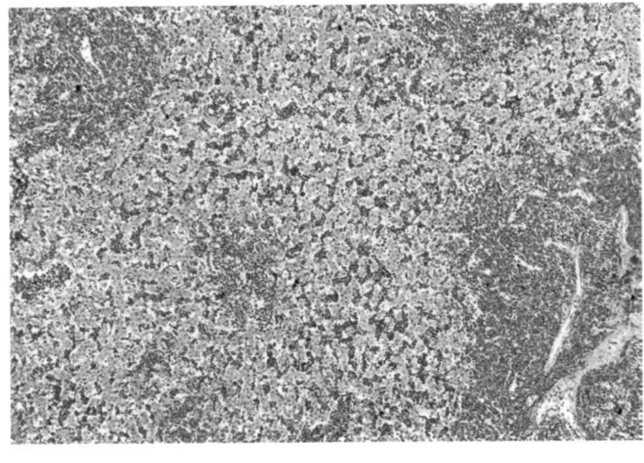

图 5-41 来自图 5-40 同一肝脏的组织切片

见整个明显的髓细胞样瘤细胞结节（红色）。在肝细胞索间，还有弥漫性淋巴细胞浸润，但未见典型的结节。HE 100 ×

（崔治中 摄）

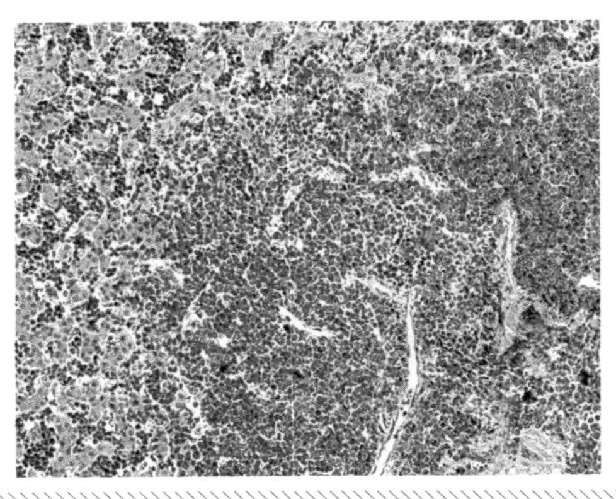

图 5-42 与图 5-41 为同一视野，进一步放大

显示一个髓细胞样肿瘤细胞结节。HE 200 ×

（崔治中 摄）

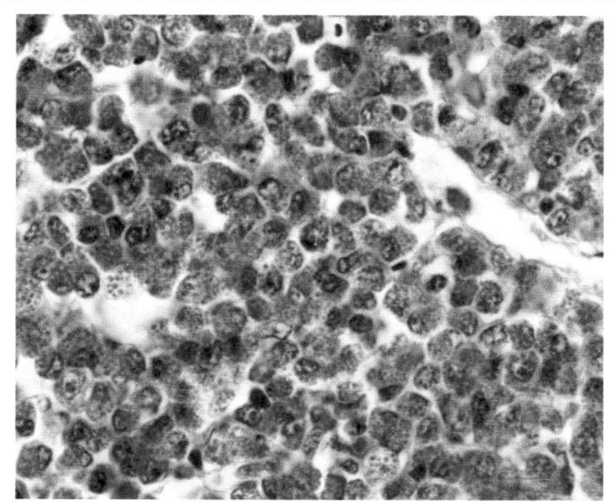

图 5-43　与图 5-42 为同一视野，进一步放大

见肿瘤结节中几乎都是典型的髓细胞样肿瘤细胞，在细胞质内均含有许多红色的嗜酸性颗粒，细胞核较小、较淡，形状不规则。HE 1 000 ×　（崔治中　摄）

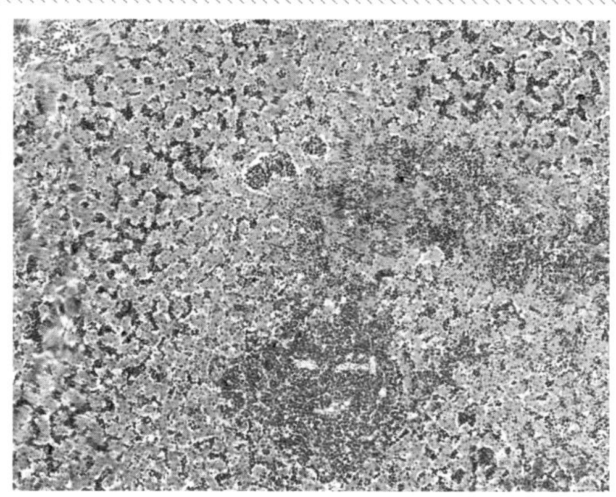

图 5-44　与图 5-40 同一肝脏切片的不同视野

除了一个典型的髓细胞样肿瘤结节外，也出现了淋巴细胞结节。HE 100 ×　（崔治中　摄）

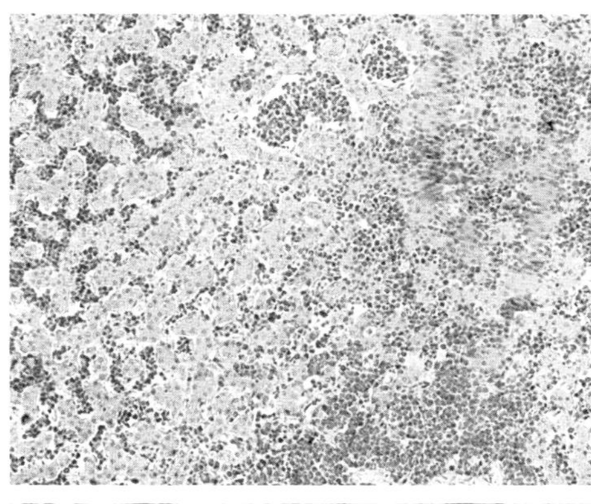

图 5-45　与图 5-44 同一视野，进一步放大

HE 200 ×　（崔治中　摄）

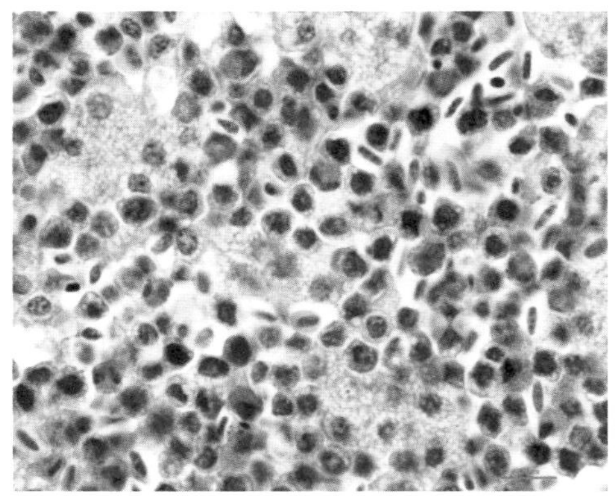

图 5-46　与图 5-45 为同一视野，进一步放大

在肝细胞索间浸润的细胞成分大部分为淋巴细胞。HE 1 000 ×　（崔治中　摄）

图 5-47 与图 5-46 为同一切片的不同视野

浸润细胞以髓细胞样肿瘤细胞为主。HE 1 000 × （崔治中 摄）

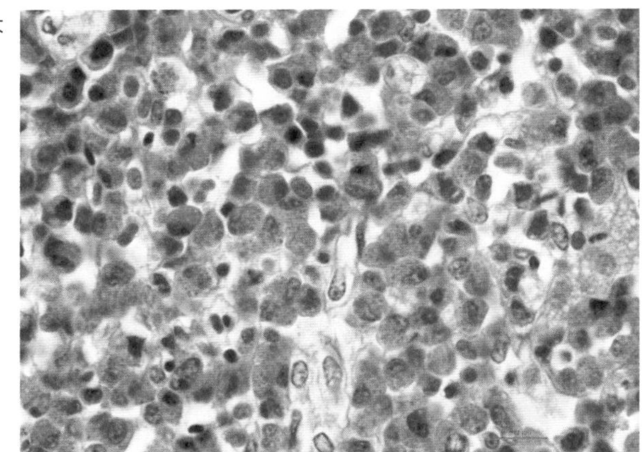

图 5-48 与图 5-40 为同一只鸡

见脾脏肿大，只有零星散在的白色增生结节。（崔治中 摄）

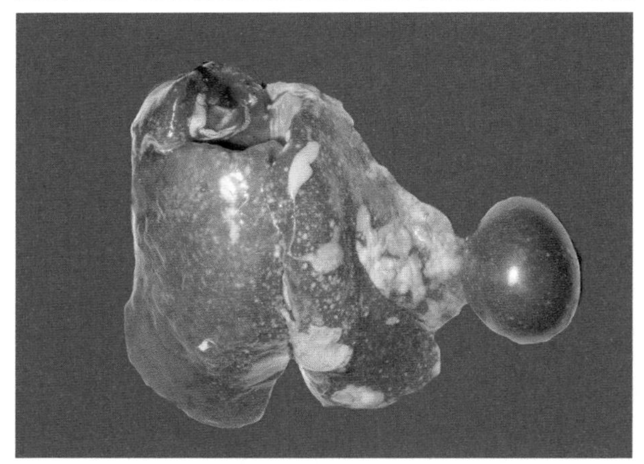

图 5-49 脾脏组织切片

可见一明显的髓细胞样肿瘤结节。HE 100 × （崔治中 摄）

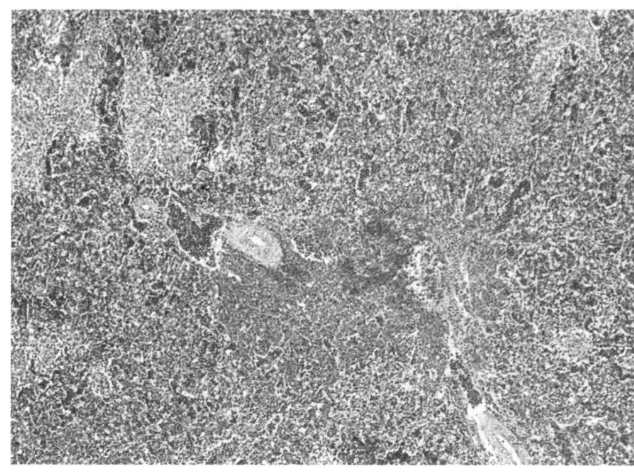

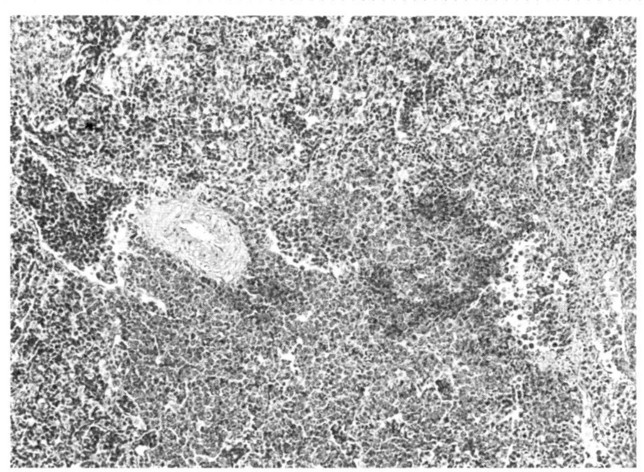

图 5-50　与图 5-49 为同一视野，进一步放大

视野中下半部分为肿瘤结节，上半部分为脾脏中正常的淋巴组织，但其间也有髓细胞样瘤细胞浸润。HE 200×　（崔治中　摄）

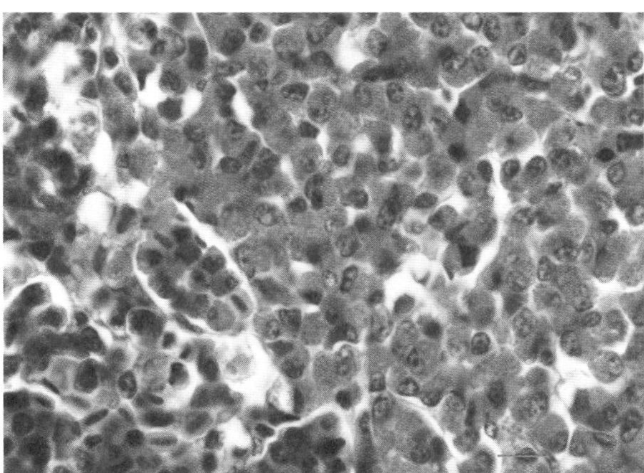

图 5-51　与图 5-50 为同一视野，进一步放大

显示肿瘤结节中髓细胞样瘤细胞是主要细胞成分，与肝脏中的完全相同。HE 1 000×　（崔治中　摄）

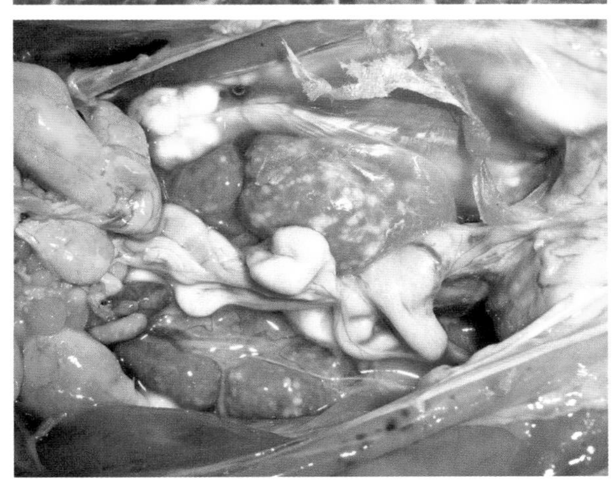

图 5-52　与图 5-40 为同一只鸡，肾脏肿大

每个肾叶都有许多大小不一的独立的肿瘤结节或融合后不定形的肿瘤块。（崔治中　摄）

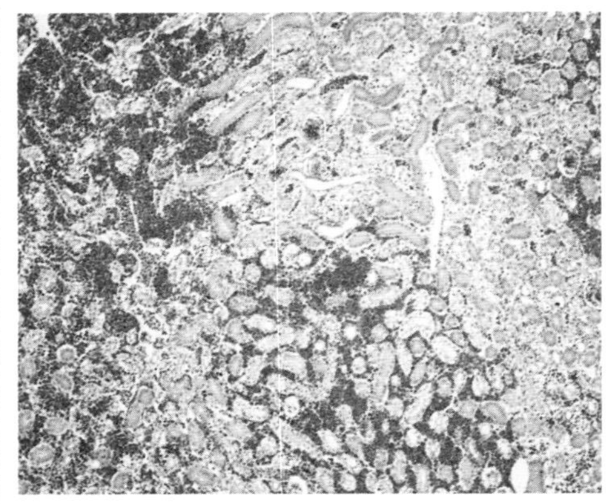

图 5-53 肾脏组织切片

在正常的肾小管与肾小球结局间均为髓细胞样瘤细胞形成的髓细胞样肿瘤结节。HE 100 × （崔治中 摄）

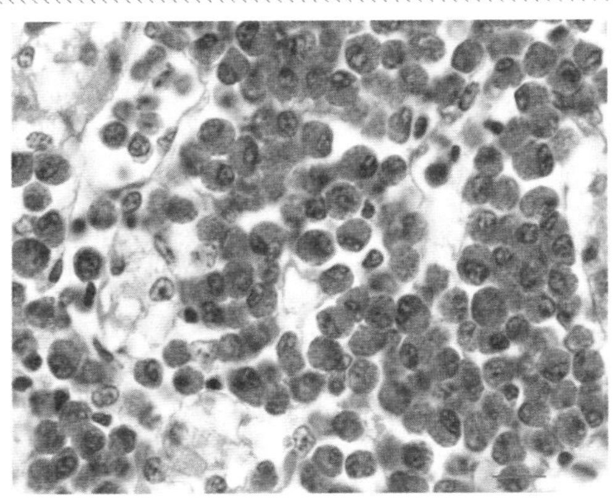

图 5-54 肾脏组织切片进一步放大

显示肿瘤结节中均为髓细胞样瘤细胞，其形状结构与肝脏中的完全相同。HE 1 000 × （崔治中 摄）

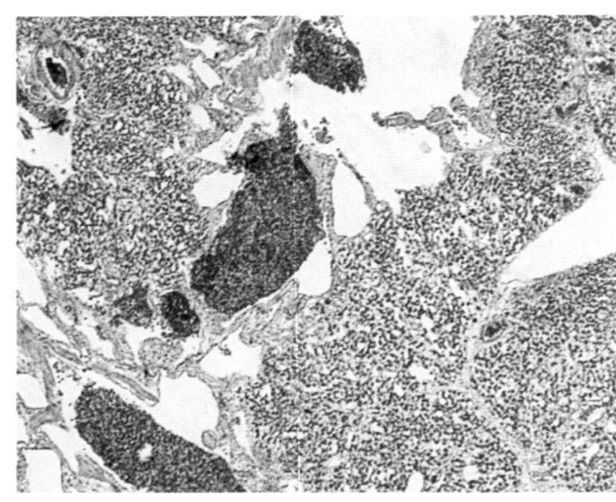

图 5-55 与图 5-40 为同一只鸡肺脏组织切片

可见到淋巴细胞浸润结节，也有髓细胞样瘤细胞浸润。HE 100 × （崔治中 摄）

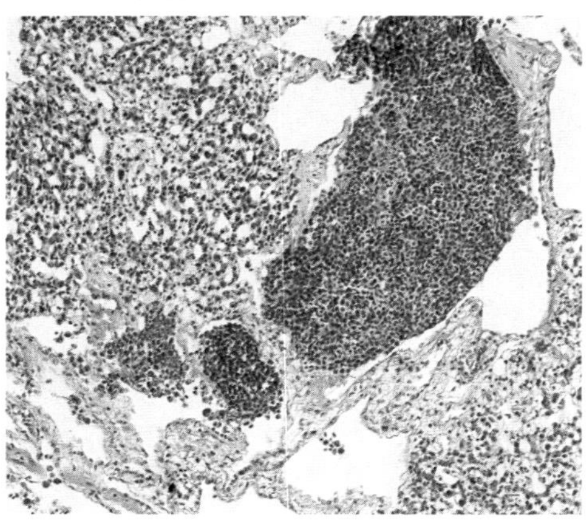

图 5-56 与图 5-55 为同一视野，进一步放大

肿瘤细胞形态结构更清晰可见。HE 200 ×（崔治中 摄）

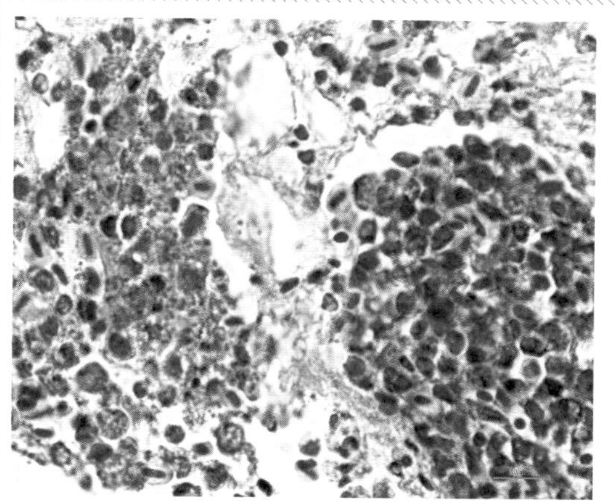

图 5-57　与图 5-56 为同一视野，进一步放大

见两种不同类型细胞分别形成的结节，但均有相互浸润现象。HE 1000 ×　（崔治中　摄）

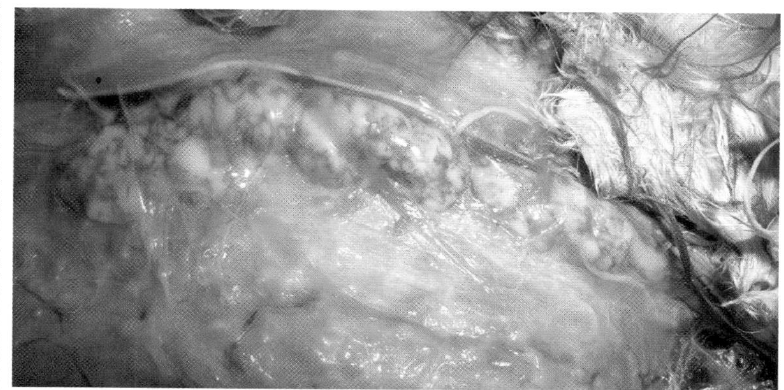

图 5-58　与图 5-40 为同一只鸡的一侧胸腺

多个小叶均肿大，呈红白色斑状，白色部分为增生的肿瘤组织。（崔治中　摄）

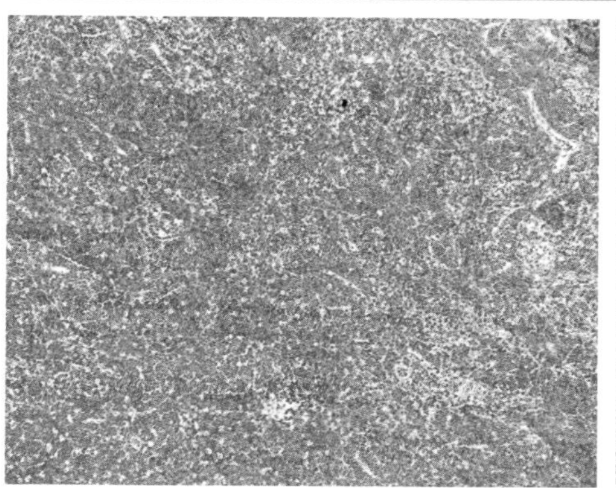

图 5-59　胸腺组织切片

正常的淋巴细胞组织已被髓细胞样瘤细胞所取代。HE 100 ×　（崔治中　摄）

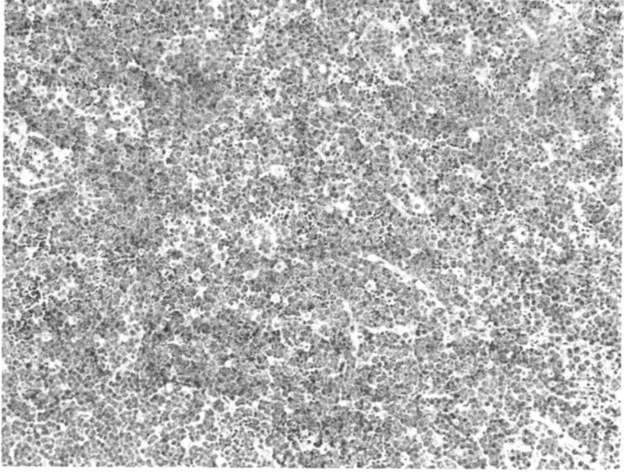

图 5-60　与图 5-59 为同一视野，进一步放大

肿瘤细胞形态结构更清晰可见。HE 200 ×　（崔治中　摄）

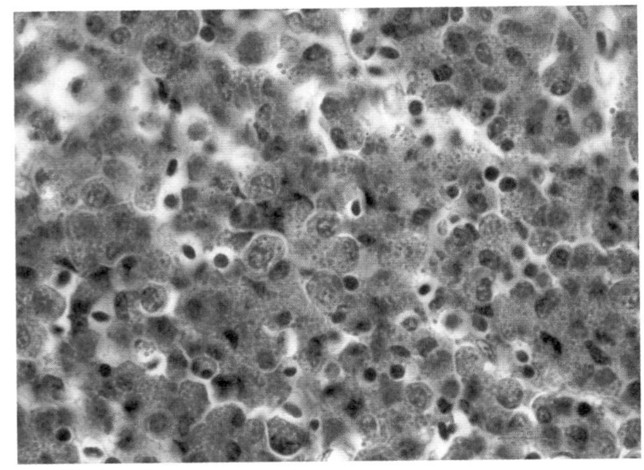

图 5-61 与图 5-60 为同一视野，进一步放大

肿瘤细胞形态结构更清晰可见。HE 1 000 ×
（崔治中 摄）

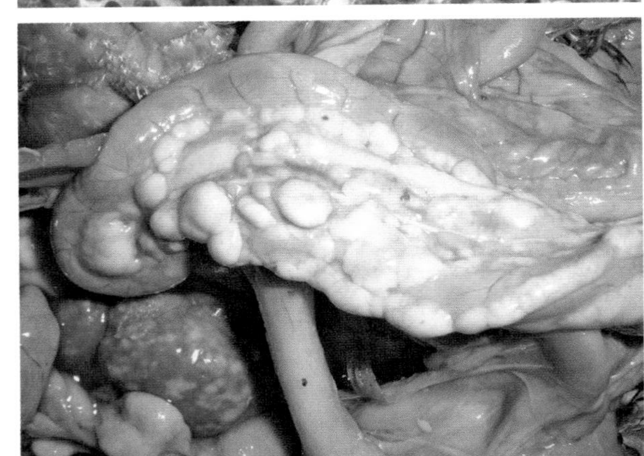

图 5-62 与图 5-40 为同一只鸡的肠系膜髓样细胞肿瘤结节

（崔治中 摄）

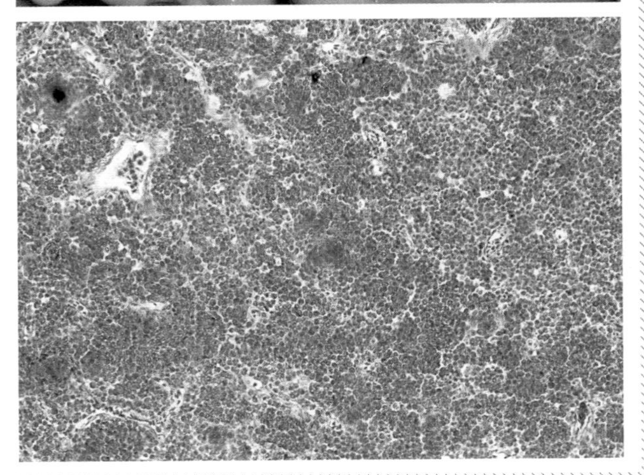

图 5-63 肠系膜肿瘤的组织切片

视野中全部为髓细胞样瘤细胞。HE 200 ×
（崔治中 摄）

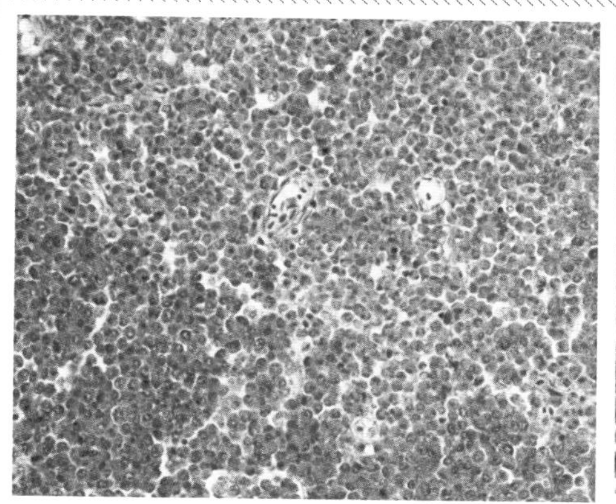

图 5-64　与图 5-63 为同一视野，进一步放大

HE 400 ×　　（崔治中　摄）

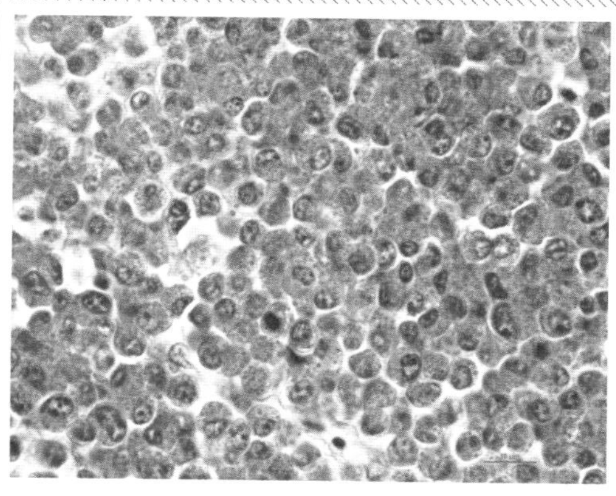

图 5-65　为图 5-64 进一步放大

髓细胞样肿瘤细胞的形态结构与肝、脾、肾中的完全一样。HE 1 000 ×　　（崔治中　摄）

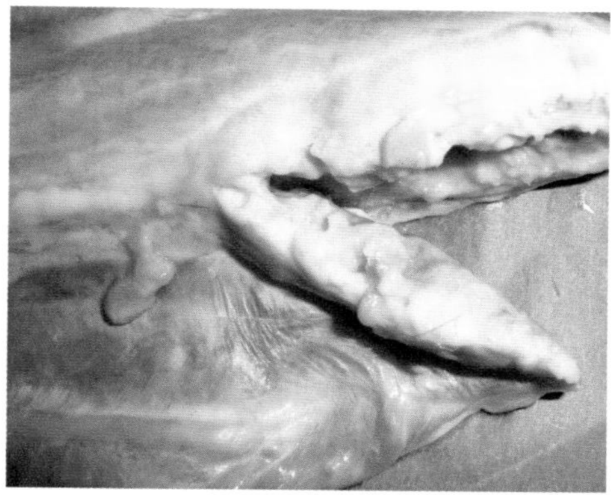

图 5-66　与图 5-40 为同一只鸡的胸骨突起部分的白色肿瘤样赘生物

（崔治中　摄）

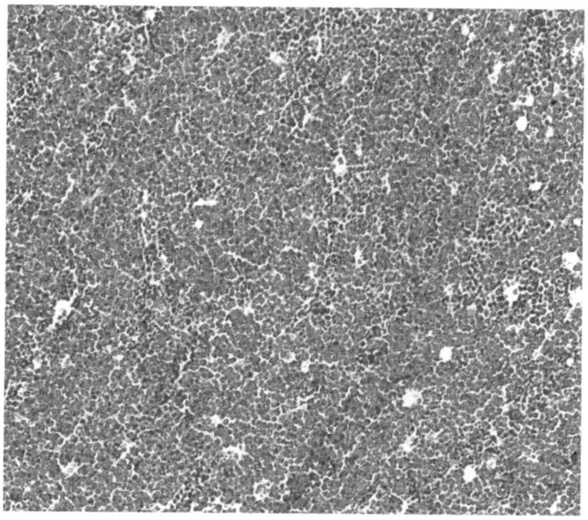

图 5-67　胸骨表面赘生物切片

大片的细胞成分均为髓细胞样肿瘤细胞，但也间杂着少量淋巴细胞结节。HE 200 ×　　（崔治中　摄）

图 5-68 图 5-67 放大

视野中大多数为细胞质中有嗜酸性颗粒的典型的髓细胞样肿瘤细胞。HE 1 000×
（崔治中 摄）

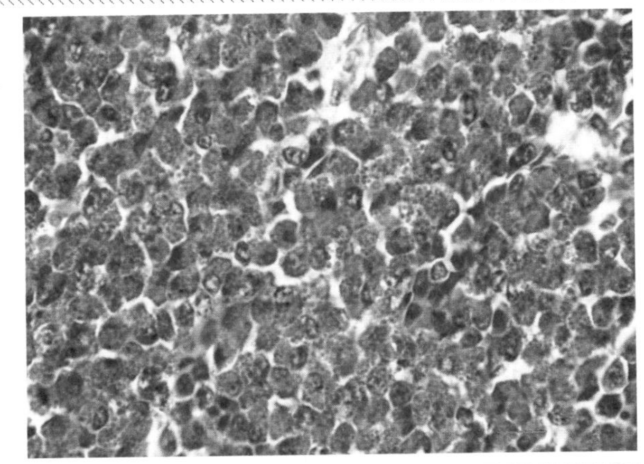

图 5-69 与图 5-68 同一切片的不同视野

同时显示骨髓细胞样肿瘤结节与淋巴细胞结节。HE 1 000× （崔治中 摄）

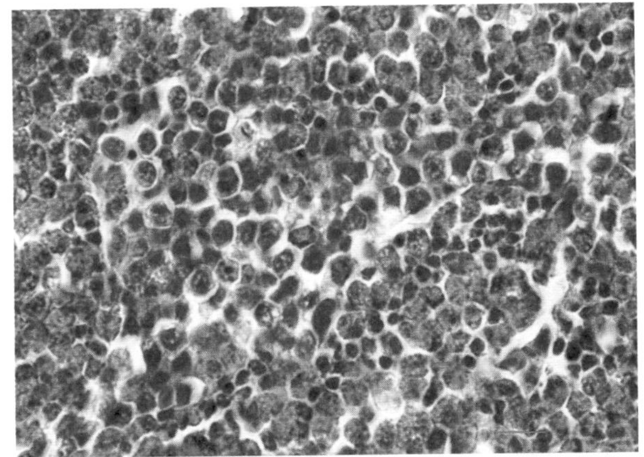

图 5-70 与图 5-40 为同一只鸡的两侧跖骨纵切后显示病变的骨髓

两侧蹠骨骨髓均因肿瘤细胞增生取代了正常骨髓组织而呈白色（中央）或粉红色（两端）。但下部那侧蹠骨显得更粗一点，而且白色肿瘤细胞增生区的比例更大。（崔治中 摄）

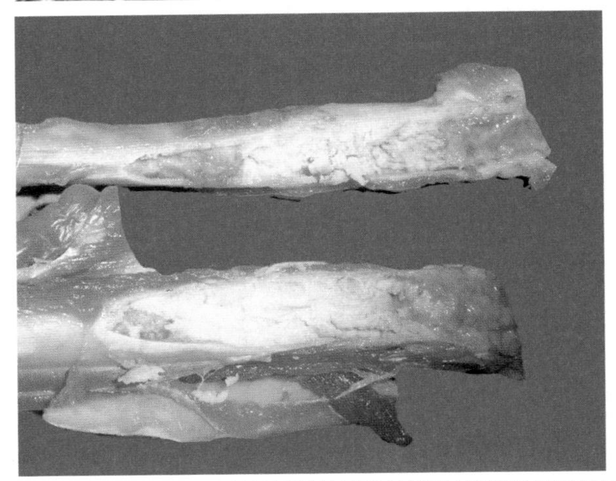

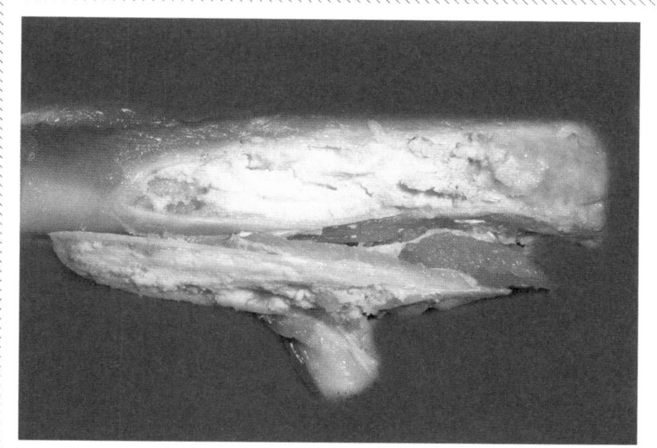

图 5-71 图 5-70 中的下方那侧跖骨近摄放大

更清晰地显示病变骨髓的质地和结构。中间部分完全呈白色肉质瘤样质地，两端呈粉红色，两者之间为淡黄色。大部分白色区域有反光性，但其右侧一小块显得粗糙，无反光性。（崔治中 摄）

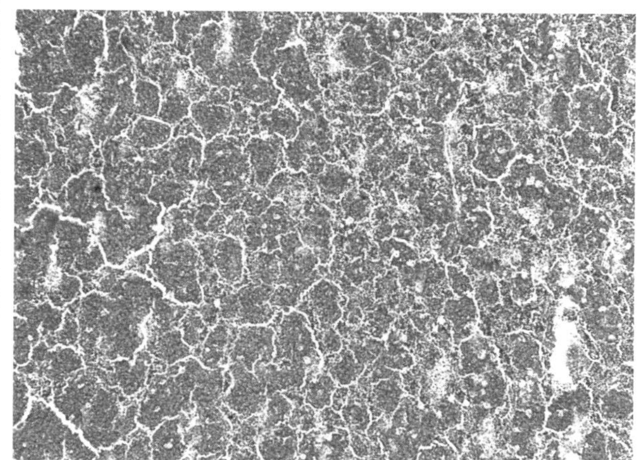

图 5-72 图 5-71 中跖骨骨髓粉红色区域的组织切片

骨髓的大部分区域已为髓细胞样瘤细胞所取代，同时还有少量淋巴细胞浸润，而正常骨髓细胞只有零星散在。HE 100 ×（崔治中 摄）

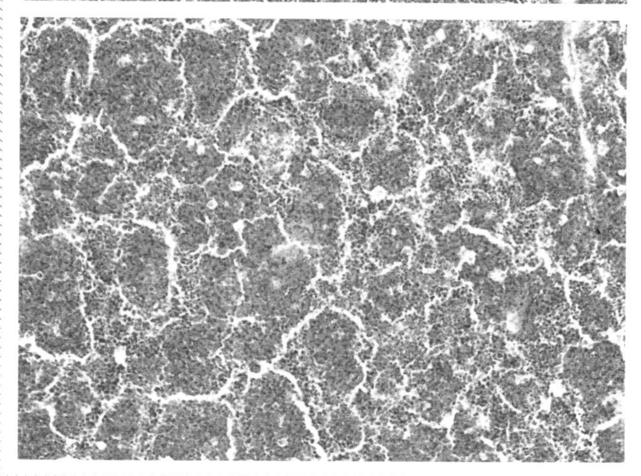

图 5-73 图 5-72 进一步放大

HE 200 ×（崔治中 摄）

图 5-74 图 5-73 进一步放大

显示与肝、脾、肾、胸腺中所见到的同样的典型的髓细胞样瘤细胞。在不同的髓细胞样肿瘤细胞结节之间可见到少量红细胞或其他类型的细胞。HE 1 000×

（崔治中 摄）

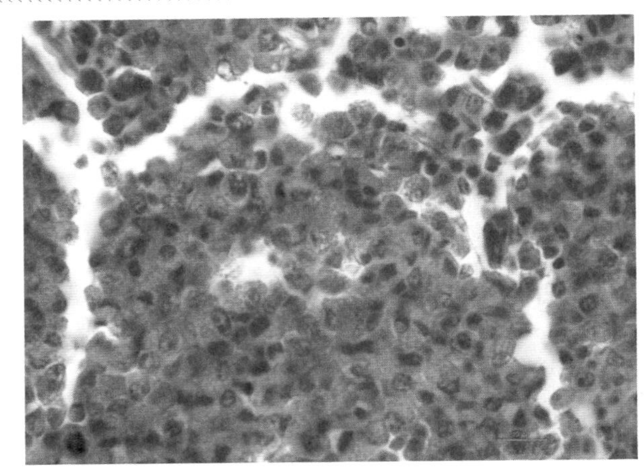

图 5-75 为图 5-73 同一切片的不同视野

除了典型的髓细胞样瘤细胞结节外，还可见小的淋巴细胞结节（左下）及红细胞（右下）。HE 1 000×（崔治中 摄）

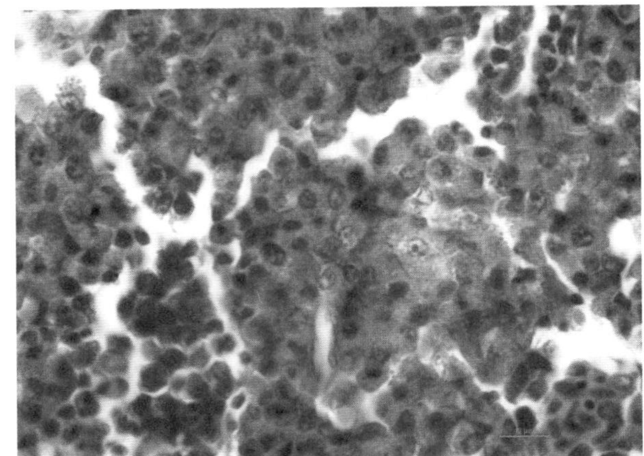

图 5-76 图 5-71 中跖骨骨髓白色部分的左侧无反光性的粗糙区组织切片

仍显细胞轮廓和细胞核结构，但细胞质已不被着色，完全不显嗜酸性颗粒，可能与细胞变性和钙化相关。HE 100×

（崔治中 摄）

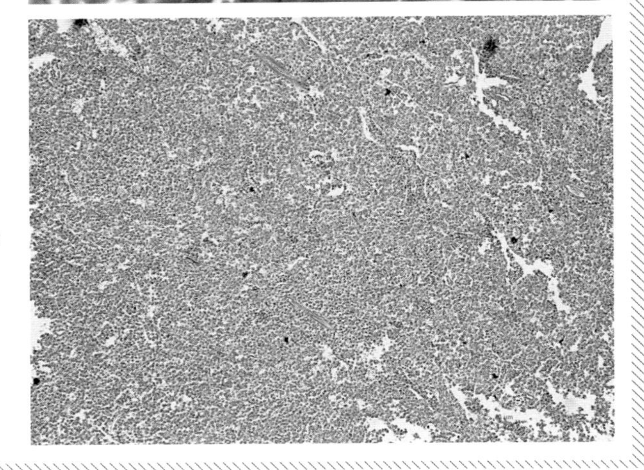

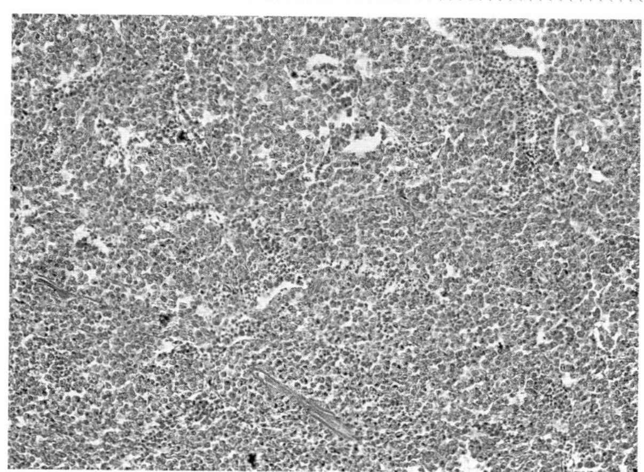

图 5-77　为图 5-76 进一步放大

HE 200 ×　（崔治中　摄）

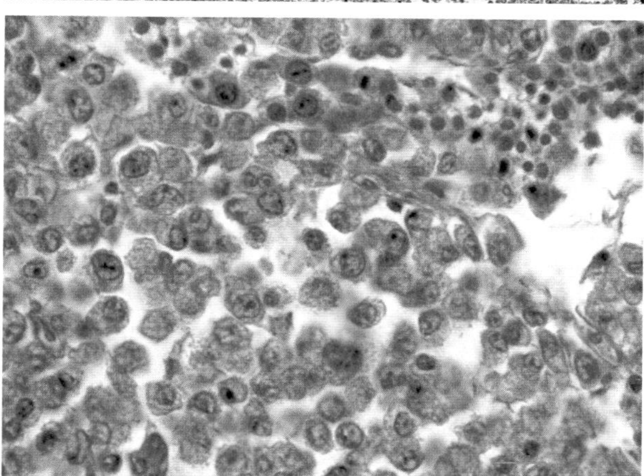

图 5-78　为图 5-77 进一步放大

细胞质中着色的颗粒已自溶消失。HE 1 000 ×　（崔治中　摄）

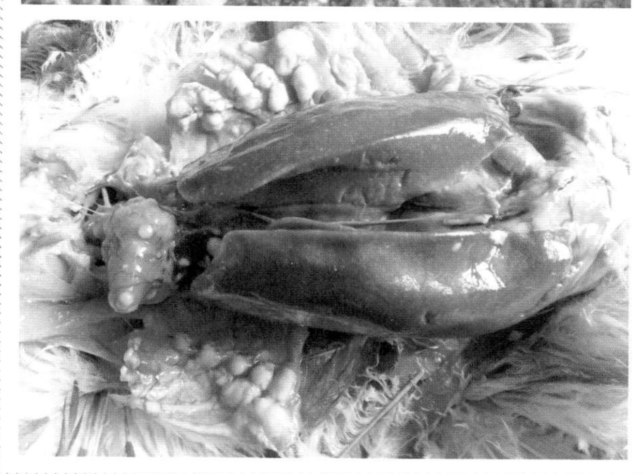

图 5-79　与图 5-40 鸡来自同一鸡群的病鸡

显示肝脏显著肿大，布满弥漫性细小的白色增生结节，也有个别绿豆大小白色增生结节。在两侧肋骨长出许多典型的 ALV-J 相关的白色赘生物，即髓细胞样肿瘤结节，此外胸骨和心脏上也出现肿瘤结节。

（崔治中　摄）

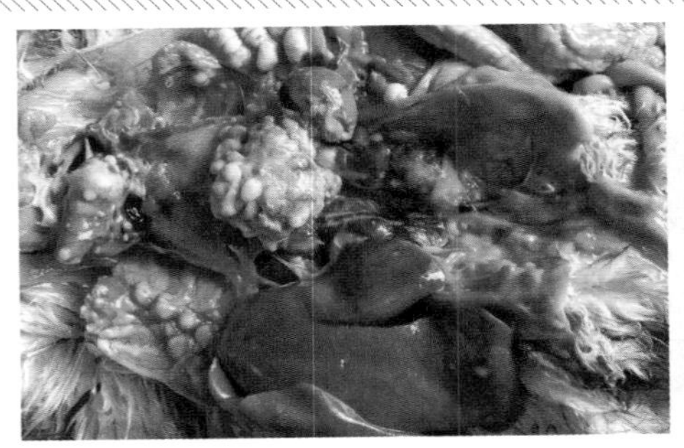

图 5-80　与图 5-79 为同一只鸡，将肝脏移出腹腔后显示其他脏器的病变

见肠系膜及肠管壁长满肉瘤样结节。此外，脾脏和肾脏肿大，也出现白色肿瘤结节，胸骨突起的内侧有白色增生物。

（崔治中　摄）

图 5-81　来自另一鸡场又一只 40 周龄海兰褐商品代蛋鸡

显示肿大的肝脏，弥漫性布满针尖大小的白色增生性结节，但在肝脏二叶的边缘可见许多大小不一的白色肿瘤块。同时，肋骨内侧也有多个很大的白色肿瘤块。

（崔治中　摄）

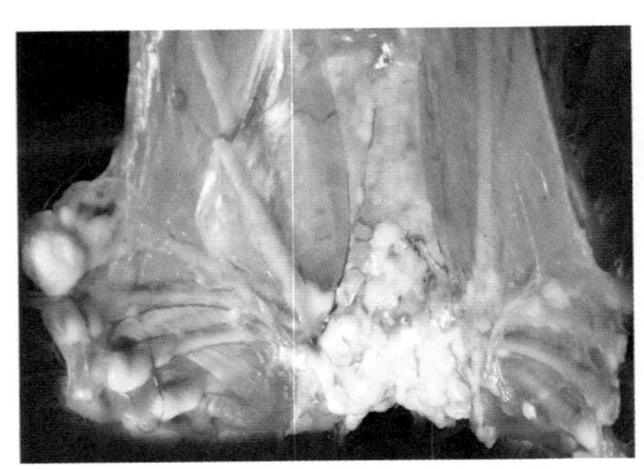

图 5-82　与图 5-81 为同一只鸡

打开腹腔后将胸骨掀起，可见胸骨基部已长出很大的白色肿瘤增生物，两侧肋骨内膜上都长出肿瘤结节。

（崔治中　摄）

图 5-83　来自 43 周龄海兰褐商品代蛋鸡场，该鸡群已由 ALV-J 肿瘤造成了 10% 的死淘率

这只病鸡肝脏高度肿大，且已长满芝麻大、绿豆大小的白色增生性结节，很多肿瘤结节已相互融合。白色肿瘤结节间有红色的出血灶。此外，上下二叶各有一个血管瘤。腹腔有积血块，表明一个血管瘤已破裂。（崔治中　摄）

2012年后还发现，ALV-J除了可在同一只鸡诱发不同器官组织的髓细胞样肿瘤细胞结节外，有时在同一只鸡分别诱发髓细胞样肿瘤、血管瘤及纤维肉瘤（图5-83。）

（四）我国固有的地方品种鸡ALV-J肿瘤的病理表现

近几年的血清流行病学调查表明，绝大多数我国固有的地方品种鸡也感染了ALV，且多为ALV-J感染，有的品种鸡群的感染率还很高，甚至病毒分离率也达到了

40%～50%。显然，这种感染状态已持续较长时间了，只是还很少有临床病理报道。但最近几年中，呈现典型的ALV–J肿瘤性病理表现的临床病例日趋增多。在不同品种的鸡，ALV–J诱发的髓细胞样肿瘤剖检表现与其他类型鸡非常类似。不仅出现体表血管瘤（图5–93），有的鸡冠肿大，眼睑肿大，这可能与局部肿瘤性增生相关（图5–94）。病鸡死后最常见的剖检变化也是肝脏弥漫性细小肿瘤结节导致的肝肿大（图5–95、图5–96），此外，在肾脏和脾脏也会出现不同大小的肿瘤结节导致脾和肾不同程度的肿大（图5–97、图5–98）。在个别鸡还出现卵巢肉瘤样增生（图5–99至图5–101）。

二、ALV–A诱发的纤维肉瘤

如本章第三节所述，ALV–A主要诱发淋巴肉瘤。我国还一直没有发现与ALV–A直接相关的肿瘤病例。因此推测，在地方品系鸡中一些偶然发生的与ALV–A相关的淋巴肉瘤由于技术原因而被忽略了。但山东农业大学家禽病毒性肿瘤病实验室已从检疫的进口白羽肉用型祖代鸡及临床健康的中国地方品系鸡分离到ALV–A。用其中一株做人工攻毒试验，在肝脏和肾脏上诱发了很大的肿瘤块（图5–102、图5–103）。该肿瘤在肉眼形态上与典型的ALV–A诱发的淋巴细胞肉瘤或马立克病的肿瘤类似，但病理组织切片检查表明，不论是肝脏还是肾脏肿瘤块都是纤维细胞肉瘤（图5–104至图5–107）。

三、ALV–B诱发的淋巴细胞瘤

目前，国内还没有发现与ALV–B相关的肿瘤病例。但从中国地方品种芦花鸡中分离到一株ALV–B（Zhao等，2010），将其接种海兰褐蛋鸡的5日龄胚卵黄囊，在30周龄时在肠系膜上出现了由淋巴细胞浸润产生的多灶性肉瘤（图5–108至图5–110）及由于大量弥漫性白色细小肿瘤结节造成肿大的肝脏和脾脏（图5–111），经病理组织切片观察，也证明是淋巴细胞浸润性肿瘤性增生造成的肝脾肿大（图5–112至图5–116）。此外，在肾脏和肺脏也出现了同样的淋巴细胞浸润性肿瘤变化（图5–117至图5–121）。可以推测，在过去很多年中，由于病毒分离鉴定技术上的缺陷，导致在鸡场偶尔发生的与ALV–B相关的淋巴细胞肉瘤或其他肿瘤被忽略了。

同样，通过给SPF鸡群来源的5日龄鸡胚卵黄囊接种ALV–B，在多只20周龄左右的鸡出现了体表不同部位及内脏不同脏器的血管瘤，如头部（图5–122、图5–123）和腿部鸡肉（图5–124），肺脏、肾脏（图5–125）和肝脏（图5–126、图5–127）。有的鸡在发生典型的血管瘤的同时，肝细胞索间也开始出现淋巴细胞浸润（图5–128）。

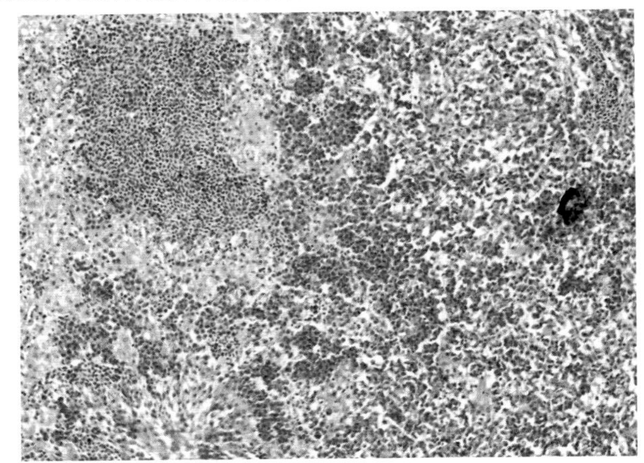

图 5-84 图 5-83 肝脏的组织切片

右侧约 2/3 区域为髓细胞样肿瘤细胞结节，左上方有一血管瘤区（出血区），二者之间还可见肝细胞索。HE 200×

（崔治中 摄）

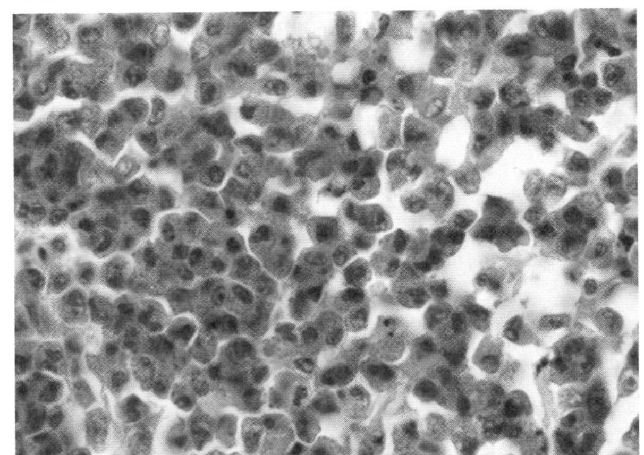

图 5-85 图 5-83 进一步放大

可见大量在细胞质中含有嗜酸性颗粒的典型的髓细胞样肿瘤细胞。HE 1 000×

（崔治中 摄）

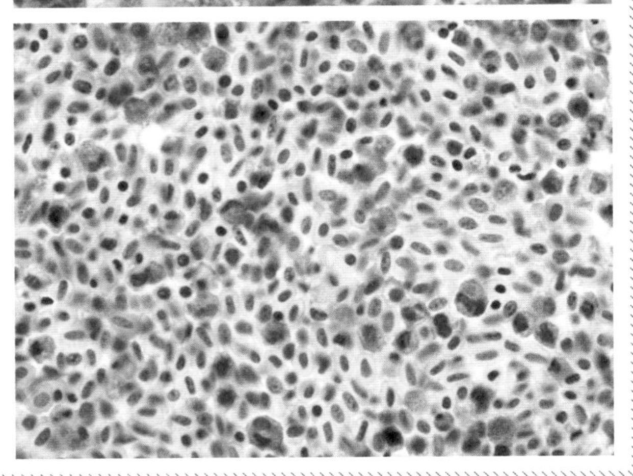

图 5-86 图 5-84 中左上角出血区

见大量的红细胞、少量的其他类型的细胞，也有少量髓细胞样肿瘤细胞。HE 1 000×

（崔治中 摄）

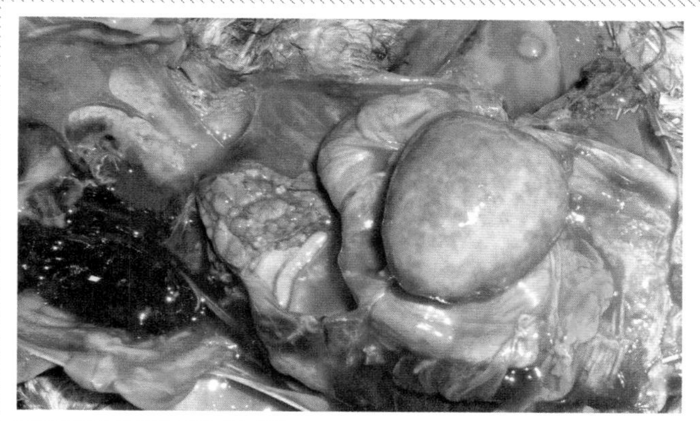

图 5-87 与图 5-83 为同一只鸡

肿大的脾脏，只有白色增生性结节。

（崔治中 摄）

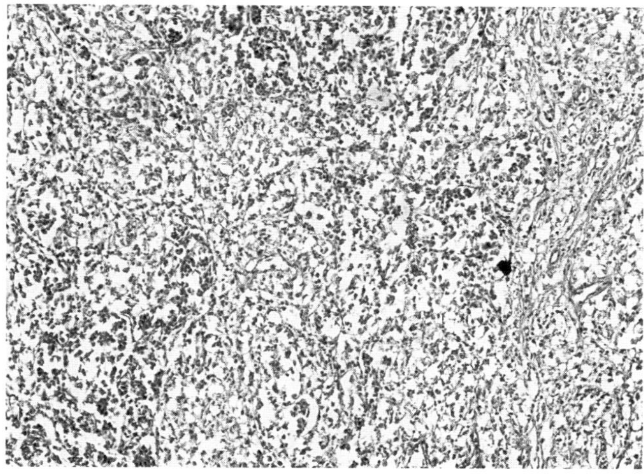

图 5-88 图 5-87 脾脏组织切片

已失去正常脾脏细胞结构，多为纤维状细胞，还有一些细胞已变性，其细胞类型已很难定。HE 200×

（崔治中 摄）

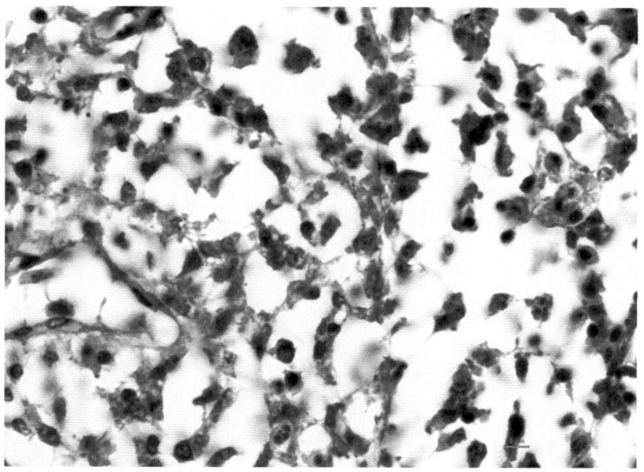

图 5-89 图 5-88 进一步放大

已看不出正常脾脏细胞结构，仅见梭状或纤维状细胞。HE 1 000×

（崔治中 摄）

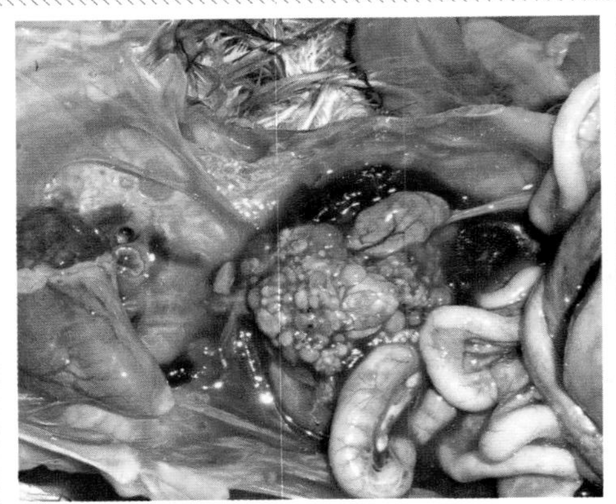

图 5-90 与图 5-83 同一只鸡的肠管

可见肠壁上有许多增生区域，使肠管从浆膜而看粗细不一，有凸起部。 （崔治中 摄）

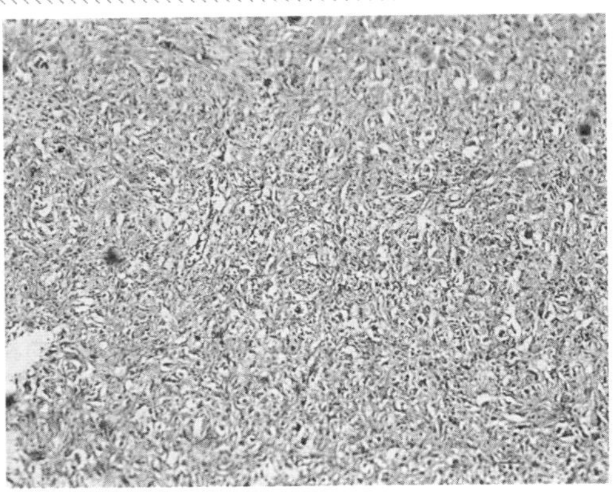

图 5-91 图 5-90 中肠管壁呈现增生区域的组织切片

均为纤维状细胞。HE 100 × （崔治中 摄）

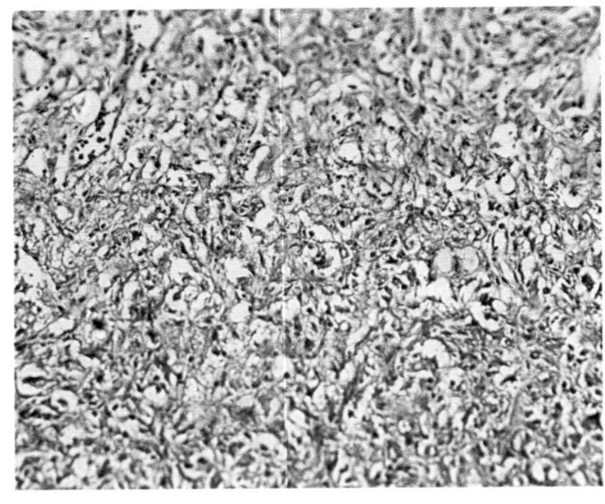

图 5-92 图 5-91 进一步放大

均为很难确定细胞类型的纤维状细胞。HE 200 × （崔治中 摄）

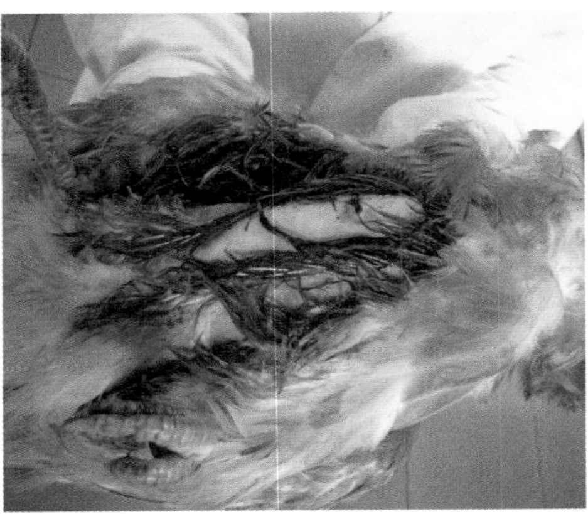

图 5-93 自然感染 ALV-J 的 160 日龄百日鸡，胸部皮下血管瘤

（崔治中 摄）

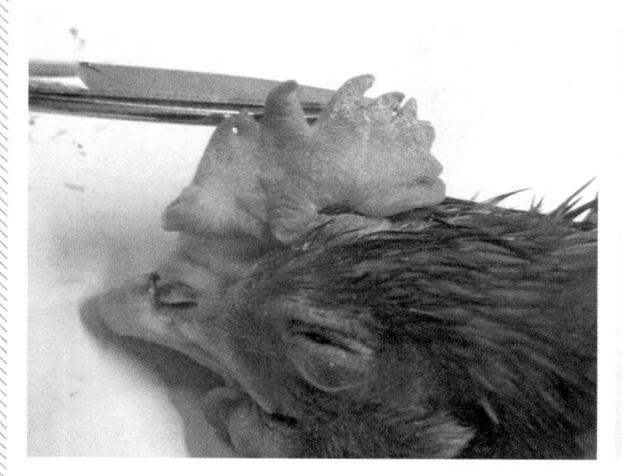

图 5-94　自然感染 ALV-J 的 160 日龄百日鸡

鸡冠局部肿大苍白，下眼帘肿大。

（崔治中　摄）

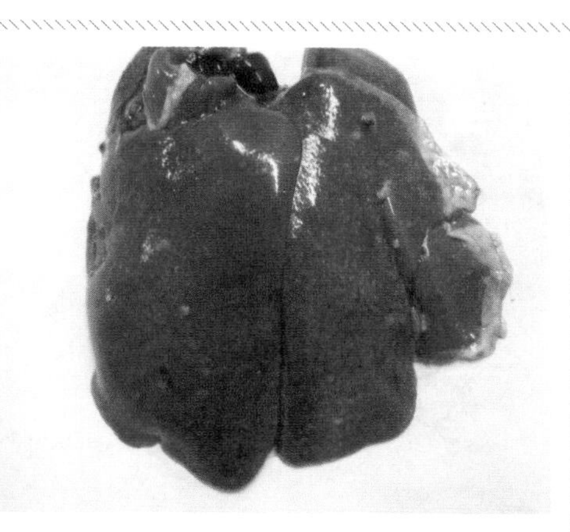

图 5-95　与图 5-94 为同一病鸡

肝肿大，有弥漫性分布的白色细小增生性结节。

（崔治中　摄）

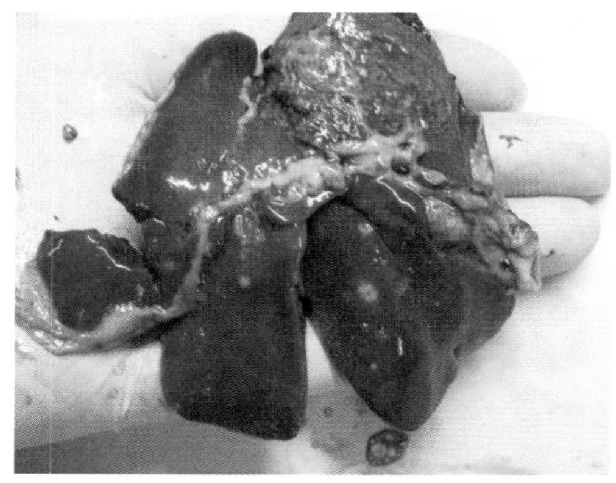

图 5-96　图 5-95 中肝脏的腹面

有几个白色的增生性结节或肿瘤块。

（崔治中　摄）

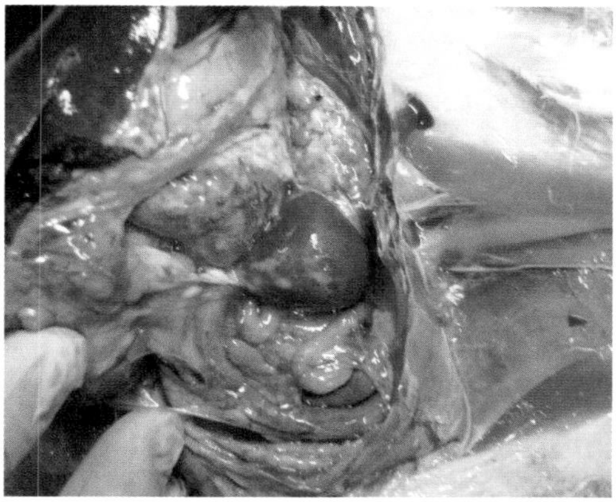

图 5-97　与图 5-94 为同一病鸡

打开腹腔将肝脏移至一边后显示肿胀的脾脏和卵巢肿瘤结节。

（崔治中　摄）

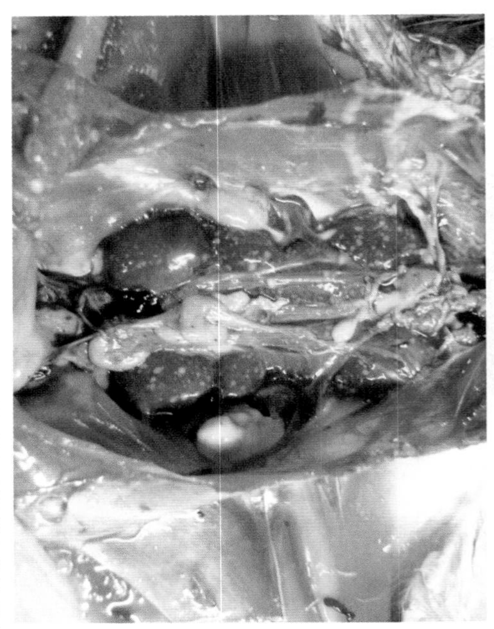

图 5-98 与图 5-94 为同一病鸡，肾脏上的白色肿瘤结节

（崔治中 摄）

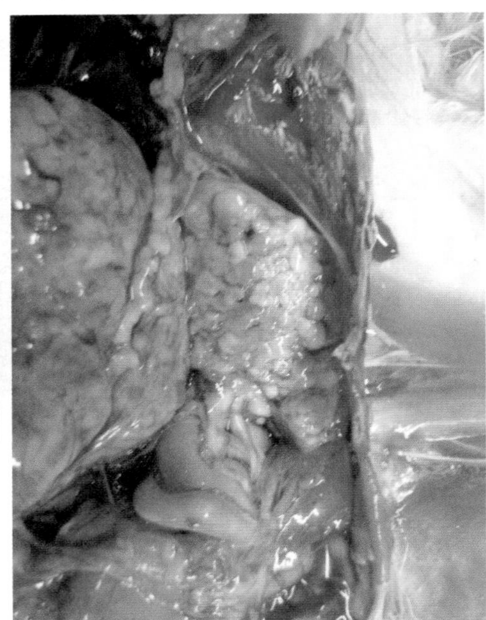

图 5-99 与图 5-94 为同一病鸡，卵巢肉瘤样增生

（崔治中 摄）

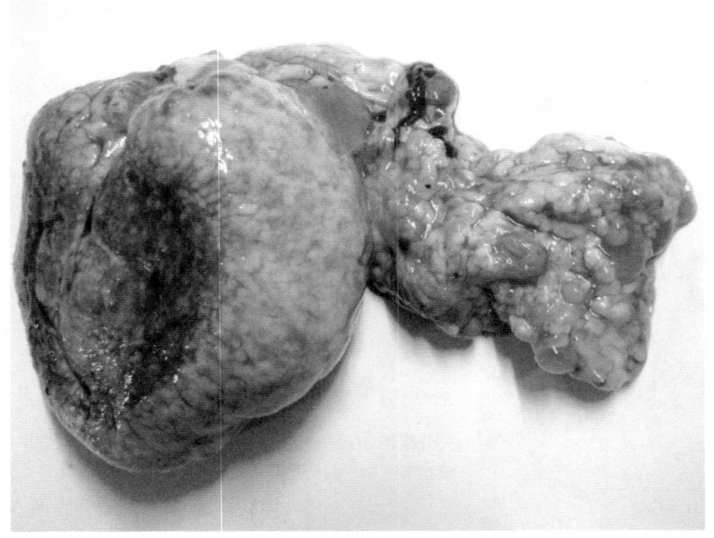

图 5-100 移出腹腔的肉瘤样增生的卵巢

（崔治中 摄）

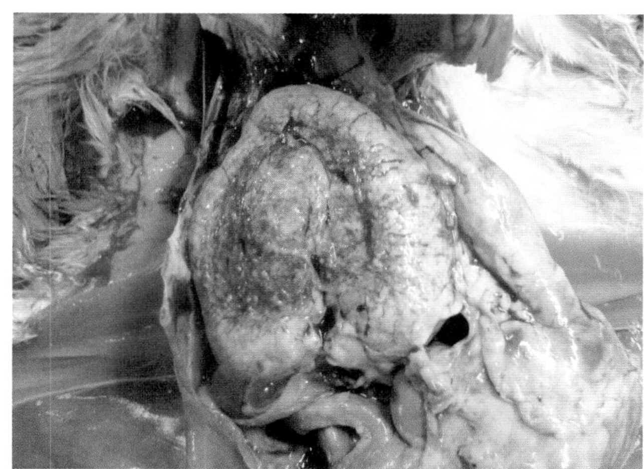

图 5-101　肉瘤样增生的卵巢的剖面

（崔治中　摄）

图 5-102　卵黄囊人工接种 ALV-A 后 6 个月发生的肝肿瘤块

（崔治中　摄）

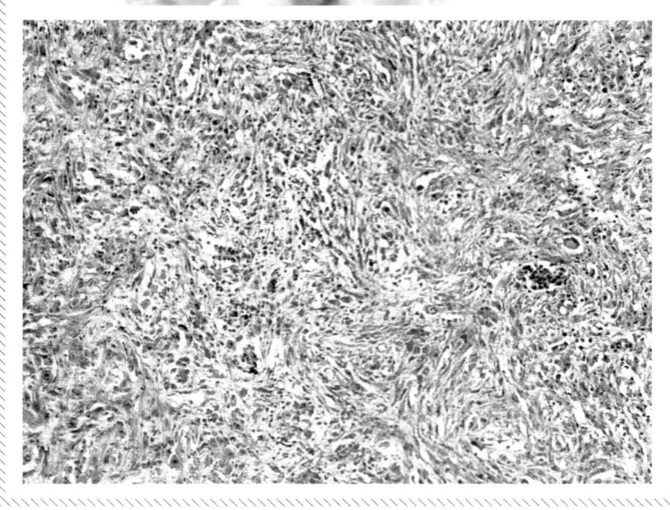

图 5-103　肝肿瘤块组织切片，显示是纤维肉瘤。

HE 200 ×　　（崔治中　摄）

图 5-104 与图 5-102 为同一只病鸡摘出的肝脏、肾脏的腹面，显示更多肿瘤块

A 为肝脏，B 为肾脏，肾脏肾叶均肿大，呈现不同程度的肿瘤增生，其中有两个叶几乎完全肿瘤化，已呈白色。（崔治中 摄）

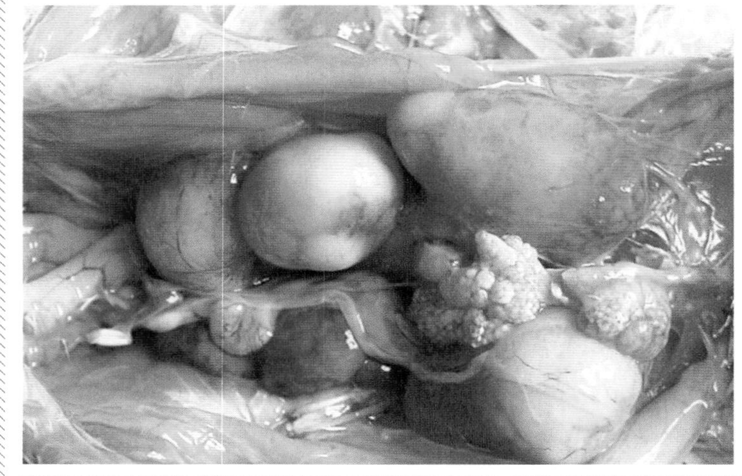

图 5-105 与图 5-102 为同一病鸡，将内脏取出腹腔后显示肾脏的几个大的肿瘤块

有 3 个肾叶已几乎完全肿瘤化。（崔治中 摄）

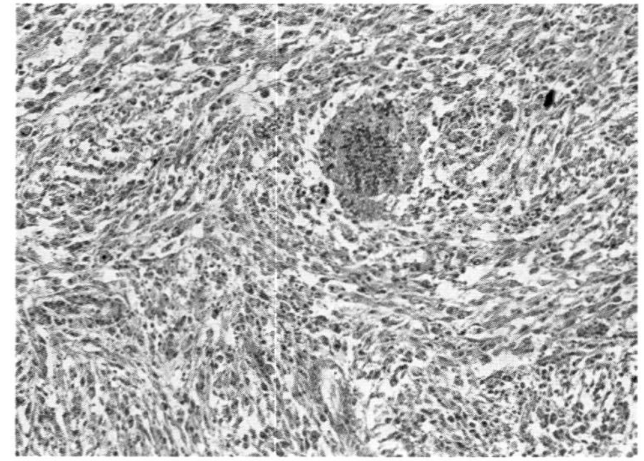

图 5-106 图 5-105 肾脏组织切片

视野中可见 2 个肾小管的结构，但大部分区域均为成纤维细胞所取代。HE 200 ×（崔治中 摄）

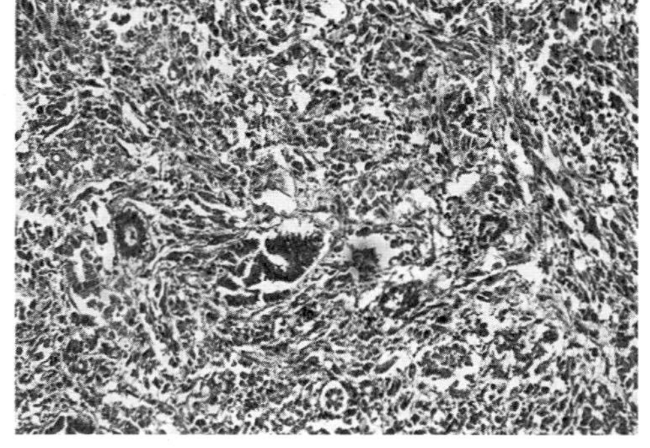

图 5-107 与图 5-106 为同一切片的不同视野

可见几个肾小管的结构，但大部分区域均为成纤维细胞所取代。HE 200 ×（崔治中 摄）

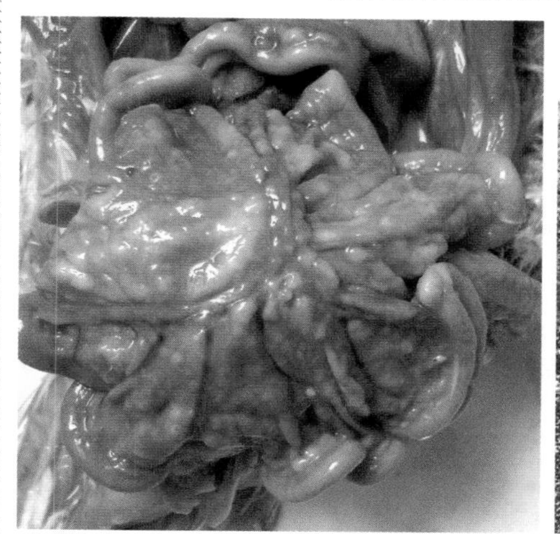

图 5-108 海蓝褐蛋鸡 5 日龄鸡胚卵黄囊接种 ALV-B，孵出后 30 周龄出现肠系膜肉瘤

（崔治中 摄）

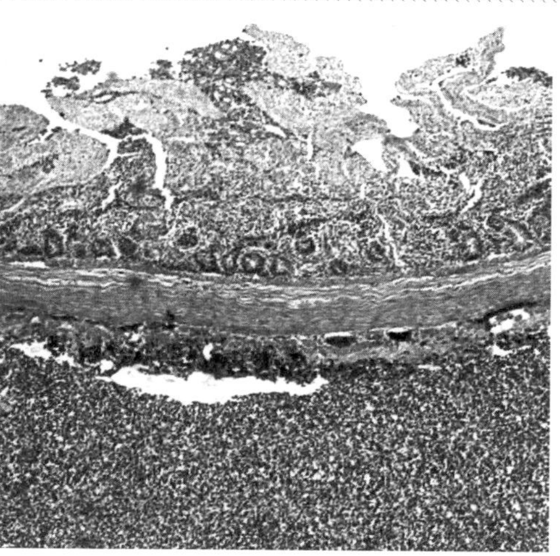

图 5-109 卵黄囊接种 ALV-B 后孵出的 30 周龄海兰褐蛋鸡，图 5-108 肠系膜上肉瘤组织切片

见大片浸润的淋巴细胞。HE 200 × （崔治中 摄）

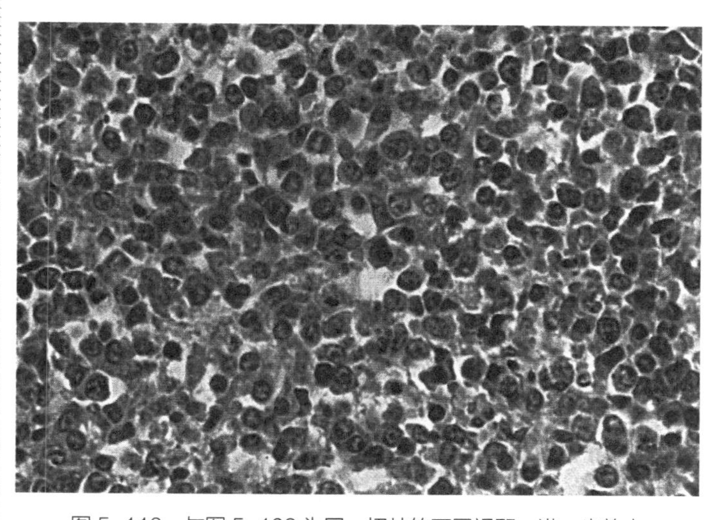

图 5-110 与图 5-109 为同一切片的不同视野，进一步放大

可见大量浸润的淋巴细胞。HE 400 × （崔治中 摄）

图 5-111　与图 5-108 为同一只病鸡，肿大的肝脏和脾脏

（崔治中　摄）

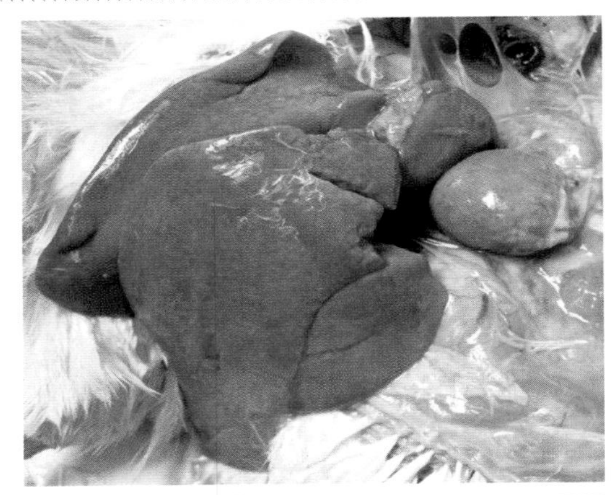

图 5-112　图 5-111 肝脏的组织切片

大量浸润的淋巴细胞取代了正常的肝细胞索。HE 200 ×　（崔治中　摄）

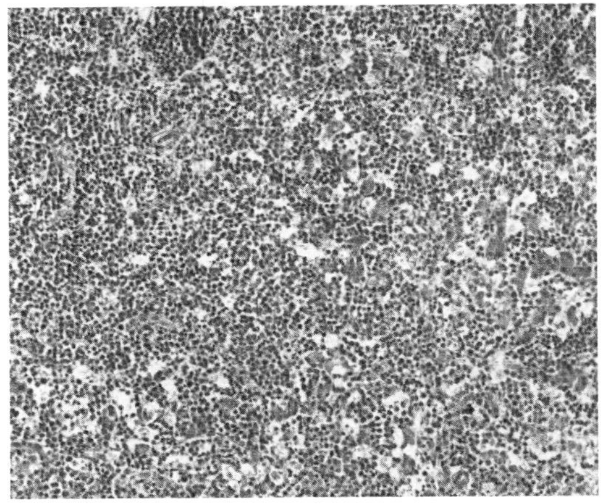

图 5-113　图 5-112 进一步放大

比较清楚地看到了在肝细胞索间的大量淋巴细胞浸润。HE 400 ×　（崔治中　摄）

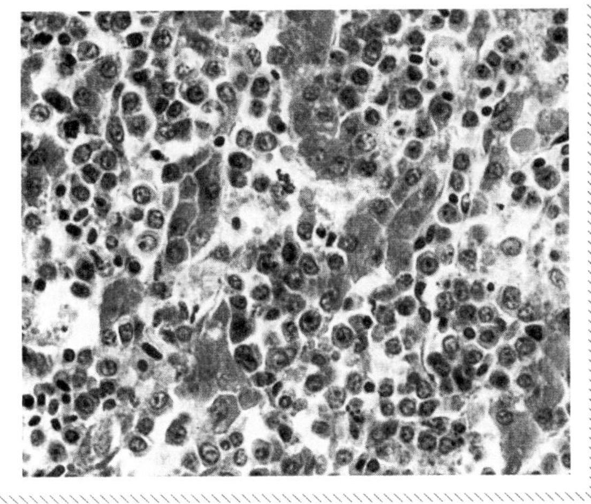

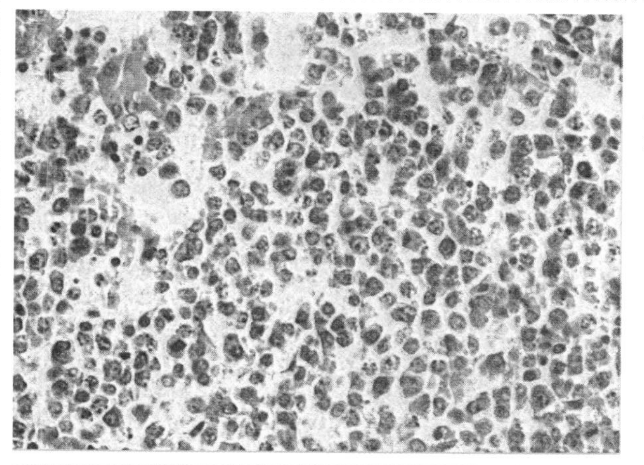

图 5-114　与图 5-113 同一肝脏的另一块组织切片

肝细胞索已被破坏，均为浸润的淋巴细胞。HE 400 ×　（崔治中　摄）

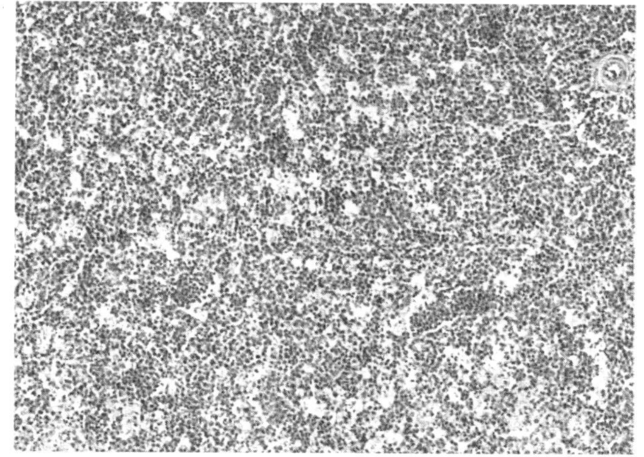

图 5-115　与图 5-111 同一只病鸡脾脏的组织切片

视野中均为淋巴样单核细胞，但正常的脾脏结构被破坏，红细胞量也减少。HE 200 ×　（崔治中　摄）

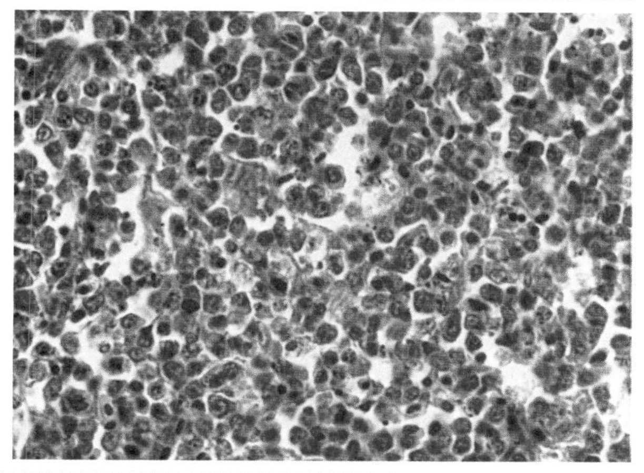

图 5-116　与图 5-115 为同一视野，进一步放大

HE 400 ×　（崔治中　摄）

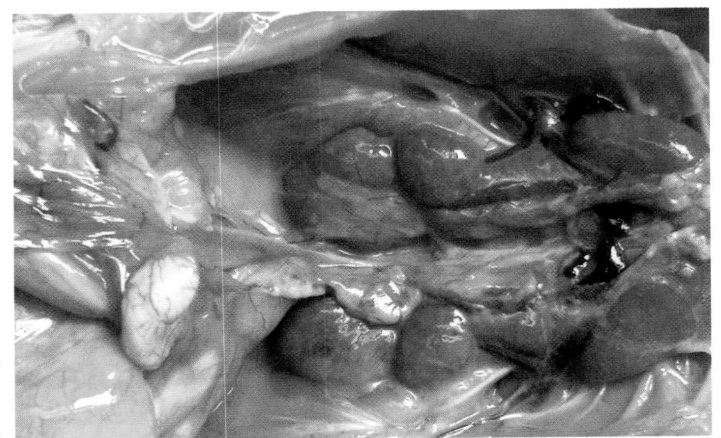

图 5-117 与图 5-111 为同一只病鸡

显肾脏肿大，肺脏也有白色增生性结节。（崔治中 摄）

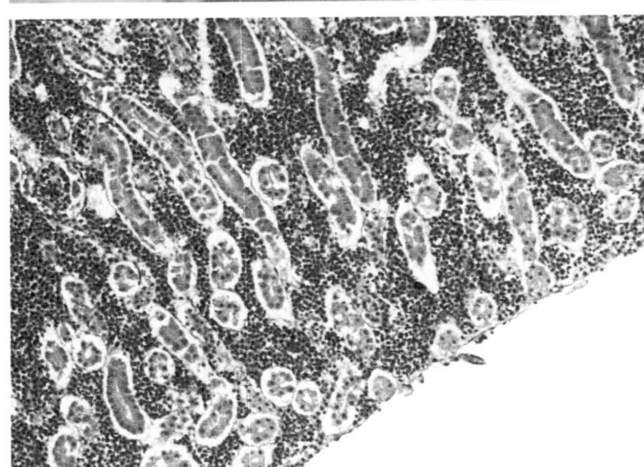

图 5-118 图 5-117 中肾脏的组织切片

可见肾小管间大量淋巴细胞浸润。HE 200×
（崔治中 摄）

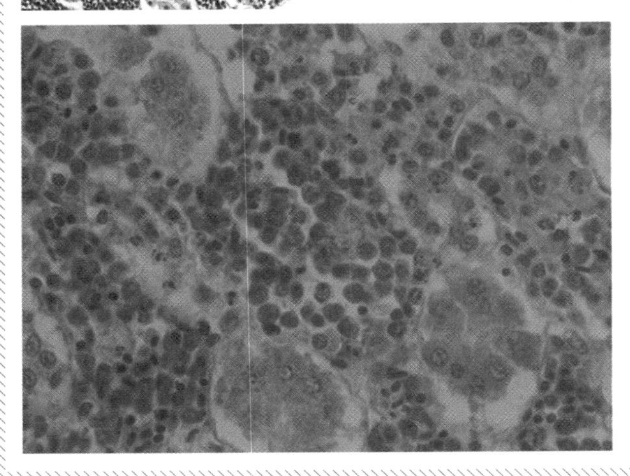

图 5-119 图 5-118 的肾组织切片进一步放大

HE 400× （崔治中 摄）

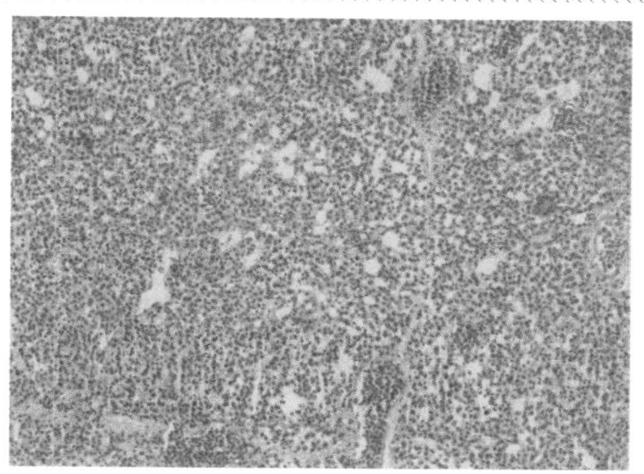

图 5-120　图 5-117 肺脏中小白色增生性结节的切片

亦为淋巴细胞浸润。HE 200 ×　　　　（崔治中　摄）

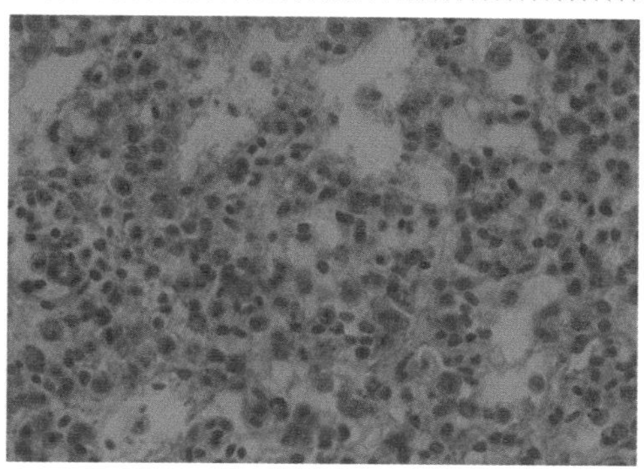

图 5-121　图 5-120 进一步放大

见肺泡间的淋巴细胞浸润。HE 400 ×　　　　（崔治中　摄）

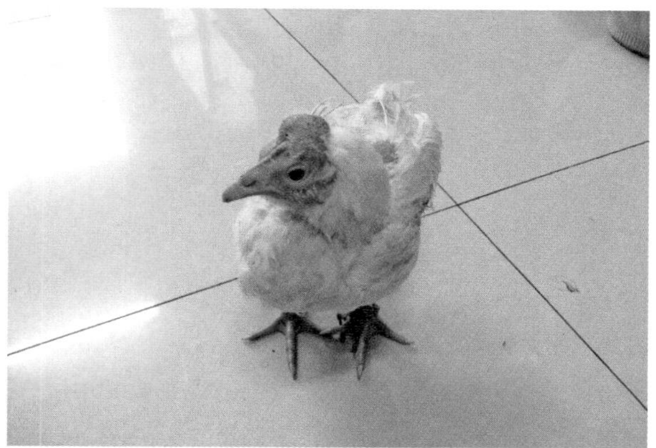

图 5-122　经 SPF 来源种蛋卵黄囊接种 ALV-B 孵出后，23 周龄的鸡，见头颅上一显著突起的血管瘤

（崔治中　摄）

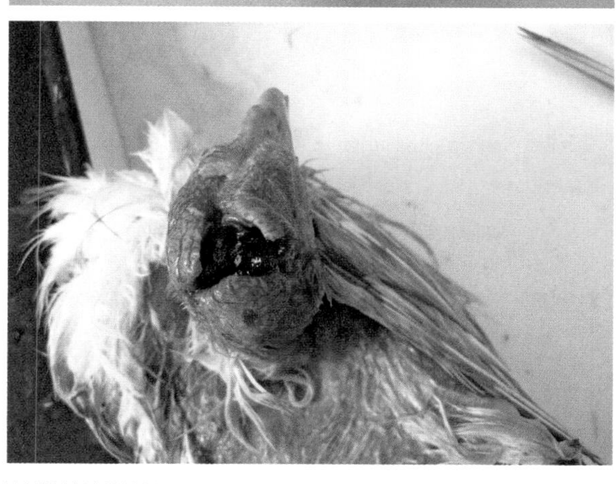

图 5-123　将图 5-122 中头颅上血管瘤剖开，见血凝块

（崔治中　摄）

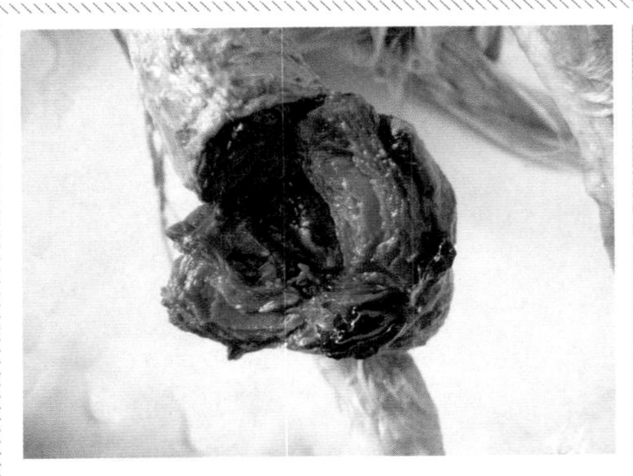

图 5-124　与图 5-122 为同一病鸡

腿部肌肉内的血管瘤剖开后的血凝块。（崔治中　摄）

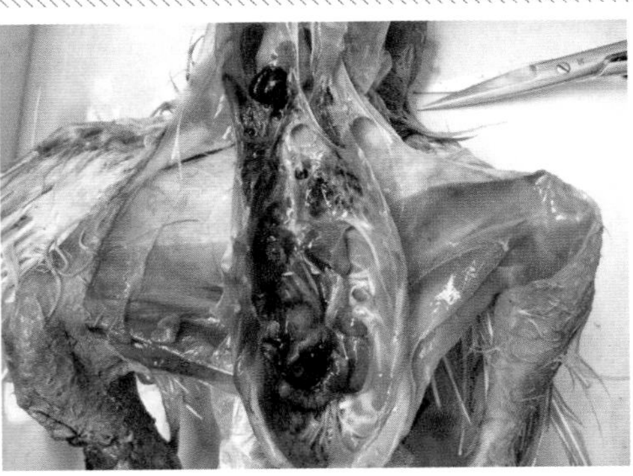

图 5-125　与图 5-122 为同一病鸡

可见肺上许多血管瘤及一叶肾中的血管瘤。（崔治中　摄）

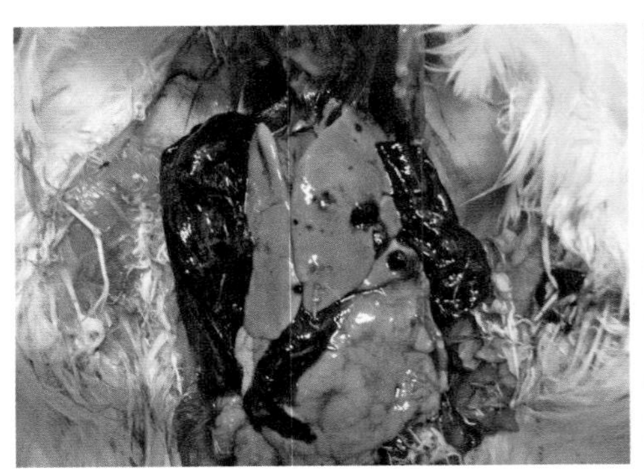

图 5-126　另一只同样方式接种了 ALV-B 的 SPF 来源种蛋孵出的 20 周龄鸡

见肝脏上许多大小不一的血管瘤，由于某个大的血管瘤破裂大量出血，腹腔中有大量血凝块，并导致肝脏色泽变黄。（崔治中　摄）

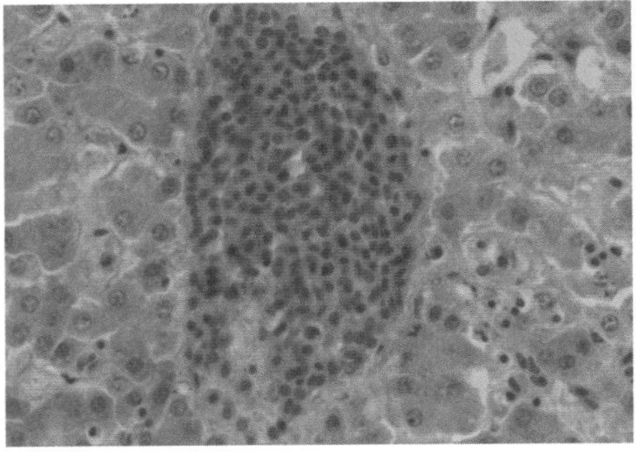

图 5-127　图 5-126 中肝脏的组织切片

见一个明显的血管瘤区。HE 400 ×　（崔治中　摄）

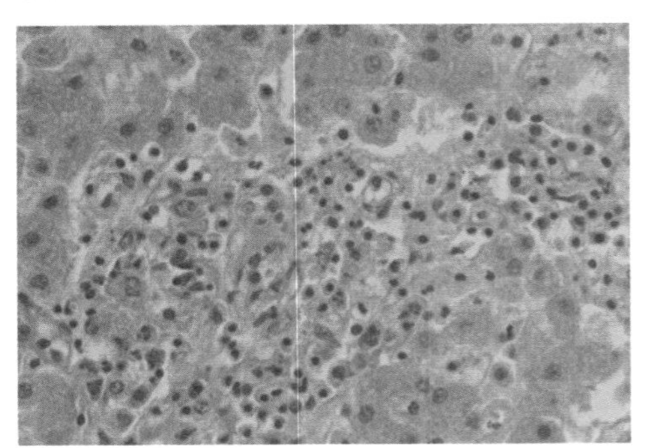

图 5-128　与图 5-127 为同一肝脏组织切片的不同视野

在肝细胞索中已出现单核细胞浸润。HE 400 ×（崔治中　摄）

第五节 我国鸡群出现了新的急性致肿瘤性ALV

由带有肿瘤基因的ALV诱发的急性纤维肉瘤或黏液肉瘤的报道已有100多年历史了，后来又发现了成红细胞急性肉瘤等，但这都是偶尔零星散发，且近十几年来也很少再有报道。

近三四年来，ALV-J商品代蛋鸡中诱发的肿瘤/血管瘤广泛流行的同时，在一些蛋鸡群的育成期及一些蛋鸡与白羽肉鸡杂交后称之为“817”的肉杂鸡群中，出现了一定比例的体表纤维肉瘤（图5-37、图5-39）。由于发生在只有30～40日龄的鸡，而且在同一个群体中有一定的发病率，因此怀疑是急性肿瘤。动物试验在不同鸡进行人工造病试验，也能在接种肉瘤浸出液的滤过液后10～14d发生同样类型的肉瘤，证明确实是急性肉瘤。在一产蛋鸡群发生的一例肠系膜纤维肉瘤（图5-37、图5-38），人工感染试验也证明是急性肉瘤。这似乎表明，这种急性纤维肉瘤可能由于某种原因也已在少数鸡群中呈局部流行（表5-1）。对“817”肉杂鸡发生的急性纤维肉瘤的提取液用相应的引物做RT-PCR时，扩增到来自ALV的衣壳蛋白*gag*基因序列和*fps*肿瘤基因序列组成的嵌合体分子，以及由*fps*肿瘤基因序列和ALV-J gp85序列组成的嵌合体分子（见本节“三”）。这证明，在我国确实已出现了带有*fps*肿瘤基因的急性ALV。在成年海兰褐发生的纤维肉瘤也可诱发急性纤维肉瘤，相关的急性致肿瘤性ALV中插入的则是肿瘤基因*src*（见本节“三”）。

一、带有*fps*肿瘤基因的急性致瘤性ALV在青年鸡体表诱发的纤维肉瘤

如表5-1中所述，在2009—2011年，我国已有多个不同类型的鸡群发生体表纤维肉瘤的流行。病毒鉴定表明，这与带有*fps*肿瘤基因的与ALV-J相关的复制缺陷型急性致肿瘤ALV相关。

表 5-1 发生纤维肉瘤的 9 个不同鸡群的流行病学资料

鸡场	鸡群					分离	肉瘤	肉瘤发	其他肿瘤
	类型	年龄(周)	群体数量	年份	地区	病毒	分布	生率	
A1	蛋鸡父母代	25 ~ 30	3 900	2009	JY	ALV-J	颈部皮下	7.6%	ML, Hem 死亡 15%
A2	蛋鸡父母代	20-21	4 000	2009	JY	ALV-J	颈部皮下	5/4000	ML
B	商品代蛋鸡	23-30	2 500	2010	XT	ALV-J	腹腔内	1 /35	ML, Hem 死亡 20%
C	817 肉杂鸡	3 ~ 6	2 000	2010	LW	ALV-J ALV-A	颈部皮下	5%	Hem 死亡 25%
D	817 肉杂鸡	3 ~ 6	2 000	2010	LW	ALV-J ALV-A	颈部皮下	3%	Hem 死亡 20%
E	817 肉杂鸡	3 ~ 6	3 000	2010	DZ	ND	颈部皮下	3%	Hem 死亡 20%
F	蛋鸡父母代	11 ~ 18	10 000	2011	YC	ND	颈部皮下	1%	ML 死亡 8%
G	蛋鸡父母代	11 ~ 18	8 000	2011	HZ	ND	颈部皮下	1.5%	ML 死亡 6%
H	蛋鸡父母代	11 ~ 18	5 800	2011	JN	ND	颈部皮下	20/5800	未见
I	蛋鸡父母代	23 ~ 27	10 000	2011	YZ	ND	颈部皮下	1%	ML 死亡 2%

注：鸡群I位于江苏省，其余都在山东省；ML，髓细胞样肿瘤；Hem，血管瘤；A1、A2，为同一A鸡场的两个不同批次鸡群；在鸡场B，整个鸡群没有在体表发现肉瘤肿块，但在剖检35只呈现不同病理变化的髓细胞样肿瘤的病鸡中，有1只腹腔出现纤维肉瘤。

（一）现场临床病例的纤维肉瘤

最早是在2009年3月发现这样的病例，那是来自一群145日龄刚开产的海兰褐父母代种鸡。4 000只鸡中已有5只在颈部皮下出现同样的肉瘤。但该鸡场另一批已是215日龄的父母代鸡曾在开产后不久死亡300只，不同内脏出现肿瘤，包括颈部皮下同样的肉瘤（图5-39）。将肿瘤剖开，已显示不同发育时期的肉瘤块，主要为乳白色（图5-129）。图5-130至图5-132显示另一只病鸡的颈部皮下肉瘤及其组织切片。从这些肉瘤组织中分

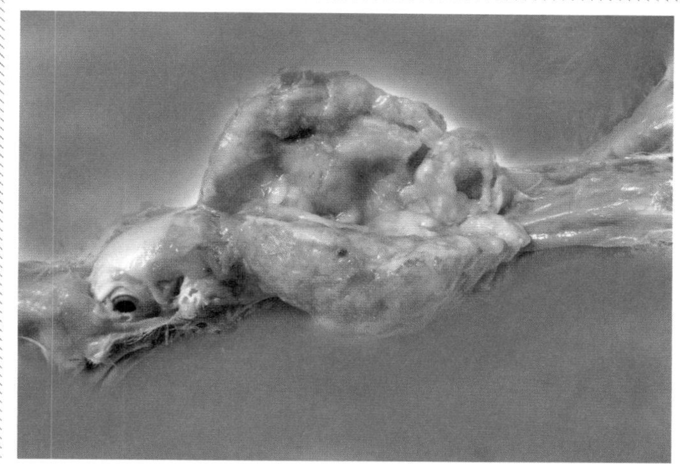

图 5-129　将图 5-39 中的鸡纤维肉瘤剖开，显示不同发育时期的肉瘤块，主要为乳白色

（崔治中　摄）

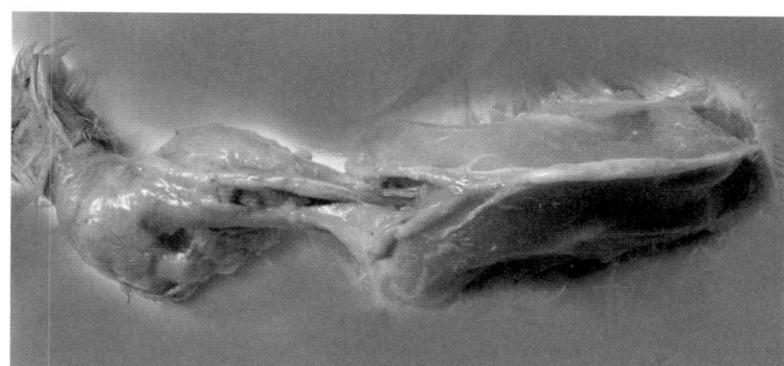

图 5-130　与图 5-129 中病鸡来自同一群鸡

颈部皮下肉瘤略小一点。将病料作组织切片（图 5-131、图 5-132），证明是纤维肉瘤。（崔治中　摄）

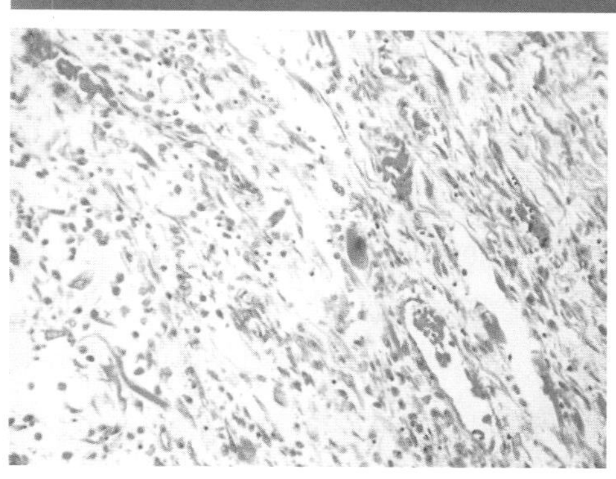

图 5-131　图 5-130 中肉瘤组织切片

显示纤维状细胞。HE 400 ×　（崔治中　摄）

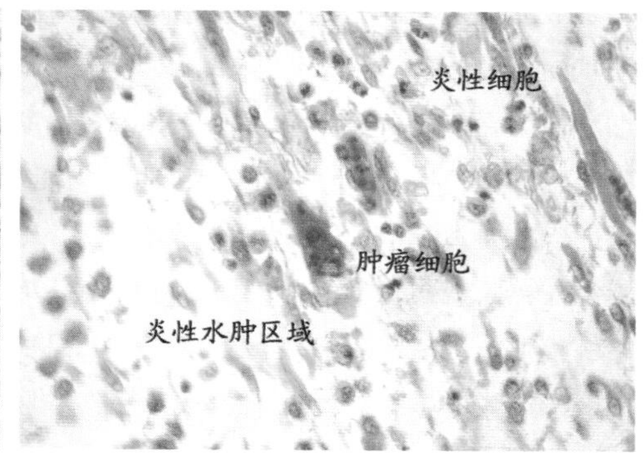

图 5-132　与图 5-131 为同一切片，进一步放大

除了纤维状细胞外，还有几个细胞质中含有红色颗粒的类似骨髓样细胞瘤的细胞，其他圆形的细胞不能鉴别属于哪种炎性细胞。HE 1 000 ×　（崔治中　摄）

别分离到了ALV–J和ALV–A（刘绍琼等，2010）。而几乎在同一时期，在山东不同地市县饲养的40日龄左右大小的“817”肉杂鸡中也先后出现了类似的颈部皮下肉瘤，对表5–2中的鸡场A2的一个肿瘤样品进行病毒分离，从中分离到了ALV–J，但也有ALV–B。肉瘤组织切片也证明是纤维肉瘤（图5–133、图5–134），而且也存在着少量典型的髓细胞样瘤细胞。

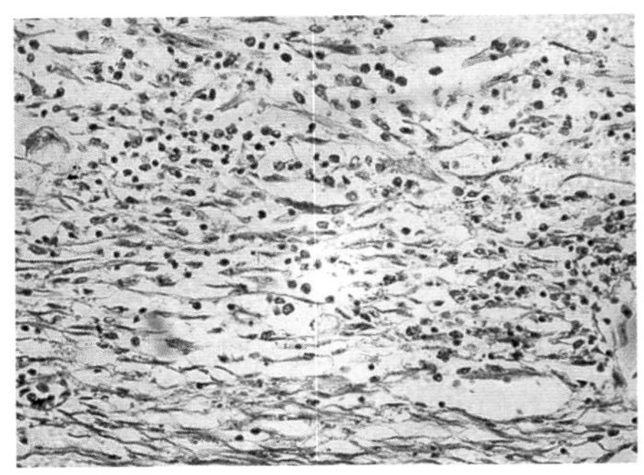

图 5–133 “817”肉杂鸡颈部肉瘤组织切片

可见纤维肉瘤表现。HE 400× （崔治中 摄）

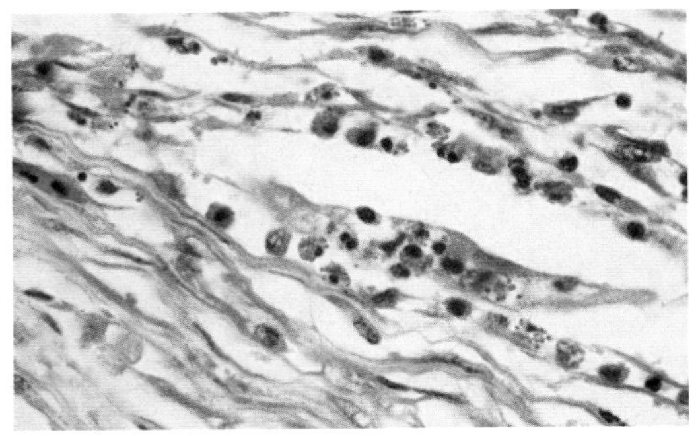

图 5–134 图 5–133 进一步放大

除了纤维状细胞外，还可见典型的髓细胞样瘤细胞。HE 400× （崔治中 摄）

（二）纤维肉瘤的人工造病试验

取冰冻保存的肿瘤病料加适量生理盐水研磨后将悬液经0.45 μm孔径的滤器过滤液接种DF1细胞后，用分别针对ALV–J和ALV–A的单抗或单因子血清做IFA，结果均呈阳性。说明在病料中存在着两个亚群ALV感染（刘绍琼等，2011）。将滤过液颈部皮下或腹腔接种1 ~ 3日龄的SPF鸡或肉杂鸡，均能在接种后25d开始出现肉瘤，到45日龄时，最大的肉瘤可达156 ~ 170g，相当于总体重528 ~ 540g的30%。将上述新鲜肿瘤病料的研磨液经滤器过滤再次接种1日龄“817”肉杂鸡、SPF雏鸡或其他品种鸡，均可诱发类似的急性肉瘤，结果见表5–2至表5–5。从试验结果看，不同接种部位对肉瘤浸出液诱发急性肉瘤的比例影响不大，不同部位接种都能引发肉瘤，虽然以颈部皮下最易感，但与剂量成正比关系。当接种剂量足够时，大多数鸡可在接种后12 ~ 14d内发生急性肉瘤。随着接种剂量的减少，肉瘤发生率也开始显著下降。人工造病诱发的肉瘤与鸡群中自然发生的肉瘤非常类似（图5–135至图5–141）。但是，在同一肉瘤的切片中也可见到淋巴细胞结节（图5–142、图5–143）。

表 5-2　肉瘤浸出液不同部位接种 1 日龄 817 肉杂鸡急性纤维肉瘤发生统计

（引自李传龙、崔治中等，2012）

观察日龄	颈部皮下	胸肌	腹腔	对照组
14	20/20	14/21	7/20	0/20
21	20/20	16/21	13/20	0/20
28	18/18	20/20	17/20	0/19
35	16/16	18/20	20/20	0/19

注：表中数据为纤维肉瘤发生鸡只数／观察日龄鸡只存活总数。

表 5-3　不同品种 1 日龄雏鸡接种肉瘤浸出液后急性纤维肉瘤发生率

（引自李传龙，硕士学位论文，2012）

观察日龄	白羽肉鸡	海兰褐	817 肉鸡	SPF 鸡
14	10/23	8/19	7/20	10/20
21	18/22	10/19	13/20	16/20
28	18/22	12/19	17/20	18/20

注：每只鸡颈部皮下注射 0.2mL 不同稀释度病料滤过液，表中数据为纤维肉瘤发生鸡只数／观察日龄鸡只存活总数。

表 5-4　不同剂量肉瘤浸出液接种 1 日龄“817”肉杂鸡急性纤维肉瘤发生动态

（引自李传龙、崔治中等，2012）

日龄	接种的肉瘤浸出液的稀释度						
	10^{0}	10^{-1}	10^{-2}	10^{-3}	10^{-4}	10^{-5}	对照组
12	9/9	0/10	1/10	1/10	0/10	0/10	0/7
18	9/9	6/8	8/10	1/7	0/8	0/9	0/6
24	9/9	8/8	10/10	2/7	0/8	0/8	0/6
30	9/9	6/6	5/5	4/7	0/7	0/8	0/6

注：每只鸡颈部皮下注射 0.2mL 不同稀释度病料滤过液，表中数据为纤维肉瘤发生鸡只数／观察日龄鸡只存活总数。

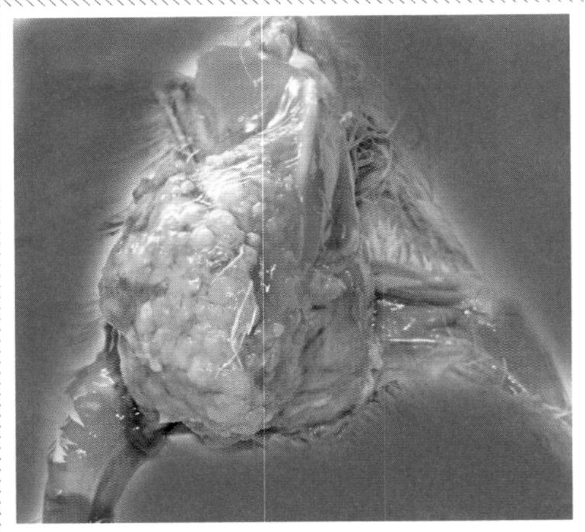

图 5-135　将经冰冻保存的来自肉杂鸡的颈部肉瘤融化后研磨液，经 0.22μm 孔径滤器过滤液腹腔接种 2 日龄“817”肉杂鸡后 40d 在注射部位腹腔出现的肉瘤

内脏看不出肉眼病变。　　（崔治中　摄）

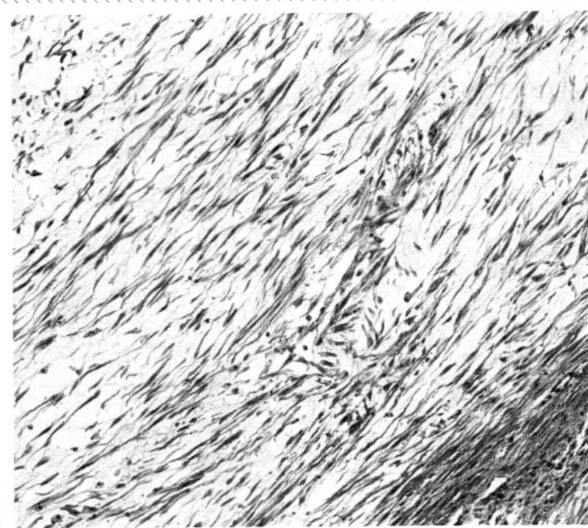

图 5-136　图 5-135 中肉瘤的组织切片

见纤维肉瘤细胞。HE 200 ×　　（崔治中　摄）

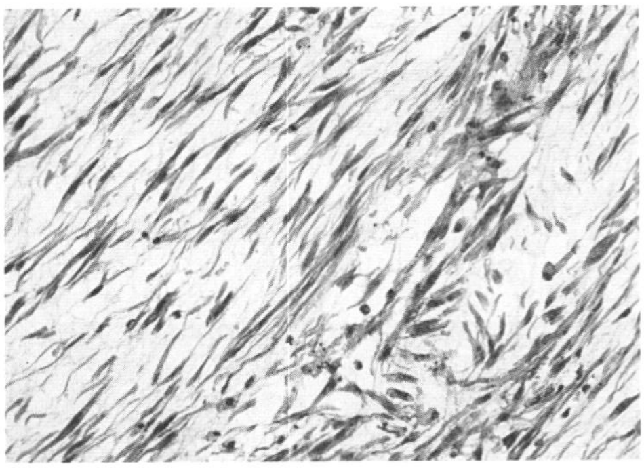

图 5-137　图 5-136 进一步放大

都为典型的成纤维细胞。HE 400 ×　　（崔治中　摄）

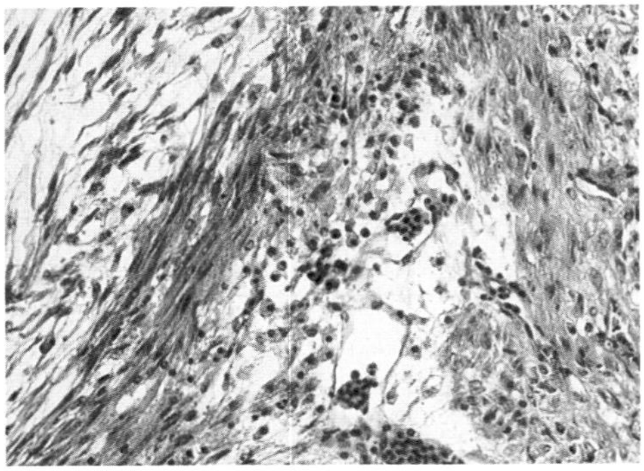

图 5-138　与图 5-137 同一组织切片的不同视野

除了典型的成纤维细胞外，还有形状不同的处于不同分化时期的细胞。HE 400 ×　　（崔治中　摄）

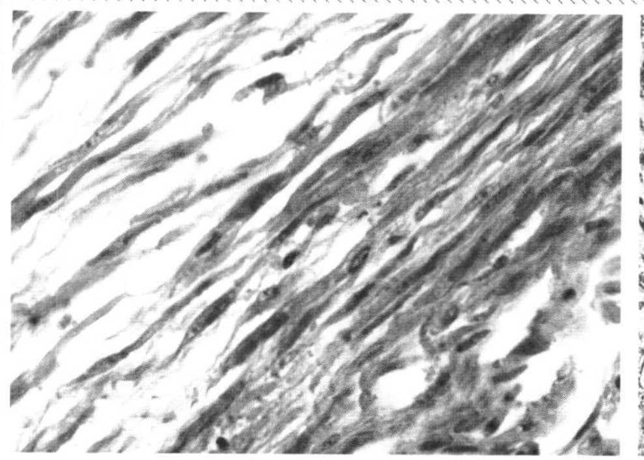

图 5-139　图 5-138 进一步放大

显示更清晰的成纤维细胞结构。HE 1000 ×

（崔治中　摄）

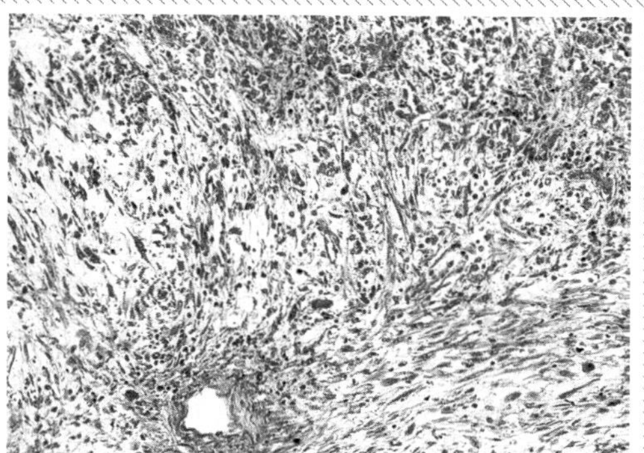

图 5-140　与图 5-131 为同一鸡的肝组织切片

在图的下 3/4 部分见一淋巴小管周围形成的成纤维细胞区，其余的上 1/4 区域可能为典型的成纤维细胞分化前期细胞。HE 400 ×　（崔治中　摄）

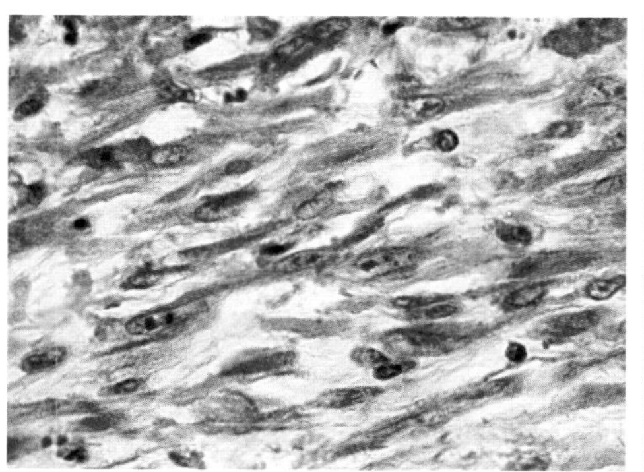

图 5-141　图 5-140 进一步放大

显示更清晰的成纤维细胞。HE 1 000 ×（崔治中　摄）

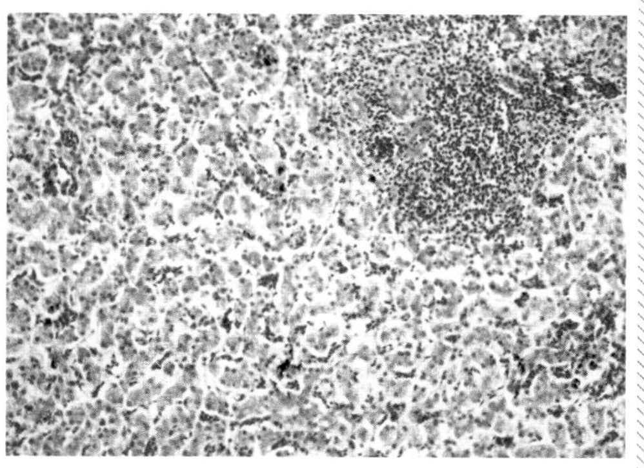

图 5-142　与图 5-140 为同一切片的不同视野

可见淋巴细胞结节。HE 200 ×　（崔治中　摄）

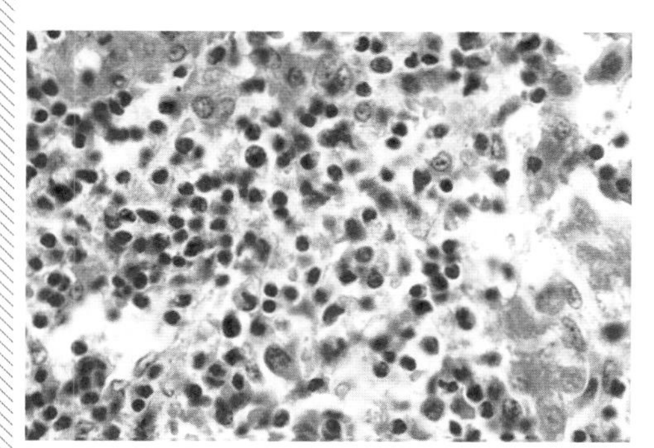

图 5-143　图 5-142 进一步放大

显示淋巴细胞结节。HE 1 000 ×　（崔治中　摄）

表 5-5 不同剂量肉瘤浸出液接种 1 日龄 SPF 鸡急性纤维肉瘤发生动态

（引自李传龙、崔治中等，2012）

日龄	接种的肉瘤浸出液的稀释度						
	10^0	10^{-1}	10^{-2}	10^{-3}	10^{-4}	10^{-5}	对照
12	9/10	5/10	1/10	1/10	0/10	0/9	0/7
18	10/10	7/10	6/10	3/10	0/10	0/9	0/7
24	9/9	10/10	8/9	5/9	0/7	0/9	0/6
30	9/9	9/9	7/8	4/8	0/7	0/8	0/6

注：每只鸡颈部皮下注射 0.2mL 不同稀释度病料滤过液，表中数据为纤维肉瘤发生鸡只数／观察日龄鸡只存活总数。

当用图5-135中的新鲜肉瘤浸出物的滤过液再次接种1日龄“817”肉杂鸡时，又可于接种后12～14d在腹壁或腹腔内出现很大的在形态结构和细胞类型上完全类似的纤维肉瘤（图5-144至图5-152）。

图 5-144 肉 瘤

在腹腔注射一侧的腹壁，注射肉瘤浸出液后20d 出现很厚的肉瘤块。此外，在心脏也出现一白色肉瘤，肝脏的左叶外侧下部也有一小块肉瘤。 （崔治中 摄）

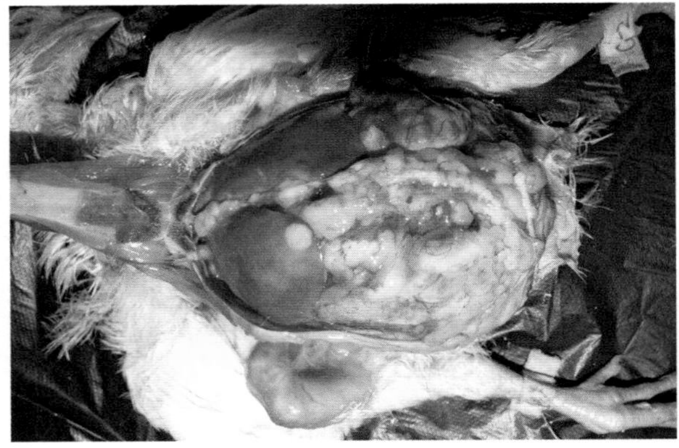

图 5-145 肉 瘤

经腹腔注射的另一只鸡，注射后 22d，腹腔内布满已融合的肉瘤块，在肝脏表面也可看到一圆形的白色肉瘤块。 （崔治中 摄）

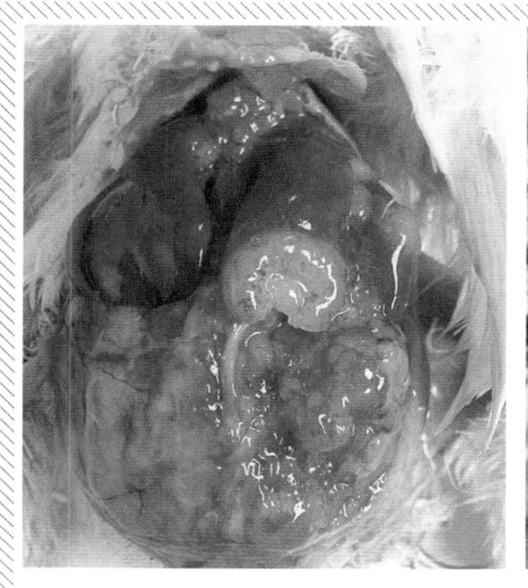

图 5-146　肉　瘤

经腹腔注射的又一只鸡，注射后 20d，在肝脏表面及整个内脏表面已形成一大块肉瘤。
（崔治中　摄）

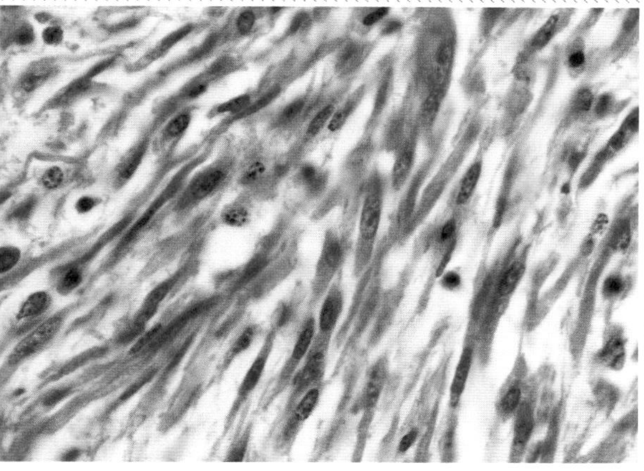

图 5-147　图 5-144 肉瘤的组织切片

显示典型的成纤维细胞。HE 1 000×　（崔治中　摄）

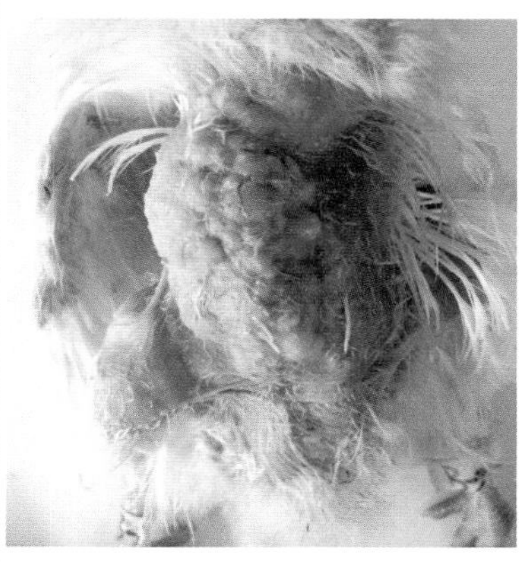

图 5-148　多结节肉瘤

表 5-1 B 组中的一只鸡人工接种后 21d，接种侧腹壁多结节肉瘤。
（崔治中　摄）

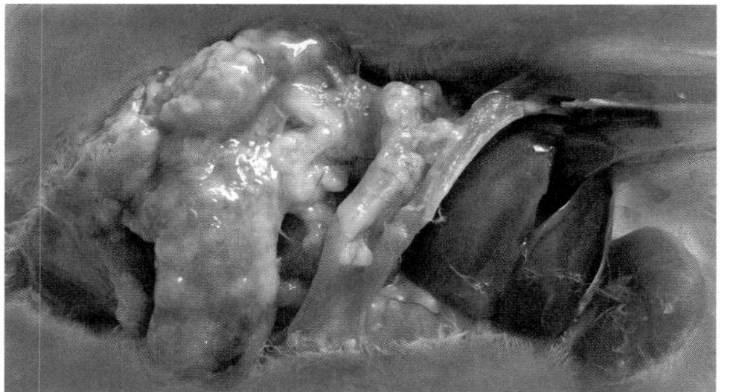

图 5-149　多结节肉瘤

表 5-1 C 组中的一只鸡病料接种后 21d，一侧腹壁上融合的多结节肉瘤。
（崔治中　摄）

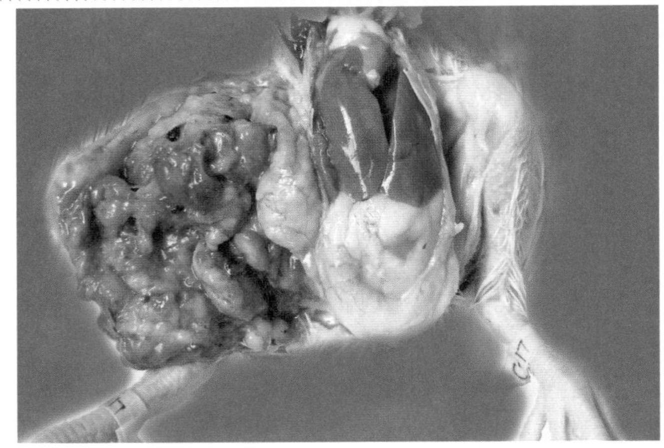

图 5-150 多结节肉瘤

用表 5-1 C 组中的鸡病料接种后 21d，见腹壁上的多结节肉瘤，内脏正常。 （崔治中 摄）

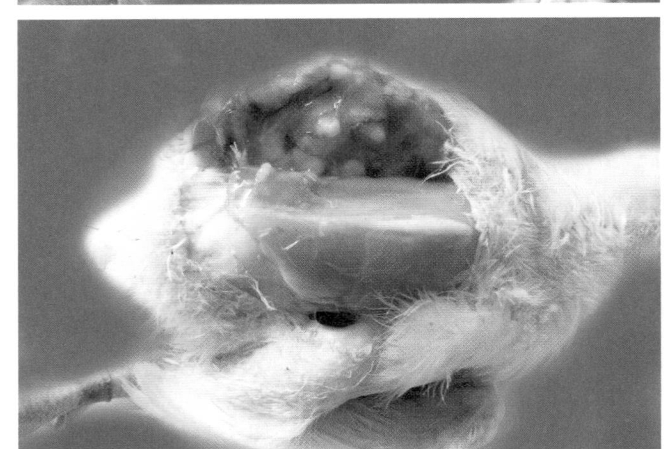

图 5-151 多结节肉瘤

用表 5-1 D 组中的一只鸡病料接种后 21d，一侧皮下腹壁外的多结节肉瘤。 （崔治中 摄）

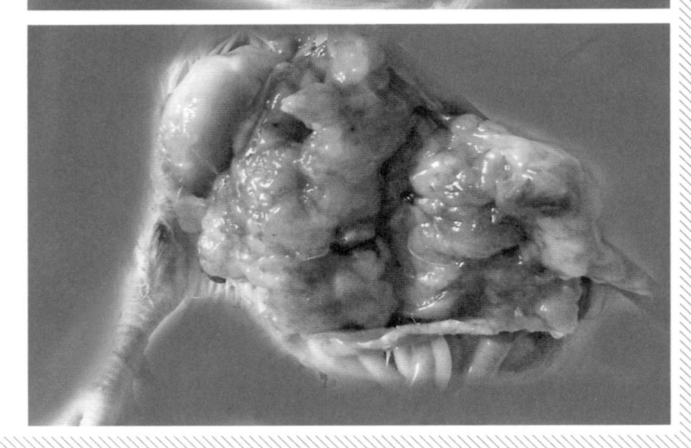

图 5-152 多结节肉瘤

用表 5-1 D 组又一只鸡病料接种后 21d，腹腔内多结节肉瘤。

（崔治中 摄）

（三）肉瘤浸出液的细胞培养物的致病性

将肉瘤浸出液接种DF1细胞，可从肉瘤中再次检测出ALV-J。不仅如此，用细胞培养的上清液接种1日龄雏鸡，也同样诱发完全相同的急性纤维肉瘤。但在细胞培养上将病毒传代过程中，只有第一代细胞上清液诱发急性纤维肉瘤，第二代和第三代细胞培养上清液未能诱发肿瘤。在用肉瘤浸出液接种的原始细胞液接种的6只1日龄鸡中，除去6d内死亡4只外，剩下2只在21d后出现明显的纤维肉瘤（图5-153至图5-155）。其中一只鸡心脏和肌胃也出现肉瘤样病变。

图 5-153　将肉瘤浸出液接种 DF1 细胞后，培养 7d 后，取上清液接种 1 日龄 SPF，在颈部皮下接种部位长出很大的肉瘤

（崔治中　摄）

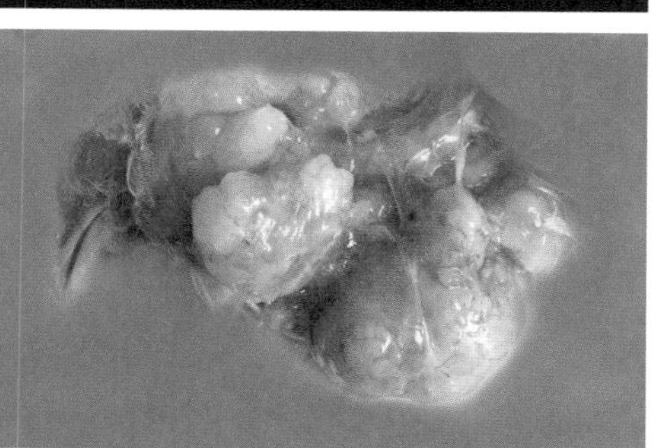

图 5-154　将图 5-153 中该肉瘤剖开后的结构

可见形成 7 个独立的肉瘤结节　（崔治中　摄）

图 5-155　另一只鸡接种同样细胞培养上清液后 10d 的临床表现，已在颈部接种一侧出现明显的肿瘤

（崔治中　摄）

二、带有*src*肿瘤基因的急性致瘤性ALV在成年产蛋鸡诱发的肠系膜纤维肉瘤

（一）现场临床病例腹腔中的纤维肉瘤

病料来自山东新泰某海兰褐商品代蛋鸡场，饲养8 000余只，90日龄开始发病死亡，许多鸡在皮肤和脚趾部出现血管瘤，死后剖检可见肝肿大，呈典型髓细胞样细胞瘤的表现。至240日龄时仅剩6 000余只，死亡率在25%左右。发病鸡均分离到ALV–J，但没有ALV–A/B。其中，有一只病鸡在腹腔内腰椎下显现乒乓球大小的肉瘤块群，实际上该肉瘤块生长于肠系膜上（图5–156至图5–160）。对该肉瘤块的不同部位进行组织切片观察，表明是典型的纤维肉瘤。其中，除典型的细长的成纤维细胞外，不同的视野还可见不同形状的处于不同分化阶段的细胞，如圆形、锥形、梭形等（图5–161至图5–172）。其中，有些视野还可见血管瘤或个别髓细胞样肿瘤细胞（图5–173至图5–176）。肾脏和肝脏虽没有典型肉眼病变，但组织切片中已显现不同大小的血管瘤表现（图5–177至图5–179）。此外，这只病鸡两侧跖骨粗细不一，其骨髓中出现白色增生性结节（图5–180、图5–181）。

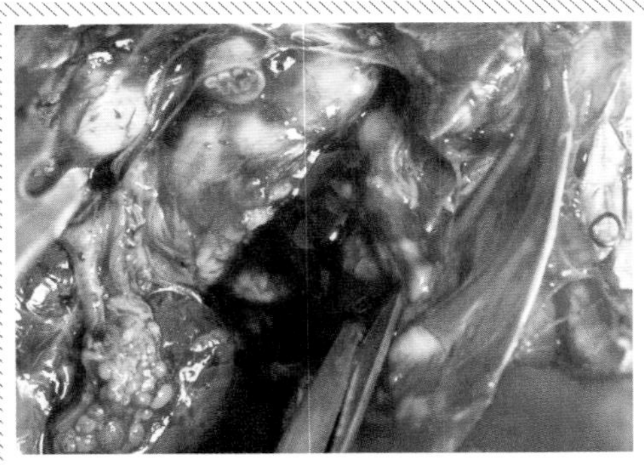

图 5–156　140 日龄海兰褐商品代蛋鸡，打开腹腔后见腰椎下白色肉瘤样团块

（崔治中　摄）

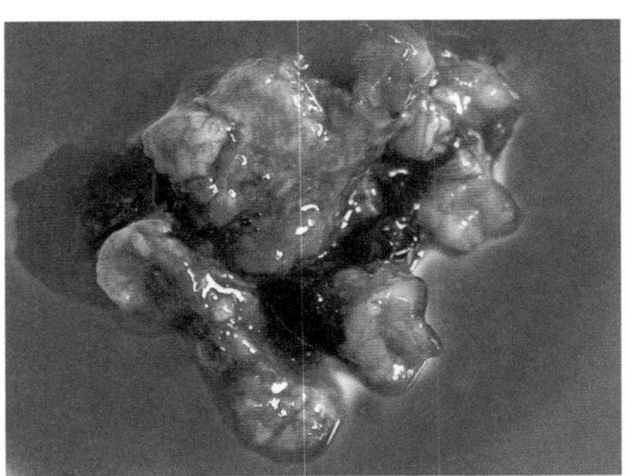

图 5–157　从腹腔中取出的图 5–156 中的肉瘤团块

（崔治中　摄）

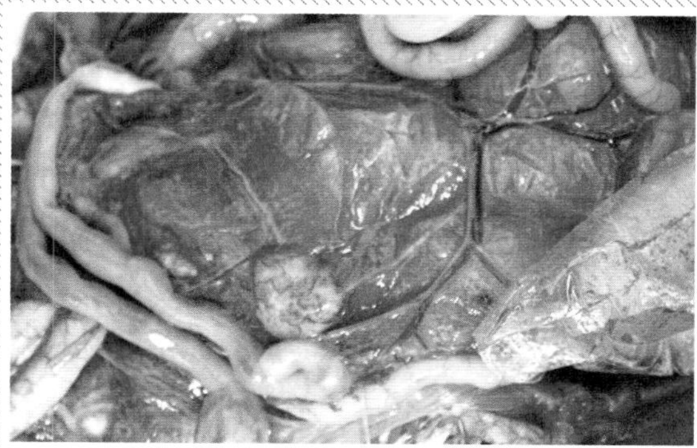

图 5-158　在肠襻中的肉瘤团块，其中有一肉瘤块相对独立，边界清楚

（崔治中　摄）

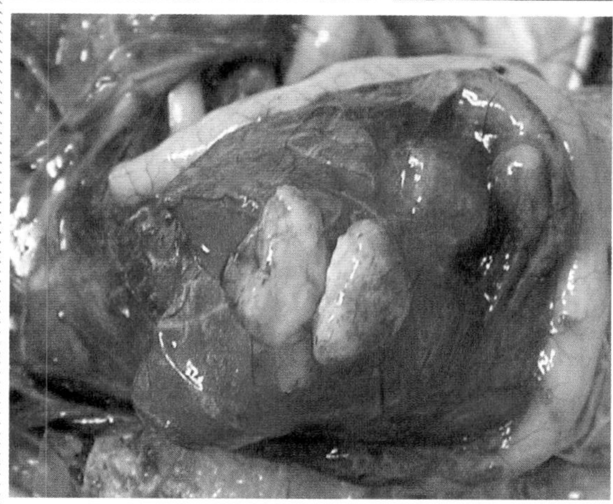

图 5-159　图 5-158 中独立的肉瘤团块的剖面

（崔治中　摄）

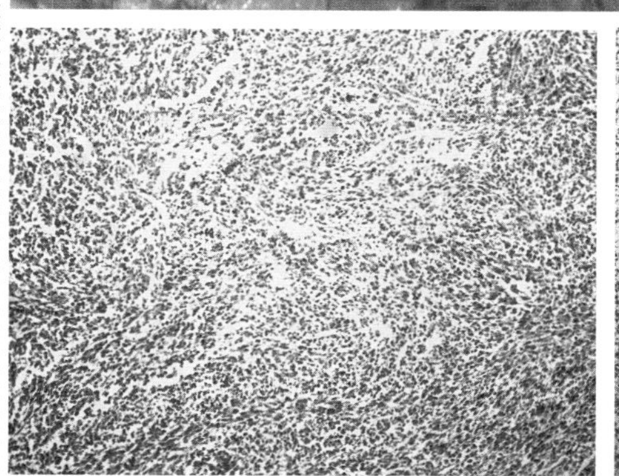

图 5-160　图 5-159 切开的肉瘤块的组织切片

可见以不同方式、不同方向排列、形态不一的细胞，有的已呈典型的成纤维细胞样。HE 100×　（崔治中　摄）

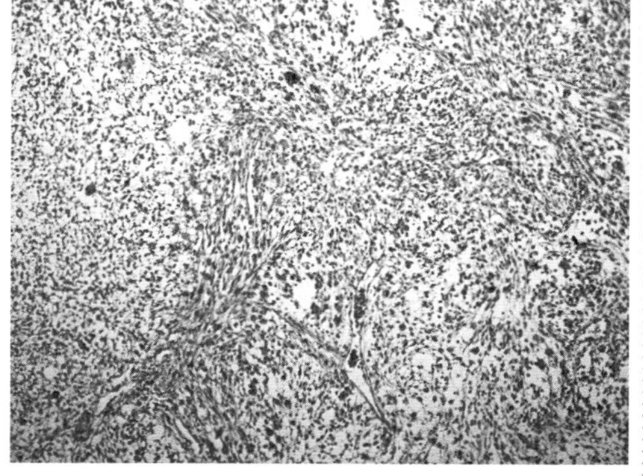

图 5-161　与图 5-159 为同一切片的不同视野

成纤维细胞更加明显数量更多，已成一片。HE 100×（崔治中　摄）

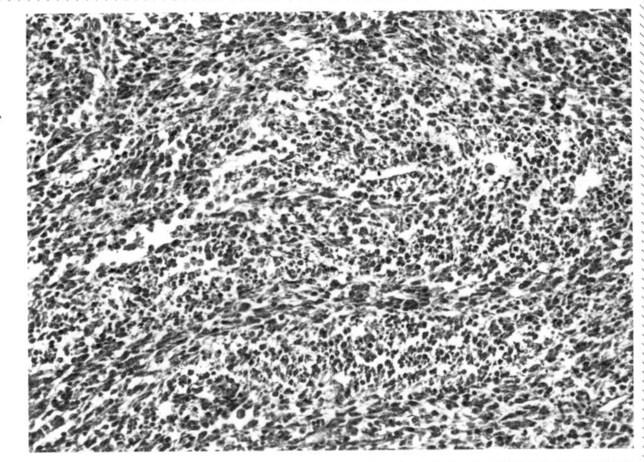

图 5-162　与图 5-159 为同一切片的不同视野

见处于不同分化阶段的细胞，分别呈圆形、锥形、梭形、长纤维形。HE 200 ×

（崔治中　摄）

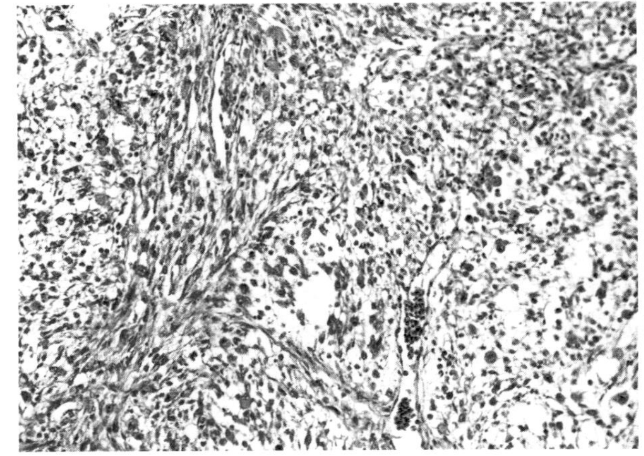

图 5-163　与图 5-159 为同一切片的不同视野

纤维样细胞更明显，但亦可见其他形态细胞。HE 200 ×　（崔治中　摄）

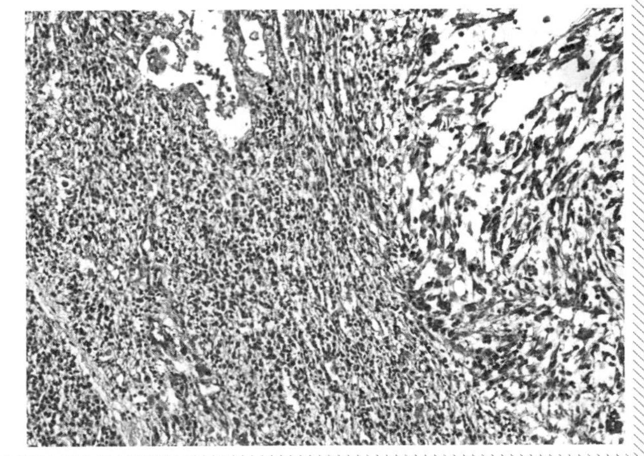

图 5-164　与图 5-159 为同一切片的不同视野

右侧为成纤维状细胞，左侧是不同分化阶段不同形态细胞的混合区。HE 200 ×

（崔治中　摄）

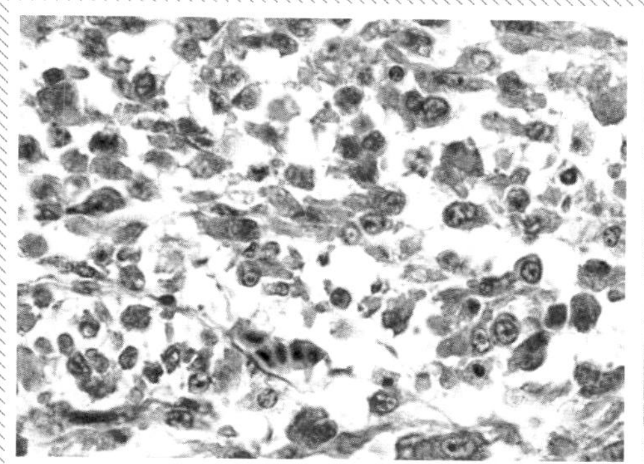

图 5-165　图 5-164 进一步放大

以圆形和锥形细胞为主，但也有少数纤维状细胞。HE 1 000 ×（崔治中　摄）

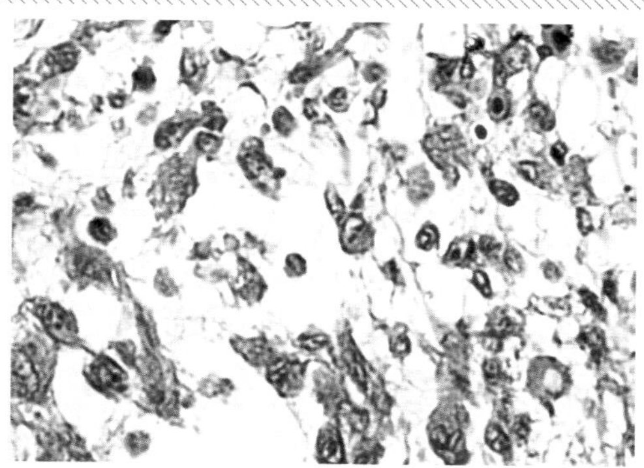

图 5-166　与图 5-159 为同一切片的不同视野

细胞较稀疏，以圆形、锥形为主，有的呈纤维状。HE 1 000 ×（崔治中　摄）

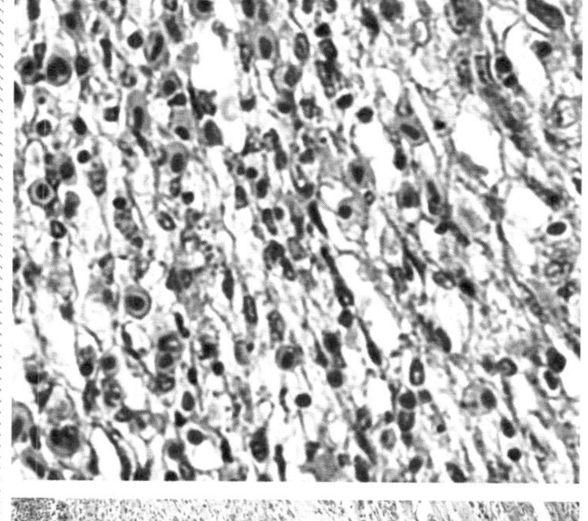

图 5-167　与图 5-159 为同一切片的不同视野

主要有两种类型细胞，一种细长、已纤维细胞化；另一种为圆形细胞，核居中或偏一侧，还很难判定细胞类型。HE 1 000 ×（崔治中　摄）

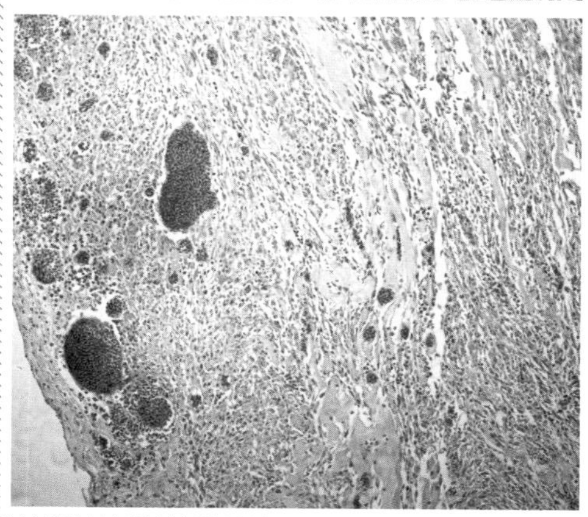

图 5-168　从图 5-158 的肠襻间肿瘤团块中另取一块做组织切片

见不同分化期的成纤维细胞，其间有多个大小不一的血管瘤。HE 100 ×（崔治中　摄）

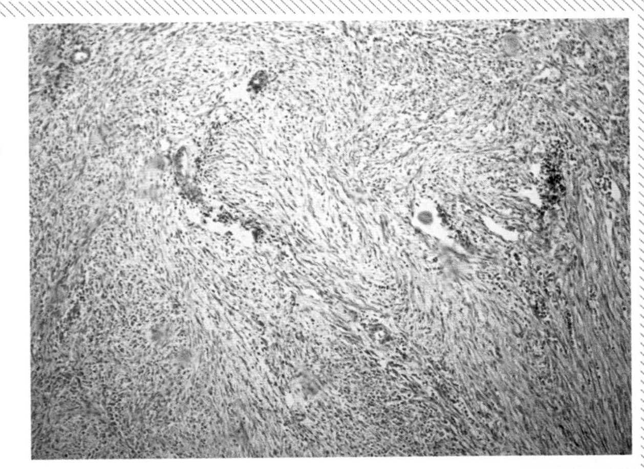

图 5-169 与图 5-168 为同一切片的不同视野

可见更典型的成纤维细胞样细胞。HE 100 ×（崔治中 摄）

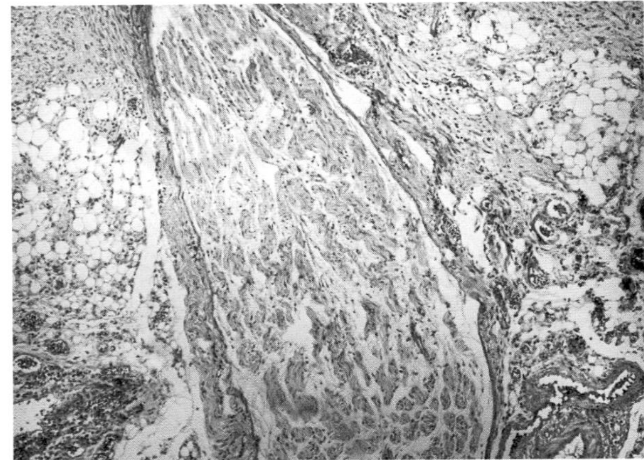

图 5-170 与图 5-168 为同一切片的不同视野

显示肿瘤块内成纤维细胞不同排列。HE 100 ×（崔治中 摄）

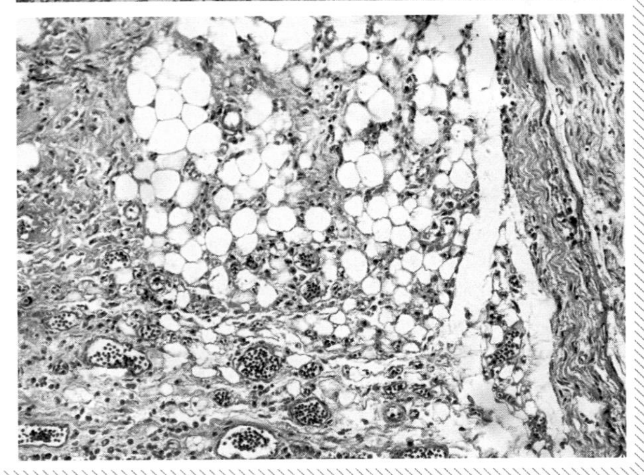

图 5-171 与图5-168为同一切片，进一步放大

右侧为典型的成纤维细胞，其他部位为圆形、锥形不同分化阶段细胞，中间的空泡可能与黏液细胞相关。HE 200 ×（崔治中 摄）

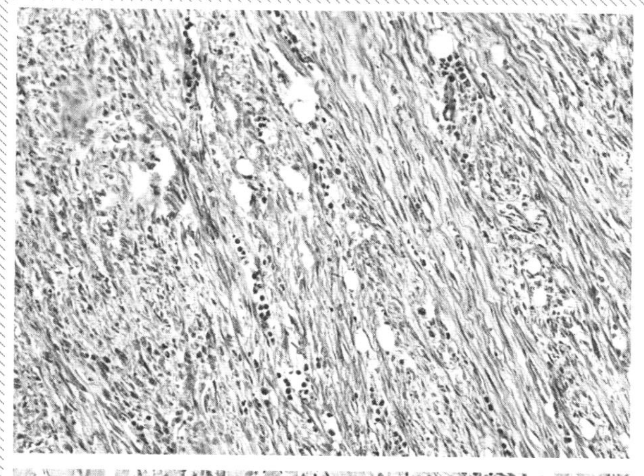

图 5-172　与图 5-168 为同一切片的不同视野

比较典型的成纤维细胞瘤结构。HE 200 ×
（崔治中　摄）

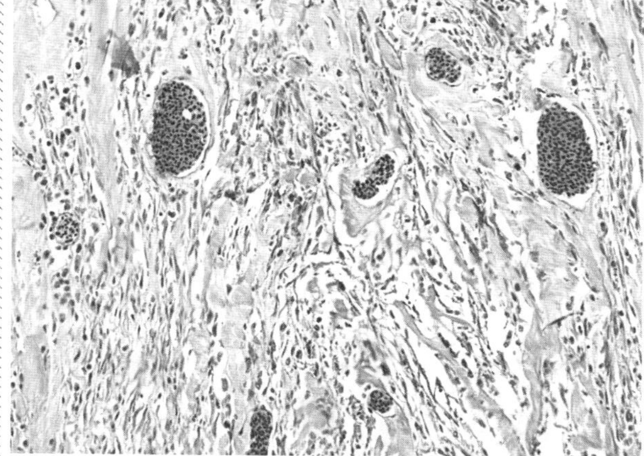

图 5-173　与图 5-168 为同一切片的不同视野

显示成纤维细胞瘤间有大小不一的血管瘤。HE 200 ×　（崔治中　摄）

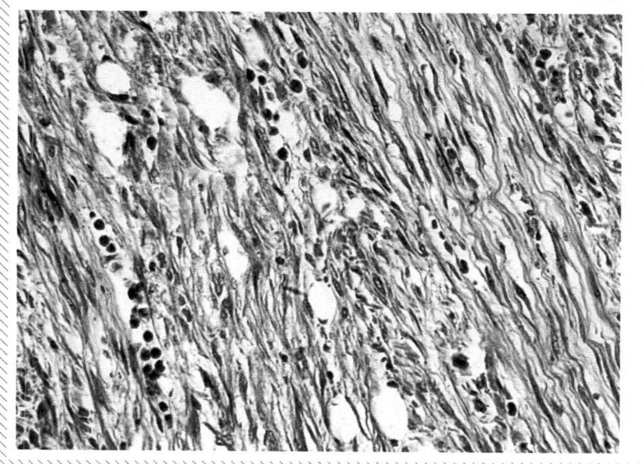

图 5-174　图 5-173 进一步放大

更清晰显示成纤维细胞。HE 400 ×
（崔治中　摄）

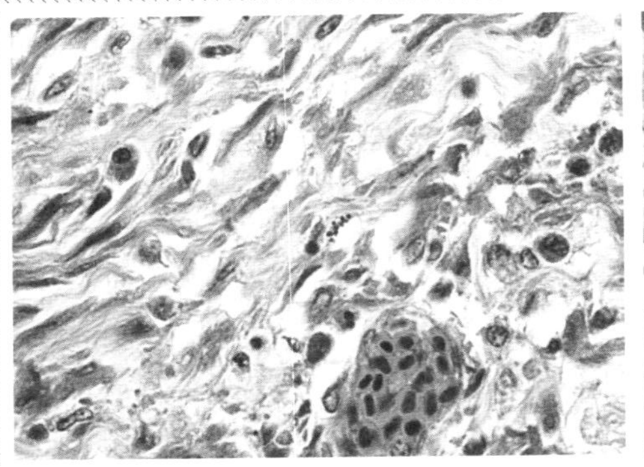

图 5-175　图 5-174 进一步放大

显示成纤维细胞内结构，其间有少量细胞呈锥形，一血管瘤内均为红细胞。HE 1 000 ×　（崔治中　摄）

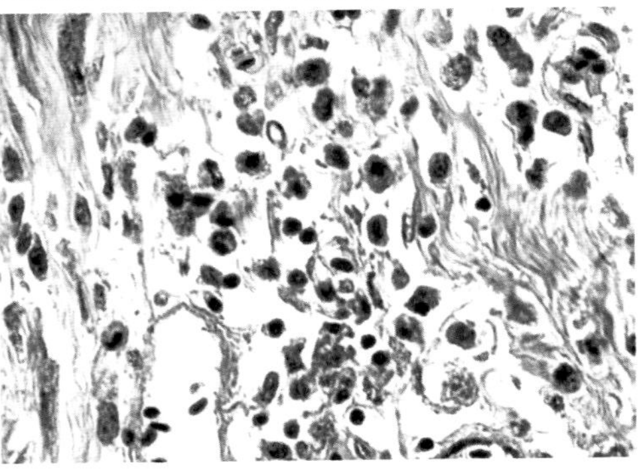

图 5-176　与图 5-168 为同一切片的另一放大视野

显示包括成纤维细胞在内的不同形状的细胞，还可见个别类似髓细胞样肿瘤细胞。HE 1 000 ×　（崔治中　摄）

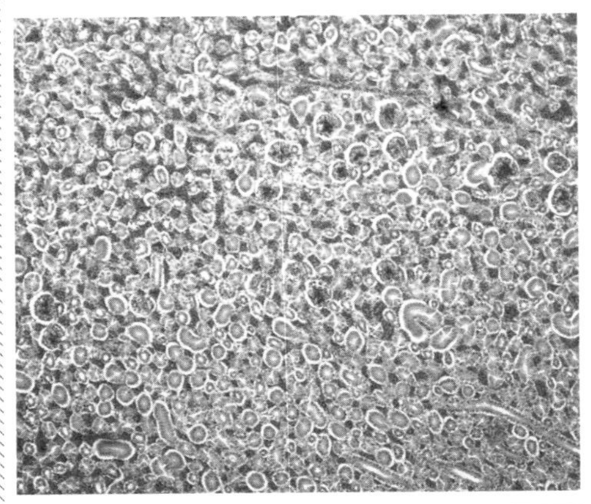

图 5-177　与图 5-168 为同一病鸡肾切片

显示在肾小管间出血充血，可能与血管瘤发生相关。HE 100 ×　（崔治中　摄）

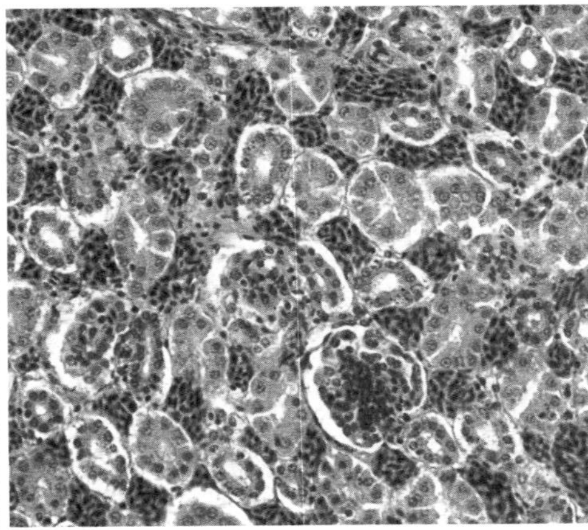

图 5-178　图 5-177 进一步放大

HE 400 ×　（崔治中　摄）

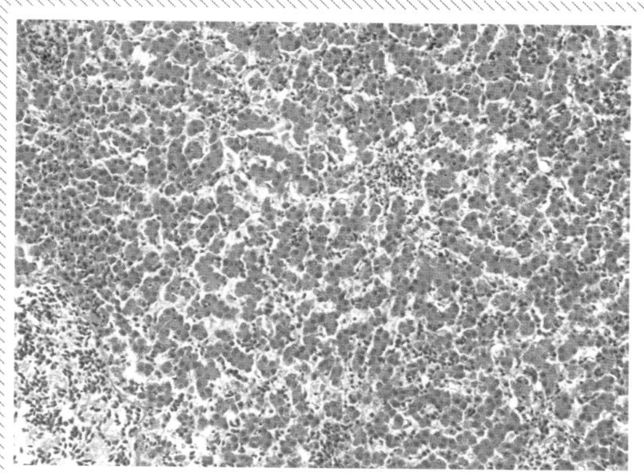

图 5-179　与图 5-156 为同一病鸡的肝脏

切片肝脏肉眼不见明显病变，其组织切片中也未见髓细胞样瘤细胞，但可见几个血管瘤初发灶。HE 200 ×　　（崔治中　摄）

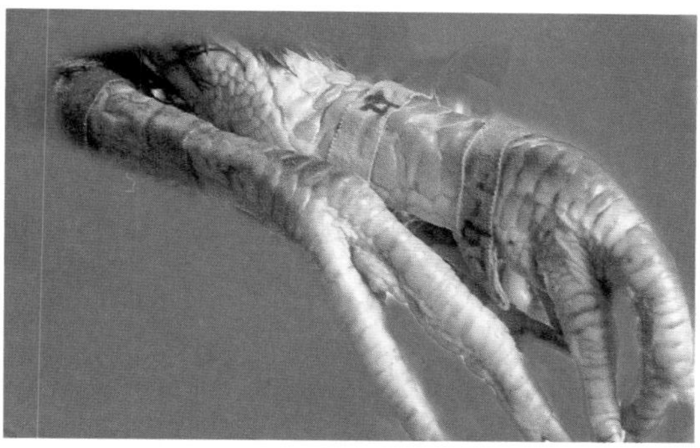

图 5-180　与图 5-156 为同一病鸡

两脚跖骨粗细不一，一肢变得很粗。

（崔治中　摄）

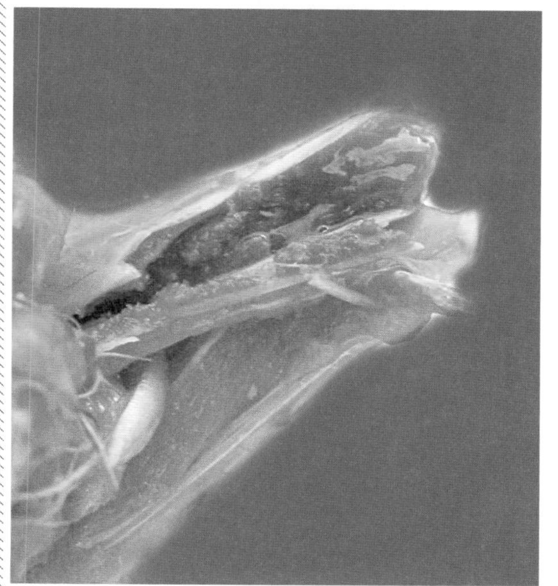

图 5-181　变粗肢跖骨纵剖面

显示骨髓，其中左半面色泽变淡，有白色斑点，也可能发生了髓细胞样肿瘤增生。

（崔治中　摄）

由于这只鸡已240日龄，病例本身不能显示其究竟是慢性还是急性纤维肉瘤。进一步的人工接种试验证明，该肉瘤可诱发急性纤维肉瘤。因此推测，ALV-J的流行株在感染这只鸡的过程中，从鸡染色体基因组上获得了某个肿瘤基因，从而产生了能诱发类似Rous的急性纤维肉瘤。在这个病例，进一步研究已证明该原癌基因是*src*基因。

（二）纤维肉瘤的人工造病试验

为了判断该纤维肉瘤块究竟是慢性还是急性肉瘤，将腹腔内纤维肉瘤研磨浸出液用0.22μm孔径的滤器过滤后，接种1日龄“817”肉杂鸡。接种后2周左右，在接种部位颈部皮下，出现了类似的纤维肉瘤（图5-182至图5-185）。在肝脏表面及腹腔游离部位也出现了类似的肉瘤（图5-182至图5-191）。

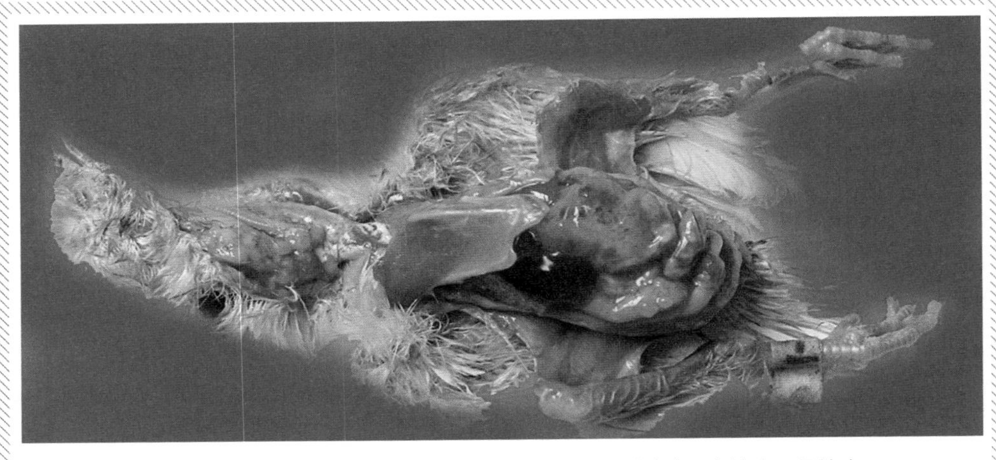

图 5-182 用第一次人工接种鸡出现的肉瘤浸出物过滤液再次接种 1 日龄鸡

见颈部接种部位及肝脏表面均已出现典型的肉瘤。腹腔下侧还可见大块血凝块，表明肝脏已有血管瘤破裂。

（崔治中 摄）

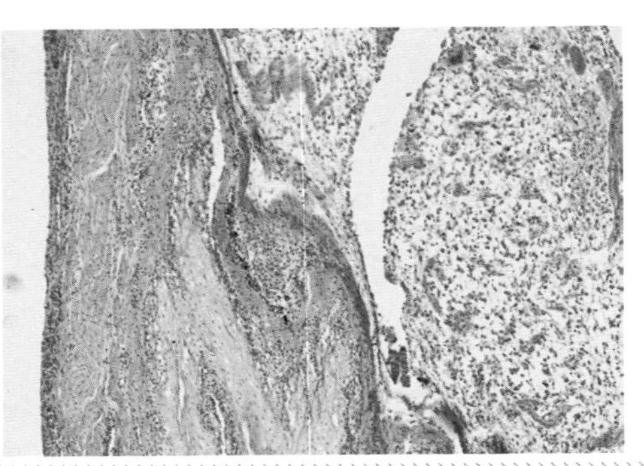

图 5-183 图 5-182 病鸡颈部肉瘤的组织切片

显示不同层次的以成纤维细胞为主的组织结构。HE 100×

（崔治中 摄）

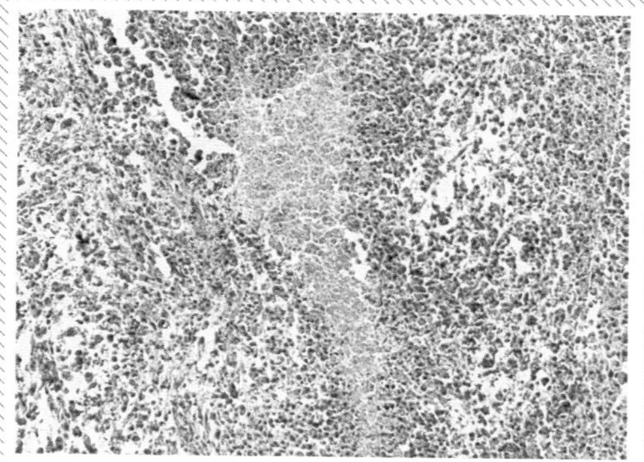

图 5-184 图 5-183 进一步放大

既显现出纤维状细胞，也有其他形态的细胞，代表不同分化阶段。HE 400 ×（崔治中 摄）

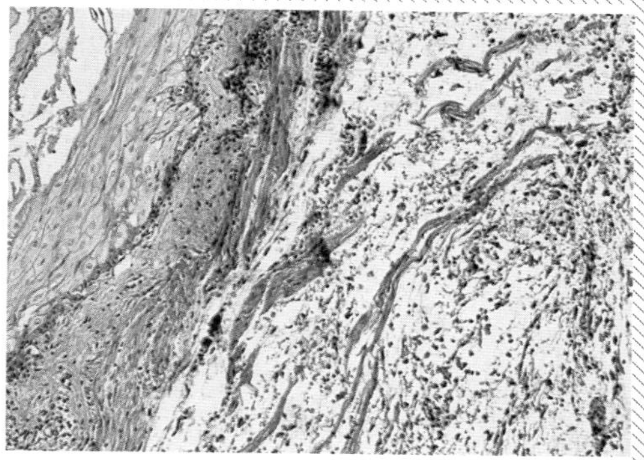

图 5-185 图 5-184 视野进一步放大

能比较清楚地显示按不同结构排列的成纤维细胞。HE 1 000 ×（崔治中 摄）

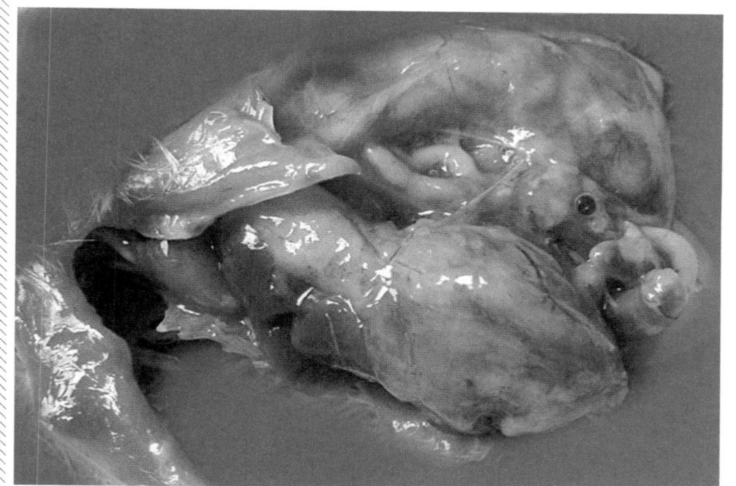

图 5-186 与图 5-182 同样的接种物接种后 14d，腹腔内的肉瘤

（崔治中 摄）

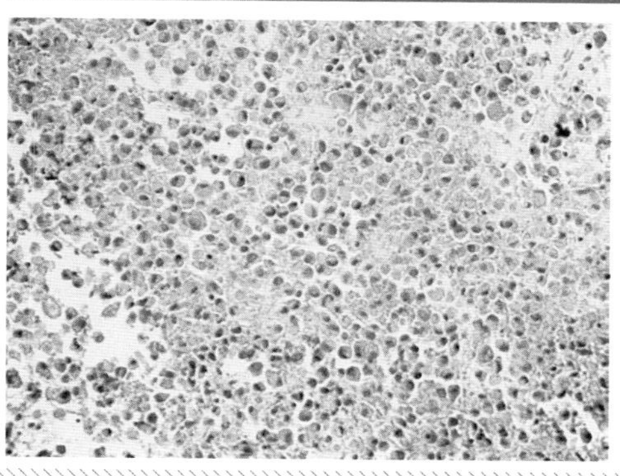

图 5-187 图 5-186 肉瘤的组织切片

显示从圆形到锥形及少量梭形细胞。HE 400 ×（崔治中 摄）

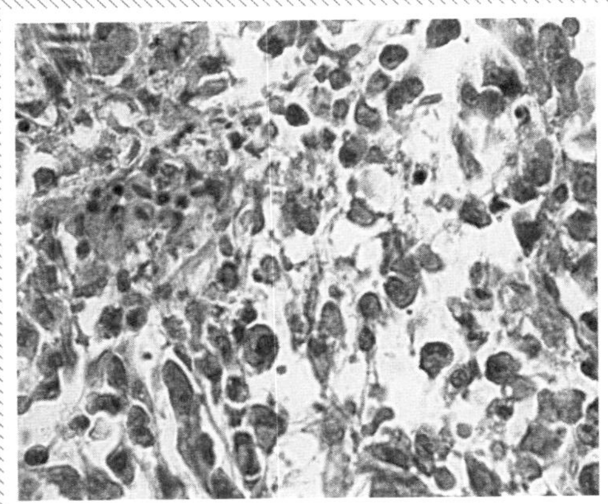

图 5-188 图 5-187 进一步放大

显示圆形、梭形和纤维状等不同形态细胞，代表不同分化期。HE 1 000 × （崔治中 摄）

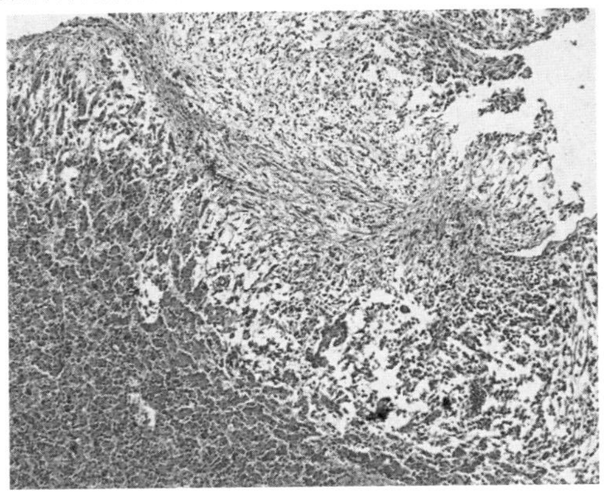

图 5-189 图 5-182 肉瘤切片的不同视野

显示处于不同分化期的不同形态细胞。 （崔治中 摄）

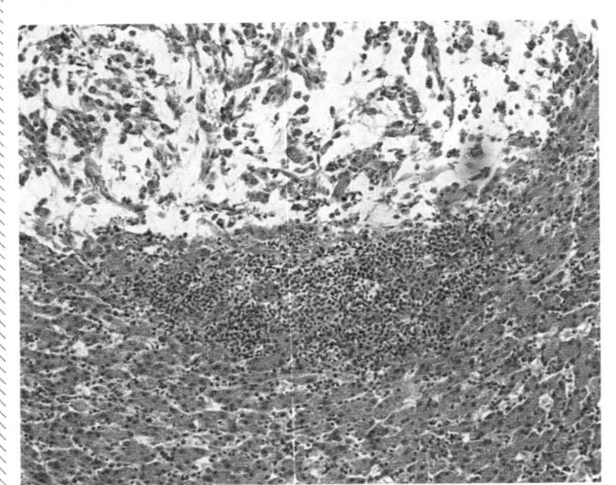

图 5-190 图 5-189 视野进一步放大

除了不同类型细胞构成的区域外，还有一血管瘤。HE 200 × （崔治中 摄）

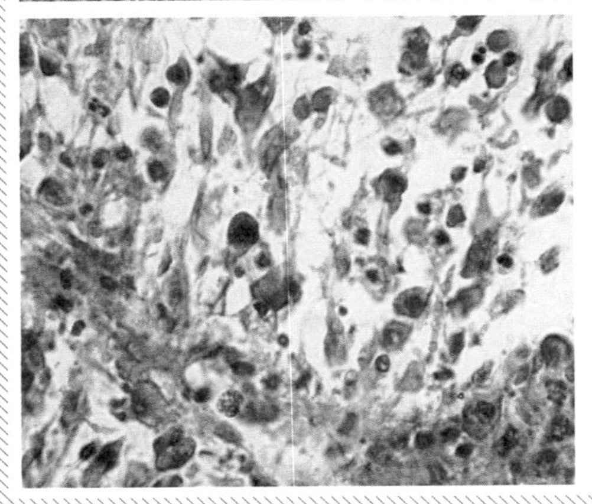

图 5-191 图 5-190 视野再放大

见另一类型的细胞，其中一个在细胞质中带有嗜酸性颗粒，类似髓细胞样肿瘤细胞。HE 1 000 ×（崔治中 摄）

表5－6列出了不同品种的1日龄鸡接种后的发病情况。这些结果表明，对该急性纤维肉瘤的易感性与鸡的品种无关，所试验的不同品种鸡都能在接种后2周左右诱发类似的纤维肉瘤，而且肉瘤生长速度很快（表5－7）。这种肉瘤不仅发生在注射部位，也可以转移至其他部位。除了纤维肉瘤外，还会发生血管瘤，也会影响到骨髓。

表 5-6　将肉瘤浸出物的滤过液接种 1 日龄海兰褐蛋鸡的急性肉瘤发生状态

（引自王鑫、崔治中等，2012）

观察项目	结果
接种后最早出现肿瘤的时间（d）	8
颈部肿瘤发生率	16/16
内脏肿瘤发生率	7/16
死亡率	16/16

注：所有鸡在 1 日龄于颈部皮下注射 0.2mL 肉瘤浸出液。

表 5-7　1 日龄海兰褐鸡颈部接种肿瘤研磨滤过液后肿瘤生长动态

（引自王鑫、崔治中等，2012）

鸡编号	接种后时间（d）					
	7	9	11	13	15	16
1	－	+	16.00	35.3	#	
2	－	－	+	10.20	23.16	#
3	－	+	11.64	19.86	27.68	#
4	－	+	15.68	31.18	#	
5	－	+	13.10	24.72	#	
6	－	+	16.70	25.50	37.04	#
7	－	+	12.52	18.90	30.06	#
8	－	+	11.18	22.8	34.58	#

注：－. 用手触摸没有明显感觉；+. 用手触摸可以感觉到米粒大小的颗粒；　#. 病鸡已经死亡。
表中数据为肿瘤的直径（mm）。

将人工接种后发生的第一代纤维肉瘤，再次取其浸出液接种鸡，仍然能在接种部位诱发同样的肿瘤（图5－192、图5－193）。此外，还能转移至肝脏（图5－194），在肝脏形成大的肿瘤块或血管瘤，有的鸡还会引发肝脏多发性血管瘤（图5－195、图5－196）。

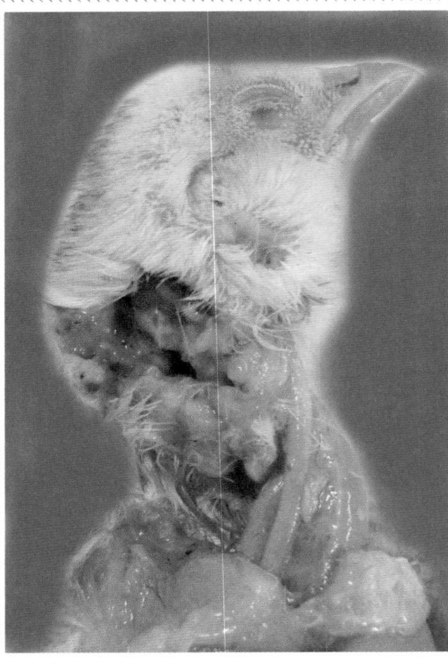

图 5-192　将图 5-182 中的肉瘤浸出液再次接种 1 日龄雏鸡，同样在接种后 16d 于颈部出现肉瘤

（崔治中　摄）

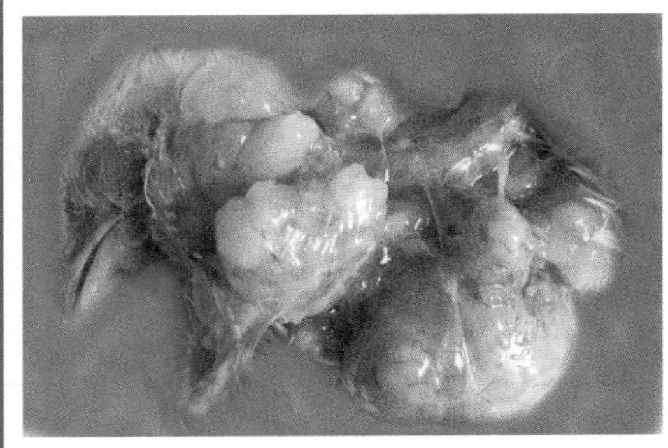

图 5-193　将图 5-182 中的肉瘤浸出液再次接种另一只 1 日龄雏鸡，同样在接种后 21d 于颈部出现肉瘤

（崔治中　摄）

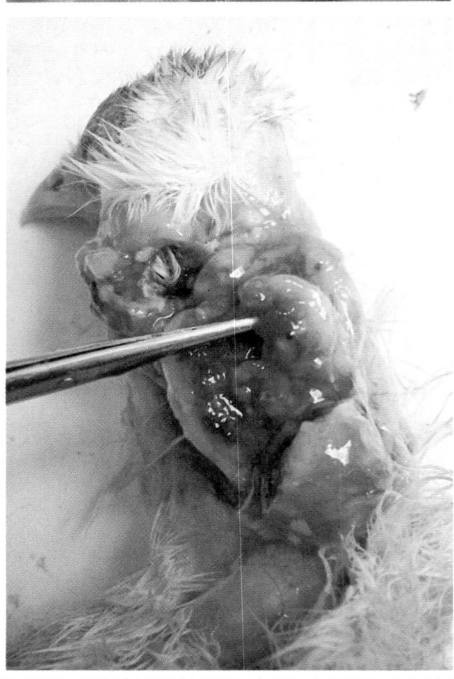

图 5-194　同图 5-193 鸡接种同样肉瘤滤液的另一只鸡的肉瘤剖面

（崔治中　摄）

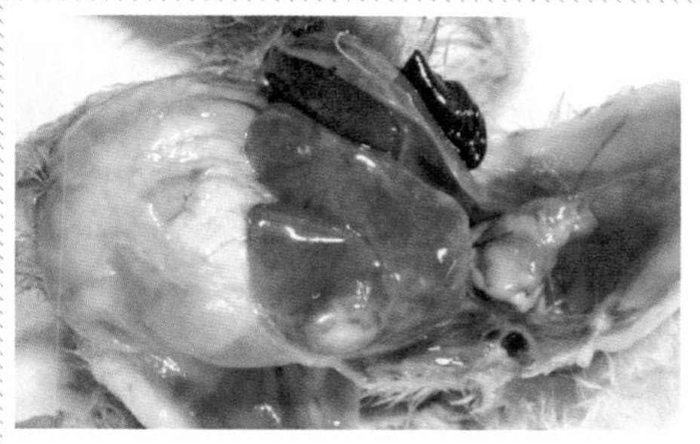

图 5-195　与图 5-193 为同一鸡

肝脏和心脏表面都形成了肉瘤块。此外还有血管瘤破裂后形成的凝血块。（崔治中　摄）

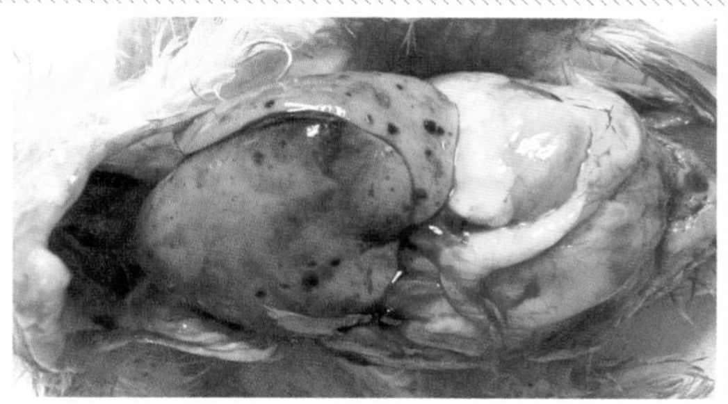

图 5-196　肝脏上多发性血管瘤

（崔治中　摄）

（三）肿瘤细胞的传代系及其致肿瘤性

用图5－182中的新鲜肉瘤组织制备细胞悬液，接种细胞培养皿经48h后即可开始形成细胞单层，并缓慢复制。肿瘤组织的原代细胞单层中的细胞形态有椭圆形、梭形、成纤维细胞状，并可维持多天（图5－197）。将这样的细胞单层消化后可再次接种培养皿并继续形成细胞单层，但多为梭形到成纤维细胞状。已成功地连续传了35代以上，细胞状态良好，但生长速度开始变慢（图5－198至图5－201）。

取肉瘤的第26代的细胞培养的上清液颈部皮下接种9周龄SPF鸡，或将细胞单层消化后用 1.25×10^6个活细胞接种9周龄SPF鸡，或同量的细胞裂解液颈部皮下接种9周龄SPF鸡，连续观察40d。接种细胞培养上清液的3只鸡中有2只在21d后现出肉瘤，并于10～15d后死亡；接种活细胞或其裂解液的各3只鸡中都只有1只鸡在接种后21～23d出现肉瘤，并于10d内死亡。所现肉瘤的肉眼和病理组织学变化与原始的肉瘤完全相同（图5－202至图5－210）。除了在接种部位的肉瘤外，内腔还出现由于肝血管瘤破裂产生的大量凝血块（图5－211）。从这一试验可看出，肉瘤细胞的26代培养物的上清液可以同其活细胞悬液或细胞裂解液一样引发同样的肉瘤。这说明，在该细胞培养物中，不仅在细胞中存在着可诱发急性肉瘤的病毒，而且这种急性致瘤性病毒还会释放到细胞培养的上清液中。

在前面已叙述，相应的急性肉瘤中是由与ALV－J相关的带有肿瘤基因*fps*的急性致肿瘤性ALV。为此，笔者团队已在大肠杆菌中表达了*fps*基因，并用浓缩纯化的表达产物反复免疫小鼠。用所得到的抗*fps*小鼠血清，对从肉瘤组织制备的原代细胞培养单层作IFA，显示表现荧光的肿瘤基因*fps*表达产物（图5－212、图5－213）。

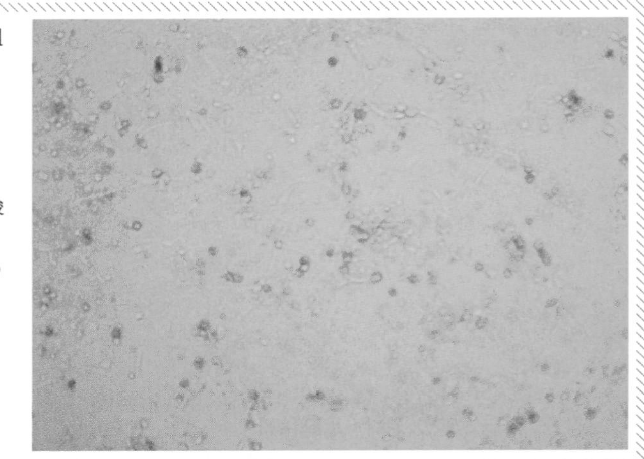

图 5-197 取图 5-182 新鲜肉瘤组织做成细胞悬液，接种于细胞培养皿后 48h 形成的细胞单层的显微镜照片

视野中有不同形态的细胞，从椭圆形、梭形到长纺锤形。还有一些死亡细胞团块。100 ×（董宣，崔治中 摄）

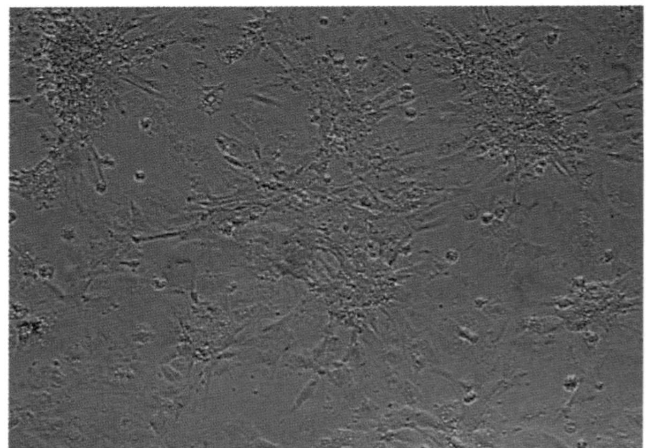

图 5-198 将图 5-197 中的细胞单层消化后再传代的第 5 代细胞，维持 9d 后的细胞单层

多为长纺锤形细胞，呈簇状排列。100 ×（董宣，崔治中 摄）

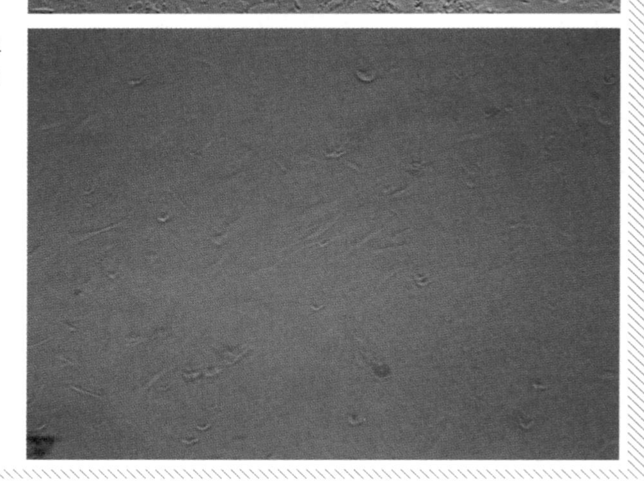

图 5-199 将图 5-197 中的细胞单层消化后再传代的第 10 代细胞

多为典型的成纤维细胞样。200 ×（董宣，崔治中 摄）

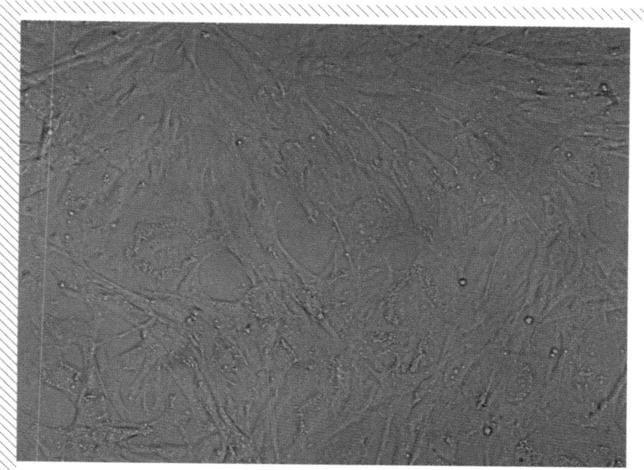

图 5-200　将图 5-197 中的细胞单层消化后再传代的第 26 代细胞

100×　　（董宣，崔治中　摄）

图 5-201　将图 5-197 中的细胞单层消化后再传代的第 35 代细胞

（董宣，崔治中　摄）

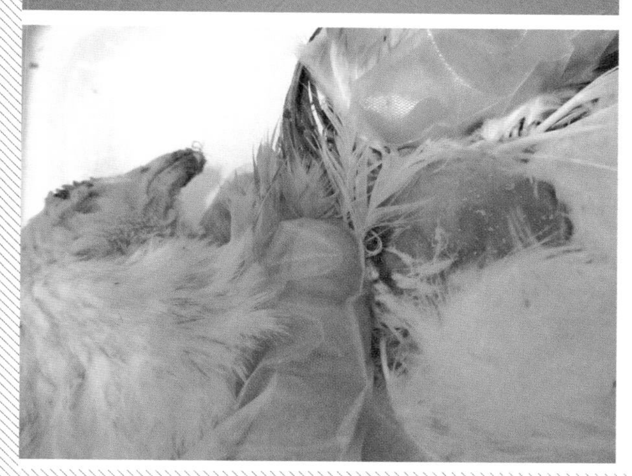

图 5-202　9 周龄 SPF 鸡用肉瘤细胞的第 26 代细胞培养的上清液颈部皮下注射后 30d 在注射部位形成的肉瘤

（崔治中　摄）

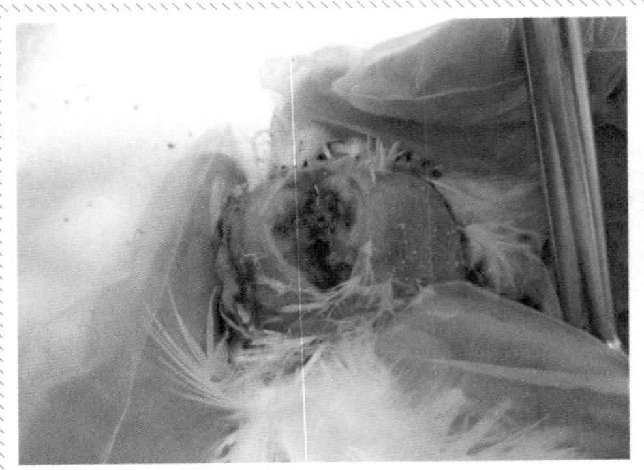

图 5-203　将图 5-202 中的肉瘤剖开见肉瘤内的病理表现

（崔治中　摄）

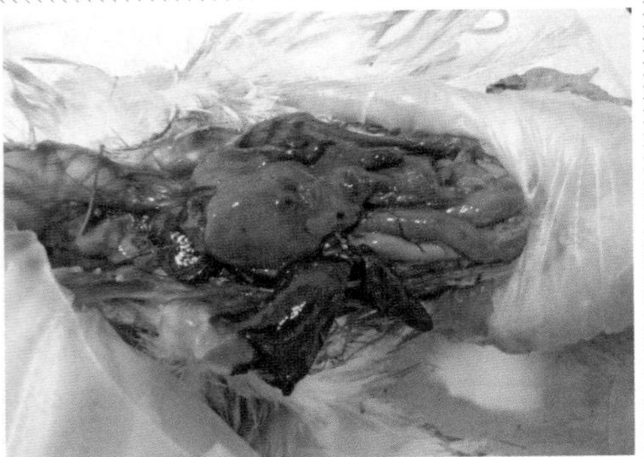

图 5-204　与图 5-202 为同一鸡

同时显示肝脏血管瘤及血管瘤破裂大量出血产生的凝血块。

（崔治中　摄）

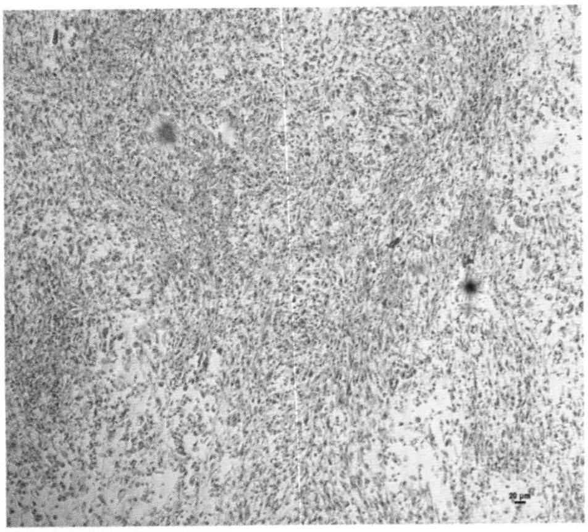

图 5-205　图 5-203 中肉瘤的组织切片

可见不同形态的细胞，但仍似梭状或成纤维细胞样细胞为主。HE 100×　（崔治中　摄）

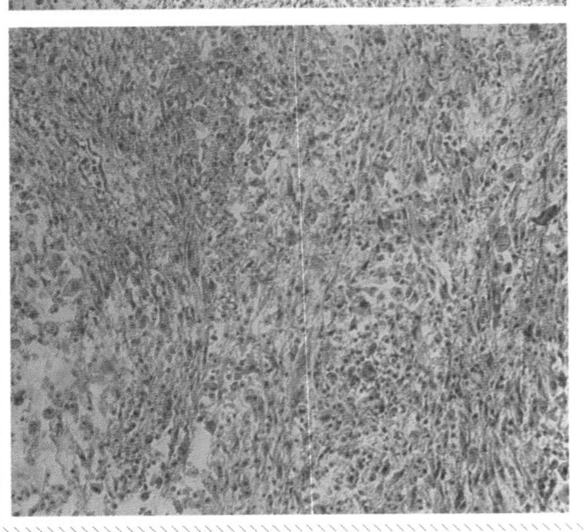

图 5-206　图 5-205 放大

HE 200×　（崔治中　摄）

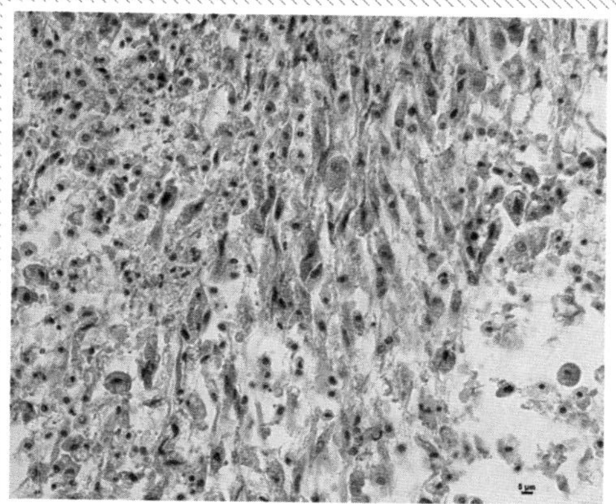

图 5-207　图 5-206 进一步放大

可以更清楚地看到不同形态的细胞，但是以梭状细胞或成纤维细胞样细胞为主。HE 400 ×　　（崔治中　摄）

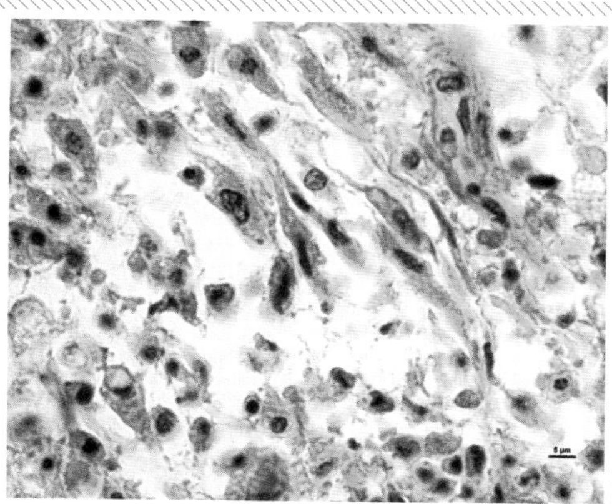

图 5-208　图 5-207 进一步放大

更清楚地显示细胞的形态和结构，除了梭形和成纤维细胞样细胞外，还有一定数量的单核状细胞，可能是淋巴细胞。HE 1 000 ×　　（崔治中　摄）

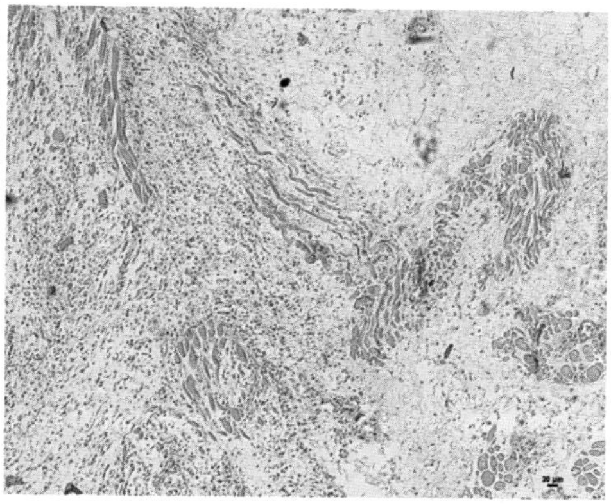

图 5-209　同图 5-204 同一细胞单层的不同视野

显出不同的组织结构。其左侧与图 5-204 类似，以梭形或成纤维细胞样细胞为主。但右侧则表现为不同结构，似乎像皮下组织。HE 100 ×　　（崔治中　摄）

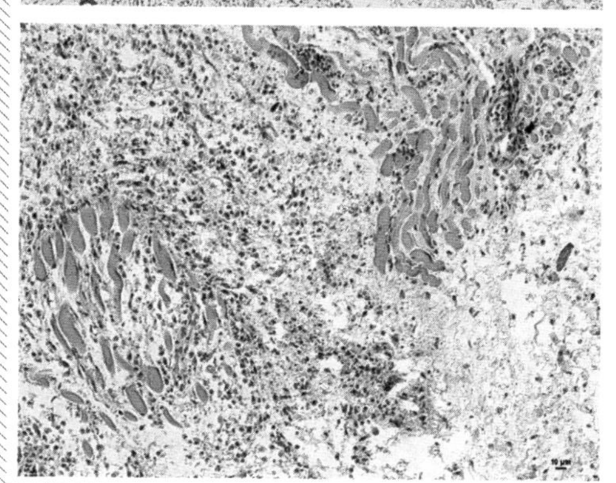

图 5-210　图 5-209 放大

主要显示上图的右侧部分的结构。HE 200 ×　　（崔治中　摄）

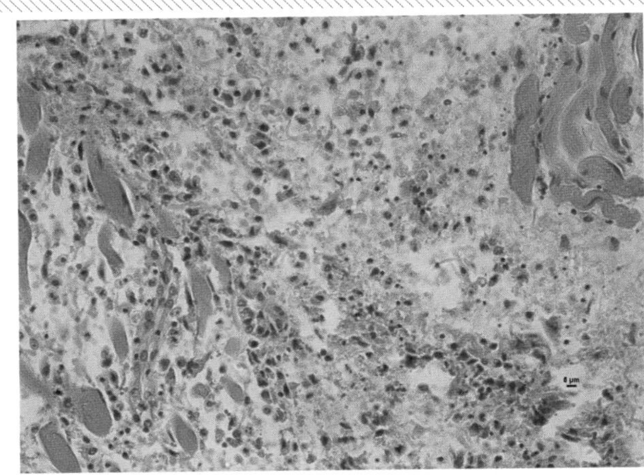

图 5-211　图 5-210 进一步放大

（崔治中　摄）

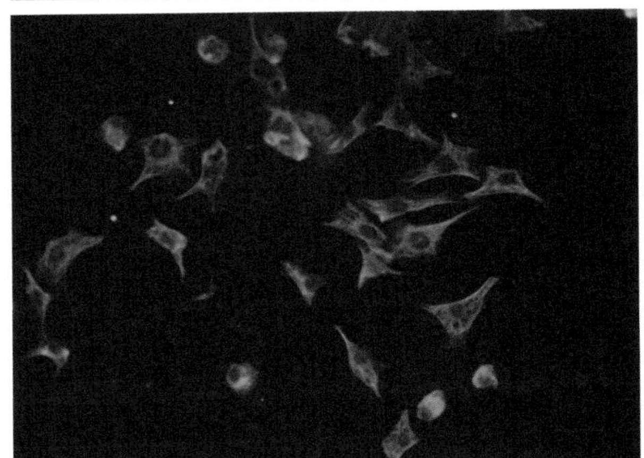

图 5-212　将肉瘤的原代细胞培养的细胞单层用抗肿瘤基因 *fps* 的重组产物的小鼠高免血清做 IFA，显示细胞层中能表达 *fps* 基因产物

虽然肉瘤组织中以长梭状细胞为主，但从肉瘤组织制备的原代细胞培养中细胞多为锥形。200 ×　（董宣，崔治中　摄）

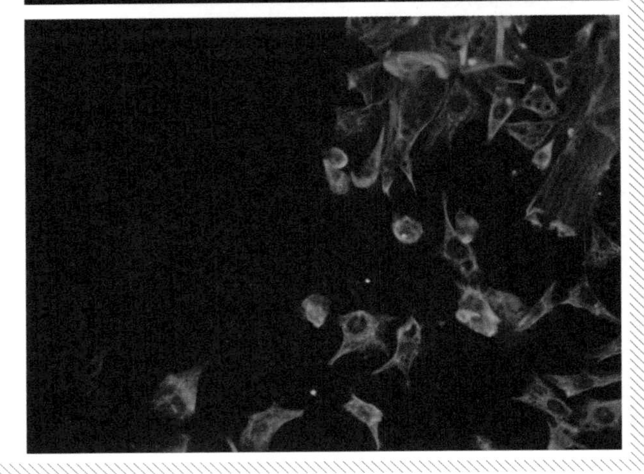

图 5-213　与图 5-212 为同一切片的不同视野

200 ×　（董宣，崔治中　摄）

三、急性致肿瘤ALV及其肿瘤基因的鉴定

既然以上两类纤维肉瘤的无细胞浸出液接种不同类型的鸡后都能在7～14d内诱发类似的纤维肉瘤，因此，在青年鸡和成年产蛋鸡的体表和内脏中所见到的这两类纤维肉瘤都与带有肿瘤基因的急性致肿瘤性ALV相关。通过对来自“817”鸡肿瘤组织基因组DNA用相应引物作PCR，或对从肿瘤组织中提取的RNA用相应引物作RT–PCR，分别扩增到由ALV的*gag*基因片段和*fps*肿瘤基因片段构成的嵌合体分子，或由*fps*肿瘤基因的片段与ALV的*gp85*基因片段组成的嵌合体分子。这证明，与来自“817”体表急性体表肉瘤相关的急性致肿瘤ALV基因组中携带的肿瘤基因是*v–fps*（图5–214）。从图5–214可见，在这种可能的急性致肿瘤性ALV基因组中，*fps*基因取代了部分*gag*基因的3’端、整个*pol*基因及部分*gp85*基因的5’端部分片段，因而所形成的病毒基因组是一种复制缺陷型病毒的基因组。

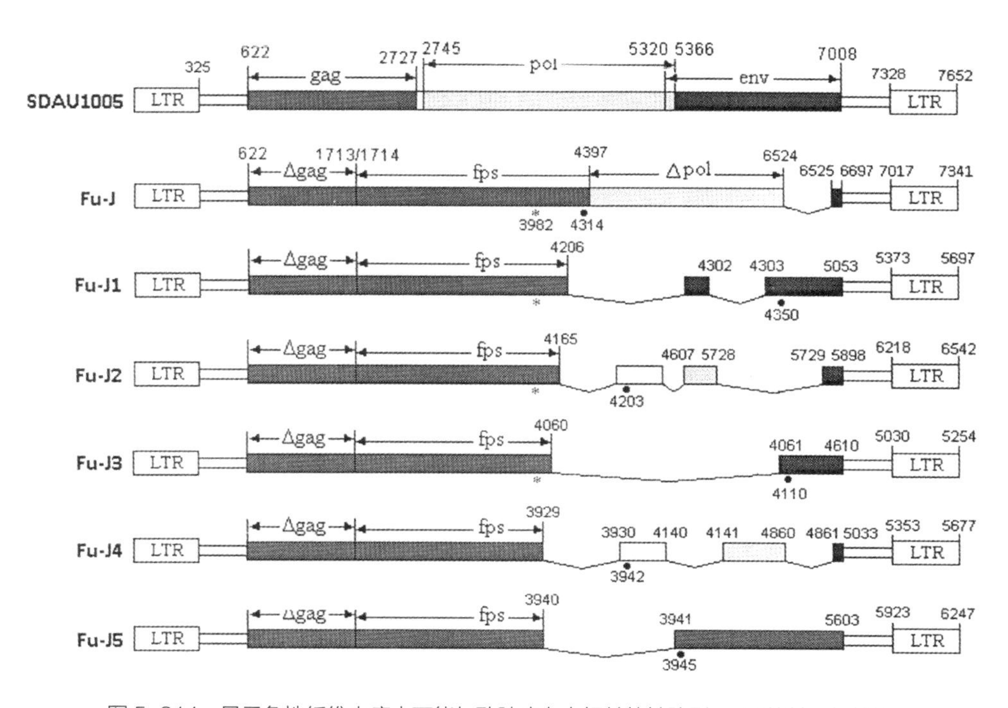

图 5–214　显示急性纤维肉瘤中可能与致肿瘤左右相关的缺陷型 ALV 的基因组结构

*代表 fps 蛋白中磷酸化酪氨酸位点；·代表融合基因开放阅读框内的终止密码子。

（王一新　绘，待发表资料）

根据对大量PCR产物的克隆作序列分析表明，在肿瘤组织中的缺陷型ALV的基因组中，与*gag*基因连接的*fps*基因的5'端很稳定，但其与*gp85*基因连接的3'端很不稳定，构成了许多带有不同缺失性突变而呈现不同长度的准种分子。而且被取代的*gp85*基因片段大小也不一样。图5-214中显示了几种主要的代表性准种。但究竟哪一个嵌合体分子与致肿瘤作用相关还不清楚，这有待构建有致肿瘤性的感染性克隆转化细胞后才能予以证实。

如前所述，从原始病料中既能分离到ALV-J也能分离到ALV-A，但根据图5-214，在纤维肉瘤中扩增出来的是*fps*肿瘤基因与J亚群ALV的*gp85*的基因片段的嵌合体分子。图5-214中的5个缺陷性ALV克隆Fu-J1、Fu-J2、Fu-J3、Fu-J4、Fu-J5中的*gp85*片段与ALV-J的一些参考株的*gp85*的同源性均为88.2%~100%，其中与从该纤维肉瘤中分离到的SD1005株ALV-J的同源性高达98.2%~99.6%（表5-8）。这表明，SD1005株ALV-J不仅是与引发急性纤维肉瘤相关的缺陷型重组ALV的辅助病毒，而且也可能就是其来源的亲本病毒。也就是说，正是SD1005株ALV的*pol*等相关基因被*fps*肿瘤基因取代后，才形成有急性致瘤性的复制缺陷型病毒。

表 5-8　可能与急性纤维肉瘤致肿瘤作用相关的缺陷性 ALV 的 *gp85* 基因片段与不同 ALV-J 的 *gp85* 基因氨基酸同源性比较（%）

	1	2	3	4	5	6	7	8	9	10	11	12	13	14	15	16	17		
1		100.0	99.8	99.4	99.3	93.2	94.7	95.3	94.2	95.2	95.2	94.5	93.9	95.2	93.9	98.8	98.9	1	Fu-J1
2	0.0		100.0	99.4	100.0	95.3	94.7	97.6	96.5	97.1	96.5	95.3	92.4	97.1	92.4	100.0	98.8	2	Fu-J2
3	0.2	0.0		99.4	100.0	92.5	94.9	96.4	94.5	95.6	95.6	94.2	94.0	95.6	93.3	99.1	99.5	3	Fu-J3
4	0.6	0.6	0.6		99.4	95.9	94.1	97.1	95.9	96.5	95.9	94.7	91.8	96.5	91.8	99.4	98.2	4	Fu-J4
5	0.1	0.0	0.0	0.6		93.1	93.7	90.5	92.8	93.3	93.4	93.7	93.3	94.0	92.4	98.0	99.6	5	Fu-J5
6	6.1	4.9	7.2	4.3	6.3		93.9	89.3	94.4	93.2	93.5	94.0	91.8	95.0	93.6	93.6	93.0	6	HPRS103
7	4.8	5.6	5.2	6.2	5.9	5.3		89.8	93.6	95.4	95.8	94.0	92.9	96.0	92.1	93.5	93.7	7	YZ9902
8	4.2	2.4	3.6	3.0	8.9	10.2	9.2		87.8	88.3	88.2	88.7	88.1	89.3	88.4	90.3	90.5	8	ADOL-7501
9	5.2	3.6	5.4	4.3	6.7	5.5	5.4	11.7		93.9	94.0	93.2	91.1	94.9	92.0	92.7	92.8	9	NX0101
10	4.3	3.0	4.3	3.6	6.3	5.9	4.5	10.5	5.1		99.5	92.2	92.8	98.7	90.8	92.7	93.2	10	NM2002-1
11	4.3	3.6	4.4	4.3	6.1	5.7	4.2	10.1	4.9	0.5		92.5	93.1	98.6	91.1	93.0	93.4	11	JS-nt
12	4.9	4.9	5.5	5.5	6.0	5.9	5.6	10.9	6.7	6.9	6.6		91.9	93.5	92.9	92.6	93.7	12	SD07LK1
13	5.4	6.8	5.9	8.2	6.0	6.4	6.5	10.6	7.2	6.7	6.5	6.4		92.9	92.7	92.1	93.1	13	NHH
14	4.3	3.0	4.3	3.6	5.6	4.8	3.9	9.8	4.1	1.2	1.4	6.3	6.5		92.1	93.7	93.9	14	HAY013
15	5.4	8.1	6.5	8.8	6.4	5.6	6.0	10.3	7.1	7.0	6.8	6.5	5.4	6.0		93.0	92.4	15	SCDY1
16	0.6	0.0	0.9	0.6	1.9	6.1	5.8	9.2	6.8	6.6	6.4	7.1	6.8	5.8	5.9		97.8	16	JS09GY6
17	0.5	1.2	0.5	1.8	0.4	6.5	6.0	9.0	6.8	6.5	6.3	6.1	6.2	5.8	6.4	2.2		17	SD1005

利用在大肠杆菌中表达的*fps*基因产物免疫小鼠，由此得到了抗*fps*单因子血清。用该血清对相应的纤维肉瘤的组织切片做免疫组织化学，显示出肿瘤细胞中表达的肿瘤基因产物的特异性抗原（图5–215）。

利用PCR，还从另一急性纤维肉瘤病例扩增出带有*src*基因的ALV–J相关的缺陷型ALV的嵌合体分子（图5–216）。

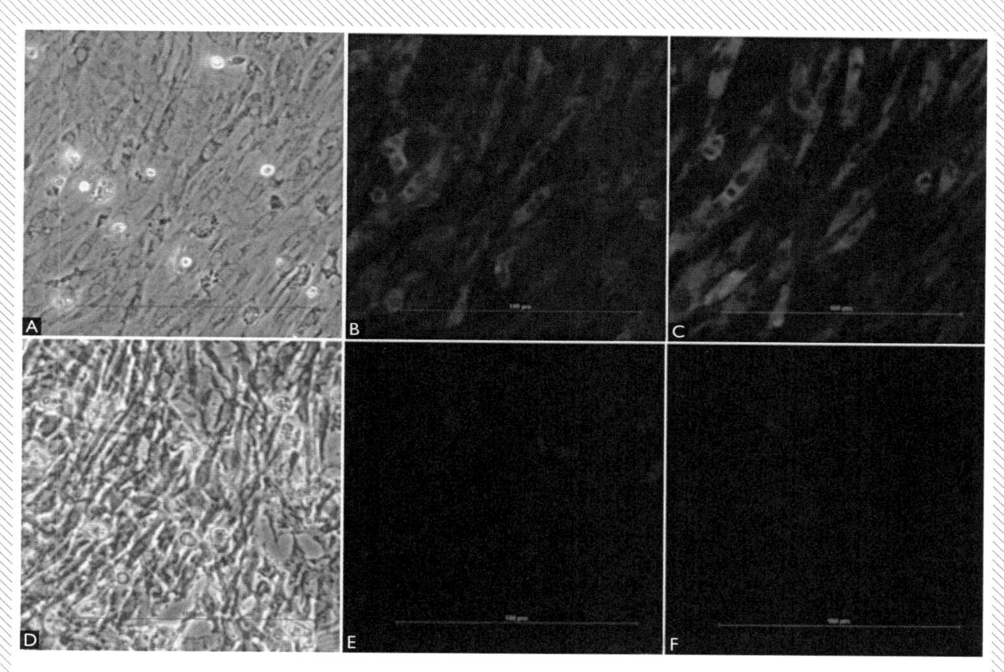

图 5–215　抗 fps 表达产物的小鼠血清与急性肉瘤浸出液感染细胞的 IFA

该图显示急性致肿瘤病毒感染 CEF 细胞后表达的 *fps* 肿瘤基因产物。用肿瘤研磨滤过液（含有带 *fps* 肿瘤基因的急性致肿瘤病毒 rFu-J1 与辅助病毒 ALV-J）接种感染的 CEF（A、B、C）及未感染的 CEF（D、E、F），分别与 ALV-J 特异性单克隆抗体（B、E）或小鼠抗 fps 单因子血清（C、F）作 IFA。

（王一新　摄，待发表资料）

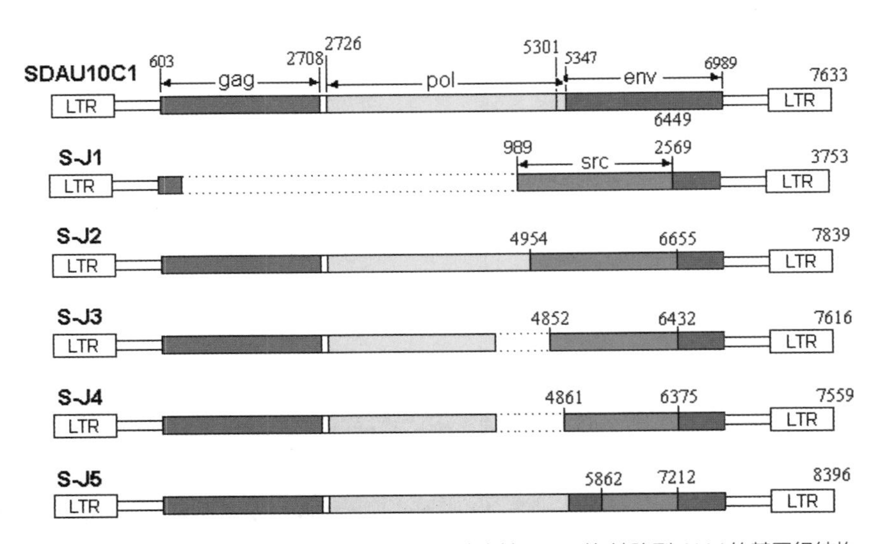

图 5-216 显示另一个急性纤维肉瘤中的带有肿瘤基因 *src* 的 缺陷型 ALV 的基因组结构

图中 S-J1 至 S-J5 分别是根据 PCR 扩增到的嵌合体片段构建的不同重组病毒。图中不同颜色的片段分别表示 ALV 的不同程度缺失的 *gag*、*pol*、*env* 基因，红色片段为肿瘤基因 *src* 的不同大小的插入片段。

（王一新 绘，待发表资料）

参考文献

边晓明. 2013. 三群商品代蛋鸡以ALV–J为主引发肿瘤的跟踪观察和研究 [D]. 硕士学位论文. 泰安：山东农业大学.

崔治中. 2012. 我国鸡群肿瘤病流行病学及其防控研究 [M]. 北京：中国农业出版社.

董宣. 2015. 我国鸡群禽白血病病毒的多样性、致病性及其在免疫选择压下准种演变 [D]. 博士学位论文. 泰安：山东农业大学.

刘绍琼，王波，张振杰，等. 2011. 817肉杂鸡肉瘤组织分离出A、J亚型禽白血病病毒 [J]. 畜牧兽医学报 (3) :396–401.

Nair V.,A.M. Fadly. 2013.Leukosis/Sarcoma group. In: Diseases of Poultry [M] . 13th edition. D. E. Swayne. Inc., Ames, Iowa, USA J ohn Wiley & Sons.

Payne L. N. , V. Nair. 2012.The long view: 40 years of avian leucosis [J] . Avian Path, 41:11–19.

Weiss R. A., Vogt P. K. 2011. 100 years of Rous sarcoma virus [J] . J. Exp. Med, 208: 2351–2355.

第六章 鸡群中禽白血病病毒与其他肿瘤性病毒的共感染及其相互作用

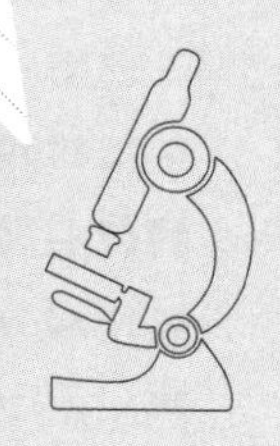

第一节 我国鸡群中ALV与其他病毒共感染的流行病学调查

自1999年以来，不仅发现禽白血病病毒（ALV）、鸡马立克病病毒（MDV）及禽网状内皮组织增殖症病毒（REV）感染在我国鸡群中普遍存在，而且这三种病毒常常两三种病毒感染同一个鸡群甚至同一只鸡。本章在总结它们间不同组合共感染的流行病学调查资料的同时，也总结概括了对这些病毒共感染时的相互作用的研究结果。

一、ALV与REV的共感染

1999年以来，笔者团队先后从全国各地的白羽肉用型鸡、蛋用型鸡、我国自行培育的黄羽肉鸡及中国地方品种等不同类型的鸡群分离到近百株ALV，也有相当高比例的分离物在分离鉴定出J亚群的同时，还能用REV特异性抗体做间接免疫荧光反应（IFA）检测出REV感染（表6-1）。在流行病学上更要值得注意的是，从表现有典型J亚群白血病病理变化的种鸡群收集的种蛋中，也同时分离鉴定到ALV-J和REV（表6-2）。这一现象说明，一部分同时感染了ALV-J和REV的种鸡，可以发育到性成熟，并能正常产蛋。由这些种蛋孵出的雏鸡就会同时有ALV-J和REV先天性共感染。这些雏鸡不论今后能否长期存活，至少在从孵化厅运输到饲养场这1～2d，在拥挤的运输箱内，可导致相当比例的同一箱内的雏鸡发生横向感染。

表6-1列出了1999—2008年对患有典型J亚群白血病的白羽肉鸡、黄羽肉鸡和蛋鸡群病毒的分离和鉴定状况。从表中可以看出，在将近10年期间的38个病例中，有11例同时分离到ALV-J和REV。38例中有21例仅分离到ALV-J，2例仅分离到REV。考虑到技术上的原因，有些共感染可能会被漏检，如仅分离到REV的2例。既然这2只鸡发生了典型的髓细胞样肿瘤，那肯定应该有ALV-J感染。由此可见，在这些调查的病例中，约占1/3的病例存在有ALV-J与REV共感染。即使一些没有发生典型髓细胞样肿瘤的感染鸡群，在27个检出ALV-J的病例中，有11例同时检出了REV（表6-1）。除了从肿瘤病鸡检

出ALV－J与REV的共感染外，在几个发生肿瘤的黄羽肉鸡种鸡群，从种蛋中检出ALV－J的同时，也有一定比例的鸡表现为ALV－J与REV的共感染。从表6－2可见，在患有J亚群白血病的4个黄羽肉鸡父母代收集的72个种蛋孵化后，逐一制备鸡胚成纤维细胞培养，再分别用针对ALV－J的单抗做IFA，从中检出了ALV－J或REV，其中有3个胚同时检出了ALV－J和REV。这说明，在白血病患鸡，不仅存在着ALV－J与REV的共感染，还可发生这两种病毒的共垂直感染。

表 6－1　具有不同临床病理变化的病鸡中 ALV－J 和 REV 的感染和共感染

年份	省（自治区）	鸡的类型	周龄	肉眼病变	仅 ALV－J	仅 REV	ALV－J +REV
1999	江苏	白羽肉种鸡	6	生长迟缓	0/4	2/4[A]	0/4
1999	山东	白羽肉种鸡	6	生长迟缓	0/4	4/4[C]	0/4
1999	江苏	商品肉鸡	7	髓细胞样细胞瘤	2/2	0/2	0/2
1999	山东	白羽肉种鸡	40	髓细胞样细胞瘤	1/2	0/2	1/2
2000	山东	白羽肉种鸡	27	髓细胞样细胞瘤	1/3	0/3	2/3
2000	海南	白羽肉种鸡	26	髓细胞样细胞瘤	0/1	0/1	1/1
2001	山东	白羽肉种鸡	55	髓细胞样细胞瘤	1/2	0/2	1/2
2001	宁夏	白羽肉种鸡	20	髓细胞样细胞瘤	1/1	0/1	0/1
2001	山东	商品肉鸡	6	髓细胞样细胞瘤	1/1	0/1	0/1
2002	山东	白羽肉种鸡	30	髓细胞样细胞瘤	1/1	0/1	0/1
2004	山东	白羽肉种鸡	25	髓细胞样细胞瘤	2/2	0/2	0/2
2005	山东	白羽肉种鸡	30	髓细胞样细胞瘤	1/1	0/1	0/1
2005	广东	三黄鸡	25	髓细胞样细胞瘤	3/4	0/4	0/4
2005	广东	三黄鸡	27	髓细胞样细胞瘤	3/4	0/4	1/4
2007	山东	海兰褐蛋鸡	35	髓细胞样细胞瘤	0/6	1/6	2/6
2007	山东	海兰褐蛋鸡	30	髓细胞样细胞瘤	4/7	1/7	2/7
2008	山东	海兰褐蛋鸡	32	髓细胞样细胞瘤	0/1	0/1	1/1
	小计				21/38	2/38	11/38

（续）

年份	省（自治区）	鸡的类型	周龄	肉眼病变	仅 ALV-J	仅 REV	ALV-J +REV
2008	山东	海兰褐蛋鸡	20	腺胃肿大	0/2	0/2	2/2
2008	山东	地方品种鸡	18	腺胃肿大	2/2	0/2	0/2
2008	山东	尼克蛋鸡	20	腺胃肿大	6/10	0/10	4/10
2008	山东	罗曼蛋鸡	10	腺胃肿大	2/8	1/8	5/8
2008	海南	海兰褐蛋鸡	21	腺胃脾肝肿大	2/2	0/2	0/2
	小计				12/24	1/24	11/24
2009	北京	海兰褐蛋鸡	19	非典型肿瘤	1/3[D]	2/3[B]	0/3
	合计				34/73	11/73	22/73

注：A 和 C，同时检测出鸡传染性贫血病毒； B 和 D，同时检测和分离到 MDV。

表 6-2 不同种鸡群来源鸡胚对 ALV-J 和 REV 的感染和共感染

鸡场	省份	种鸡类型	周龄	仅 REV	仅 ALV-J	REV+ ALV-J
A	广东	三黄鸡	27	2/14	2/14	1/14
B	广东	三黄鸡	35	5/17	1/17	0/17
C	广东	三黄鸡	25	2/12	5/12	1/12
D	广东	三黄鸡	30	5/29	3/29	1/29
小计				14/72	11/72	3/72
E	山东	蛋鸡	28	1/50	0/50	0/50
F	山东	蛋鸡	28	0/30	0/30	0/30
小计				1/80	0/80	0/80

注：鸡场 A、B、C、D 在收集蛋时有很高的肿瘤发病死淘率，鸡场 E、F 无肿瘤发生。表中数据为检出病毒胚数 / 总检测胚数。

二、ALV与MDV的共感染

相对于REV与MDV或ALV的共感染，MDV与ALV的共感染相对少一些。但鉴于MDV与ALV在我国鸡群中的感染是如此普遍，从一些肿瘤病鸡同时分离到的MDV和ALV也是不断发生的，这在白羽肉鸡群的肿瘤病鸡和其他类型的鸡也都可检测到，不过其频率可能比MDV与REV或ALV与REV的共感染发生的频率低一些。2006年，从分别来自山东3个不同的海兰褐蛋鸡场送来的7只有髓细胞样细胞瘤的病鸡中，有6只分离到ALV-J，其中有2只还同时分离到Ⅰ型MDV。2011—2012年，对3个患有髓细胞样肿瘤的海兰褐商品代蛋鸡群进行连续的病毒分离观察，证明这些鸡群对ALV-J有很高比例个体呈现病毒血症，同时还有一定比例鸡同时有MDV的病毒血症，但都没有分离到REV（表6-3）。

表6-3 2011—2012年对3个患有髓细胞样肿瘤鸡群3种肿瘤病毒的分离率

鸡群来源	ALV	MDV	REV	ALV-J+MDV
章丘A场	8/8(100%)	1/8(12.5%)	0/8	1/8
章丘B场	12/13(92.3%)	5/13(38.5%)	0/13	5/13
肥城	8/10(80%)	1/10(10%)	0/10	0/10
总计	28/31(90.3%)	7/31(22.6%)	0/31	6/31

注：这3个鸡群都是35～40周龄的海兰褐商品代鸡，开产后曾有15%～30%的肿瘤死亡率，在病理剖检和组织切片中也都确证发生髓细胞样肿瘤。表中数据为检出病毒数/总检测数（病毒分离率）。

三、ALV与MDV、REV3种病毒的共感染

这3种病毒同时感染同一鸡群也是常见的。当对来自同一鸡群的多只疑似病鸡采集血液样品接种细胞分离病毒时，常常从同一个鸡群检测分离到3种病毒，有时是同一只鸡只有1种病毒，有时同一只鸡同时检出2种病毒。2006—2010年，对来自6个临床上判断患有J亚群髓细胞样细胞瘤并有2只或以上病鸡的鸡群，对3种肿瘤病毒同时进行病毒分离鉴定，有1只鸡同时分离到这3种病毒（表6-4）。在地方品种的病鸡，也有几例同时检出这3种病毒（孙淑红等，2011）。当然这还不能代表这种现象的真正比例，临床上实际比例是多少，还有待今后多给予关注。

表 6-4 临床表现肿瘤的蛋用型鸡场对 3 种肿瘤病毒的分离鉴定

年份	鸡场	类型	鸡号	病毒分离检测结果		
				MDV	ALV-J	REV
2006	QD	父母代	1	−	+	+
			3	−	+	−
2006	LK	父母代	1	−	+	−
			2	+	+	−
			3	−	−	−
2006	ZP	父母代	1	−	+	−
			2	+	+	−
2007	XT	父母代	1		+	
			2		−	
			3		+	
			4		−	
			5		+	
			6		−	
2009	DQY	商品代	1	+	+	−
			2	+	−	+
			3	+	−	+
2010	WS	商品代	1	+	+	+
			2	+	+	−

注：从送检病鸡采血浆接种 CEF，在 7 ～ 14d 后分别用针对 REV 及 ALV-J 的单克隆抗体进行间接免疫荧光抗体试验（IFA）。如出现 MDV 样病毒蚀斑，再用致病性 I 型 MDV 特异性的单抗 H19 和 BA4 进行 IFA。

第二节 ALV与其他病毒共感染的相互作用

除了临床上比较少见的带有肿瘤基因的缺陷型急性致病性的ALV外（参见第二章），多数外源性ALV感染鸡后，肿瘤发生都至少要经2个月、大多数要经4～5个月的潜伏期。但是，ALV与其他致肿瘤病毒感染的早期，都能诱发不同程度的免疫抑制。因此，本节论述ALV与其他病毒的不同组合共感染时的相互作用，主要是观察和比较它们在免疫抑制方面的协同作用，以及一种病毒感染对另一种病毒感染的特异性抗体反应及病毒血症的影响。至于在致肿瘤方面的相互作用，则比较难以评估。但是由于肿瘤的发生与否及肿瘤发生的速度，均与鸡体的免疫功能密切相关。因此，研究共感染时在免疫抑制方面的相互作用，也可能用来推测对肿瘤发生的相互作用。

一、REV与ALV-J共感染相互间对病毒血症和抗体反应的影响

（一）REV与ALV-J共感染相互间对抗体反应的影响

在病毒感染REV或ALV-J后，经不同潜伏期，一部分鸡会逐渐产生对相应病毒的特异性抗体。当在两种病毒共感染时，REV的共感染会显著影响同一群鸡对ALV-J感染后的抗体反应。相对于ALV-J单独感染鸡，在有REV共感染鸡群，在7周内没有1只出现对ALV-J的抗体，表明这些鸡对ALV-J感染的抗体反应被显著抑制或延缓了（表6-5）。但反之，ALV-J的共感染对同一群鸡的REV特异性抗体反应的发生和动态没有显著影响（表6-6）。

表 6-5　有 REV 共感染时对 ALV-J 感染后血清抗体反应的影响

感染组合	不同周龄鸡群对 ALV-J 抗体阳性比例			
	2	3	5	7
REV+ALV-J	0/7	0/15	0/16	0/10
仅 ALV-J	0/8	0/16	5/16	5/30
对照组	0/10	0/15	0/16	0/30

注：1 日龄 SPF 鸡同时接种 REV 和 ALV-J 或仅接种 ALV-J，用 IDEXX 的 ALV-J 抗体 ELISA 检测试剂盒检测血清抗体。表中数据为血清抗体阳性鸡数 / 总检测鸡数。

表 6-6　有 ALV-J 共感染时对 REV 感染后血清抗体反应的影响

感染组合	不同周龄鸡群对 ALV-J 抗体阳性比例			
	2	3	5	7
ALV-J+REV	0/7	3/15	9/16	6/10
仅 REV	0/8	7/16	9/16	4/8
对照组	0/10	0/15	0/16	0/16

注：1 日龄 SPF 鸡同时接种 REV 和 ALV-J 或仅接种 REV，用 IDEXX 的 REV 抗体 ELISA 检测试剂盒检测血清抗体。表中数据为血清抗体阳性鸡数 / 总检测鸡数。

（二）REV与ALV-J共感染时相互间对病毒血症动态的影响

REV和ALV-J共感染时，对相互之间的病毒血症水平和动态的影响并不明显。相对于ALV-J单独感染鸡，REV共感染虽然显著抑制了对ALV-J的抗体反应（表6-5），但对ALV-J的病毒血症动态没有明显影响（表6-7）。当然，有ALV-J共感染时既对同一只鸡的REV特异性抗体反应没有任何抑制作用（表6-6），对同一只鸡的REV病毒血症也没有明显影响（表6-8）。

表6-7 ALV-J单独感染及其与REV共感染时ALV-J病毒血症动态比较（PFU/mL）

接种病毒	2周龄	3周龄	5周龄	7周龄
REV+ALV-J	0^{a} (0, n=6)	3.72 ± 1.28^{a} (2.50 ~ 4.12, n= 6)	3.89 ± 1.26^{a} (1.88 ~ 5.41, n=6)	2.95 ± 1.08^{a} (1.88 ~ 5.21,n=6)
ALV-J	0.57 ± 0.32^{b} (0 ~ 0.83, n=6)	1.81 ± 0.79^{a} (0.41 ~ 2.29, n=6)	2.88 ± 0.50^{a} (2.08 ~ 3.54, n=6)	3.61 ± 0.88^{a} (2.50 ~ 5.00,n=6)
对照组	0^{a} (0, n=6)	0^{b} (0, n=6)	0^{b} (0, n=6)	0^{b} (0,n=6)

注：表中数为平均值 ± 标准差。同一周龄同列数字右上角字母不同者表示差异显著（$p<0.05$），字母相同者或者未标字母者表示差异不显著（$p>0.05$）。括号中前面的数据表示计数数值变化范围，n为样品数量。

表6-8 REV单独感染及其与ALV-J共感染时REV病毒血症动态比较（PFU/mL）

接种病毒	2周龄	3周龄	5周龄	7周龄
REV+ALV-J	0.52 ± 0.82^{a} (0 ~ 2.29, n=6)	2.08 ± 1.10^{a} (0.42 ~ 3.54,n= 6)	3.51 ± 1.07^{a} (1.88 ~ 5.41, n=6)	1.18 ± 0.52^{a} (0.41 ~ 1.88,n=6)
REV	0.35 ± 0.19^{a} (0 ~ 2.08, n=6)	1.56 ± 0.88^{a} (0.63 ~ 3.33, n=6)	2.57 ± 1.68^{a} (0.63 ~ 5.00, n=6)	0.73 ± 0.20^{a} (0.41 ~ 1.04,n=6)
对照组	0^{b} (0,n=6)	0^{b} (0,n=6)	0^{b} (0,n=6)	0^{b} (0,n=6)

注：表中数为平均值 ± 标准差。每次从每组取6只鸡采血分离病毒。同一周龄同列数字右上角字母不同者表示差异显著（$p<0.05$），字母相同者或者未标字母者表示差异不显著（$p>0.05$）。括号中前面的数据表示计数数值变化范围，n为样品数量。

二、REV与ALV-J共感染时在致病性上的相互作用

REV和ALV-J这两种病毒单独感染雏鸡后都能引起不同程度的生长迟缓和免疫抑制，包括中枢免疫器官胸腺和法氏囊萎缩及对不同抗原的抗体反应下降。

（一）REV与ALV-J共感染在抑制增重方面的协同作用

虽然REV或ALV-J单独感染雏鸡后都分别能引起不同程度的生长迟缓，但在这两种病毒共感染同一只鸡时，在抑制生长方面还能表现出协同作用。如图6-1所示，相对于1日龄单独接种REV或ALV-J，从3周龄起两种病毒共感染的鸡的平均体重不仅显著低于对照组鸡，也显著低于REV或ALV-J单独感染鸡。

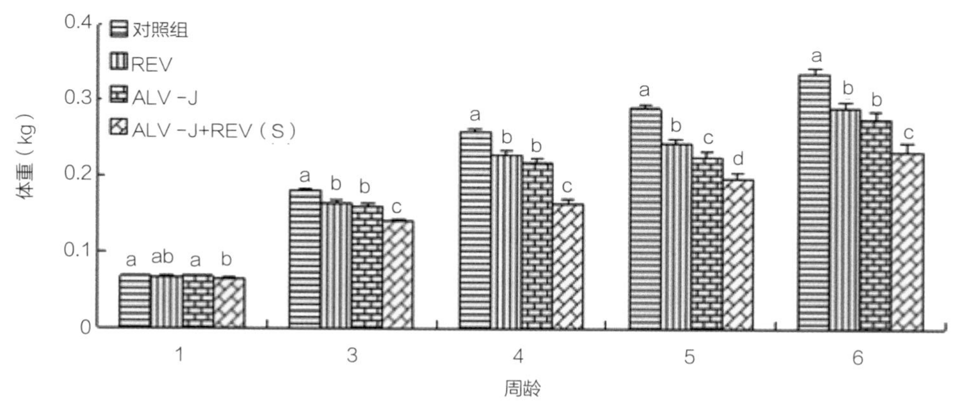

图6-1 1日龄SPF鸡单独接种REV或ALV-J及同时接种两种病毒鸡的生长动态比较

注：每组有30只鸡，REV接种剂量为每只400$TCID_{50}$，ALV-J的接种剂量为3 000$TCID_{50}$。图中同一日龄的组间不同英文字母表示统计学差异显著（$p<0.05$）。

（引自董宣，崔治中）

（二）REV与ALV-J共感染在诱发中枢免疫器官萎缩方面的协同作用

REV或ALV-J单独感染1日龄SPF鸡后，都能诱发中枢免疫器官胸腺和法氏囊的萎缩。当这两种病毒共感染时，能诱发胸腺和法氏囊的更为明显的萎缩（图6-2）。由于这一作用的个体差异非常大，很难用数量和统计学方法来分析。但是，从图6-2的许多个体的样品比较中，确实也能看出共感染能诱发更严重的中枢免疫器官萎缩的趋势。

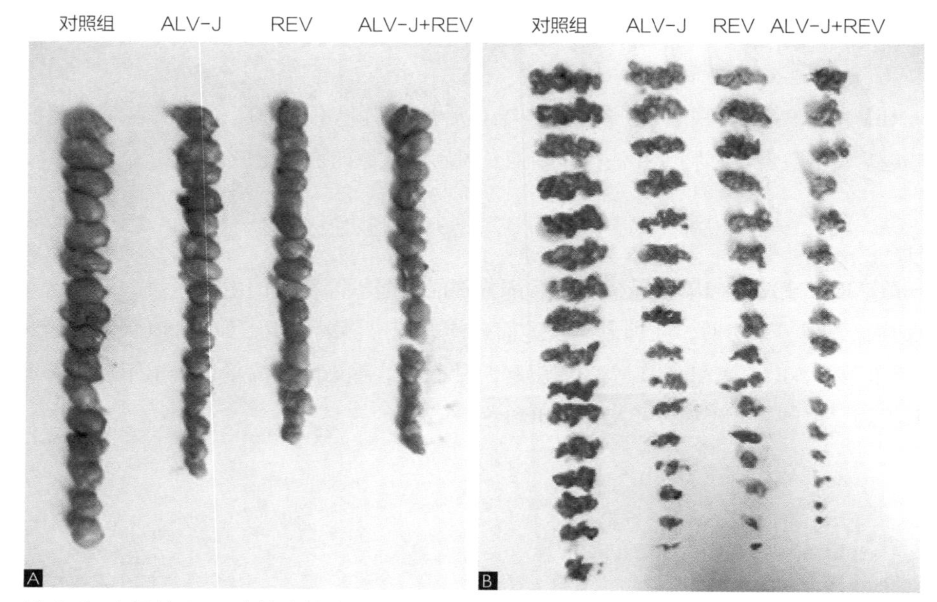

图 6-2 1 日龄 SPF 鸡单独接种 REV 或 ALV-J 及同时两种病毒鸡的法氏囊（A）和胸腺（B）的形态大小比较

注：图中样品来自图 6-1 的同一批鸡，在 6 周龄试验结束时扑杀取样。

（引自董宣，崔治中）

（三）REV与ALV-J共感染在免疫抑制反应方面的协同作用

REV或ALV-J单独感染都能抑制鸡对各种疫苗的抗体反应，但共感染鸡对NDV和H9-AIV灭活疫苗的抗体反应更低，这表明两种病毒共感染在抑制鸡体对疫苗的免疫反应上也有协同作用（表6-9、表6-10）。

表 6-9 1 日龄 SPF 鸡共感染 REV 和 ALV-J 对 NDV 灭活苗免疫后抗体滴度的影响

接种病毒	1 周龄免疫后 HI 抗体滴度（Log_2）		
	3 周	4 周	5 周
对照组	$9.7 \pm 0.32(35)^{A}$	$10.4 \pm 0.33(35)^{A}$	$11.2 \pm 0.36(35)^{A}$
ALV-J	$10.2 \pm 0.26(42)^{A}$	$10.0 \pm 0.22(41)^{A}$	$9.6 \pm 0.27(39)^{B}$
REV	$7.5 \pm 0.57(51)^{B}$	$8.6 \pm 0.48(50)^{B}$	$9.1 \pm 0.52(50)^{B}$
REV+ALV	$4.9 \pm 0.66(47)^{C}$	$7.6 \pm 0.66(37)^{C}$	$6.7 \pm 0.73(34)^{C}$

注：表中数为平均值 ± 标准差（样本数），每组数右上角字母相同表示差异不显著，字母不同表示两组间差异显著（$p<0.05$）。

表 6-10　1 日龄 SPF 鸡共感染 REV 和 ALV-J 对 H9-ALV 灭活苗免疫后抗体滴度的影响

接种病毒	1 周龄免疫后 HI 抗体滴度（Log_2）		
	3 周	4 周	5 周
对照组	$7.1 \pm 0.15(35)^{A}$	$8.2 \pm 0.18(35)^{A}$	$9.1 \pm 0.19(35)^{A}$
ALV-J	$7.1 \pm 0.24(42)^{A}$	$8.3 \pm 0.15(41)^{A}$	$7.8 \pm 0.18(39)^{B}$
REV	$4.7 \pm 0.44(51)^{B}$	$7.1 \pm 0.47(50)^{B}$	$7.3 \pm 0.38(50)^{B}$
REV+ALV	$3.3 \pm 0.45(47)^{C}$	$5.6 \pm 0.58(37)^{C}$	$6.1 \pm 0.53(34)^{C}$

注：表中数为平均值 ± 标准差（样本数），每组数右上角字母相同表示差异不显著，字母不同表示两组间差异显著（$p<0.05$）。

此外，由于两种病毒共感染造成的非特异性死亡率也明显提高。在图6-2和图6-3的同一批试验鸡中，在整个6周试验期内，REV或ALV-J单独感染组中鸡的死亡率分别是5/55（9.1%）或12/51（23.5%）,但共感染组的死亡数是26/61（42.6%）。

三、ALV与CAV共感染对鸡致病性的相互作用

在鸡群中除了ALV与MDV及REV 3种肿瘤性病毒会发生共感染外，ALV还可能与其他免疫抑制性病毒如CAV发生共感染。研究表明，这种共感染也会在某些致病性上表现出协同作用。

在SPF鸡的动物试验表明，当ALV-J和CAV共感染时，其对鸡的增重和法氏囊发育的抑制作用都比单独感染ALV-J或CAV时明显增强（表6-11、表6-12）。此外，虽然ALV-J和CAV感染能降低鸡的白细胞数总数、红细胞数及红细胞压积，但是在ALV-J和CAV共感染鸡，其白细胞数总数、红细胞数及红细胞压积更低（表6-13）。这些都显示了这两种病毒共感染在抑制生长及造血系统发育上表现出协同作用。

进一步的比较还表明，ALV-J和CAV在单独感染1日龄雏鸡后都有不同程度的免疫抑制作用，但在共感染时，这两种病毒的共感染也能在免疫抑制方面显示协同作用（表6-14）。

表 6-11 CAV 与 ALV-J 分别单独感染及共感染 SPF 鸡对体重动态的影响（g）

采样日龄	对照组	接种病毒		
		ALV-J	CAV	CAV+ALV-J
14	103.6 ± 13.11^A^	92.8 ± 9.58^B^	79 ± 12.08^C^	80 ± 12.42^C^
21	153.6 ± 15.85^A^	136.8 ± 15.60^B^	129.6 ± 24.11^C^	115.8 ± 17.89^D^
28	220.6 ± 18.28^A^	191.8 ± 20.25^B^	183.8 ± 34.44^C^	168 ± 22.82^D^
38	291.6 ± 32.56^A^	260.8 ± 34.18^B^	249.4 ± 40.81^B^	236.6 ± 32.7^C^

注：每组 25 只 SPF 鸡，分别饲养于 SPF 动物饲养隔离罩中。1 日龄 SPF 雏鸡，每只分别肌肉接种 10^3 $TCID_{50}$ 的 CAV，腹腔接种含有 10^3 $TCID_{50}$ 的 ALV-J，或同时接种 10^3 $TCID_{50}$ 的 CAV 和 10^3 $TCID_{50}$ 的 ALV-J。对照组接种灭菌生理盐水，每组接种 0.1mL。表中数为平均值 ± 标准差（样本数）。同一日龄各组相比，每组数右上角字母相同表示差异不显著，字母不同表示两组间差异显著（$p<0.05$）。

表 6-12 CAV 与 ALV-J 分别单独感染及共感染对 SPF 鸡法氏囊发育的影响

组别	法氏囊重（g）	法氏囊 / 体重比（%）
对照组	1.25 ± 0.31^A^	0.43 ± 0.09^A^
ALV-J	1.02 ± 0.23^B^	0.39 ± 0.06^B^
CAV	1.02 ± 0.27^B^	0.4 ± 0.06^AB^
CAV+ALV-J	0.9 ± 0.19^C^	0.38 ± 0.06^B^

注：每组 25 只 SPF 鸡，分别饲养于 SPF 动物饲养隔离罩中。1 日龄 SPF 雏鸡，每只分别肌肉接种 10^3 $TCID_{50}$ 的 CAV，腹腔接种含有 10^3 $TCID_{50}$ 的 ALV-J，或同时接种 10^3 $TCID_{50}$ 的 CAV 和 10^3 $TCID_{50}$ 的 ALV-J。对照组接种灭菌生理盐水，每组接种 0.1mL。在 35 日龄时每组各取 10 只鸡采样。表中数为平均值 ± 标准差（样本数）。每组数右上角字母相同表示差异不显著，字母不同表示两组间差异显著（$p<0.05$）。

表 6-13 CAV 与 ALV-J 感染 SPF 鸡对鸡体白细胞数、红细胞数及红细胞压积的影响（n=15）

日龄	组别	白细胞数（10^9 个 /L）	白细胞数（10^9 个 /L）	红细胞压积（%）
14	对照组	201.91 ± 8.59^A^	2.55 ± 0.12^A^	29.93 ± 1.26^A^
	ALV-J	202.68 ± 8.71^A^	2.47 ± 0.14^B^	29.19 ± 0.99^B^
	CAV	123.59 ± 30.63^B^	1.41 ± 0.30^C^	15.25 ± 2.94^C^
	CAV+ALV-J	97.39 ± 27.04^C^	1.31 ± 0.28^D^	13.99 ± 3.28^D^

（续）

日龄	组别	白细胞数（10^9 个 /L）	白细胞数（10^9 个 /L）	红细胞压积（%）
21	对照组	210.65 ± 8.89^A	2.66 ± 0.11^A	30.59 ± 1.19^A
	ALV-J	210.93 ± 16.45^A	2.78 ± 0.17^B	29.50 ± 1.27^B
	CAV	159.57 ± 23.56^B	1.97 ± 0.34^C	23.13 ± 3.54^C
	CAV+ALV-J	130.29 ± 20.85^C	1.50 ± 0.18^D	16.48 ± 1.79^D
28	对照组	214.40 ± 11.30^A	2.70 ± 0.12^A	31.21 ± 1.74^A
	ALV-J	211.21 ± 11.21^A	2.82 ± 0.13^B	30.09 ± 1.21^B
	CAV	183.31 ± 22.67^B	2.31 ± 0.29^C	24.61 ± 2.99^C
	CAV+ALV-J	151.27 ± 24.88^C	1.80 ± 0.23^D	19.89 ± 2.40^D
35	对照组	233.62 ± 16.51^A	2.78 ± 0.08^A	30.77 ± 8.01^A
	ALV-J	222.05 ± 14.08^B	2.85 ± 0.19^A	30.61 ± 1.63^A
	CAV	200.75 ± 22.68^C	2.47 ± 0.18^B	26.4 ± 1.33^B
	CAV+ALV-J	169.48 ± 24.36^D	2.01 ± 0.23^C	21.87 ± 2.58^C

注：每组 25 只 SPF 鸡，分别饲养于 SPF 动物饲养隔离罩中。1 日龄 SPF 雏鸡，每只分别肌肉接种 10^3 $TCID_{50}$ 的 CAV，腹腔接种含有 10^3 $TCID_{50}$ 的 ALV—J，或同时接种 10^3 $TCID_{50}$ 的 CAV 和 10^3 $TCID_{50}$ 的 ALV—J。对照组接种灭菌生理盐水，每组接种 0.1mL。每个时期每组采 15 只鸡的血样。表中数为平均值 ± 标准差。同一日龄各组相比，每组数右上角字母相同表示差异不显著（$p>0.05$），字母不同表示差异显著（$p<0.05$）。

表 6-14　CAV 与 ALV-J 单独感染或共感染鸡对三种病毒灭活苗免疫后 HI 抗体滴度的影响（$\log_2$）

病毒抗原	接种病毒			
	对照组	MDV	CAV	CAV+MDV
NDV	7.32 ± 0.85^A	6.12 ± 1.37^B	5.92 ± 1.23^B	5.04 ± 1.21^C
H5	7 ± 0.85^A	5.24 ± 1.23^B	4.92 ± 1.53^B	4.04 ± 1.81^C
H9	6.08 ± 0.76^A	5.12 ± 1.01^B	4.76 ± 1.36^C	3.88 ± 1.30^D

注：1 日龄时，各组鸡只点眼滴鼻 0.1mLND（La Sota 株）低毒力活疫苗；7 日龄时，各组鸡只分别胸肌接种 0.3mL 的 AIV（H5 和 H9）灭活油乳苗，同时颈部皮下接种 0.3mL 的 NDV 灭活油乳苗。在 28 日龄采血清检测 HI 抗体滴度。表中数为平均值 ± 标准差，每组样本为 25 只鸡。每组数右上角字母相同表示差异不显著，字母不同表示差异显著（$p<0.05$）。

第三节 ALV与REV诱发的混合性肿瘤

本章第一、二节血清流行病学调查及病原分离鉴定所提供的大量数据都表明，不同肿瘤性病毒感染同一只鸡在鸡群中是一个普遍现象，特别是ALV与REV的共感染及MDV与REV的共感染。但在对临床肿瘤样品的检测中，还很少有不同病毒引发的混合性肿瘤的报道。这既与接受病理组织切片检测的数量有限有关，也与过去的诊断技术的手段不成熟有关。在人工接种1日龄SPF鸡的动物试验中，在ALV与REV共感染，均发现了由两种病毒诱发的混合性肿瘤。

在ALV与REV共感染的鸡，没有看到典型的混合型肿瘤。但是在对表现典型髓细胞样肿瘤的同一只病鸡肝脏的触片分别做间接荧光抗体试验时，显示出了能分别为ALV-J单抗JE9或REV单抗11B118所识别的肿瘤细胞结节的荧光。这也间接证明了在同一只鸡的同一组织中同时存在着这两种病毒诱发的肿瘤，即两种肿瘤的混合存在（图6-3、图6-4）。

图 6-3　1 日龄 SPF 鸡同时接种 ALV-J 和 REV 后，显示肿瘤的肝触片

用 ALV-J 特异性单抗 JE9 进行 IFA，可见显示 ALV-J 特异性荧光的 ALV-J 诱发的肿瘤细胞结节。正常的肝细胞索不被着色。 400×

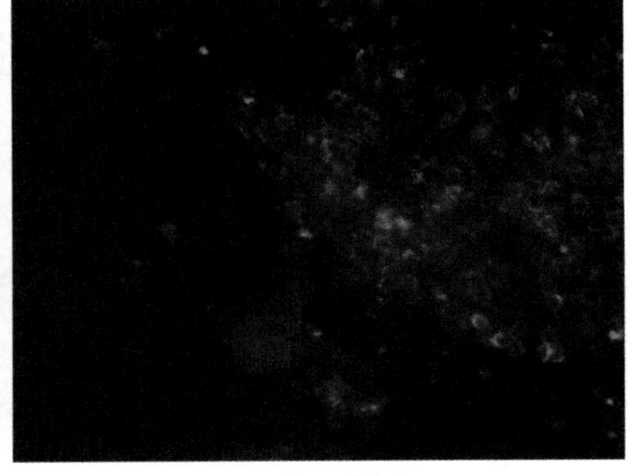

图 6-4　1 日龄 SPF 鸡同时接种 ALV-J 和 REV 后，显示肿瘤的肝触片

用 REV 特异性单抗 11B118 进行 IFA，可见显示 REV 特异性荧光的 REV 诱发的肿瘤细胞结节。正常的肝细胞索不被着色。 400×

第七章

鸡群禽白血病与其他病毒性肿瘤病的鉴别诊断

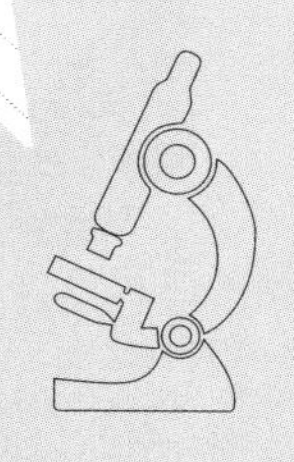

禽白血病是鸡群中常见的可以有不同肿瘤表现的病毒性传染病，此外鸡马立克病病毒（Mareke′s disease virus, MDV）和禽网状内皮组织增殖症病毒（reticuloendotheliosis virus, REV）也能在鸡群诱发肿瘤。虽然还有其他原因不明的肿瘤，但鸡群中绝大多数肿瘤病都是由不同病毒引发的群发性传染病，因此，对鸡的肿瘤病的诊断不仅是对个例的鉴别诊断，更重要的是对群体感染和发病状态的鉴别诊断。这就不仅要通过临床表现、剖检变化和病理组织学变化来对每一只病鸡作出诊断，还要根据鸡群发病的流行病学、血清学调查和病原学研究对整个鸡群、鸡场甚至一个特定地理区域内鸡群感染和发病状态作出判断。

由于鸡群中肿瘤病多是病毒诱发的传染病，考虑到养鸡业的产业需求，疾病鉴别诊断的主要目的是为采取有效防控措施提供科学依据。因此，在对鸡群肿瘤病的鉴别诊断中，病原学诊断显得更为重要。

第一节 我国鸡群肿瘤病鉴别诊断的挑战性

不同病毒诱发的肿瘤病的鉴别诊断难度是最大的，这是因为ALV、MDV、REV三种病毒引发的肿瘤都存在着多样性，而且一些表现又常常类似。对我国鸡群病毒性肿瘤病的鉴别诊断则具有更大的挑战性，这是由于我国饲养的鸡群的遗传背景极为多种多样，同时有不同饲养模式和规模的鸡群存在于同一地区，再加上鸡群的流动性大，使我国大多数鸡群中还同时存在着多种不同的病毒性和细菌性感染，这更给病毒性肿瘤病的鉴别诊断增加了难度。

一、多重感染给病毒性肿瘤病鉴别诊断的挑战

（一）鸡群肿瘤性病毒的多重感染

由于我国特殊的饲养环境和产业结构模式，在我国不同地区不同类型的鸡群中，在同一群鸡乃至同一只鸡中，不同病原微生物的多重感染都是相当普遍的。

鸡群中常见的三种不同的肿瘤性病毒，在同一鸡群甚至同一只鸡也存在着不同肿瘤性病毒的二重感染或三重感染（详见第六章）。在不同病毒感染同一只鸡时，在同一组织中还可显示混合性肿瘤，这都大大增加了鉴别诊断的复杂性。在现场常常遇到的问题是，这三种病毒诱发的肿瘤有时在肉眼变化甚至组织切片观察中都非常类似。第六章已分别描述了ALV诱发的肿瘤的肉眼和显微病理表现，其中有些是ALV感染特有的，如ALV诱发的髓细胞样肿瘤或骨硬化（见第五章第三节图5－36、图5－37、图5－70至图5－76）。但也有些病理变化与其他两种病毒诱发的肿瘤很类似，如三种病毒都常引发淋巴细胞瘤，这就大大增加了鉴别诊断的难度。

（二）肿瘤性病毒与其他病毒的共感染

肝、脾、肾是ALV、MDV、REV诱发肿瘤比较常见的脏器，但还有一些其他病毒感染也会诱发这些脏器的肿胀、炎症、变性。这对于鸡场现场兽医来说，有时是很容易混淆的。例如，鸡群中发生鸡戊肝病毒（chicken hepatitis E virus, cHEV）感染时，有时会从开产前后开始，持续性发生产蛋鸡的零星死亡，主要病理表现为肝和脾脏的炎性肿大、变性，亦称大肝大脾病。肾脏也出现红白相间的变性变化，常常被误诊为某种肿瘤。我国鸡群中肿瘤性病毒与其他病毒的共感染也是常见的，如CAV、IBDV、ARV等，而且也会诱发免疫抑制，就像这三种肿瘤病毒会诱发亚临床状态的免疫抑制一样。但从病理变化角度看，这几种病毒的感染不太容易与肿瘤病相混淆。此外，一些肿瘤性病毒感染也会引发单纯的肝、脾、肾等脏器炎性肿胀和坏死的表现，但不一定是肿瘤。

由于ALV在早期感染后，还会诱发非特异性的免疫抑制，从而使一些感染鸡会出现由免疫抑制进一步诱发的继发性细菌感染，如肝周炎、心包炎或腹膜炎。这些病理变化往往是导致死亡的直接原因，这时如不做仔细全面检查就会掩盖ALV感染的存在。

二、我国鸡群中禽白血病肿瘤表现的多样性

第五章已分别描述了ALV感染在鸡群中所呈现的多种多样不同脏器、不同组织细胞类型的肿瘤。这些肿瘤在脏器分布、形态大小和细胞类型上有时差异很大，不仅不同亚群诱发不同的肿瘤，而且同一亚群的不同毒株也可能会诱发不同的肿瘤表现。不同遗传背景的鸡群在不同时期感染ALV后，往往会有不同的肿瘤表现。这种多样性就给识别ALV诱发的肿瘤带来较大的难度。另外，ALV诱发的有些肿瘤在形态和脏器分布上与

MDV或REV诱发的肿瘤非常类似，这大大增加了根据临床病理变化及病理组织切片来鉴别诊断肿瘤病因的难度。此外，还要注意与非肿瘤性病毒鸡戊肝病毒感染引起的大肝大脾病的病理变化的区别。

三、个体鉴别诊断和群体鉴别诊断

对于现代规模化养鸡业来说，鉴别诊断的主要目的是对一个群体的疫病进行预防控制。然而，对肿瘤病的诊断，不论是病理学还是病原学方法，都需要一只一只地做。鉴于鸡群中可能存在不同病毒分别诱发的肿瘤，一只鸡的鉴别诊断，即使是病理学和病原学方面都进行了完整的检测，也不能代表全群或全鸡场的状态。因此，对于鸡群（场）的鉴别诊断来说，还必须要有一定数量的病鸡，这虽然大大增加了工作量，但对于群体病毒性肿瘤病的感染和发病状态作出科学判断来说是必需的。另一方面，也正因为对同一鸡群的多只病鸡进行了全面检测，对鉴别诊断的可靠性和科学性的把握也更大一些。

对于群体病的诊断，除了必须对一定数量病鸡分别作出病原学和病理学检测外，还必须了解鸡群发病的流行病学特点和血清学状态。只有全面深入地掌握发病鸡群相关的所有信息，才有可能为制定预防措施提出科学的判断。

四、对鸡群病毒性肿瘤病的鉴别诊断需要全面检测

当鸡群发生不同病毒引起的肿瘤病时，相应的对策和预防控制措施不尽相同。例如，如确定是MDV诱发的肿瘤，重点是确定免疫失败的原因，防止下一批鸡再发生。如果确定是由ALV或REV引发的肿瘤，说明提供这批鸡的种鸡可能有ALV感染，今后需选择净化的种源；或者是由于在雏鸡阶段使用了被致病性ALV或REV污染的疫苗。此外，如果发生ALV或REV诱发的肿瘤本身就是种鸡群，还涉及ALV或REV的垂直传播，要考虑该群鸡能否继续作种鸡用的问题。因此，对鸡群病毒性肿瘤病的鉴别诊断必须确凿可靠，有充分的科学依据。

正因为对鸡群病毒性肿瘤病的鉴别诊断意见在鸡场生产过程中将发挥重要的指导作用，对鸡群肿瘤病就必须作出有科学依据的确凿诊断，这就需要对发病鸡群和鸡场从流行病学、临床病理学、群体血清学检测和病原学检测等各方面收集资料和信息。只有在对所有数据和信息全面比较和科学分析的基础上作出的判断才是科学合理的，才能真正有效地指导相关疫病的防控，并在生产中得到验证。

第二节 ALV血清抗体检测的方法及诊断意义

从群体防控角度来看，对鸡群的ALV抗体检测是必需的，这可以用来评估鸡群是否有外源性ALV感染。对于蛋用型鸡和白羽肉鸡来说，都要求供应雏鸡的相应种鸡场没有外源性ALV感染。这是因为世界上主要的家禽育种跨国公司都能保证他们提供的种鸡没有外源性ALV感染，因此对我国相应的父母代种鸡场及商品代鸡场提出这种要求是切合实际的。农业部也已制定了标准，要求这类鸡的种鸡场的成年鸡对ALV-A/B或ALV-J的血清抗体阳性率不得高于1%。但对于我国大多数自繁自养黄羽肉鸡来说，目前还不能将它作为标准，这是因为，我国黄羽肉鸡的种鸡场中外源性ALV净化还刚刚开始，还要再等几年才能在有些种鸡场实现基本净化，届时才能在黄羽肉鸡中仿照蛋鸡和白羽肉鸡实施同样标准。但是，在国务院已公布的《我国中长期动物重要疫病防控规划（2012—2020年）》已将禽白血病列为需净化的重要疫病之一，农业部必定会在适当时机对我国黄羽肉鸡的种鸡场也实施同样的监控规定。

对鸡群ALV感染状态的血清学抗体检测可分别选择ELISA法或IFA，二者各有优缺点。针对不同的检测对象，可分别酌情选择。

一、ELISA法

为了检测鸡群中的ALV抗体状态，需使用分别针对A、B、C、D亚群和J亚群的ELISA抗体检测试剂盒。其中，A、B、C、D亚群ALV的囊膜蛋白有很高的交叉反应性，可以用同一个试剂盒。检测J亚群ALV的血清抗体，则是单独一种试剂盒。具体的操作方法和注意事项，在相关产品制造商提供的说明书中都有详细叙述。对于特定厂家的特定商品，都有特定的使用说明书，必须严格遵守，各个实验室通常是不应该随便改动的，否则厂家对结果的可靠性不承担责任。这一方法的优点是判定结果比较客观，也适合于大批量样品的检测，便于机器操作和读数。由于已有相应的商品化试剂盒，所以只要严格按使用说明操作，结果都比较稳定，不同实验室的检测结果有可比性。其缺点是只适于检测批量样品，如20份以上样品，价格较贵，特别是样品数量较少时。

然而，在用这类试剂盒检测时，有时也会遇到假阳性问题或难以判定的问题。例如，当只有个别样品为阳性时，是否能排除技术操作过程中的误差带来的假阳性？又如，如果若干个样品的ELISA读数及相应的S/P值非常接近判定阳性的基底线时，这时对群体如何作出判断？在这种情况下，或者对样品进行重复检测，而且要增加每个样品的重复检测的孔数，或者增加对同一鸡群采集样品的数量。至于假阴性则比较难发现，特别是在群体阳性率并不高时。对于假阳性和假阴性，除了技术性的原因外，也必须考虑试剂盒本身的问题。即使是有名的厂家和公司的产品，一些厂家的某个批号的产品发生质量问题也不奇怪。其问题既可能发生在出厂前的生产和质量检测过程中，也可能发生在出厂后的流通环节中。因此，在使用一个新的产品批号前，特别是对大批量样品检测前，应该做相应的预备试验。这就要求检测试验室在-20℃冰箱中长期保存相当数量的已呈阳性和阴性的样品，用作预备试验中的阳性对照和阴性对照。实际上，山东农业大学家禽病毒性肿瘤病实验室也确曾购进一批检测针对ALV-A/B抗体的ELISA试剂盒，在预备试验中，对已知阴性血清样品表现出3%～5%的假阳性率。如图7-1和表7-1所示，必要时可用IFA来验证ELISA抗体检测试剂盒的可靠性。有关ALV-A/B或ALV-J抗体的ELISA检测试剂盒特异性和灵敏度的验证试验的细节可参考第八章第七节。

二、间接荧光抗体反应（IFA）

当以已知的ALV-A/B或ALV-J感染的DF1细胞作为抗原时，可用间接荧光抗体反应（IFA）来检测每只鸡血清对ALV-A/B或ALV-J已产生的抗体反应。在这种情况下，分别在ALV-A/B或ALV-J感染的96孔细胞培养板的相应孔或培养皿中的盖玻片（飞片）上滴加一定稀释度的待检鸡血清作为第一抗体，随后按规定程序孵化和洗涤，再加入商品化的通用的荧光素（如FITC）标记的抗鸡IgG的兔（或山羊）血清作为第二抗体，再按操作程序孵化和洗涤后，在荧光显微镜下观察。

这一方法一般要人工操作、人工判断，不适合大批量样品（如100份以上）的检测。但它的结果可靠，在显微镜下同一视野中的有ALV感染或未感染的细胞可互为阳性及阴性样品对照（图7-1和图7-2）。从图可见，被特异性抗体所识别的ALV抗原所呈现的荧光多在细胞质中，而细胞核仍不着色。比较表明，用ELISA和IFA检测的抗体效价有很好的平行关系（图7-3、表7-1）,两个方法的判定结果全部吻合。

有关ELISA与IFA在检测血清抗体中的比较试验的更多资料，可参见第八章第五节“三”。IFA这一方法在以下几种情况下可选用。

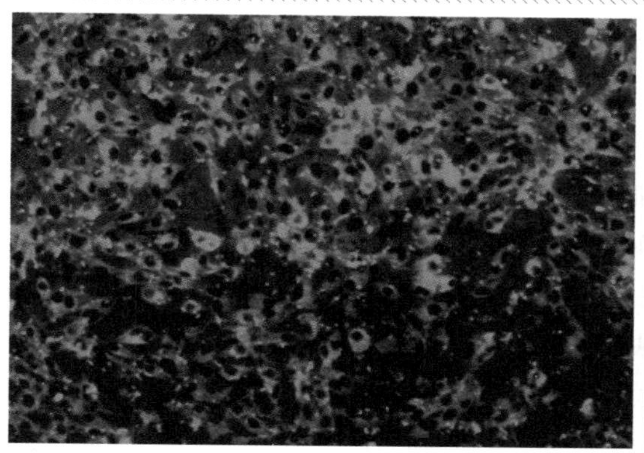

图 7-1　用 IFA 检测鸡血清中的 ALV-A /B 特异性抗体

注：所用抗原为 SDAU09C2 株 ALV-B 感染的 DF1 细胞。

图 7-2　用对 ALV-J 感染细胞进行 IFA 来检测血清中抗 ALV-J 抗体活性

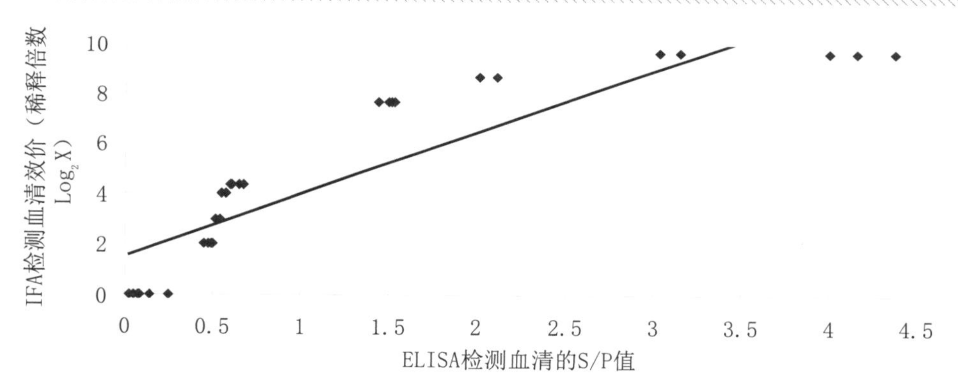

图 7-3　ALV-A/B 抗体 ELISA 检测的 S/P 值与 IFA 检测的血清效价的相关性分析

注：ELISA 与 IFA 检测 ALV－A/B 的血清效价之间呈显著正相关（r= 0.97435；p<0.0001；n=30）。

表 7-1　检测不同鸡血清 ALV-A/B 抗体的 ELISA 和 IFA 结果吻合性比较

ELISA（S/P 值）范围（样品数）	IFA 滴度
3.03 ~ 4.38(4)	1:800
2.01 ~ 2.12(2)	1:400
1.43 ~ 1.53(4)	1:200
0.60 ~ 0.67(3)	1:20
0.55 ~ 0.58(2)	1:16
0.51 ~ 0.54(2)	1:8
0.45 ~ 0.50(4)	1:4
0.03 ~ 0.28(7)（阴性）	<1:1

注：在此次试验中，ELISA 中 S/P 值 0.4 为判定阳性的基底值。

（1）当对ELISA抗体检测试剂盒的质量及其判定结果有疑问时。商品化的试剂盒偶尔也会出现质量问题，或者相对于鸡群已知感染状态，当怀疑ELISA试剂盒检测的结果阳性率过高或过低时，可选择ELISA读值处在不同范围的部分血清样品用IFA来验证。

（2）当鸡群中有很低比例的样品呈现阳性或可疑，而且ELISA及S/P值在临界线的上下时，可用IFA来对相应样品进行验证。

（3）当样品数量较少，不值得用一块ELISA板或做一次ELISA检测时，可用IFA来检测。

三、对ALV抗体检测的诊断意义

必须再一次强调，对ALV抗体检测只有在用于判定鸡群特别是种鸡群是否有外源性ALV－A/B或ALV－J感染时才有诊断意义。抗体检测阳性与否不能用来判定一只发生肿瘤的鸡是否是由ALV引起。这是因为，一方面发生了ALV肿瘤的鸡不一定呈抗体阳性反应，另一方面对ALV－A/B或ALV－J或二者的抗体呈现阳性的鸡不一定发生肿瘤，而且在多数情况下都没有肿瘤发生。但是，如果对一个鸡群大批量样品（比如200～300份血清样品或以上）检测对ALV－A/B及ALV－J抗体均为阴性时，该鸡群正在出现的肿瘤就不大可能是由ALV引起的，即可排除禽白血病肿瘤的可能性。这是因为，有些鸡出现ALV感染诱发的肿瘤时，肯定会有一部分鸡在感染后出现抗体反应。

至于SPF鸡群，则是另一个标准。凡是ALV抗体阳性，就代表鸡群已有ALV感染，不考虑是否发病都不得再作为SPF鸡群。

第三节 病原学检测技术在禽白血病诊断上的应用

病原学检测在病毒学肿瘤的鉴别诊断中起着重要作用。虽然不能说只要分离到哪种病毒或检出哪种病毒就可作出鉴别诊断的结论，但是要作出鉴别诊断的结论，一定要有从血清或肿瘤组织中检测出某种病毒的实验室证据。这包括直接分离鉴定出相应病毒，或从肿瘤组织检出病毒特异性抗原或核酸。

一、ALV的分离、鉴定和检测

分离到特定亚群的外源性ALV是对禽白血病肿瘤进行鉴别诊断的最重要的病原学依据。为了分离外源性ALV，可分别将可疑鸡的血液或病料组织悬液过滤液接种鸡胚成纤维细胞或传代细胞系DF1细胞上。由于ALV在细胞培养上通常不产生细胞病变，必须在接种后5～7d用特异性抗原检测法或核酸检测法来发现和鉴定所分离到的病毒。可用ALV-p27抗原的ELISA检测试剂盒、ALV特异性单克隆抗体或单因子血清进行IFA来确证病毒的存在或初步鉴定亚群，最后可再特异性引物以感染细胞基因组DNA为模板扩增*env*基因，在测序后最终确定亚群。

ALV在细胞培养上复制较慢，特别是当待检病料中病毒含量很低时，在接种细胞后5～7d仍然不一定能发现或检测出病毒的存在。这时，建议将已接种的细胞培养（通常培养时间不宜超过7d）单层消化后，将离心沉淀的细胞重新悬浮于新鲜培养液中分置于2块培养皿中再培养5～7d后检测。如还是阴性或阳性读数很低，还可再重复培养一代。如此操作，可显著提高病毒的分离检出率。

对于接种病料后的细胞培养，可用如下方法检测是否存在ALV感染。

（一）ELISA检测培养上清液中ALV-p27抗原

可用商品化的ALV-p27抗原ELISA检测试剂盒来检测细胞培养上清液或其细胞裂解物，以此来确定在细胞培养中是否有ALV感染，或是否已分离到ALV。但是，该试剂盒不仅不能区别不同亚群ALV，也不能区分外源性和内源性ALV。因此，用这一方法来确定是否分离到外源性ALV时，必须用DF1细胞或0系SPF鸡的鸡胚成纤维细胞，而不能用其他遗传背景鸡的鸡胚成纤维细胞，否则分离到的病毒不能排除E亚群内源性ALV的可能性。

（二）ALV特异性单克隆抗体及间接荧光抗体反应（IFA）

1. 利用对ALV-J特异性单抗　在20世纪90年代末，利用DNA重组技术，以昆虫杆状病毒为载体在昆虫细胞中表达了ALV-J的囊膜蛋白，以此为免疫原免疫小鼠，研发和制备了对ALV-J特异性的单克隆抗体。在IFA中，这种单克隆抗体，可特异性地识别所有ALV-J，但与其他亚群ALV均不反应（图7-4）。利用这种单抗，作者在扬州大学的实验室首先从国内的肉鸡群中分离鉴定出若干株ALV-J，随后作者在山东农业大学家禽病毒性肿瘤病实验室又从蛋用型鸡和黄羽肉鸡中分离鉴定出多个ALV-J的流行毒株。自1999年以来，这一单抗不仅是扬州大学和山东农业大学相关实验室最常用的诊断试剂，而且也帮助全国多个实验室从蛋鸡和黄羽肉鸡中分离鉴定出ALV－J。利用这种单抗进行IFA，当将病鸡的病料样品接种细胞后，最快时可在接种后2～3d内显示ALV－J特异性的感染细胞。在这种情况下，不论这种感染细胞的比例多低，甚至在一个或几个视野中只有一个感染细胞时，也能识别出来。这是因为，由这种单抗在IFA中显示的ALV－J感染细胞，其荧光可呈现比较完整的细胞轮廓和形态，不论是梭形还是长长的纤维状细胞，都能很清楚地显现出来，与周边的未感染细胞形成很鲜明的对比。而且，细胞核一般不显荧光，呈暗色的不定形结构，可以确认IFA的特异性（图7－4）。单抗JE9对ALV－J的不同毒株感染细胞做IFA时的效价可分别达到1：5 000～40 000。

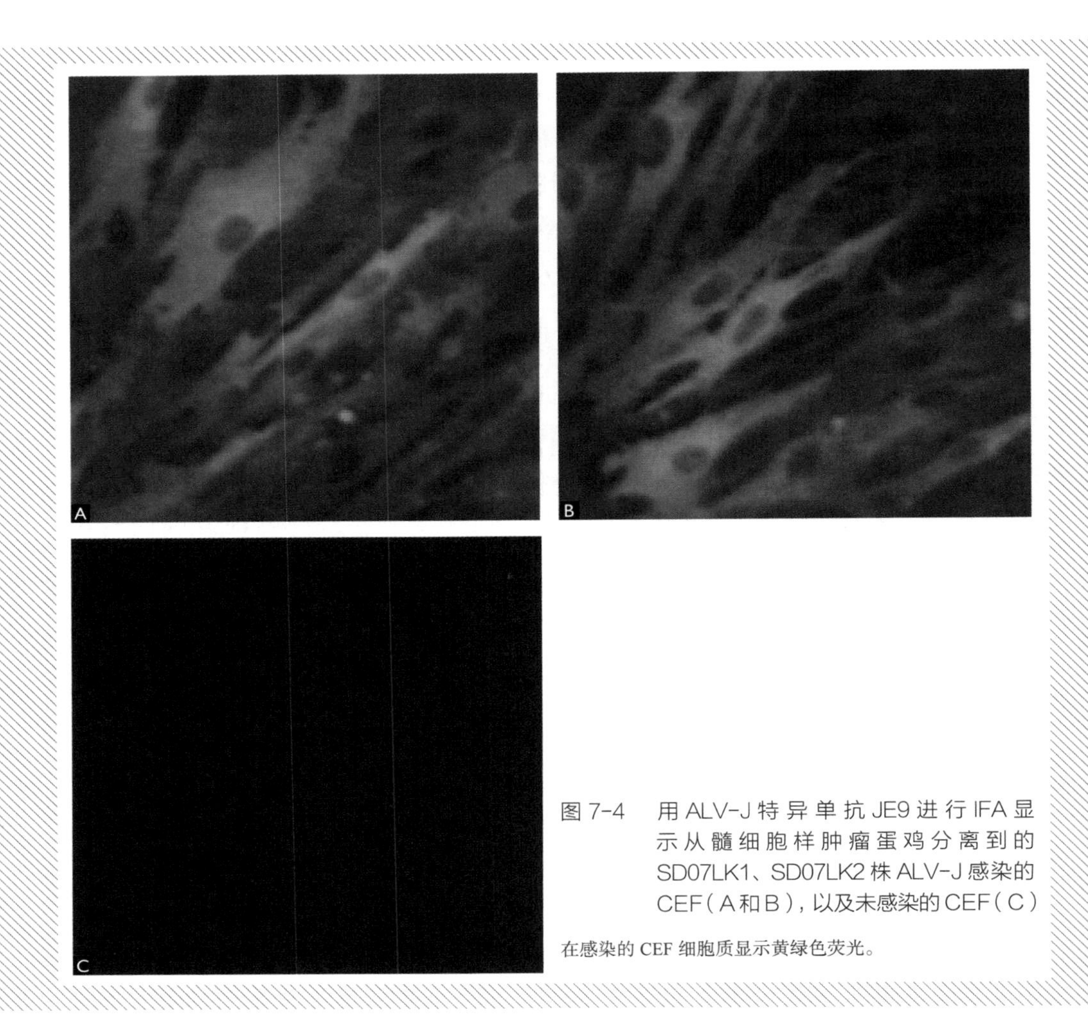

图 7-4 用ALV-J特异单抗JE9进行IFA显示从髓细胞样肿瘤蛋鸡分离到的SD07LK1、SD07LK2株ALV-J感染的CEF（A和B），以及未感染的CEF（C）

在感染的 CEF 细胞质显示黄绿色荧光。

2. 利用其他亚群ALV的单因子血清或单克隆抗体 由于从鸡分离到的ALV的A、B、C、D等经典亚群间在血清学上仍有较高的交叉反应，目前还没有一套可稳定且特异地识别每一个亚群的单克隆抗体普遍用于病原学诊断。用大肠杆菌中表达的ALV－A的重组囊膜蛋白免疫小鼠，所得到的小鼠单因子血清在IFA中既能识别ALV－A感染的细胞，也能识别ALV－B感染的CEF（图7－5至图7－12）。然而小鼠的单因子血清数量有限，很难推广应用。为此，又用在大肠杆菌中表达的ALV－A和ALV－B的重组囊膜蛋白分别免疫兔，所得到的2种兔单因子血清在IFA中既能识别ALV－A感染的细胞，也能识别ALV－B感染的CEF，但与ALV－J感染细胞不发生反应。必须注意，在用兔血清作为IFA的第一

图 7-5 小鼠抗 ALV-A 囊膜蛋白单因子血清与 SDAU09E1 株 ALV-A 感染 CEF 的 IFA。200×

图 7-6 小鼠抗 ALV-A 囊膜蛋白单因子血清与 SDAU09C1 株 ALV-A 感染 CEF 的 IFA。200×

图 7-7 小鼠抗 ALV-A 囊膜蛋白单因子血清与 SDAU09C2 株 ALV-B 感染 CEF 的交叉 IFA。200×

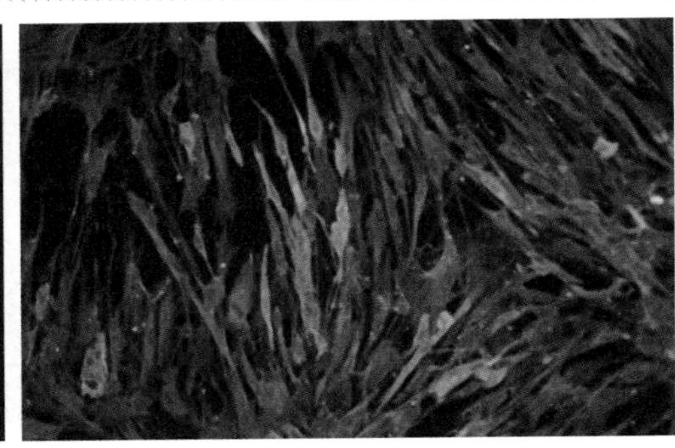
图 7-8 抗 SDAU09C1 株 ALV-A 兔血清与 SDAU09C1 株 ALV-A 感染 CEF 的 IFA。200×

图 7-9 抗 SDAU09C2 株 ALV-B 兔血清与 SDAU09C2 株 ALV-B 感染 CEF 的 IFA。200×

图 7-10 抗 SDAU09C1 株 ALV-A 兔血清与 SDAU09E2 株 ALV-A 感染 CEF 的 IFA。200×

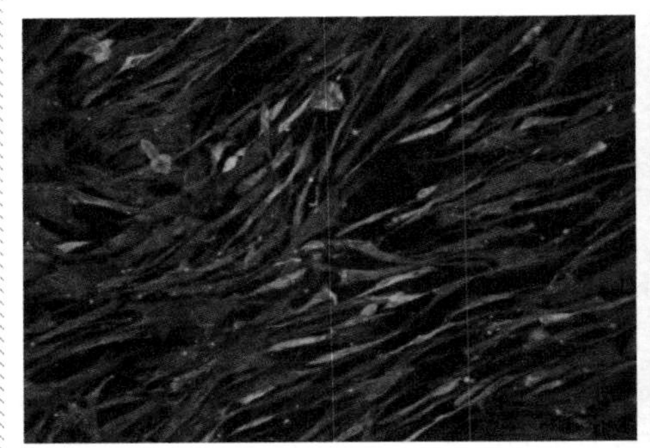
图 7-11 抗 SDAU09C1 株 ALV-A 兔血清与 SDAU09C2 株 ALV-B 感染 CEF 的交叉 IFA。200×

图 7-12 抗 SDAU09C2 株 ALV-B 兔血清与 SDAU09C1 株 ALV-A 感染 CEF 的交叉 IFA。200×

抗体时，第二抗体是荧光素标记的抗兔IgG山羊或其他动物的血清。

在应用上述方法确证在接种的细胞培养中ALV的存在后，还需用PCR扩增*env*基因，待测序后确定其亚群。对A、B、C、D亚群ALV特异性的单抗，还有待开发。

二、特异性抗体免疫组织化学技术检测病料中ALV

为了直接显示肿瘤细胞中的ALV，可应用上述ALV特异单克隆抗体或单因子血清对肿瘤组织的切片做免疫组织化学反应。利用这一技术，可以在显微镜下，在看到肿瘤细胞基本形态的同时，直接看到在细胞质里的ALV抗原（图7–13）。这一方法是确认某一脏器组织中的特定细胞类型肿瘤究竟是由哪种病毒或哪个亚群的病毒引起的最直接有力的证据。只是这一方法比较烦琐且操作技术难度大，只能选择有限标本进行。一般仅在一个鸡群甚至一个鸡场需要对这一次暴发的肿瘤病的原因进行全面确切的鉴定时，才需要用这么复杂的技术。对一般鸡场的防控措施来说，只要用细胞培养分离病毒法检测确认某种亚群ALV感染是否存在及其感染率即可。

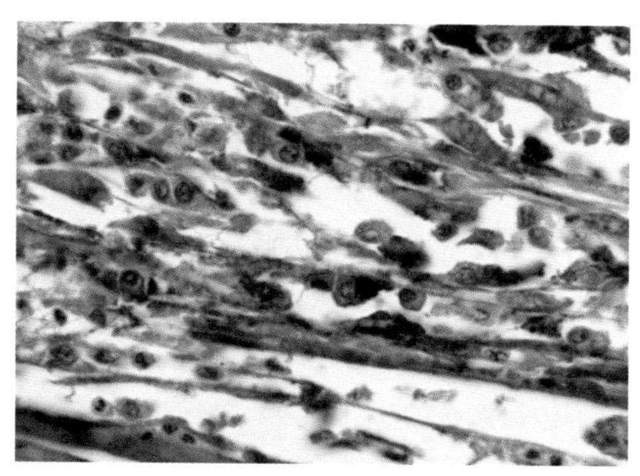

图7–13 ALV特异单抗JE9对急性肉瘤组织切片进行免疫组织化学反应，直接看到在成纤维细胞状细胞里的ALV抗原。HE 1 000×

三、核酸技术检测致病性外源性ALV

为了确定病料中是否有ALV，不仅可以用免疫学方法进行ALV特异性抗原检测，也可以直接检测ALV病毒粒子中的基因组RNA或整合进感染细胞基因组中的前病毒cDNA。此外，在用ALV单因子血清确认有外源性ALV存在时，还必须利用核酸技术来进一步确定其亚群。

（一）*env*基因的扩增、序列比较和亚群鉴定

如第二章第一节所述，迄今为止从鸡群可分离到A、B、C、D、E和J 六个亚群ALV，最近又从中国地方品种鸡中分离到若干株ALV，根据*env*基因序列，似乎是不同于

A、B、C、D、E的一个新亚群。虽然在ALV研究的早期，科学家们分别利用病毒交叉中和反应等非常复杂的经典病毒学试验来区分不同的亚群，然而用这些方法来对分离到的野毒株——确定亚群是不现实的，或不具有可操作性。随着分子病毒学技术的改进，20世纪90年代末以来，用囊膜蛋白基因*env*序列比较来确定野毒株亚群的方法已取代了经典病毒学的方法。利用这种分子病毒学基因序列比较，即使分离到几十个野毒株，也能够对它们逐一实现亚群的鉴定（详见第二章）。在确定ALV亚群的同时，实际上也确证了外源性ALV感染的存在。

（二）用RT-PCR和核酸探针分子杂交技术检测外源性ALV特异性核酸

除了分离病毒外，也可以用核酸技术来直接检测疑似病鸡血液和肿瘤组织中的外源性ALV。然而，ALV有内源性和与致病性相关的外源性病毒之分。在鸡的许多个体的基因组上都存在内源性ALV全基因或部分片段。虽然内源性与外源性ALV的*env*基因或其LTR片段的核苷酸序列有所不同，但同源性往往为80%以上。PCR或RT-PCR的产物，如果不进行系统的序列比较，是很难避免来自内源性ALV基因组序列的非特异性干扰作用的。为此，山东农业大学家禽病毒性肿瘤病实验室研发了一种PCR或RT-PCR产物结合特异性核酸探针进行分子杂交来确定外源特异性ALV的实验室诊断技术。这一技术的核心是利用PCR（RT-PCR）提高灵敏度，即将样品中很低量的外源性ALV基因组核酸扩增放大，再用A/B或J亚群ALV特异性的核酸探针进行斑点分子杂交来确定其特异性。图7-14是广东智威农业科技股份有限公司利用山东农业大学提供的特异性核酸探针及引物对ALV-J病毒完成的一次示范性检测。该结果也证明了该方法的特异性和可重复性。由于核酸分子间杂交的强度既决定于分子间的同源性程度，也决定于分子杂交过程中洗涤液的离子强度与温度。当将温度提高到某一临界点时，只有同源性很高的分子间才会发生杂交反应并呈色，而同源性低的分子间就不会发生杂交或大大减弱。借此，可以将J亚群和A/B亚群外源性ALV的LTR与内源性E亚群ALV的LTR鉴别开来。这一方法的结果既可用作检测肿瘤病料或疫苗中有无外源性ALV，也可用于种鸡群（在对外源性ALV净化过程中）对大量样品的检测。主要操作步骤见附录“鸡致病性外源性禽白血病病毒特异性核酸探针斑点杂交检测试剂盒”部分。

（三）其他核酸技术在检测外源性ALV感染中的应用

以RT-PCR为基础，目前已有不同方法检测外源性ALV的报道，如荧光定量RT-PCR、LOOP-PCR等。但这些方法仍然还处在实验室阶段，也没有商业化的试剂盒。这些方法如果不用特定的试验来验证，也会出现很高的非特异性结果，即假阳性。

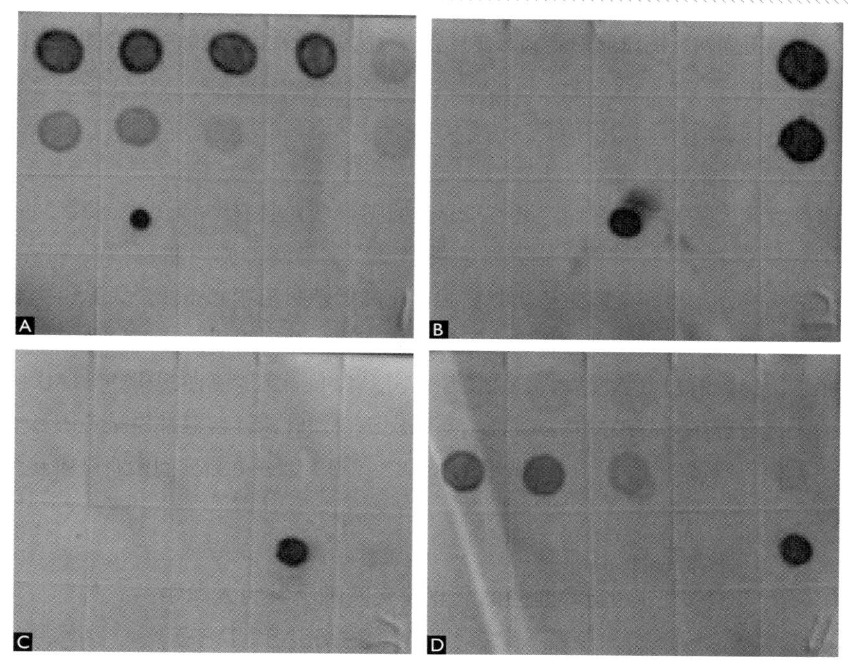

图 7-14　不同亚群 ALV 的 LTR-U3 特异性核酸探针与 ALV-J 游离病毒 RT-PCR 产物的斑点分子杂交反应

注：A ～ D 分别表示在斑点杂交中所用的不同亚群 ALV 的 U3 区特异性核酸探针，即 J 亚群、经典的 A ～ D 亚群、低致病性的 A 亚群变异株和内源性 E 亚群。

将 ALV-J 的病毒液及其 1 ∶ 10、1 ∶ 100、1 ∶ 1 000（从左到右）的稀释液分别用 J 亚群特异性（最上排）和 A ～ E 亚群特异性的引物（第二排）进行 RT-PCR 扩增相应的 U3 片段 DNA，每个 RT-PCR 产物都同时在 4 张膜加样，每张膜的点样位置完全相同。这两排的最右侧点位为 ALV-B 的 RT-PCR 产物。每张膜的第三排从左到右分别滴加了 SPF 鸡细胞基因组 DNA、J 亚群、经典的 A ～ D 亚群、低致病性的 A 亚群变异株和内源性 E 亚群的 U3 片段 DNA 作为阴性和阳性对照。斑点分子杂交在 70℃条件下实施。

四、蛋清中ALV群共同性抗原p27的检测

对于种鸡和蛋用型鸡群，用ALVp27抗原ELISA检测试剂盒检测蛋清的p27也可用于对鸡群ALV感染状态的流行病学研究。它与血清抗体检测不同，抗体阳性的鸡不一定带毒、更不一定排毒。但是，如果在蛋清中检测出ALV的p27抗原，特别是当ELISA反应中S/P值较高时，就基本可以判定相应的鸡不仅处在感染和带毒状态，而且还在排毒。该方法主要用于核心种鸡群ALV的净化，但对于其他鸡群来说，也有助于大致判定鸡群对

ALV的感染状态。对于在产蛋期（禽白血病多发生在开产后）的白血病疑似病鸡，如能采集到产出的蛋或病死鸡输卵管中尚未排出蛋的蛋清，检测p27就可以初步判定有无ALV感染。用这种方法，虽然偶尔也能检测内源性ALV，但通常比例很低且ELISA的S/P值不会太高，往往只勉强高于判定阳性的基底线。

这一方法的操作程序和注意事项，可见第八章第三节核心种鸡群ALV的净化。

第四节 病理学观察比较的诊断意义

在第五章中，已详细描述了禽白血病的各种病理表现，包括肉眼的剖检病变和显微镜下的病理组织学病变。但是，MDV及REV也可能诱发与禽白血病类似的解剖病理变化及病理组织学病变。因此，在利用病理学资料对禽白血病进行鉴别诊断时，必须注意这三种病毒诱发的肿瘤的相似性和不同点。由于这三个病毒诱发的肿瘤有时是非常相似的，如果只看一两个病例，往往很难作出判断，更不可能下结论。但是，如果能多观察比较几只病鸡，如5～6只或7～8只，对它们进行全面细致的病理学检查及比较研究，则病理学资料可作为非常重要的鉴别诊断依据。

一、鸡白血病与其他病毒性肿瘤病的剖检病变比较与鉴别诊断

淋巴细胞瘤是鸡群最常见的一种肿瘤细胞类型，ALV 特别是A和B亚群ALV常诱发淋巴细胞肉瘤，但MDV和REV也可诱发淋巴细胞肉瘤。这三种病毒诱发的淋巴肉瘤都可以发生于多种不同的器官组织。在形态上既可形成数量有限的较大的肿瘤块，也可表现为不规则分布数量较多的大小不一的肿瘤结节，每一种病毒所诱发的这些肿瘤结节大小和形态都可能差异很大。在这种情况下，很难根据肉眼可见的肿瘤病变来区别究竟是由哪一种病毒引发的。虽然MDV诱发的肿瘤发病高峰出现较早，一般在3～4月龄时；而其他两种病毒诱发的肿瘤发生较晚，一般要到性成熟时才开始显现，但这都不是绝对的。另外，即使是ALV诱发的纤维肉瘤（图5－102至图5－105），其肉眼病变也很难与MDV诱发

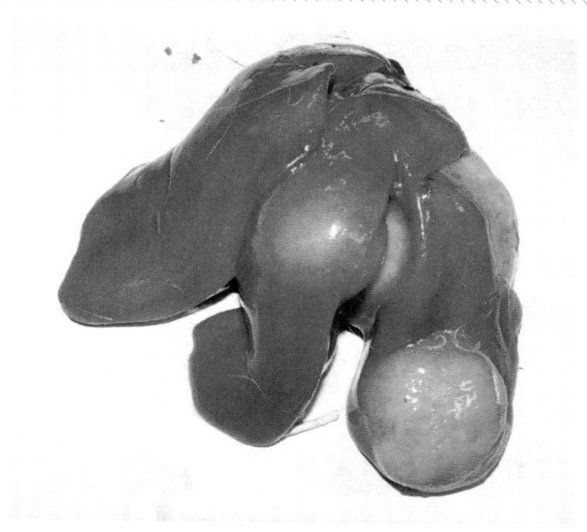

图 7-15　鸡马立克病

肝脏上的两个大肿瘤块，边缘整齐。（崔治中　摄）

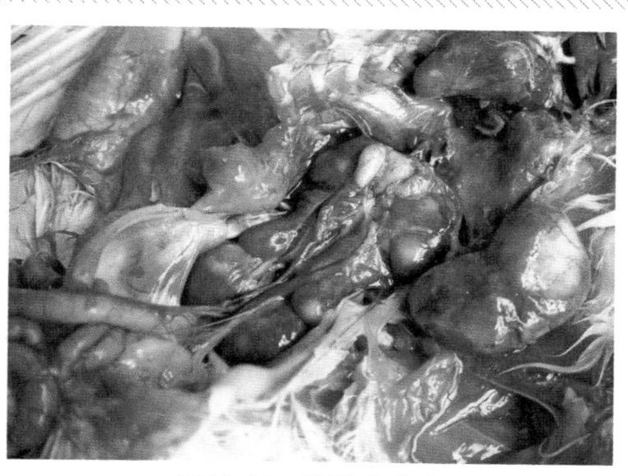

图 7-16　鸡马立克病

1 日龄 SPF 鸡人工接种 RBIB 株 vvMDV 死亡鸡，可见一侧因肿瘤高度肿大的睾丸覆盖肾脏，另一侧睾丸大小正常（在肿大睾丸下方的白色椭圆形体）。同时见已移到腹腔外的肿大的脾脏和腺胃。（崔治中　摄）

的淋巴肉瘤相区别（图7–15、图7–16）。但是，ALV还会诱发一些具有特征性的肿瘤表现，例如由ALV–J诱发的骨髓细胞样瘤时，肝脏肿大，表面呈现大量弥漫性均匀分布的针尖大小的白色肿瘤结节。这种病理表现在其他两种病毒MDV或REV甚至其他亚型ALV感染鸡都是很少见到的（图5–1、图5–12、图5–40），可作为鉴别诊断的有力依据。此外，不同亚群ALV还都能诱发骨髓硬化，可见胫骨肿大（图5–35、图5–36、图5–70、图5–71）及骨髓硬化色泽变黄变白（图5–71），这也是ALV肿瘤特有的。ALV还可在体表与内脏诱发血管瘤（图5–28、图5–30至图5–34、图5–83、图5–122至图5–126）。在ALV–J感染时，一部分病鸡在颅骨或肋骨髓表面也会形成特征性的髓细胞样肿瘤，显著突出于头颅肋骨的表面（图5–20、图5–21、图5–30）。

为了全面了解发病鸡发生肿瘤的全貌，一定要观察全身所有的脏器组织，包括胸腺（图5–22）、法氏囊（图5–25）和坐骨神经、三叉神经等。对于MDV和REV感染鸡，有时会出现坐骨神经肿胀，在MDV感染情况下，坐骨神经肿大往往是一侧性的。如图7–17所示，见一侧坐骨神经肿大（左侧用一根筷子挑起），明显大于另一侧正常的坐骨神经（右侧用另一根筷子挑起）。

在解剖发现疑似肿瘤时，还要注意是否有其他可产生肿瘤样病变但不是肿瘤的其他病毒引起的病变。如在本章第一节已提到的鸡戊型肝炎病毒感染的母鸡，也容易在开产前后诱发大肝大脾病，其肝、脾、肾、腺胃的肉眼病变有时很难与ALV诱发的肝、脾、肾脏和腺胃的肿瘤性变化相区别（图7–18至图7–26）。

图 7-17 鸡马立克病

神经型，见一侧坐骨神经肿大（左侧用一根筷子挑起处），明显大于另一侧正常的坐骨神经（右侧用另一根筷子挑起处）。（崔治中 摄）

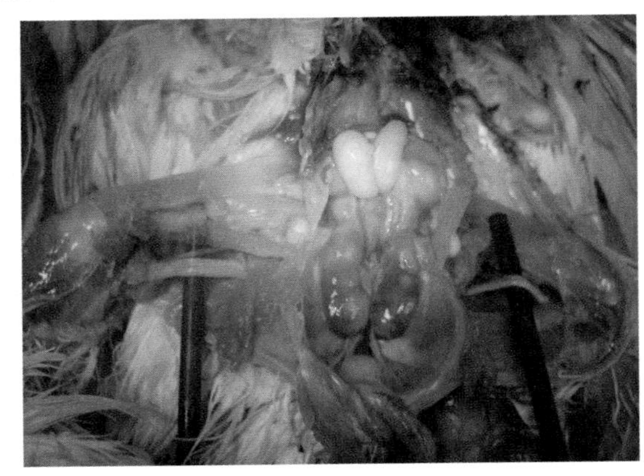

图 7-18 鸡大肝大脾病

肝肿大、变性、发脆。（崔治中 摄）

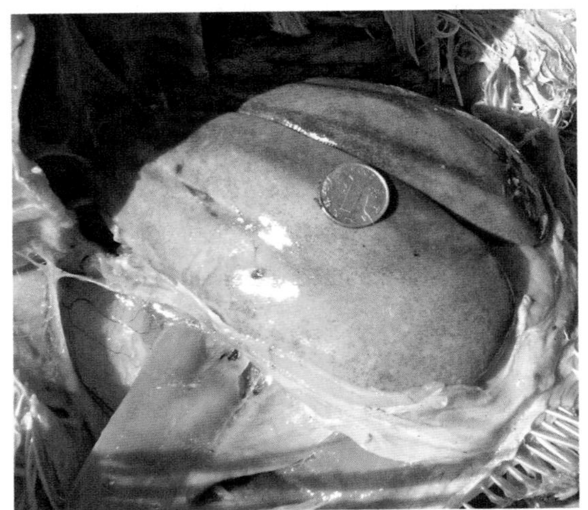

图 7-19 鸡大肝大脾病

肝肿大、变性，大片白色变性区与增生性肿瘤很难区别。（崔治中 摄）

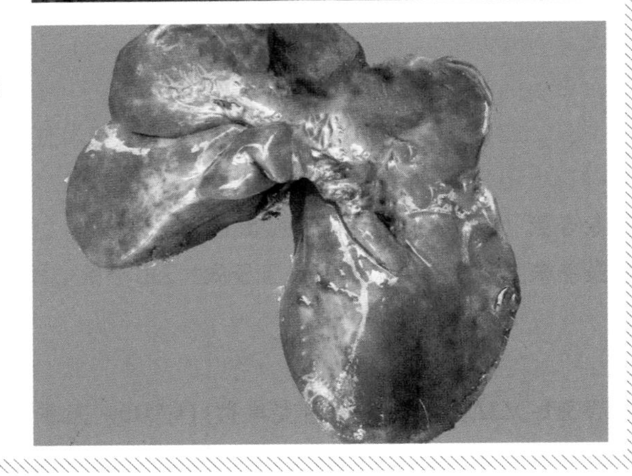

图 7-20　鸡大肝大脾病

肝肿大、变性，红白色相间。（崔治中　摄）

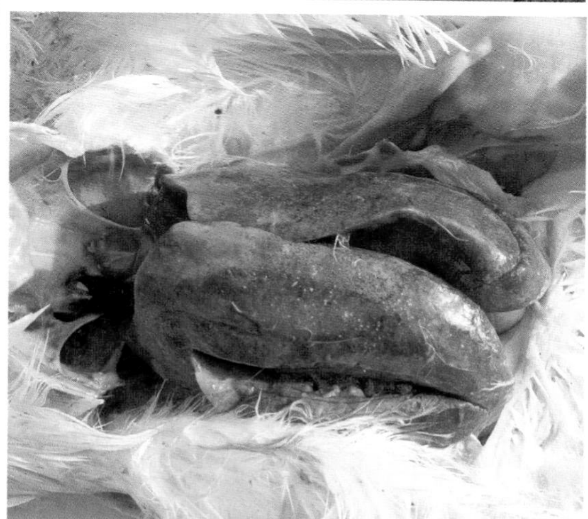

图 7-21　鸡大肝大脾病

肝肿大、变性。（崔治中 摄）

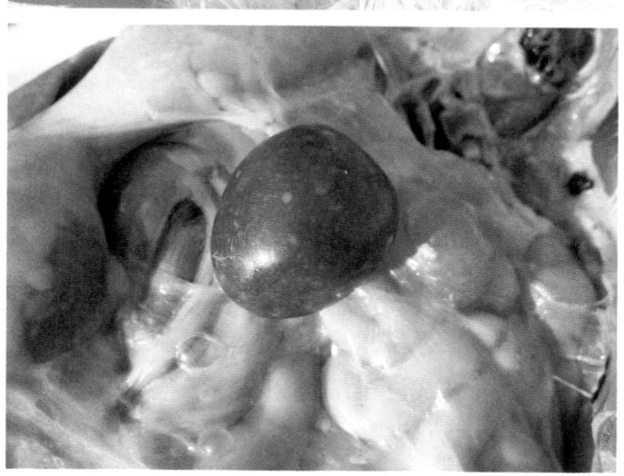

图 7-22　鸡大肝大脾病

脾肿大，有白色增生性变化。（崔治中　摄）

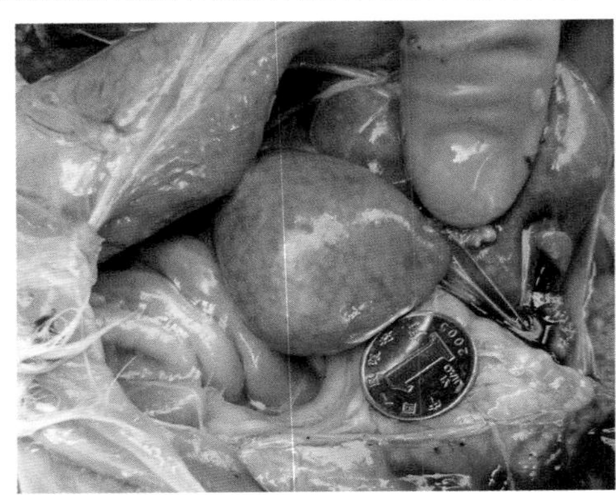

图 7-23 鸡大肝大脾病

脾肿大，有白色增生性变化。（崔治中 摄）

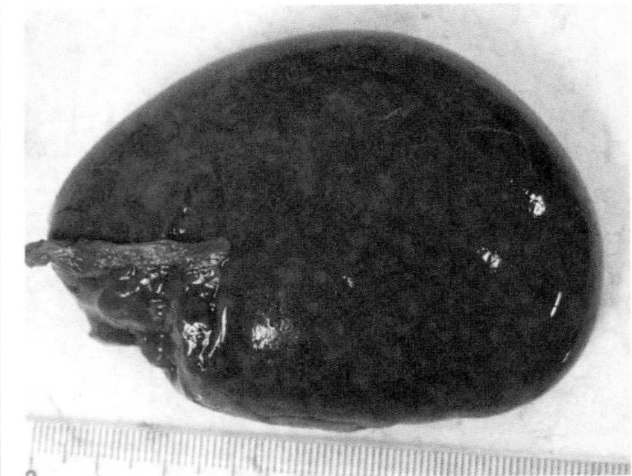

图 7-24 鸡大肝大脾病

脾肿大，有白色增生性变化。（崔治中 摄）

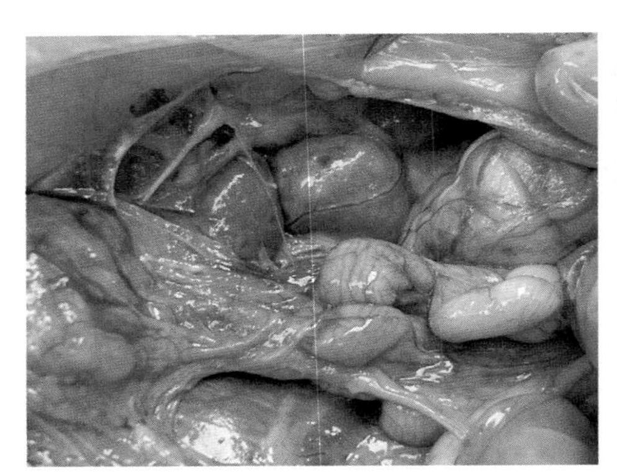

图 7-25 鸡大肝大脾病

肾肿大，有白色增生性变化。（崔治中 摄）

图 7-26 鸡大肝大脾病

腺胃肿大。（崔治中 摄）

REV也会诱发肿瘤，包括淋巴样肉瘤，特别是当雏鸡使用的弱毒疫苗中污染有REV时。这要注意与ALV诱发的肿瘤相区别。但在鸡场，直接由REV自然感染诱发的肿瘤并不多见。在给1日龄SPF鸡人工接种REV后，也会造成淋巴细胞和其他细胞类型的肿瘤样病变，包括肝、肾、腺胃等脏器（图7-27至图7-33）。这些肉眼看到的病变，也很难与ALV或戊型肝炎病毒感染诱发的病变相区别。

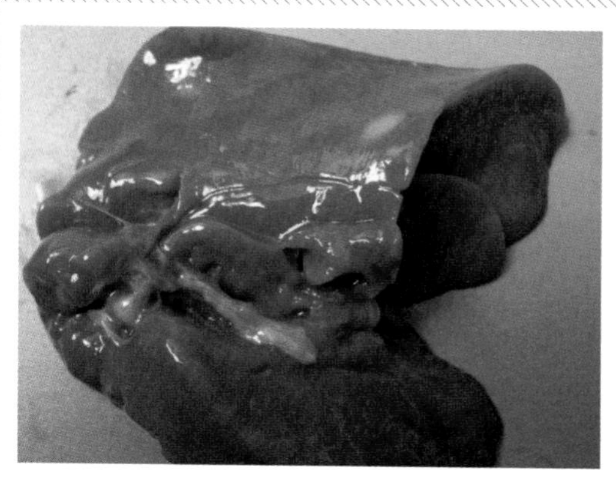

图 7-27　7 日龄 SPF 鸡接种 500TCID$_{50}$ REV 后于 110 日龄死亡鸡

肝脏有两个肿瘤斑块，一个形态规则边缘清楚；另一个形态不规则，边界不清楚。　（崔治中　摄）

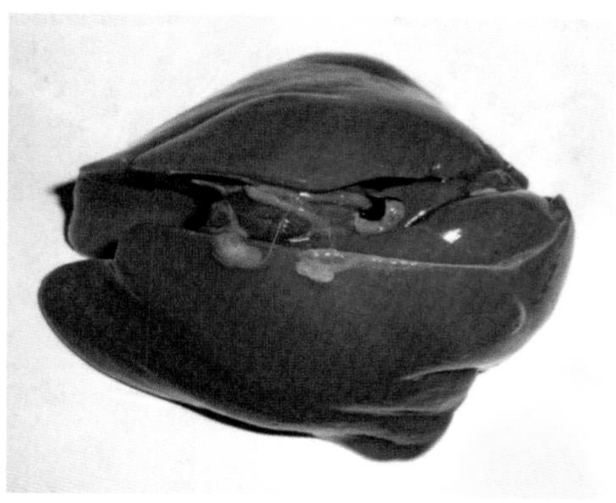

图 7-28　7 日龄 SPF 鸡接种 REV 后，于 105 日龄死亡鸡

肝脏略肿大，但整个肝脏弥漫性分布着许多形态不规则的小的白色增生性斑点。　（崔治中　摄）

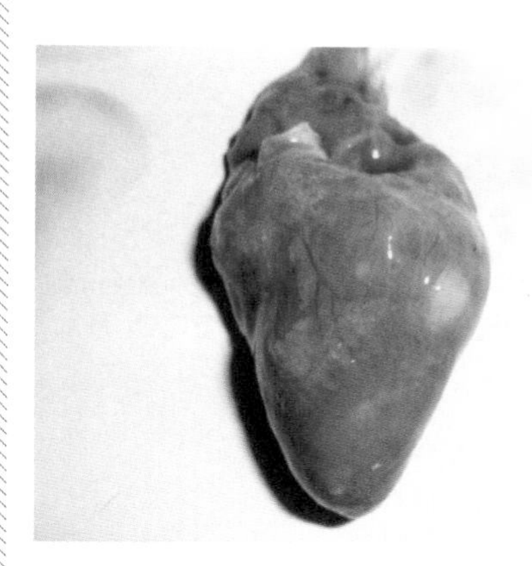

图 7-29　与图 7-28 为同一只鸡的心脏

心肌表面明显可见一白色增生斑块。　（崔治中　摄）

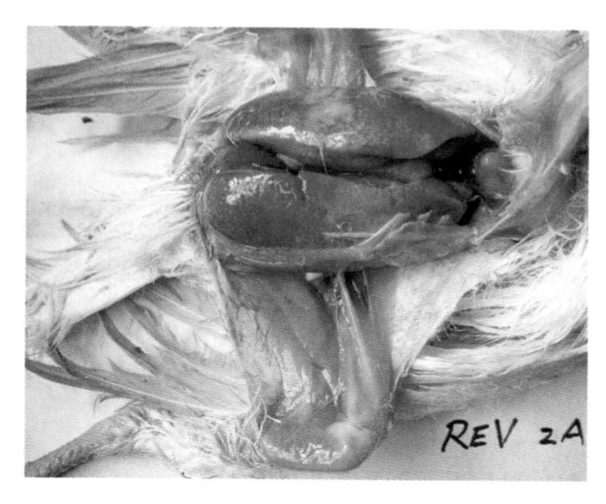

图 7-30　1 日龄 SPF 接种 1 000TCID$_{50}$ SNV 株 REV 后于 96 日龄死亡鸡

肝肿大，可见形态不规则的大片白色增生性斑块。

（崔治中　摄）

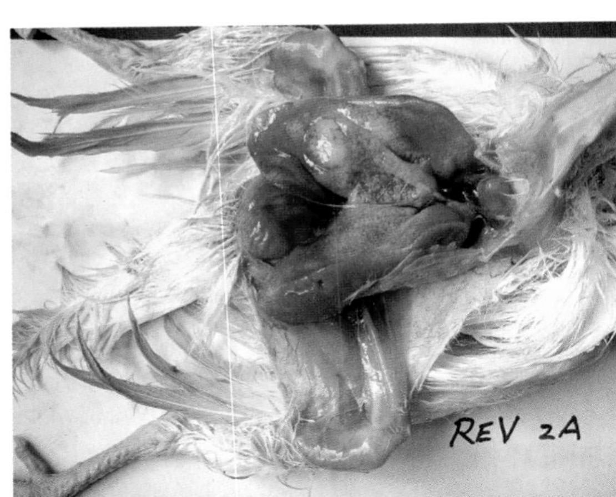

图 7-31 与图 7-30 为同一肝脏腹面

部分撕裂后已显出许多白色绿豆大小的增生结节。

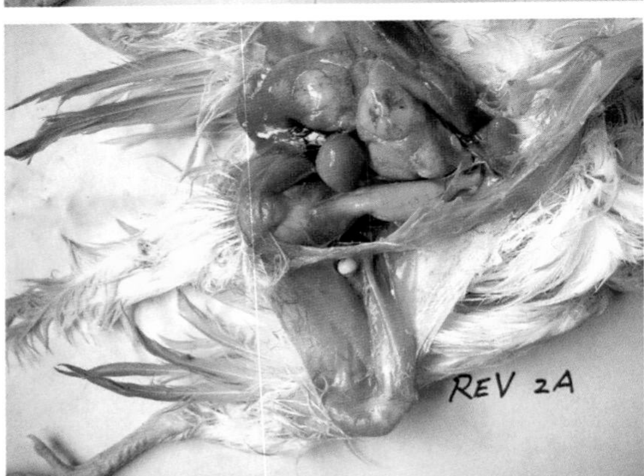

图 7-32 1 日龄 SPF 接种 1 000 $TCID_{50}$SNV 株 REV 后 100 日龄死亡鸡

肝肿大，其腹面均已为白色增生物所取代；脾轻度肿大。 （崔治中 摄）

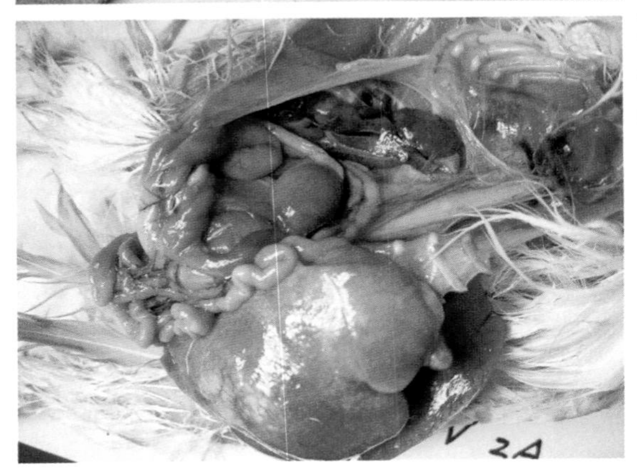

图 7-33 同图 7-32 为同一只鸡

将肝脏移出腹腔外，显示脾肿大和肾脏上的白色增生性结节。 （崔治中 摄）

二、ALV与其他病毒诱发的肿瘤的病理组织学比较

ALV、MDV和REV这三种病毒感染鸡后，都可能发生淋巴细胞肉瘤，这是病毒性肿瘤中最常见的细胞类型，而且既可能发生T淋巴细胞瘤，也可能发生B淋巴细胞瘤。ALV诱发的淋巴细胞肉瘤基本上都是B淋巴细胞瘤，而MDV诱发的淋巴细胞肉瘤都是T淋巴细胞瘤。白血病时典型的B淋巴细胞瘤中的淋巴细胞往往大小形态比较均匀一致（图5-110、图5-113至图5-121），而马立克病肿瘤中T淋巴细胞往往大小形态不一（图7-34至图7-47），但这一差异不是绝对的。对于REV感染鸡后诱发的肿瘤，则既可能是B淋巴细胞瘤，也可能是T淋巴细胞瘤。这又进一步给肿瘤的诊断带来了难度。特别是当病鸡死亡后，肿瘤细胞很快会发生自溶作用，由此而导致肿瘤细胞的形态和大小多会发生变化。肿瘤细胞的这种自溶作用比同一组织中的正常组织细胞发生更快，所以在同一切片的同一视野中，即使正常的组织细胞并没有发生自溶，但肿瘤细胞已自溶了，这就给

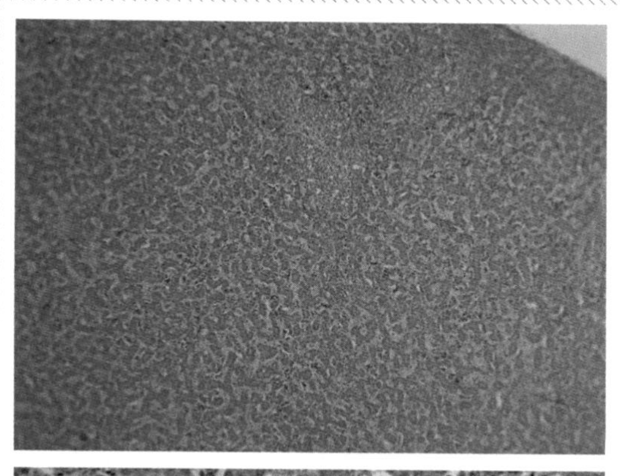

图7-34　感染vvMDV的SPF鸡肝肿瘤切片

视野中有2个淋巴细胞肿瘤结节。HE　100×　（崔治中　摄）

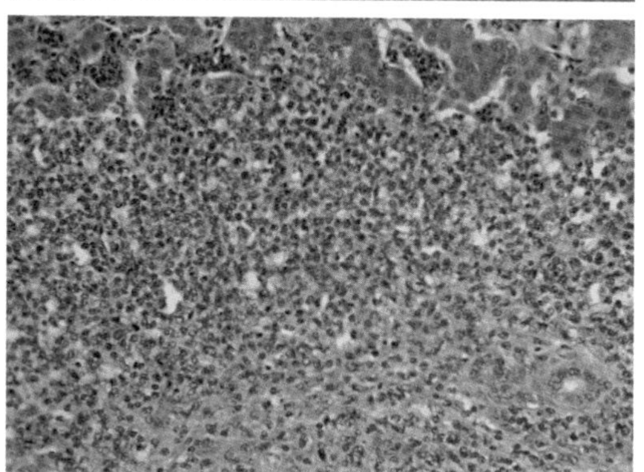

图7-35　图7-34进一步放大

HE 400×　（崔治中　摄）

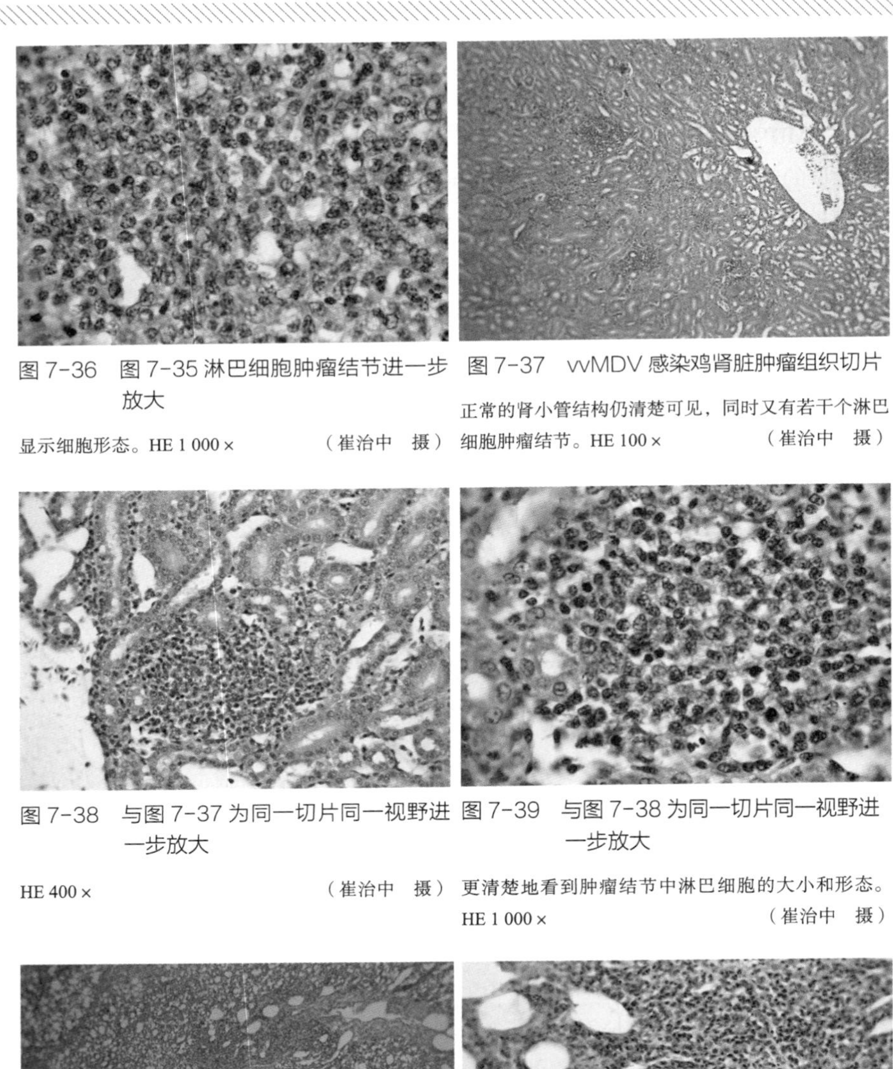

图 7-36 图 7-35 淋巴细胞肿瘤结节进一步放大

显示细胞形态。HE 1 000 × （崔治中 摄）

图 7-37 vvMDV 感染鸡肾脏肿瘤组织切片

正常的肾小管结构仍清楚可见，同时又有若干个淋巴细胞肿瘤结节。HE 100 × （崔治中 摄）

图 7-38 与图 7-37 为同一切片同一视野进一步放大

HE 400 × （崔治中 摄）

图 7-39 与图 7-38 为同一切片同一视野进一步放大

更清楚地看到肿瘤结节中淋巴细胞的大小和形态。HE 1 000 × （崔治中 摄）

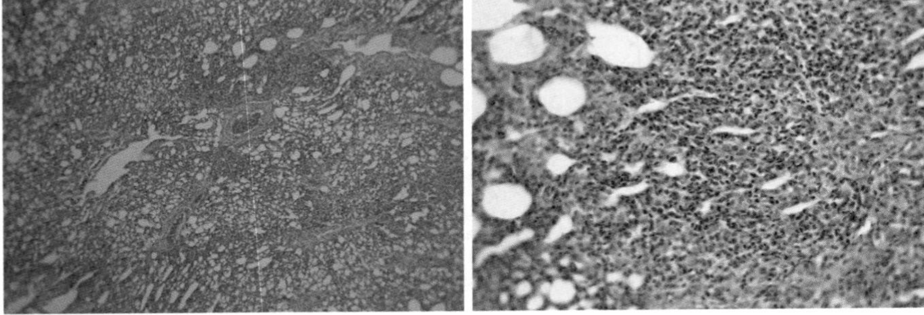

图 7-40 感染 vvMDV 的 SPF 鸡肺组织切片

可见正常的肺泡结构，但其间有大量浸润的淋巴细胞。HE 100 × （崔治中 摄）

图 7-41 图 7-40 进一步放大的肺肿瘤组织

HE 400 × （崔治中 摄）

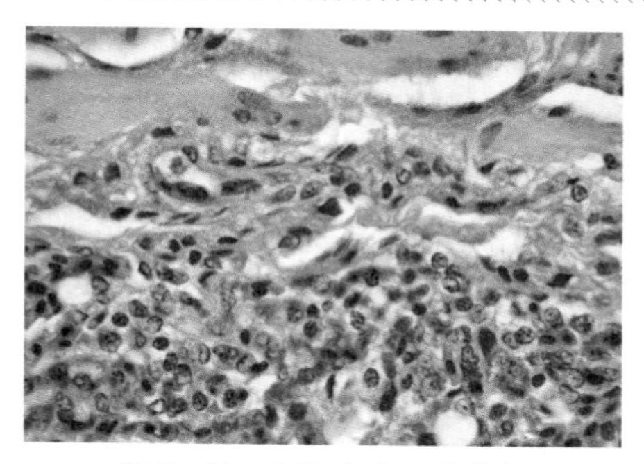

图 7-42　图 7-41 进一步放大

为肺泡上皮及相关的间质组织的细胞，其间带有大量浸润的形态大小不一的淋巴细胞和红细胞。HE 1 000 ×　（崔治中　摄）

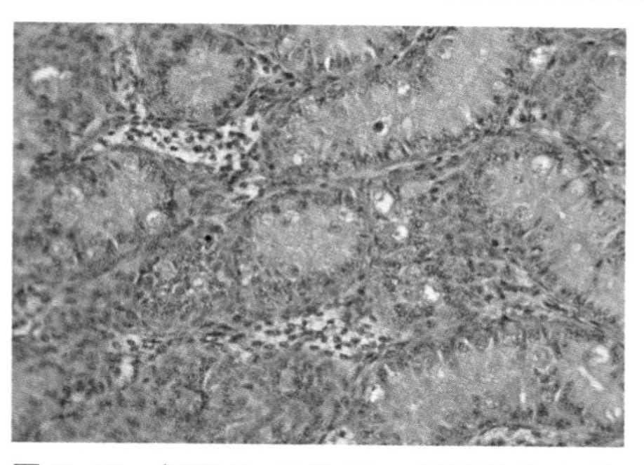

图 7-43　与图 7-42 为同一只鸡的肿大的睾丸组织切片

可见睾丸组织间浸润的淋巴细胞。HE 400 ×（崔治中　摄）

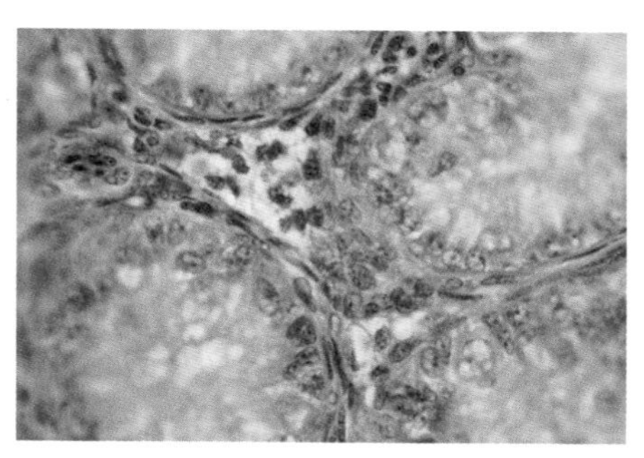

图 7-44　与图 7-43 为同一切片同一视野进一步放大

显示睾丸组织间浸润的淋巴细胞。HE 1 000 ×（崔治中　摄）

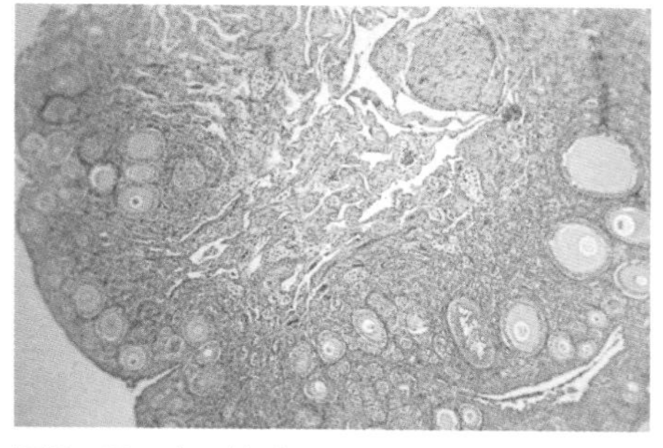

图 7-45　人工接种 vvMDV 后的另一只鸡的卵巢肿瘤组织切片

在卵泡滤泡间有许多浸润的淋巴细胞。HE 100 ×（崔治中　摄）

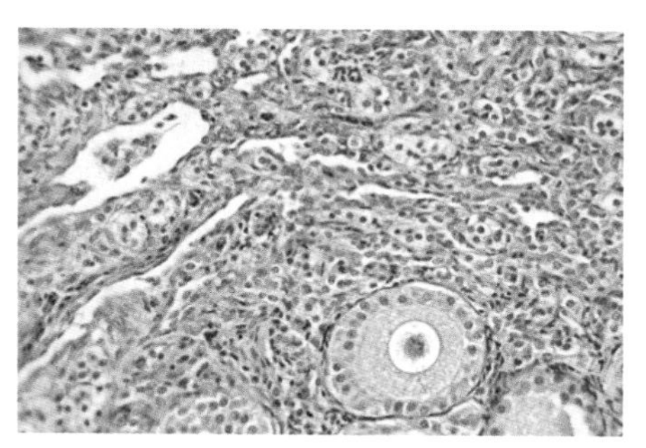

图 7-46　图 7-45 视野进一步放大

HE 400 ×　（崔治中　摄）

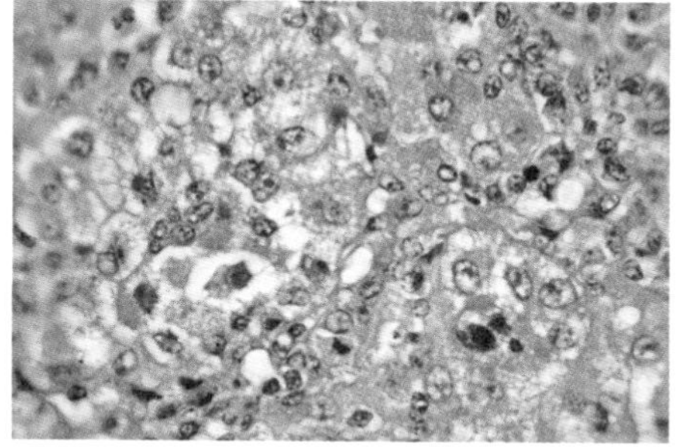

图 7-47　图 7-46 视野进一步放大

显示浸润性淋巴细胞的形态大小。HE 1 000 ×（崔治中　摄）

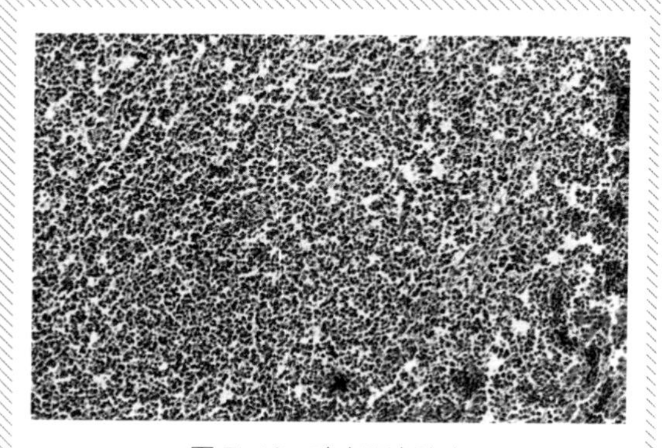

图7-48　鸡大肝大脾病

肝组织内的炎性淋巴细胞浸润。HE 200×（崔治中　摄）

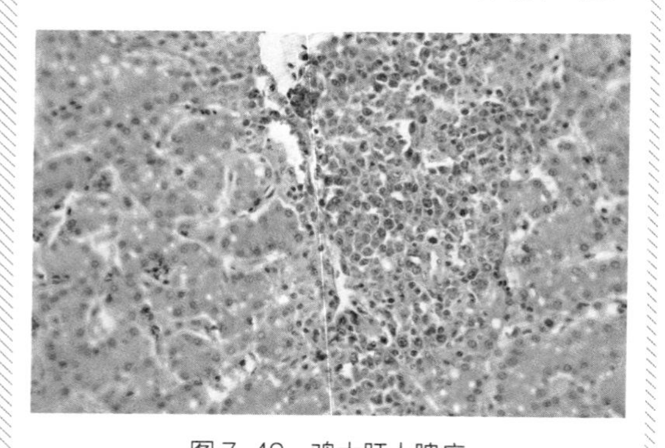

图7-49　鸡大肝大脾病

肝组织内的炎性淋巴细胞浸润。HE 400×（崔治中　摄）

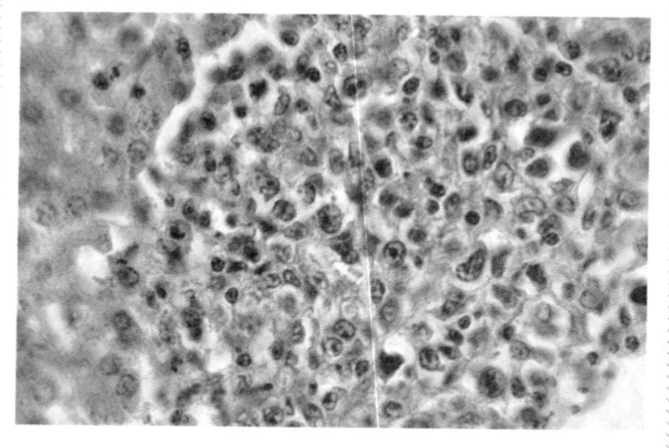

图7-50　鸡大肝大脾病

肝组织内的炎性淋巴细胞浸润。HE 1 000×（崔治中　摄）

鉴别诊断带来不少困难。因此，为了得到好的组织切片，必须在病鸡死亡后尽快剖检，而且尽快处理组织块。如果在疑似肿瘤的病鸡的病理切片中发现大量的淋巴细胞，还要注意是否有其他可产生肿瘤样病变但不是肿瘤的其他病毒引起的病变。如有鸡戊型肝炎病毒感染的母鸡，也容易在开产前后诱发大肝大脾病，其肝、脾、肾的肉眼病变有时很难与肿瘤相区别（见本节“一”已提及的），而在病理组织切片中有时也显出大量的淋巴细胞浸润（图7-48至图7-53）。这时特别要注意，在浸润的淋巴细胞间是否还可能有其他不同形态的炎性细胞，而且相关的组织细胞也有变性的变化，这是不同于肿瘤性淋巴细胞浸润的。在这种情况下，病毒的分离鉴定就显得非常重要了。

当然，如果采用针对T淋巴细胞和B淋巴细胞特征性表面抗原的抗体进行免疫组织化检查，可最终鉴别是T淋巴细胞瘤还是B淋巴细胞肿瘤。但这一方法的操作技术难度较大、试剂也很贵。除了为了研究目的外，从养鸡生产的预防控制角度考虑，这一方法还不能也不建议被普遍采用。

当ALV感染的鸡群发生其他细胞类型的肿瘤时，则比较有鉴别诊断意义。例如，骨髓细胞样肿瘤细胞是鸡白血病所特有的，特别是在ALV-J

感染鸡，这种细胞类型的肿瘤最常见，也最容易鉴别。其细胞核形态不一、较淡染，相对于细胞质所占的比例较小。而且在细胞质中有特征性的嗜酸性有时是嗜碱性颗粒（详见第五章，图5-2、图5-47、图5-51、图5-54、图5-61、图5-65、图5-68、图5-74）。但是，对这种髓细胞样肿瘤细胞，也要与其他疫病（如大肝大脾病）的炎性中性粒细胞浸润相区别。在后一种情况下，在一个病灶上积聚的炎性中性粒细胞数量有限，而且还同时有其他炎性细胞如淋巴细胞等。

在ALV感染鸡，还可能发生纤维细胞肉瘤（图5-39、图5-130、图5-132、图5-136、图5-137、图5-138，图5-156、图5-160）或其他细胞类型的肉瘤。不论是J亚群或其他亚群的ALV，都有可能引发这类细胞类型的肿瘤。但仅靠形态学观察是很难鉴别的，而且还要注意这种肉瘤与肉芽肿之间的鉴别。

REV感染鸡除了能诱发T淋巴细胞瘤和B淋巴细胞瘤以外，也不排除诱发其他细胞类型肿瘤的可能性（图7-54至图7-57）。

综上所述，鸡的不同病毒诱发的肿瘤，既有各自的特点又有共同点。对于大多数临床病例，特别是死亡后一定时间已发生死后自溶性变化的，更难仅仅根据病理变化来确定肿瘤的

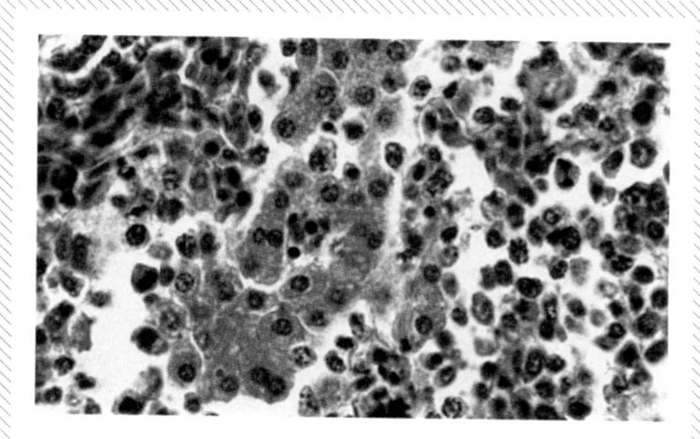

图 7-51 鸡大肝大脾病

肝组织内的浸润的炎性淋巴细胞。HE1 000×。（崔治中 摄）

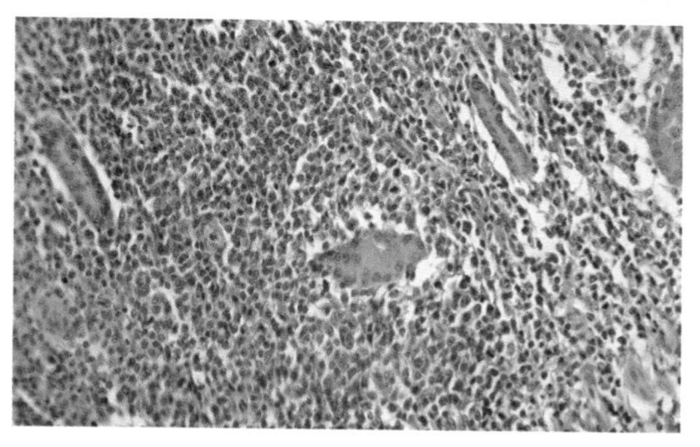

图 7-52 鸡大肝大脾病

肿大的腺胃切片，见大量的炎性淋巴细胞浸润。 HE 400×（崔治中 摄）

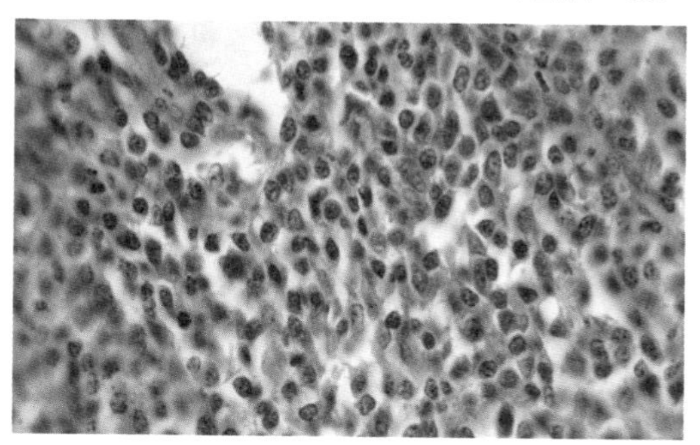

图 7-53 鸡大肝大脾病

肿大的腺胃的另一张切片，见大量的炎性淋巴细胞浸润。HE 1 000×（崔治中 摄）

图 7-54 7 日龄 SPF 鸡接种 REV 后于 110 日龄死亡鸡

为图 7-27 病变肝取肿瘤结节处的组织切片，大部分肝细胞索结构已破坏，其间有大量的淋巴细胞浸润。HE100 ×
（崔治中 摄）

图 7-55 图 7-54 进一步放大。

HE 200 × （崔治中 摄）

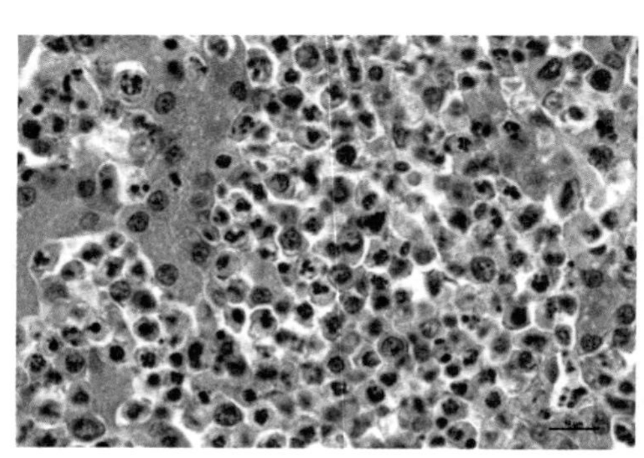

图 7-56 图 7-55 进一步放大

可见肿瘤结节是由大量大小形态不一的淋巴细胞组成，其中很多细胞因自溶作用而导致细胞核浓缩。HE 1 000 × （崔治中 摄）

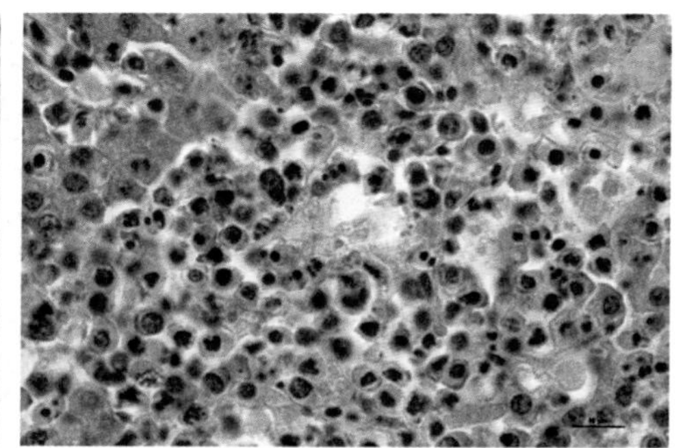

图 7-57 与图 7-56 为同一切片另一视野

HE 1 000 × （崔治中 摄）

病因。但是，为了确定是否是病毒性肿瘤，从可疑鸡分离和鉴定病原的同时，病理组织学观察仍然是鉴别诊断不可缺少的佐证。这是因为，如果仅仅分离到病毒，但并没有肿瘤的病理学变化，那只能说明存在有肿瘤性病毒感染，但不一定有病毒性肿瘤病发生，感染和发病还是有区别的，有时只是某种病毒的亚临床感染。

三、鸡白血病与其他病毒诱发的混合性肿瘤

当两种肿瘤病毒同时感染一只鸡时，虽然不同病毒都有可能诱发肿瘤，但由于不同病毒诱发肿瘤的潜伏期不同，当一种病毒先诱发了肿瘤，不等另一种病毒诱发肿瘤，发病鸡就已死亡。因此，在同一只鸡同时观察到不同病毒诱发的肿瘤的机会是不多的。但是，这种现象确实是存在的，只是这种现象只有通过病理组织切片的观察才能确定。

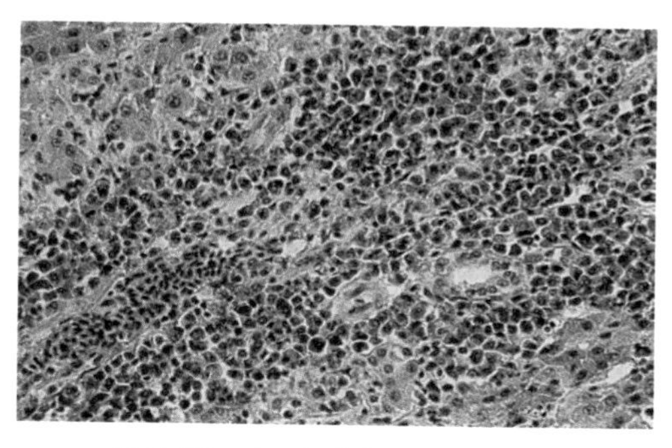

图 7-58　人工诱发的鸡大肝大脾病

肝组织内的炎性细胞浸润，既有淋巴细胞浸润又有嗜酸性粒细胞浸润，易与 ALV-J 诱发的髓细胞样肿瘤细胞相混淆。HE 400×　（崔治中　摄）

例如，在MDV和REV共感染的鸡，观察到分别由MDV诱发的淋巴细胞瘤和REV诱发的一种不能确定细胞类型的肿瘤细胞组成的混合性肿瘤（图7-58至图7-63）。这种混合性肿瘤发生在同一只鸡的肝脏组织切片中。在同一个肿瘤细胞病灶中，病灶的中心都是细胞核很大的淋巴细胞，而在其四周则是另一种不能确定类型的细胞。后一种细胞的细胞质所占比例很大，呈粉红色，而细胞核较小，着色较淡，而且形态不规则。将组织块做连续切片，对同一肿瘤灶的连续切片用对REV的单克隆抗体进行间接荧光反应时，在该肿瘤灶周边的细胞都被REV单抗识别，并在细胞质中显示大量荧光颗粒，即REV的病毒抗原。在病灶中央浸润的肿瘤性淋巴细胞则不被着色，显然在病灶中央是MDV转化的淋巴细胞瘤，其周围的则是由REV诱发的肿瘤细胞。

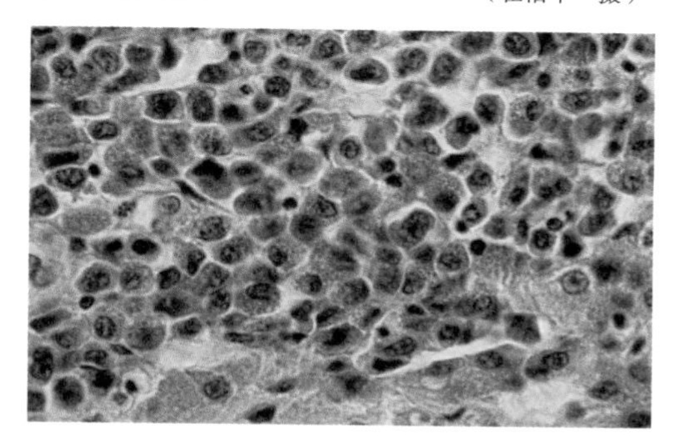

图 7-59　人工诱发的鸡大肝大脾病

图 7-58 进一步放大。HE 1 000×　（崔治中　摄）

用类似的方法，也在ALV-J和REV共感染的发生了典型髓细胞样肿瘤的同一肝脏触片的不同视野中，观察可分别被ALV-J或REV单克隆抗体识别的显示荧光的肿瘤细胞团块（图6-4和图6-5）。由于是用细胞触片进行的间接免疫荧光反应，不能以此判定细胞类型，也不能判定两个肿瘤灶的位置关系。但这还是能显示，在同一只鸡同一肝脏部位，同时存在着分别由REV和ALV-J诱发的肿瘤结节。

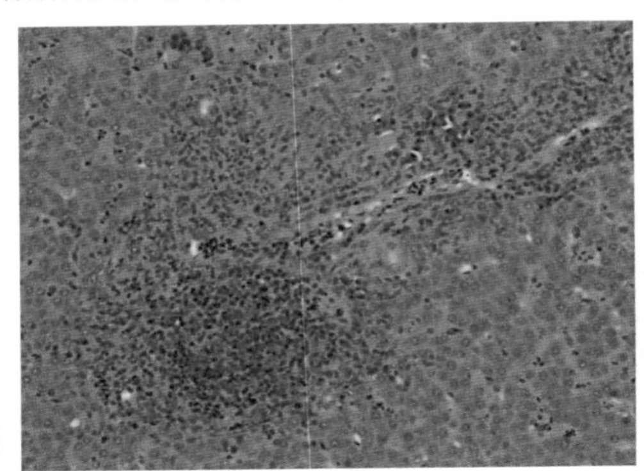

图 7-60 用同时有 REV 共感染的 MDV 中国分离株 GD0203 接种 1 日龄 SPF 鸡后 100d 扑杀，显示肝肿瘤的组织切片

在正常的肝细胞索的背景上，可见由染成深蓝色的增生性淋巴细胞密集排列在一起形成了一个肿瘤结节。但该淋巴细胞结节的上方及其四周还包围着另一种形态的增生性肿瘤细胞，其伊红着色的细胞质在细胞中占很大比例，使肿瘤细胞结节呈红色，但不同于肝细胞索。而在右上角，则是两类细胞混合在一起形成的肿瘤结节。 HE 200 ×

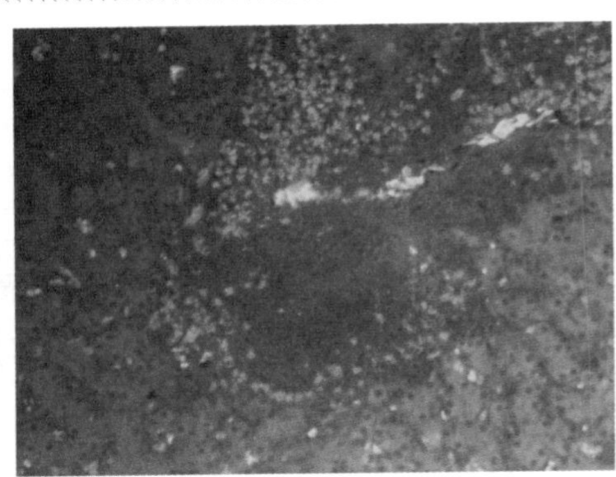

图 7-61 与图 7-60 为同一肝组织蜡块的紧紧相连的连续切片，可视为同一视野

用 REV 特异性单抗 11B118 进行 IFA。只有相当于图 7-60 中的以细胞质伊红着染的细胞为主的肿瘤结节外周的肿瘤细胞被显示荧光，不仅正常的肝细胞索不被着色，在中央的淋巴细胞结节也都不着色，而且肿瘤结节的形态都与经 HE 染色的图 7-60 相同。这能很清楚地区别这一视野里的肿瘤细胞结节的两类细胞。400 ×

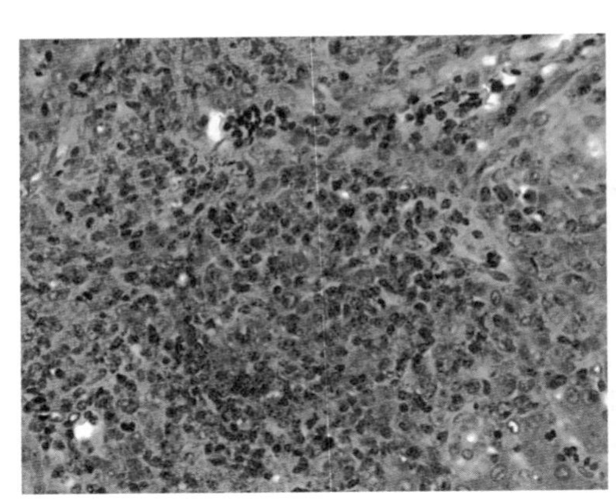

图 7-62 图 7-60 进一步放大

显示肿瘤结节中两类不同细胞的形态和着色上的明显差别。中央是典型的 MDV 诱发的淋巴细胞，蓝色染色的细胞核占细胞的大部分，使整个肿瘤结节呈深蓝色。但其周围的另一类型细胞，伊红染色的细胞质占细胞大部分，而细胞核较小。HE 1 000 ×

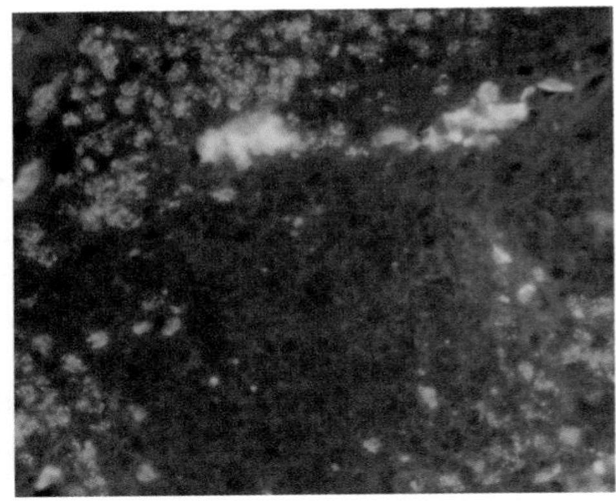

图 7-63 与图 7-61 为同一经 IFA 染色的切片，进一步放大

可以更清楚地看到不被荧光着色的中央淋巴细胞肿瘤结节周围的另一类型肿瘤细胞的细胞质中的荧光颗粒，而且肿瘤结节的形态都与经 HE 染色的图 7-62 相同。HE 1 000 ×

在我国鸡群中，MDV和REV、MDV与ALV或REV与ALV的共感染现象比较普遍，由此诱发的这种混合性肿瘤虽然比例不会太高，但只要认真全面地检测，就应该能被检测到。

四、鸡白血病与鸡戊肝病毒引起的大肝大脾病的鉴别诊断

鸡戊型肝炎病毒感染在性成熟时特别是母鸡在开产前后容易诱发大肝大脾病，不仅肿大的肝、脾、肾的肉眼病变有时很难与肿瘤相区别（图7–18至图7–26），在病理组织切片中出现大量的炎性淋巴细胞浸润，与肿瘤性淋巴细胞浸润也不太容易相区别（图7–52至图7–57）。有时发生变性的肝、脾和肾还会有炎性嗜酸性粒细胞浸润，这更容易被误判为ALV–J诱发的髓细胞样肿瘤变化。但在大肝大脾病时，这种嗜酸性粒细胞的数量较少且很少呈形状较整齐的肿瘤样细胞结节，而且这些嗜酸性粒细胞还与变性的实质细胞及其他炎性细胞交混在一起（图7–58、图7–59）。

中华人民共和国国家标准“禽白血病诊断技术”（GB/T 26436—2010）

中华人民共和国国家标准（GB/T 26436—2010）

禽白血病诊断技术

中华人民共和国国家质量监督检验检疫总局

中国国家标准化管理委员会

2011–01–14发布

2011–07–01实施

本标准的附录A、附录B、附录C、附录D、附录E、附录F为规范性附录，附录G、附录H为资料性附录。

本标准由中华人民共和国农业部提出。

本标准由全国动物防疫标准化技术委员会（SC/TC 181）归口。

本标准起草单位：山东农业大学、中华人民共和国珠海出入境检验检疫局、华南农业大学。

本标准主要起草人：崔治中、孙淑红、赵鹏、杨素、沙才华、廖明、曹伟胜。

引言

禽白血病病毒（avian leukosis viruses，ALV）为反转录病毒科的α反转录病毒属，可诱发鸡不同组织的良性和恶性肿瘤，是鸡群中除马立克氏病病毒（MDV）和禽网状内皮组织增殖症病毒（REV）外的又一类重要的致肿瘤病毒。禽白血病是一类由ALV相关的反转录病毒引起鸡的不同组织良性和恶性肿瘤病的总称。随发生肿瘤的主要细胞成分不同，分别称之为不同名称的肿瘤。ALV可分为A～J 10个亚群，其中仅A亚群、B亚群、C亚群、D亚群、E亚群、J亚群病毒与鸡相关。A亚群、B亚群、C亚群、D亚群、J亚群属外源性ALV，与禽白血病的不同类型肿瘤发病相关。E亚群病毒基因组可完整地整合进感染鸡的染色体基因组并稳定地遗传下去，也可从中再复制出传染性病毒颗粒，因而称之为内源性病毒。此外，在一些鸡的染色体的不同部位，还可能带有一些ALV的基因组片段。E亚群ALV的致病性很低或没有致病性，不属于净化对象，但很多鸡群中包括一些无特定病原（SPF）鸡群都可能带有E亚群内源性ALV，它的感染不会给鸡群带来不良影响，但会干扰检测。

目前，该病对我国养鸡业的危害很大。在国际种禽贸易中，外源性白血病病毒感染是最主要的检测对象之一。

禽白血病诊断技术

1 范围

本标准规定了病料中ALV特异血清抗体和外源性ALV的检测方法。

本标准适用于判断鸡群或病料中是否有外源性ALV感染。

2 临床症状和病理变化

ALV主要引起感染鸡在性成熟前后发生肿瘤死亡，感染率和发病死亡率高低不等，死亡率最高可达20%。一些鸡感染后虽不发生肿瘤，但可造成产蛋性能下降甚至免疫抑制。淋巴样白血病是最为常见的经典型白血病肿瘤，肿瘤可见于肝、脾、法氏囊、肾、肺、性腺、心、骨髓等器官组织，肿瘤可表现为较大的结节状（块状或米粒状）或弥漫性分布细小结节。肿瘤结节的大小和数量差异很大，表面平滑，切开后呈灰白色至奶酪色，但很少有坏死区。在成红细胞性白血病、成髓性细胞白血病、髓细胞白血病中，多使肝、脾、肾呈弥漫性增大。J亚群ALV感染主要诱发髓细胞样肿瘤，它最常见的特征性变化主要为肝脾肿大或布满无数的针尖、针头大小的白色增生性肿瘤结节。在一些病例中，还可能在胸骨和肋骨表面出现肿瘤结节。

单纯苏木精伊红染色（HE染色）的病理组织切片观察在诊断上有一定参考意义。在表现为淋巴样细胞肿瘤结节时，要注意与马立克氏病病毒（MDV）和禽网状内皮增生症病毒（REV）诱发的肿瘤相区别；在表现为髓样细胞瘤时，既要与REV诱发的类似肿瘤细胞相区别，也要与嗜中性白细胞浸润性炎症相区别，如鸡戊型肝炎病毒感染引起的肝局部炎症。最终的鉴别诊断以肿瘤组织中的病毒抗原检测或病毒分离鉴定为最可靠依据。

3　病毒的分离培养、检测和鉴定

3.1　试剂和仪器

3.1.1　试剂

DMEM液体培养基（pH 7.2）、0.25%胰酶、磷酸盐缓冲液（0.01 mol/L PBS，pH 7.2）、抽提缓冲液、青霉素（10万U/mL）、链霉素（10万U/mL）、抗ALV单抗、抗ALV单因子鸡血清、异硫氰酸荧光素（FITC）标记的山羊抗小鼠IgG抗体、ALV-p27抗原酶联免疫吸附试验（ELISA）检测试剂盒、聚合酶链式反应（PCR）试剂、RT-PCR试剂、生理盐水（0.9%氯化钠）、无水乙醇（分析纯）、丙酮（分析纯）、甘油（分析纯）、75%酒精、碘酒、细胞生长液（含有5%胎牛血清或小牛血清的DMEM液体培养基）、细胞维持液（含有1%胎牛血清或小牛血清的DMEM液体培养基）、大肠杆菌（TGl）、蛋白酶K、70%冷乙醇、乙酸钠（分析纯）、三氯甲烷（分析纯）、异戊醇（分析纯）、异丙醇（分析纯）、10×加样缓冲液、琼脂糖、DL2000DNA Marker、TAE电泳缓冲液、氯化钙（0.1 mol/L）、氨苄青霉素（100mg/mL）、双蒸水、LB液体培养基、TE缓冲液、RNase、细胞裂解液、0.1%的DEPC（焦碳酸乙二酯）水等（除特殊说明外，上述试剂均为分析纯）。

3.1.2　仪器

锥形瓶、荧光显微镜、恒温培养箱，冰冻台式离心机（≥12 000 r/min）、-20℃冰箱、-80℃冰箱、Eppendorf管（离心管）、棉棒、载玻片、盖玻片、细胞培养平皿、37℃数显恒温水浴锅、37℃摇床、96孔培养板、SPF隔离器、紫外光凝胶成像分析仪、微量移液器、低温恒温水槽（16℃）、吸水纸。

3.2　分离病毒用细胞

3.2.1　鸡胚成纤维细胞（CEF）

鸡胚成纤维细胞制备方法见附录A。

3.2.2　鸡胚成纤维细胞自发永生株（DFl）细胞

DFl细胞培养基制备方法见附录B。

3.3 病料的采集与处理

3.3.1 全血、血清或血浆

取疑似病鸡的全血、带有白血细胞的血浆或血清，无菌接种于长成单层的CEF或DF1，置于含5%二氧化碳的37℃恒温培养箱中培养。

3.3.2 脏器

采集疑似病鸡的脾脏、肝脏、肾脏，按脏器质量的1～2倍加入灭菌生理盐水（含青霉素和链霉素各1 000 IU/mL）研磨，直至成匀浆液。将悬液移至离心管中充分摇振后，4℃，10 000 r/min离心5 min，收集上清液。按3.4.1.1中的方法接种培养或－70℃保存备用。

3.3.3 疫苗样品

疫苗样品处理后接种CEF培养扩增病毒。但为了鉴别是否是外源性ALV，应接种DF1细胞或其他抗E亚群白血病鸡细胞（C/E）鸡来源的细胞。

3.3.4 咽喉、泄殖腔棉拭子

取咽喉棉拭子时，将棉拭子深入喉头口及上腭裂来回刮3～5次取咽喉分泌液；取泄殖腔棉拭子时，将棉拭子深入泄殖腔转3圈并蘸取取少量粪便；将棉拭子头一并放入盛有1.5 mL磷酸盐缓冲液的无菌离心管中（含青霉素和链霉素各1 000 IU/mL），盖上管盖并编号，10 000 r/min离心5 min后取上清备用。

3.4 病毒的分离培养与鉴定

3.4.1 病毒的分离培养

3.4.1.1 接种培养：病料接种细胞单层后，置于37℃培养箱中培养2 h。然后吸去细胞生长液，换入细胞维持液，继续培养5～7 d。

3.4.1.2 细胞传代：将3.4.1.1培养的细胞传代于加有盖玻片的平皿中，培养5～7 d。

3.4.2 病毒的鉴定

3.4.2.1 间接免疫荧光抗体反应（IFA）

3.4.2.1.1 固定

将盖玻片上的单层细胞，在自然干燥后滴加丙酮－乙醇（6∶4）混合液室温固定5 min，待其自然干燥，用于IFA，或置于－20℃保存备用。设未感染的细胞单层为阴性对照。

3.4.2.1.2 加第一抗体

用0.01 mol/L磷酸盐缓冲液（pH7.4）将单克隆抗体（如抗ALV－J亚群特异性单克隆抗体）或抗ALV单因子鸡血清（抗ALV单因子鸡血清的制备见附

录c）稀释到工作浓度，在37℃水浴箱作用40 min，然后用磷酸盐缓冲液洗涤3次。

3.4.2.1.3　加FITC标记二抗

按商品说明书用磷酸盐缓冲液稀释FITC标记的山羊抗小鼠IgG抗体或山羊抗鸡IgY抗体（当第一抗体为ALV特异性单克隆抗体，选用FITC标记的山羊抗小鼠IgG抗体作为第二抗体；当第一抗体为鸡抗ALV单因子血清，则选用FITC标记的山羊抗鸡IgY抗体作为第二抗体）。37℃水浴箱作用40 min，用磷酸盐缓冲液洗涤3次。

3.4.2.1.4　加甘油

滴加少量50%甘油磷酸盐缓冲液于载玻片上，将盖玻片上的样品倒扣其上。在荧光显微镜下观察。

3.4.2.1.5　结果观察与判定

被感染的CEF细胞内呈现亮绿色荧光，周围未被感染的细胞不被着色或颜色很淡。在放大（200～400）× 时，可见被感染细胞胞浆着色，判为ALV阳性，无亮绿色荧光者判为阴性。

3.4.2.2　ALV–p27抗原ELISA检测

3.4.2.2.1　抗原样本制备将病料同3.4.1.1和3.4.1.2所述方法接种细胞，培养7～14 d后取上清液直接检测；也可取细胞培养物冻融后检测；或用从泄殖腔采集的棉拭子。

3.4.2.2.2　p27抗原ELISA检测ALV–p27抗原可用商品试剂盒检测，对不同来源的样品，按厂家的说明书操作。当样本在DFl细胞或CEF（C/E品系）上检测出ALV–p27抗原时，判为外源性ALV阳性，否则判为阴性。直接用泄殖腔棉拭子样品检测出p27，说明有ALV，但不能严格区分外源性或内源性。

3.5　ALV亚群鉴定

3.5.1　利用J亚群ALV特异性单克隆抗体进行IFA检测，可以鉴定J亚群ALV，但不能鉴别其他ALV亚群如A亚群、B亚群、C亚群、D亚群。

3.5.2　对分离到的病毒用RT–PCR（上清液中的游离病毒）或PCR（细胞中的前病毒cDNA）扩增和克隆囊膜蛋白*gp85*基因，测序后与基因序列数据库（GenBank）中的已知A亚群、B亚群、C亚群、D亚群的*gp85*基因序列做同源性比较，即可对病毒进行分群。ALV病毒分群方法见附录D。

3.6　荧光定量PCR扩增ALV–J该方法适用于鸡群的检疫或ALV–J感染的净化，可在较短时间内完成大量样品的特异性检测。血浆或泄殖腔棉拭子样品可直接用于检测，见附录E。

4　血清特异性抗体的检测

4.1　仪器和试剂

4.1.1　试剂：磷酸盐缓冲液洗液、禽白血病抗体ELISA检测试剂盒、FITC标记的山羊抗鸡IgY抗体、甘油。

4.1.2　仪器：酶标仪、荧光显微镜、37℃恒温培养箱。

4.2　样品的采集

样品的采集见3.3。

4.3　抗体的检测

4.3.1　ELISA检测

可选用禽白血病A亚群、B亚群及J亚群抗体ELISA检测试剂盒，严格按商品提供的说明书操作和判定。

4.3.2　IFA检测

4.3.2.1　抗原

抗原制备方法见附录F。

4.3.2.2　操作步骤

在相应的盖玻片上或抗原孔中加入用磷酸盐缓冲液（1∶50）稀释的待检鸡血清，在37℃下作用40 min，用磷酸盐缓冲液洗涤三次。再加入工作浓度的FITC标记的山羊抗鸡IgY抗体（第二抗体），在37℃作用40 min，用磷酸盐缓冲液洗涤3次，加少量50%甘油磷酸盐缓冲液后在荧光显微镜下观察。

4.3.2.3　结果的判定

结果的判定方法同3.4.2.1.5。不论是商品鸡群还是SPF鸡群，只要检出A亚群、B亚群及J亚群抗体阳性的鸡，就表明该群体曾经有过外源性ALV感染。

（因篇幅限制，本书将附录A至附录H均省略）

第八章

鸡群禽白血病的防控

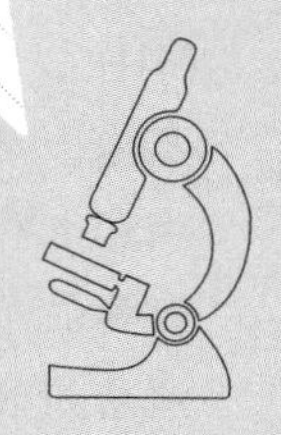

第一节 防控禽白血病的基本要点

对鸡群禽白血病的防控是一项长期工作，而且难度也比较大，只有能识别并真正认识到禽白血病对规模化养鸡业的危害性，才可能有效地实施对鸡群禽白血病的防控措施。鸡群中有三种不同病毒都可能诱发肿瘤，而且它们常常会表现有类似的病理形态，在一个具体的鸡场、鸡群甚至同一个体，也会存在着这三种肿瘤性病毒的共感染，有时甚至还会同时诱发不同的肿瘤（详见第六章），这确实给鉴别诊断带来不少难度（见第七章）。因此，养鸡公司必须随时关注鸡群ALV感染的存在。最重要的是，大型养鸡公司的主要负责人要亲自关注禽白血病及其防控，因为这项工作涉及养鸡企业的方方面面，从引种繁育、饲养管理、疫苗选用直到销售和市场。

鸡群中的三种肿瘤性病毒感染和发病都与种鸡场相关。这是因为，ALV和REV都可以通过种蛋垂直传播，由垂直传播而被感染的鸡发病率最高、危害性最大。由于预防MDV感染的马立克病疫苗也必须在出壳后在孵化厅内立即接种，也是由种鸡公司负责实施，因此我国规模化养鸡企业间发生的许多经济纠纷都与这几种病毒性肿瘤病相关，当然也就都与种鸡公司相关。在认识到禽白血病的存在以前，例如2008—2009年蛋鸡暴发禽白血病前，几乎所有种鸡公司的负责人都高度关注MDV，并亲自过问和掌管MDV疫苗的采购和使用，因为一旦客户鸡群中发生肿瘤甚至疑似肿瘤病，就会找到种鸡公司要求索赔。后来又认识到，疫苗中REV污染可能是引起疫苗纠纷的重要原因，所有养鸡公司都开始高度重视REV污染问题。现在这些问题基本得以解决，因为只要给予足够重视，就有方法解决。在2009年禽白血病在全国蛋鸡中普遍暴发引发很多商业纠纷后，所有蛋用型种鸡公司才高度重视防控禽白血病，但也只用了两三年时间，就在全国范围内基本有效控制了蛋鸡中的禽白血病。

相比鸡马立克病和禽网状内皮组织增殖症，在现阶段，禽白血病在我国鸡群中特别是尚未净化的我国地方品种鸡群中的感染面和发病死亡率要高得多。而且，我国地方品种鸡种类繁多、涉及种鸡场的数量庞大、分布的区域广泛，不仅对这些鸡群本身实施白血病防控的难度较大，还更要提防禽白血病再从这些鸡群（场）传播回已基本实现净化的白羽肉鸡和蛋用型鸡群中。由于现在没有疫苗预防禽白血病，因此采取严格的综合性生物安全措施对于预防控制鸡群白血病来说是最为重要的。这包括种源的净化、鸡舍环境的隔离、防止使用被外源性ALV污染的疫苗及其他饲养管理措施等几方面。图8－1和

图8－2分别概述了2011年前和2013年后对我国不同类型鸡群的综合性预防措施。

这前后两图的不同点在于，在2011年前，引进的白羽肉种鸡带入了ALV－J感染，而且部分进口品种的蛋用型鸡也已在国内被ALV－J感染了。而在2011年后，由于国外引进的白羽祖代肉种鸡中基本不再有ALV－J感染，所以将“+”改为“?”。而我国一些大型蛋用型种鸡场都采取了严格的检疫和净化措施且取得显著成效，因此在蛋鸡中的ALV－J感染也用“?”代替了“+”“+++”等。对这些品种鸡的白血病预防控制措施主要是种源监控及弱毒疫苗的ALV污染的监控。但是，由于我国各地饲养的各种不同品种的自繁自养的地方品种鸡群中ALV－J及其他亚群ALV的感染还很普遍。对这些品种鸡的原种鸡场的ALV净化，在今后一段时期还是一项需要花大力气做的工作。

在图8－1和图8－2的综合性生物安全防控措施中，最重要的是选用ALV净化的种源。这是因为对禽白血病来说，垂直传播是最重要的传播途径。可以用一个大型鸡场在采取选择ALV净化种源前后饲养的商品代蛋鸡的肿瘤发病死亡率和生产性能的生产记录的比较分析来说明这一关键点。在对北京郊区的一个商品代蛋鸡场2009年前后几年内的种源

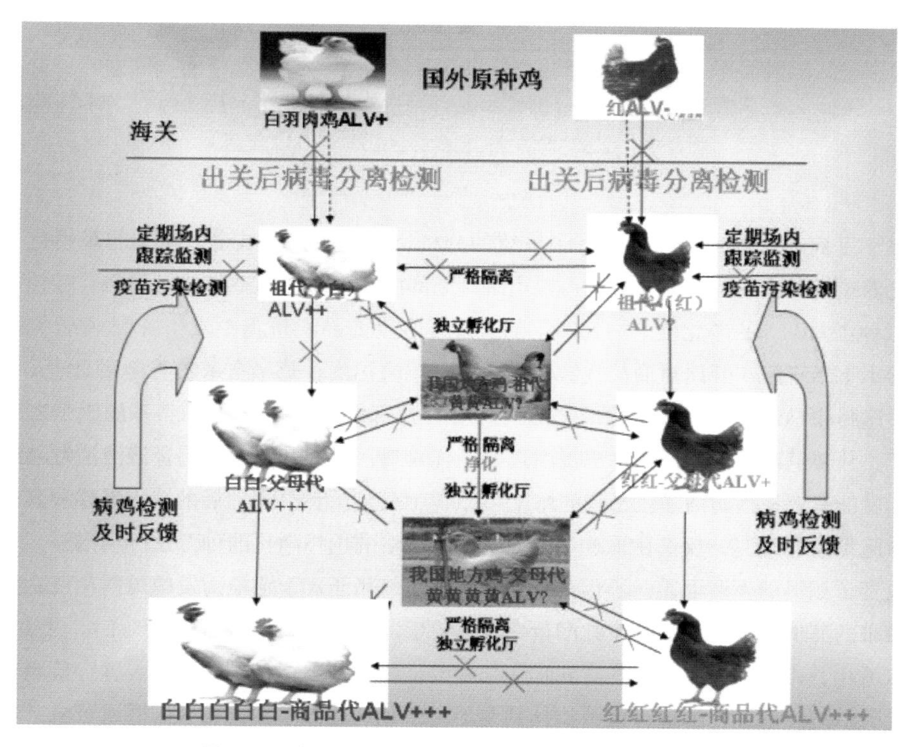

图 8-1　我国鸡群防控白血病综合措施（2011 年前）

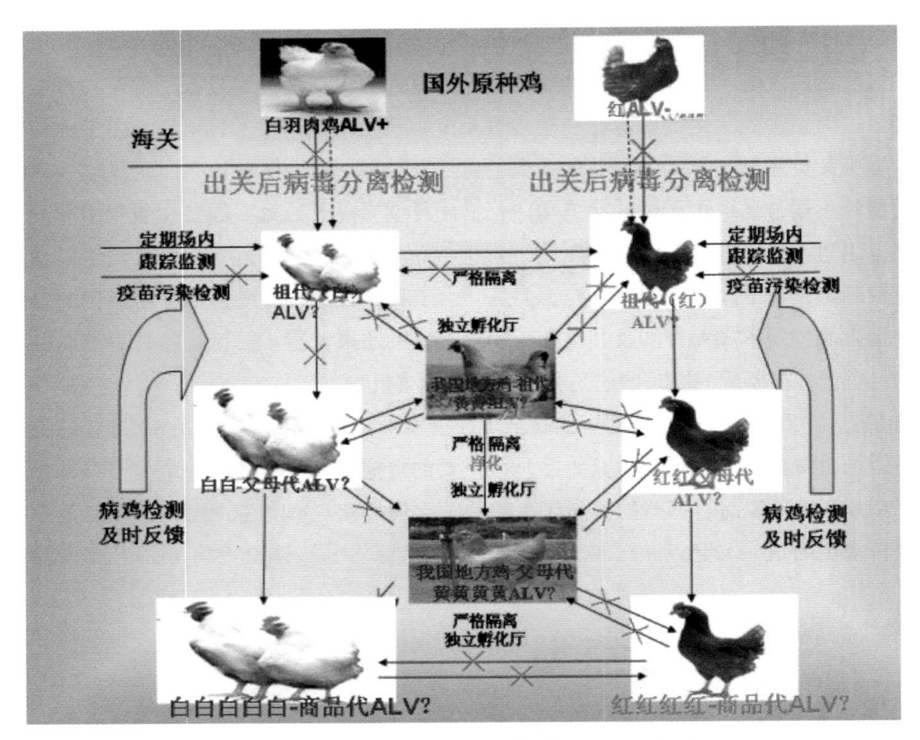

图 8-2　我国鸡群防控白血病综合措施（2011 年后）

来源、发病动态和生产性能进行了系统的分析比较。该公司是全国最大的规模化、自动化养殖场，鸡场此前对常规的可以肉眼判断的生物安全措施一直非常严格，唯独没有考虑种源对ALV的净化度。在2009年前，连续多批商品代蛋鸡中发生肿瘤/血管瘤。从2009年下半年起，开始对商品代雏鸡供应商种鸡公司的种鸡亲自采集并检测血清ALV抗体，坚持仅从ALV－J抗体阴性的父母代鸡场引进商品代雏鸡。随后2年多的生产实践证明了，只要从ALV－J净化的种鸡场引进商品代雏鸡，再配合相应的鸡舍清洁消毒隔离措施，就能有效地预防商品代蛋鸡的ALV－J肿瘤/血管瘤。该公司前后的鸡场条件和其他管理措施都没有改变，仅仅在采购鸡苗前采取了严格的选择净化的种源这一项措施，就完全改变了该场的生产面貌。不仅禽白血病没有了，由于ALV感染诱发的鸡群免疫功能下降带来的其他疫病也大大减少，产蛋率等主要生产性能也大大提高（表8－1）。从表8－1可以看出，由于从A公司引进鸡苗前没有对该公司的种鸡群是否感染ALV进行检测，引进的6批鸡苗在150日龄进行血清抗体检测时，平均有13.09%～18.21%鸡呈现对ALV－A/B和ALV－J抗体阳性，说明A公司的种鸡已有禽白血病感染。从A公司引进的6批58.6万只

表 8-1 来自 ALV-J 阳性和阴性种鸡场的海兰褐商品代蛋鸡生产全程发病和生产性能比较

（引自李晓华等，2012，《中国家禽》）

雏鸡来源	群数	总鸡数（万只）	150 日龄血清抗体阳性率（%）			总死淘率（%）（其中肿瘤发生率）		产蛋性能		
			ALV-J	ALV-AB	REV	0 ~ 17 周龄	18 ~ 76 周龄	平均产蛋率（%）	料蛋比	高峰维持周期（周）
A 公司	6	58.6	18.21	13.09	2.59	2.16 (0.99)	12.52 (4.23)	79.2	2.16	16
B 公司	6	56	0	0.73	0.27	1.45 (0)	4.18 (0)	83.9	2.00	27
海兰褐鸡生产标准			0	0		3.0 (0)	5.5 (0)	81.7	2.04	16

注：从 A 公司订购鸡苗前对种鸡群未经 ALV-J 抗体检测；从 B 公司订购鸡苗前对种鸡群经二次采血检测，对 ALV-J 抗体均为阴性。

海兰褐商品代蛋鸡，在17周龄转群前的死淘率甚至还略低于海兰褐蛋鸡生产手册标准，只是死鸡中已有少量肿瘤发生，但在性成熟转群进入产蛋鸡舍后的18～76周龄，总死淘率高达12.52%，显著高于生产手册的标准5.5%，其中显现肿瘤的死亡鸡也占总鸡数的4.23%。对相应死亡鸡样品的病理组织学和病毒学检测，证明确系由ALV-J引起的髓细胞瘤。随后，根据血清抗体检测结果，从全国多个公司中选择了ALV洁净度好的B公司引进鸡苗。在6批56万只同样是海兰褐品种的鸡中，同样在150日龄进行血清抗体检测，结果显示对ALV-J抗体全部阴性，而对ALV-A/B的抗体阳性率也只有0.73%。这6批鸡在17周龄转群前死淘率只有1.45%，低于生产手册的标准。同样在性成熟转入产蛋鸡舍后的18～76周龄，不仅死淘率只有4.18%低于生产手册的标准，更是显著低于过去从B公司引进的在完全同样条件下饲养的同样品系的鸡群，且完全没有肿瘤发生。来自A和B公司这两组鸡之间总死亡率和肿瘤死亡率分别相差8.34%和4.23%，这代表了A公司来源鸡由ALV感染造成的总死亡率和肿瘤发生率。此外，在产蛋率、料蛋比和产蛋高峰维持期等生产性能上，二者间的差异也非常明显。这是一个非常成功的经验，也是一个典型的实例，证明了选择种源和种源净化是控制疫病的最重要的措施。因此，只要选择好的种源，就可以大大减少商品代蛋鸡中的白血病。

对于商品代鸡场来说，只要能选择ALV洁净度好的种鸡场作为鸡苗来源即可。但是，作为一个国家或整个养鸡行业来说，则更要注意种鸡场的净化问题。这涉及对ALV感染的检疫和定期监控问题，对于自繁自养的原种鸡场来说，更要做好对外源性ALV感染的净化和净化状态的维持。此外，为了做好各类种鸡场对ALV净化的维持，除了定期检疫监控外，严格的隔离饲养管理措施及如何绝对防止使用被外源性ALV污染的疫苗也是非常重要的。本章第二至七节将对上述几方面的措施和具体方法分别一一详细叙述。

第二节 祖代或父母代种鸡场禽白血病和ALV感染的防控

不论种鸡是哪种类型，是从国外引进还是国内其他公司引进，都属于这一范畴的种鸡场。这类种鸡场对ALV的净化只是广义上的净化。实际上，他们只需要做到选择净化的种源和监控并维持引进种鸡群的净化状态。我国大多数祖代和父母代种鸡场都属于这一净化范畴。对于大型商品代蛋鸡场来说，也可参照这一程序，不再单独叙述。

一、选择净化的种源引进鸡苗

在现代规模化养鸡生产中，不论是蛋用型鸡还是黄白羽肉用型鸡，都分别有商品代、父母代、祖代和曾祖代（及其核心群）等不同类型的鸡群和鸡场。在我国，这前三个代次鸡的饲养数量都很大。即使是祖代鸡，每年的饲养量或更新数量也有150万羽左右。对于饲养量如此大的鸡群，自我净化是无法做到的。因此对饲养祖代及其以下代次的鸡场来说，为了预防鸡白血病，必须从无外源性ALV感染的育种公司选择和购入雏鸡。如果是从无外源性ALV育种公司购入的祖代鸡苗，只要在疫苗使用及鸡舍环境的生物安全控制上采取严格有效的措施，就能保证祖代鸡本身不会有外源性ALV感染，也就能为客户提供无外源性ALV感染的父母代雏鸡。对父母代和商品代鸡场也是如此。

为了可靠地选择种源，不论是从国际跨国公司还是国内公司引进种源，都首先要根据提供种鸡的育种公司的信誉度、历年引进的种鸡的实际净化状态、其他用户的反映来做出判断。特别是，应该要求供应商提供相关种鸡群在相应年龄（23周龄后）的血清抗体检测报告和留种孵化前产出蛋的蛋清p27检测报告。

如果不相信供应雏鸡的种鸡公司自行完成的检测报告，为了确保这些上游种鸡公司提供的鸡苗在ALV净化方面的可靠性，各下游用户公司可要求自行采样检测。特别是对新的供应商育种公司，可要求对其曾祖代鸡群或祖代鸡群采集一定数量的血清样品（100~200份）检测抗体，确认都为阴性才可引进。如有疑问，可采集更多样品进行重复检测。有些上游种鸡公司可能由于生物安全原因而不让客户到上一代种鸡场亲自采集种鸡血清，而采购方又不相信供应方提供的血清，这时采购方可以直接检测上一代种鸡场提供的鸡苗。通常出壳后36~48h，雏鸡血清中对ALV－A/B及ALV－J的抗体水平与其相应种鸡的血清抗体水平有很高的平行性。或直接从种蛋的卵黄中检测ALV抗体。只要方法妥当，卵黄抗体与种鸡血清中的ALV抗体也有较高的相关性，但需检测的数量较多，如200只左右；否则，不容易发现阳性样品（具体方法详见第七章）。

此外，同时要求供应商提供初产种蛋（100~200个），检测其蛋清中p27抗原。根据近几年的经验，在一个对外源性ALV实现了净化的种鸡公司，其种蛋蛋清中p27均为阴性。但是，如果出现很低比例（如小于1%）的阳性，而且其阳性样品在ELISA中的S/P值往往仅略高于可判为阳性的较低值，这只能勉强判为阳性。在这种情况下，可采集更多样品进行重复检测。当然，涉及多种多样遗传背景的我国地方品种鸡，在其种蛋蛋清中是否因有较高的内源性ALV产生的p27而产生假阳性反应，还有待进一步研究，但在近几年中正在净化的几个地方品种鸡中还没有发现这个问题。

至于泄殖腔棉拭子p27的检测，只能供参考，因为对这种样品检测时，常常会有一定比例的假阳性。相对来说，对胎粪p27抗原检测时，假阳性的比例要低一些。但鸡苗运到客户鸡场时，已采集不到胎粪了。

不论是对血清抗体的检测还是对p27抗原的检测，选择最好的商品化试剂盒是很重要的。所选用的试剂盒，要求既要灵敏度好、检出率高，又要特异性好，即没有假阳性或假阴性很低。不同制造商公司生产的同类试剂盒在质量上可能有很大的差异，即使是同一制造厂家，不同批号的同一产品间质量上也会有差异，有时这种差异还很大。因此，需要不断对它们进行比较试验。如何比较和判断试剂盒的质量，可参见本章第七节。

二、定期检测和监控引进种群的感染状态

即使在引种前已对上游种鸡场进行相应的检测，也不能保证鸡群在饲养过程中永远没有问题。这是因为：① 对上游种鸡群的检测都只是抽检，不能排除漏检的可能性。此外，由于鸡场本身的原因，鸡群也会被感染，如使用了被外源性ALV污染的疫苗，或同场引进了不同来源的鸡等。对引进的种群在饲养过程中的定期检测，随时了解该批鸡对ALV的感染状态，不仅对该群鸡本身很重要，更重要的是可保证其下一代在ALV感染方面的洁净度。这一方面，这可为下游客户提供他们需要的种鸡群的检测报告。② 一旦发现呈现ALV感染阳性，可及时采取措施，甚至必要时淘汰该群鸡或将其转为商品代蛋鸡。这是对下一代客户鸡场负责任的一种表现，同时对于保护和维持一个种鸡场在客户中的信誉也是极为重要的。如果自觉或不自觉地将带有外源性ALV感染的种鸡群所生产种蛋孵出的雏鸡销售给客户，这不仅会给客户带来很大的经济损失，同时也可能把种鸡公司自身带入经济纠纷，严重损害自己的商业信誉。

为了掌握种鸡群是否有外源性ALV感染，通常可在种鸡群开产后，在将要对收集的种蛋孵化时，采集200份左右血清样品，用商品化的ELISA试剂盒分别检测对ALV–A/B及ALV–J的抗体。同时，采集种蛋，用商品化的ALV–p27抗原检测试剂盒检测蛋清中的p27抗原。此后，还要定期抽检（1%左右）血清样品对ALV–A/B或ALV–J抗体及种蛋蛋清p27抗原。虽然现在农业部规定的标准是每个检测项目指标的阳性率应低于1%。但是作为商业运作来说，市场的竞争是第一标准。随着养鸡业对防控禽白血病重视程度的提高，客户们会选择洁净度最好的种源，而不仅仅是达标的种源。

对于经营进口的白羽肉用型种鸡场或蛋用型种鸡场，如果血清抗体阳性率或蛋清p27抗原阳性率超过1%，应请专业实验室进行进一步病毒分离后，再做出相应对策，包括与相应的跨国公司交涉。

在现阶段，我国自繁自养自行培育的黄羽肉鸡或地方品种鸡的大多数鸡场，其血清中对ALV抗体或蛋清中对p27抗原的阳性率均高于1%，更应咨询专业实验室和专家采取相应的措施。

三、预防横向感染维持种鸡群净化状态

即使引进的鸡苗完全没有外源性ALV感染，但由于鸡场本身管理上的原因，鸡群也会被横向感染，这种横向感染主要有以下两个可能来源。

（一）预防同场其他来源鸡群的横向感染

虽然ALV的横向传播能力很弱，但是现在在我国鸡群中主要流行的ALV－J，其横向传播能力比经典的ALV－A/B要强得多。因此，对于种鸡场来说，不论是祖代还是父母代，一定要严格实施全进全出，即同一个鸡场在同一时期只能饲养同一批来源的鸡。2009年全国不同省市蛋鸡暴发禽白血病时，首先被投诉的就是位于山东肥城市的某外资经营的祖代鸡公司。该公司就是在同一鸡场内同时饲养着不同批次、不同来源的祖代和父母代种鸡，而且还共用一孵化厅，这使得问题更加严重。因为在孵化厅，更容易引起刚出壳雏鸡的横向感染。

（二）预防使用被ALV污染的疫苗

虽然不当使用的疫苗中污染的ALV的量和致病性程度不同，危害性表现也不同，但其危害的严重性是相同的，即可能完全破坏鸡群原有的净化状态。对于现有的鸡群来说，即使是注射了被ALV污染的疫苗，可能也会有少数鸡在成年后出现肿瘤的表现，但比例不会太高，除非在1日龄鸡接种的疫苗中污染了大量致病性很强的ALV。然而，即使没有肿瘤发生，也可能会在一部分鸡诱发抗体，使整个鸡群从ALV感染阴性转变为阳性。

通常，凡是用鸡胚或其细胞作为原料的疫苗都有被污染的可能，但最要关注的是在1日龄使用的液氮保存的马立克病细胞结合苗，其次是禽痘疫苗。

在本章第四节和第五节，还将分别详细叙述上述两点预防措施。

第三节　原种鸡场核心群外源性ALV的净化

一、我国不同类型原种鸡场核心群净化ALV的迫切性和长期性

不同类型、不同品系原种鸡场核心群的外源性ALV的净化，是预防鸡白血病的最基本、最重要的一环。经过多年的努力，目前国际上保留下来的不同品系的白羽

肉用型种鸡公司或蛋用型种鸡群都已基本净化了各种亚群的外源性白血病。即使如此，这些育种公司仍然在通过抽检的方法监控核心群中是否会出现新的外源性白血病毒感染。

但在我国，各地还饲养着不同品种的地方品种鸡、培育的黄羽肉用型鸡，以及蛋用型鸡。由于历史原因，我国自繁自养的这些鸡群大多都不同程度感染了经典的ALV－A / B，甚至还有一些尚未鉴定的亚群，而且又从未做过任何净化工作。ALV－J感染首先在培育型黄羽肉鸡中流行，而且这种感染日趋严重并且已经造成明显的经济损失。ALV－J虽然进入我国各地纯地方品种鸡的时间不长，但其蔓延和发展的趋势很快，有些纯地方品种鸡群对ALV－J的感染率已相当高，且也开始表现典型的髓细胞瘤和其他禽白血病的病理变化。显然，有必要在一些有价值的地方品种鸡群中，特别是国家为保种用的地方品种鸡基因库中尽快启动ALV净化程序。然而，我国地方品种鸡的种类繁多、分布面广，仅仅对所有列入品种名录的地方品种鸡实施对ALV的净化，还远远不够。这些鸡的总饲养量不算大，但是，如果这些鸡群不进行对ALV的净化，那它们对其他已实现净化的规模化养殖场来说，又是一个长期存在的威胁。因此，从政府层面和全国行业管理来说，必须对全国范围内各类鸡群的ALV净化提出相应的条例规定，并依靠市场的力量逐渐推行和实施。

二、原种鸡场核心群外源性ALV的净化规程和操作方案

对于各地各个不同原种鸡场核心群的禽白血病净化来说，并没有一个完全相同的标准方案，但有两个共同的因素是必须考虑的，即：① 在每个世代要尽最大可能检出和淘汰外源性ALV的带毒鸡，对每个世代的净化程度越高，实现完全净化的周期也越短，因而总体费用也越低；② 没有哪一种方法能一次把鸡群中的感染和带毒鸡都检测出来，而且不同的方法检测出的带毒鸡也不会完全一致，增加检测的次数和同时采用不同的方法可显著提高检出率，但也同时增加了净化成本和工作量。

2005年以来，作者开始关注并建议我国一些自繁自养的育种公司开展外源性ALV的净化。在作者主持实施全国行业专项经费研究项目《鸡白血病流行病学和防控措施的示范性研究》和《种鸡场禽白血病防控与净化技术的集成和应用》过程中，在吸收国际跨国养鸡育种公司在净化ALV方面的经验和教训的基础上，利用现代更先进的技术，提出了适合我国养鸡场实际情况的净化方案，用于指导一些大型育种公司核心群的净化。目前，已有3个分别属于蛋用型和黄羽肉鸡的育种公司10多个品系的核心群基本实现了净化，还有几个原来对ALV－A/B和ALV－J感染都很严重的鸡群仅经过1～2个世代的净化，就已显著降低了感染率。

作者在指导几个不同类型的自繁自养育种公司核心种鸡群过程中，逐渐形成并不断改进了操作程序。为了最大限度地提高从每一世代鸡群中对感染鸡的淘汰率，同时考虑到检测的成本和效率，建议根据鸡性器官发育成熟过程，对每一世代的种鸡分四个阶段进行逐一检测并淘汰阳性鸡。对一个刚刚开始净化的种鸡群，可以从任何一个阶段开始。下面将具体地介绍和叙述鸡群白血病净化规程和操作方案、检测与净化流程，这是作者建议的最有效的程序。

1. 23～25周龄留种鸡开产初期检测和淘汰　初产期属于鸡群禽白血病病毒排毒高峰期，因此取初生3枚蛋对蛋清用ALVp27抗原ELISA检测试剂盒进行p27抗原检测，淘汰阳性鸡。公鸡可采集精液检测p27抗原，淘汰阳性鸡。如果有些遗传背景的鸡品种的精液中p27假阳性率太高，则应对精液进行病毒分离，以病毒分离的结果为准。对每只后备种鸡分别采集血浆接种DF-1细胞分离病毒，培养9d后用ALVp27抗原ELISA检测试剂盒逐孔检测p27抗原或用IFA逐孔检测感染细胞（具体操作方法见附件）。淘汰阳性种鸡。如果后备种鸡是小群饲养，同一小群中只要有一只为阳性，就淘汰该小群所有鸡。

在净化的第一世代，在感染严重的鸡群，如果最后的阴性鸡数量太少，这一条可酌情处理（见本节“四”）。

2. 40～45周龄留种前检测和淘汰　取2～3枚蛋对蛋清进行P27抗原检测，淘汰阳性鸡。公鸡可采集精液检测P27抗原，淘汰阳性鸡。如果有些遗传背景的鸡品种的精液中p27假阳性率太高，则应对精液进行病毒分离，以病毒分离的结果为准。其余鸡随即采集血浆接种DF-1细胞分离病毒，培养9d后用ALVp27抗原ELISA检测试剂盒逐孔检测p27抗原或用IFA逐孔检测感染细胞（具体操作方法详见第七章），淘汰阳性种鸡。

在感染严重的核心种鸡群，经这一轮检测淘汰后，剩余的种鸡很可能在数量上不能满足个体遗传多样性的育种原则，但也要从严淘汰。作为替代方案，对于该核心鸡群中被淘汰的鸡，不一定是真正不作种用。对于其中生物学性状确实优秀的个体，仍然可以保留，但必须与所有阴性鸡隔离饲养。从这些检测阳性的种鸡采集的种蛋再单独孵化，相应雏鸡按同样的净化程序单独隔离饲养，从由此长成的下一代育成鸡中仍可筛选出阴性鸡，然后再并入前一世代筛选出的同一品系阴性鸡群。在严重感染的核心群第一轮净化过程中有可能会遇到这种情况。

3. 种蛋的选留和孵化　在经留种前检测后，淘汰阳性鸡。选留的每只母鸡，应只用选留的公鸡群中的一只公鸡的精液授精，不要将不同公鸡的精液混合授精。按规定时间留足种蛋，每只母鸡产的所有种蛋均标上同一母鸡号。在置入孵化箱时，同一母鸡的种蛋要放置在一起。在孵化18d后出壳前，将每只母鸡所产种蛋置于同一标号的专用纸袋（纸袋要求见附件）中，再转到出雏箱中出雏。这些雏鸡作为净化后的第一世代。

4. 第一代出壳雏鸡胎粪检测和淘汰　在出壳前，将每只种鸡的种蛋置于同一出壳纸袋中，用棉拭子逐只采集1日龄雏鸡胎粪，置于小试管中。在对一只母鸡的雏鸡采集完胎粪后，必须更换手套，或彻底洗手消毒。用ALVp27抗原ELISA检测试剂盒检测胎粪P27抗原（具体操作方法见本章第七节）。要注意，同一只母鸡所产雏鸡中，有一只阳性即要淘汰同纸袋中的所有其他雏鸡，同时淘汰相应种鸡。

对选留的雏鸡，以母鸡为单位，同一母鸡的雏鸡放于一个笼中隔离饲养。每个笼间不可直接接触，包括避免直接气流的对流。饲养期间要采取避免横向传播的各种措施（详见本章第四节）。

对选留鸡选用的所有弱毒疫苗，必须经严格检测，绝对保证没有外源性ALV污染（详见本章第五节）。

5. 6周龄育雏后期采集血浆分离、病毒血症检测和淘汰　育雏期结束，采鸡血浆，接种DF-1细胞分离病毒，培养9d后用ALVp27抗原ELISA检测试剂盒逐孔检测p27抗原或用IFA逐孔检测感染细胞（具体操作方法见本章第七节），淘汰阳性后备鸡。

对选留的后备种鸡，仍应维持小群隔离饲养。例如，每群50只左右，也尽量使同一母鸡的后代置于一个小群中。

6. 净化后第一世代留种鸡开产初期（23～25周龄）检测和淘汰　操作同第一步。

7. 净化第一世代留种前（40～45周龄）检测和淘汰　操作同第2步。

8. 第二世代鸡的检测和淘汰　对经上述第1～7步检测淘汰后种鸡的出壳雏鸡，作为净化后第二世代鸡。继续按第4～7步的程序，实施第二世代的检测和净化。第三世代以后，视净化的进展程度可按此程序继续循环进行，但应视净化的进展程度逐级调整。

9. 检测阳性阈值的调整　在全群不再检测出阳性或阳性率很低时，可酌情调整降低在检测不同样品中p27抗原的ELISA反应中判定阳性的S/P阈值，即要开始从严淘汰。

10. 净化程序启动阶段的选择　以上程序只代表一个世代的全部过程，并不代表必须按此先后次序实施。由于这是一个循环过程，各鸡场可以根据净化计划开始实施时期的不同，从第1～5步不同的阶段开始。但考虑到检测的工作量和效率，对于一个从未净化过的鸡群，特别是感染较严重的鸡群，建议从第1步开始。

11. 净化状态的维持　实施上述完整的对核心群鸡逐一检测和淘汰的程序，工作量很大、成本也很高。根据国外成功的经验，当一个核心群连续三个世代都检测不出ALV感染鸡后，可转入维持期。在进入维持期后，就不需再对每只后备种鸡按上述做所有检测步骤，可改为对一定比例（如5%左右）鸡的定期抽检，而且也不一定要用细胞培养分离病毒，仅仅采用操作上比较简单的检测胎粪和蛋清的p27抗原即可。当然，在这方面还没有直接经验，有待于今后逐渐摸索和成熟。

三、小型自繁自养黄羽肉鸡或地方品种的核心种鸡群净化的过渡性方案

鉴于现在我国大多数自繁自养黄羽肉鸡或地方品种的种鸡群都已不同程度地感染了ALV–J和（或）其他亚群外源性ALV，有的已发生临床病理表现并造成明显经济损失。这些种鸡公司有的规模很大，品系集中，可以考虑采用上文“自繁自养的原种鸡场核心群的净化程序和方法”建议的净化程序，采用最完整最严格的检测淘汰程序。但大多数公司的规模和经济实力还不够强大，可能无力承受该净化程序的成本和代价，更没有技术力量和条件进行细胞培养分离病毒。这时可采用相对简化的检测淘汰程序作为过渡期。但这只能尽量减少感染率，从而减少对后代的垂直传播性和相应的经济损失。这只是一种临时的权宜之计，不能真正彻底净化鸡群。

在这类种鸡场，可仅仅采用上述步骤的第1和3步进行胎粪p27抗原检测及对种蛋蛋清进行p27抗原检测，或者更简单地只检测种鸡种蛋蛋清p27抗原。但这只能作为不得已的过渡期，如果长期如此，也会被市场所淘汰。要实现彻底的净化，还必须严格按上文“自繁自养的原种鸡场核心群的净化程序和方法”中的所有步骤实施。

四、核心群ALV净化过程中种蛋选留、孵化出雏及育成过程中的注意事项

（一）种蛋入孵前的准备

1. 入孵种蛋数量估算　种蛋入孵数量和批次决定于所选择的鸡种受精率和孵化率。如果按照一个批次入孵，830只阴性鸡每天可收集490枚蛋推算，连续收集15d内所产种蛋才能保证430只公雏和2 200只母雏的出雏量，从而确保备选检测要求。推算依据如下：

7500枚蛋×80%（受精率）×80%（孵化出雏率）×45%（出母雏率）≈2200只母雏

在此计算的基础上，还要根据相关种鸡群的ALV感染率对雏鸡胎粪检测可能的阳性淘汰率作出评估，不同鸡场的不同核心群，可按育种对保留雏鸡的数量需求准备相应种蛋数量。在感染严重的种鸡群，如果一次孵化不能满足育种需要的有效雏鸡量，可准备第二次留种孵化。

2. 种蛋的收集和编号　每天从留种的核心群（通常已对种鸡做了检测后保留下来的假定感染阴性鸡）收集种蛋，随即在蛋壳上用记号笔注明母鸡的编号，同一母鸡产蛋的均放入同一蛋盘里，以便在孵化器中排在一起。

3. 入孵前准备 种蛋在入孵前需进行熏蒸消毒，ALV抵抗力低，用常规的消毒药即可。

（二）出壳前准备和出雏袋

初检前准备：雏鸡出雏后，从孵化器拿出纸袋，并将其及时放入检测室待检，并确保检测室维持在育雏室规定的室温按净化原则。同一母鸡的后代，只要有一只胎粪检出阳性，就应将该母鸡所有雏鸡全部淘汰。因此，在孵化后期将种蛋转入出雏器时，需将同一母鸡的种蛋置入同一出雏袋中，并写上母鸡的编号。出雏袋用类似于快餐店用于摆放熟食的防水牛皮纸或其他材料做成，袋厚度0.15mm，规格22cm × 18cm，将其放在雏鸡高度以上的位置，并在纸袋的四周打出10 ~ 12个直径约1cm的透气孔。对纸袋打孔的要求是不能低于鸡的头部，孔径不要太大。核心要点是不能让纸袋里的鸡将鸡头伸出纸袋上的小孔。为避免纸袋底部光滑伤害雏鸡腿脚，应在纸袋底部加一层具有吸水性且防滑的垫层。

（三）雏鸡（假设为净化后第一世代）胎粪的采集和检测

对出雏袋中刚出壳的每只雏鸡，在翻肛进行性别鉴别的同时，用棉拭子逐只采集雏鸡胎粪，置于小试管中，用ALVp27抗原ELISA检测试剂盒对胎粪检测P27抗原（具体操作方法详见第七章）。采集胎粪后，给每只鸡带翅号，要由专人负责发翅号、记录、带翅号。之后，仍然是一只母鸡的雏鸡装入同一新的袋内，并做好标识与记录。将其存放在温度为23 ~ 25℃的环境下，等待检测结果。在对一只母鸡的雏鸡采集完胎粪和带翅号后，必须更换手套或彻底洗手消毒。

要注意，同一只母鸡所产雏鸡中，只要有一只阳性，就应淘汰同纸袋中的其他雏鸡不作种用，同时淘汰相应种鸡。

（四）选留雏鸡的饲养管理

对选留的雏鸡，按常规要求进行疫苗免疫注射，以母鸡为单位，同一母鸡的雏鸡放于一个笼中隔离饲养。每个笼间不可直接接触，包括避免直接气流的对流。饲养期间要采取避免横向传播的各种措施。

对选留鸡选用的所有弱毒疫苗，必须经严格检测，保证绝对没有外源性ALV污染（具体方法详见本章第五节）。为避免不同母鸡后代间的交叉感染（经检测保留的阴性鸡，都只能是假设的阴性鸡，不能保证绝对是阴性），每免疫完一只母鸡的后代，洗手消毒并更换针头一次。

（五）对雏鸡的胎粪检测时间的控制

应在出雏后36h以内完成。ELISA试验本身只要5～6h，在合理组织人员的情况下，考虑到大批量时出壳不整齐的因素，也通常可以在出壳高峰期后24h内完成。在等待期间，要注意保持房间的湿度和温度符合雏鸡的生理要求。

（六）各个相关环节的消毒

1．孵化环节的控制　孵化厅是造成禽白血病水平传播的重要场所，因此对孵化环节的控制至关重要，需从细节入手，阻断一切可能造成水平传播的途径。对净化鸡种蛋的孵化，要使用专用的孵化厅、孵化器和出雏器。

2．种蛋管理　种蛋库在进种蛋前，先进行0.05%铵福喷雾，再进行一次严格的熏蒸消毒。进入种蛋库人员必须经过沐浴，并更换消毒合格的防疫服方可进入；孵化盘经0.05%铵福消毒液浸泡消毒，并用甲醛熏蒸30min后才可使用；孵化车应彻底冲洗干净，并用0.05%铵福喷雾和甲醛熏蒸；电子秤必须经过甲醛熏蒸方可放入。除专门规定人员外，其他任何人员严禁进入种蛋库。种蛋库隔天用甲醛加热法熏蒸40min。每天用1%次氯酸钠消毒液擦拭地面，并用0.03%瑞特杀喷雾消毒一次。所有规定人员在进入种蛋库时必须踩踏消毒盆，用消毒药液洗手消毒，药液为0.05%铵福。设专人单独挑选和码放种蛋，并详细记录。

3．种蛋入孵　设专人装车并记录。种蛋入孵无需预温。在种蛋入孵前将孵化机彻底冲洗干净，0.02%瑞特杀喷洒消毒，并用甲醛熏蒸；每天使用专用消毒泵对孵化室用0.03%瑞特杀喷雾消毒一次，地面每4天用1%次氯酸钠擦洗一次，并泼洒少许甲醛。

4．落盘验蛋　确定出雏室、出雏器干净无菌，对出雏室、出雏器、落盘验蛋等用具，先用0.02%瑞特杀喷洒消毒，并用甲醛熏蒸。设计专用出雏袋，按照1只母鸡后代的全同胞进行装袋落盘，每袋装5～6枚胚蛋。

5．出雏前准备　出雏前，将出雏场地及各种用具全部用0.02%瑞特杀喷洒消毒一次，并按每立方米加入28mL甲醛和14g高锰酸钾熏蒸消毒1h以上。

（七）育成期传染源的控制

禽白血病虽然为垂直传播疾病，但防止其水平传播同样重要，尤其是育雏期的前2周。做到最大限度的隔离是行之有效的方法，育雏和育成阶段采取按家系上笼，小群饲养。产蛋鸡阶段采取单笼饲养，跟踪检测。

饲养设备的设计和利用：在育成期饲养阶段，笼位、饮水器、料槽、粪盘的设计都要做到单家系独立使用，同时笼位大小和位置的设计既要保证净化各阶段鸡群容纳数量，又要保证不同家系间“只闻其声，不见其面”，防止禽白血病水平传播。

（八）育成鸡的转群

转群前进行外形选择和病原检测，及时淘汰阳性鸡。转群人员提前入场进行隔离，减少外来病原体的侵入。每笼鸡在转群的过程中都经过独立操作，每转完一笼鸡，操作人员需进行洗手消毒，转群设备也要进行消毒。转群时，采用隔离良好的转雏车，每运完一车都要进行彻底消毒。

五、实施净化程序中外源性ALV检测技术的选择和改进

随着现代生物学技术及设备的改进，同时结合我国国情的特点和需求，与种鸡群白血病净化相关的检测技术在不断改进。对于原种鸡场核心群的外源性ALV净化来说，由于不可能将所有带毒鸡在一次检测中全都检出，对一个污染了外源性ALV的鸡群来说，往往需要4～5个生产周期。如果能提高检出率，即减少每一生产周期的漏检率，就可能缩短周期。其关键点是现行的标准方法中的“必须将分离病毒过程中的DF1细胞培养维持9d”。这是因为，大多数ALV在细胞培养上复制速度通常很慢，特别是当病毒血症水平较低时，在接种后6～7d仍有很高比例的样品达不到可检出水平。接种后需维持8～9d，检出率才有明显改善。但要将DF1细胞在接种血浆样品后持续培养9d不换液，然后再收集培养上清液用ELISA检测试剂盒检测p27，在实际操作过程中是有一定难度的。这一技术并不复杂，但需要一个训练有素且经验丰富的实验员操作才易成功。否则，或者在七八天时细胞单层脱落无法检测，或个别血浆样品污染后影响整块细胞板的检测。而且，由于ALV生长复制很慢，当接种样品中病毒含量很少时，即使持续培养9d后，在对上清液进行p27的ELISA检测时也不一定达到阳性水平。为了改进检测技术，已在以下几方面进行了进一步的改进研究。

（1）从市场上选择最灵敏的p27抗原ELISA检测试剂盒。

（2）用特异性抗体进行IFA，检测DF1细胞培养中的ALV感染。

（3）用RT–PCR结合特异性核酸探针进行分子杂交，直接从血浆样品中检测外源性ALV。

上述几方面研究的具体进展和操作方法详见第七章。

第四节 种鸡场应有科学合理的繁育和饲养管理制度

一、核心种鸡群的鸡舍应完全封闭

虽然ALV的横向传播能力很低，但由于建立和维持一个无外源性ALV感染的原种鸡核心群的成本很高，一旦污染，实施再次净化时所需周期也很长，因此需要有一个良好的生物安全的隔离环境。考虑到预防其他传染病，不仅种鸡场应有相对隔离的地理位置，要远离其他鸡群，而且原种鸡不同品系的每一个核心群都应在相对封闭的鸡舍中饲养，即应达到饲养SPF鸡的洁净环境。

由于其他鸟类包括一些野鸟也能携带ALV，因此鸡舍必须严防野鸟的闯入。虽然现在还没有昆虫能像传播REV那样传播ALV的证据，但仍然建议鸡舍应有预防蚊子等昆虫进入鸡舍的措施。此外，预防鼠类进入的措施也是必要的。

二、引进种鸡前必须进行最严格的ALV检疫

从育种角度看，即使是商业化经营的大型育种公司，其生产性能最优秀的品种，有时也要从其他来源引进其他种鸡，以保持种群必要的遗传多样性，并为进一步改良性状提供必要的遗传基础。但是，当需要从其他来源引种时，对选定的候选鸡群，在引进鸡场前必须对其ALV感染状态进行严格的检疫和检测，而且这种检疫绝不能仅是一次性的。如前所述，鸡在感染ALV后的病毒血症或排毒是间隙性的，而且没有哪一种方法能一次把鸡群中的感染和带毒鸡全部检测出来。所以，至少要检测到性成熟开始产蛋时。

三、不同来源的种蛋在孵化和出雏时必须严格分开

我国许多不同的地方品种鸡群最初感染ALV-J，或者是与不同类型鸡饲养在同一鸡场通过直接接触时的横向感染引起，或者是通过不同类型鸡的种蛋共用同一孵化厅孵化和出雏时直接间接接触时的横向感染引起。虽然ALV的横向传播能力较弱，但仍有可能横向传播。特别是ALV-J，还是有明显横向传播性的。所以，不仅种鸡群鸡舍必须远离其他鸡群，同一种群不同代次的种鸡群也应隔场饲养，因为对它们在ALV检疫方面的严

格程度不同。例如，对父母代种鸡在ALV感染的检疫和监控水平肯定远低于对祖代种鸡群，祖代种鸡群又要低于曾祖代种鸡群等，这与对ALV感染的检疫和监控的成本较高有关。在同一个育种公司，在还没有完全彻底净化的条件下，相对来说核心群种鸡对ALV的净化度最高，因为对它们是要每只鸡逐一进行多次检测的，而对以后代次的种鸡群只能抽检。但曾祖代鸡群的抽检比例及其ALV净化度总是高于祖代，祖代又高于父母代。

更为重要的是，不仅必须要将不同来源的种鸡分场隔离饲养，还要防止将来自不同种鸡群的种蛋放在同一孵化厅孵化和出雏。这是因为在孵化厅里是最容易发生ALV的横向传播。如果不得不使用同一个孵化厅，就必须将来自不同种鸡群的种蛋在不同的时间孵化和出雏。只有在一批种蛋孵化和出雏完成并将该孵化厅彻底消毒后，才能开始另一批种蛋的孵化和出雏。对于核心种鸡群尤为如此。

第五节 严格防止使用外源性ALV污染的疫苗

一、外源性ALV污染疫苗对种鸡群的危害性

对于鸡群白血病防控来说，种鸡群应用的所有疫苗中绝不能有外源性ALV的污染。如果接种了被外源性ALV污染的疫苗，不仅感染的种鸡群有可能发生相应的肿瘤或对生产性能有不良影响，更重要的是会造成一些带毒鸡，它们可将ALV垂直传播给后代，从而会在下一代雏鸡中诱发更高的感染率和发病率。特别是如果发生在核心种鸡群，则危害更大。如本章第三节所述，我们已在种鸡群特别是原种鸡群的净化及其持续监控上花费了很长的周期和很高的成本，一旦由于使用了被外源性ALV污染的疫苗，将使种鸡群重新感染外源性ALV，使已在净化上所做的努力前功尽弃。

二、需要特别关注的疫苗

理论上来讲，对用于种鸡特别是种鸡核心群的疫苗，都要高度关注其是否污染了外源性ALV，但也要有关注的重点。为了预防由于疫苗污染带来的ALV感染，主要是关注弱毒疫苗，其中最主要关注用鸡胚或鸡胚来源的细胞作为原材料生产的疫苗。在疫苗的种类上，应高度关注雏鸡阶段特别是1日龄通过注射法（包括皮肤划刺）使用的疫苗，这是因为ALV感染对年龄和感染途径有很强的依赖性，年龄越小越易感，注射感染比其他途径易感。所以，为了防止使用被ALV污染的疫苗，首先要特别关注的是液氮保存的细胞结合性马立克病疫苗。这是因为，该疫苗是在出壳后在孵化厅立即注射，而且如果发生污染，也容易污染较大的有效感染量（包括细胞内和细胞外）。其次是通过皮肤划刺接种的禽痘疫苗。当然，其他弱毒疫苗也要关注。但前面提到的两种疫苗，外源性ALV污染带来的危害最大。

三、对疫苗中外源性ALV污染的检测方法

为了保证避免使用被ALV污染的疫苗，不仅要对每一种弱毒疫苗的每一个批号的产品进行检测，更重要的是要选择可靠的方法和试剂。选择的方法必须保证灵敏度、检出率高，同时还必须有很高的特异性，二者缺一不可。对于检测疫苗中的外源性ALV的污染，选择适当的检测方法是很重要的。现在还没有一种最好的方法，现有的不同方法都有其优点和缺点，而且不同的疫苗所能选用的方法也不完全相同。下面列出几种可参考选择的方法，以及它们的优缺点和在应用时的注意事项。

（一）细胞培养分离病毒法

在所有可选择的方法中，细胞培养分离病毒法是最基本也是最可靠的方法。它的灵敏度、特异性高，但其技术要求高、周期长，且不能适用于所有疫苗，如不适用于禽痘疫苗。

1. 细胞培养的准备　建议选用不含有内源性ALV–E且对ALV–E有抗性的DF1细胞。这是细胞系，可在实验室连续传代，长期不用时于液氮中保存。当DF1细胞培养处于生长状态良好时，按70%作用的密度接种于数块直径30～35mm的培养皿中，其中有一块在接种细胞前置入2片适于生长细胞单层的盖玻片作为IFA检测用。

2. 疫苗样品的处理　本法最适用于检测液氮保存的细胞结合性马立克病疫苗。将待检疫苗从液氮中取出后置于普通冰块上缓慢融化，待融化后置于离心管中进行轻度离心（1 500～2 000r/min 5min），取细胞沉淀悬浮于2mL灭菌的蒸馏水中，使细胞在低渗透压下部分裂解，继续在冰水中放置5～10min后，用超声波将细胞充分打碎。由于MDV是细胞结合苗，细胞死亡后其中的MDV不再具有感染性，但这一处理过程不会使细胞内的ALV灭活，还能从细胞中释放出来呈游离状态。将超声波数量的细胞悬液在10 000r/min

的转速下离心10min，取上清液经0.45 μm孔径的滤膜过滤后立即接种准备好的DF1细胞。

对于本身就处在游离状态的病毒疫苗，如新城疫弱毒疫苗、传染性法氏囊病弱毒疫苗、禽痘弱毒疫苗等，为了减弱这些疫苗病毒在细胞上的复制及其细胞致病作用对样品中可能存在的ALV在细胞上复制的负面影响，需先与相应的特异性高免血清（必须对ALV的抗体阴性）按一定比例混合（如1：1），并在冰水中孵化1h，以部分中和这些疫苗病毒。然后再用0.45 μm孔径的滤膜过滤后接种DF1细胞。通常，新城疫弱毒疫苗和传染性法氏囊病弱毒疫苗病毒即使能在DF1细胞上复制，其对细胞的致病作用也不明显，然而一旦有少量的禽痘弱毒疫苗在细胞上复制，被感染的细胞很快显示病变。为了减少样品中禽痘疫苗病毒的相对量，还可在与抗血清孵化后，再用0.22 μm孔经的滤膜过滤，以减少病毒粒子很大（直径约300nm）的禽痘病毒的相对量。

3. 疫苗样品的接种和检测　将经过如上处理的的候选疫苗的样品接种DF1细胞，每个直径30～35mm的平皿100～200 μL。如果接种样品是新城疫弱毒疫苗、传染性法氏囊病弱毒疫苗或禽痘弱毒疫苗，可在相应细胞培养液中加入适量特异性抗血清（如2%～3%）。在孵化3～4h后，将上清液吸出，添加新鲜的细胞培养液，在3d后再换一次新鲜培养液。由于ALV在细胞培养上复制缓慢，在6d内往往不足以达到可检测到的水平，需将接种样品的细胞再传代，即将其消化后，取部分细胞悬液（大约一半）再接种于另一块新的培养皿，在加入细胞前，可在平皿中放置一片盖玻片。继续培养5～7d（其间不换液）后吸取上清液1mL置于4℃冰箱保存，用于对ALVp27检测。同时，将平皿中的盖玻片取出，用甲醇固定后，用抗ALV特异性抗体（针对ALV的单克隆抗体或高效价单因子血清）进行IFA确定有无相应亚群的ALV感染（详见第七章）。一般来说，对盖玻片上的细胞培养进行IFA的检测结果要比p27检测更灵敏也更特异。因为在细胞培养中，在100个细胞甚至1 000个细胞中有1个细胞呈现特异性荧光阳性，就可以判为阳性，而且阳性细胞只在细胞质中呈现荧光，而细胞核不着色，反差很大，对于有经验的人来说很容易辨别。但对于用ELISA来检测p27抗原来说，则需要在细胞培养中的p27的量达到一定水平才能被检测出来，即有比较高比例的细胞如5%～10%以上的细胞感染后，检测上清液时才能显示阳性。此外，在用p27抗原ELISA检测试剂盒检测p27时，一定要选择特异性和灵敏度较好的商品化试剂盒，不同厂家的产品在质量上常常有很大差异（详见第七章）。如果接种疫苗样品后的细胞培养生长状态仍然很好，为了提高检出率，可将其按上述方法再连续将细胞传1～2代，再用IFA或ELISA检测。

（二）核酸检测法

用外源性ALV的特异性序列作为引物，以疫苗样品中可能存在的ALV病毒粒子基因组RNA为模板，可通过RT-PCR扩增外源性ALV特异性序列。这一方法有可能从不同样品中检测出含量很少的ALV病毒粒子，也适用于直接从商品疫苗中直接检测污染的外源性ALV。如果操作得当，RT-PCR可能有很高的灵敏度。以RT-PCR为基础，目前已有不同方法检测外源性ALV的报道，如荧光定量RT-PCR、LOOP-PCR等。但如果不用特定的方法来验证，RT-PCR产物也会出现很高的非特异性结果，即假阳性。有过从事基因克隆试验操作的人大概都曾有过这样的亲身体验，有时用特异性引物做PCR的产物，虽然在琼脂凝胶电泳中所见核酸条带符合预定的大小，但克隆后序列测定的结果却完全不对。显然，仅基于一对引物的序列并不能保证PCR产物的特异性。验证PCR或RT-PCR产物特异性的最可靠的办法是对PCR产物的克隆测序，特别是当待检样品数量不大时。但对大多数实验室来说，特别是对诊断实验室来说，这一方法是不方便的，因为把样品送交其他商业服务实验室测序，在时间上通常是不能保证的。另一个可选择的方法是，对RT-PCR（或PCR）产物再用外源性ALV特异性核酸探针来进行特异性验证。例如，如果在荧光定量PCR（或RT-PCR）中不是用简单的染料法，而是采用特异性探针法，也能显著提高特异性，但成本大大提高。建议用外源性ALV特异性核酸探针进行斑点分子杂交来确定RT-PCR（或PCR）产物的特异性，而且还能提高检出的灵敏度。对斑点杂交来说，样品数量多少都没有问题，如几个、几十个甚至几百个样品，这对分子杂交本身来说都不是问题。这一方法和相关的试剂已在两个实施ALV净化的大型原种鸡场实际用于检测疫苗中的外源性ALV污染，在技术和设备上都不存在问题。相关技术的详细操作方法可参见本章的第七节。

虽然应用核酸法有上述缺点，而且其操作的技术性很强，需要经过专门训练的技术人员操作，但对于一些不便用细胞培养的实验室或对于某些疫苗（如禽痘疫苗），还是可以考虑选用核酸法。特别是当有很多候选疫苗产品供选择时（不同厂家的不同批号产品），可以先用核酸法来淘汰一部分。

（三）鸡体接种试验

可根据接种鸡是否诱发抗体反应（分别对ALV-A/B和ALV-J的ELISA抗体检测试剂盒）来确认疫苗是否污染外源性ALV。对于一般种鸡群，可以根据在其他父母代、祖代或曾祖代鸡群对某些疫苗使用后有无抗体反应来为确定相应疫苗有无ALV污染。但是，对于已净化或正在净化过程中的原种鸡场核心群来说，这显然是不够的，必须严格用SPF鸡来进行接种试验，必须在配以过滤空气的隔离罩中维持饲养。由于随疫苗中污染的ALV毒株不同及含量不同，以及接种鸡的年龄不同，其反应性也不相同。接种太早如1日龄接种，有可能诱发免疫耐受性，但在成年鸡接种有时又可能既不产生病毒血症又没有抗体反应。而且，鸡对ALV感染发生反应的个体差异性也很大，所以需要一定的数量，如10～12只。建议在同一隔离器中10～12只SPF鸡，分别在1日龄和7日龄各接种5～6只。而且鸡对ALV感染的抗体反应很缓慢，要有足够长的观察时间，如2～3个月。不过，这一方法不仅试验周期长，而且成本也很高。

（四）不同方法优缺点比较分析

以上三种方法，以细胞培养上分离病毒的方法最理想，其灵敏度和特异性都很好，而且结果的可重复性也很好。但是，对有些疫苗不太适合，如禽痘疫苗。即使采用高效抗血清进行中和病毒反应，以及用0.22μm孔径的滤膜过滤，也不能完全去掉禽痘疫苗病毒，少量的病毒复制很快造成细胞病变。这时，生长缓慢的ALV将会被完全掩盖，很难检测出来。而且，对于一个中小型养鸡的育种公司来说，配备细胞培养的实验室和专门的技术人员，成本比较高。核酸方法可用于各种疫苗，且检测周期较短，2～3d即可完成。但每个实验室采用的具体的操作方法和相关的引物还有待进一步标准化，它们的特异性及其灵敏度的可重复性，还有待用更多的野毒株来证明。SPF鸡的接种试验，技术相对简单，结果的可重复性可靠。但试验周期太长，检测成本也太高。各个鸡场只能根据自己的条件，从中作出选择。而且，对于ALV来说，没有哪个方法是绝对可靠的，选用两个以上的方法可以互补，大大提高可靠性。对于已净化或正在净化过程中的原种鸡场的核心群来说，更是建议选择两个方法同时进行，以最大限度减少每种方法的不足可能带来的漏检。

第六节 鸡群禽白血病防控的其他可能辅助手段

一、疫苗免疫的预防作用

（一）我国养鸡业对ALV疫苗的可能期待

鉴于鸡白血病仍然是危害我国养禽业的一种重要疫病，我国商业化的黄羽肉鸡及各种地方品种鸡群中ALV感染仍然很普遍，以及在全国范围内完成ALV净化还有很长的路要走，很多种鸡公司包括一些大型公司，自然对ALV疫苗仍然还有所期待。但是，对这种期待不能太高，绝对不能期待像其他疫病那样将ALV疫苗作为预防控制白血病的主要手段。如果有所期待，也只能是通过疫苗免疫核心种鸡群来提高种鸡群中对ALV抗体阳性率的比例，从而减少可能的带毒鸡的排毒率，以及提高带有ALV母源抗体的雏鸡在育雏期间对横向感染的抵抗力。在一些感染率比较高使淘汰量太大而影响育种留种时，有效的疫苗可能在实施净化程序的起始阶段会有一点积极作用。

（二）ALV疫苗研发的困难性

迄今为止，在我国流行的大多数病毒性传染病都已有并已用相应的疫苗免疫来达到预防控制的目的。但还没有疫苗来预防鸡白血病，虽然该病在我国流行并造成的危害已持续多年。尽管多年前欧美国家就有学者研究鸡ALV疫苗，但没有成功。随着ALV在商业化鸡群被基本净化，ALV疫苗的相关研究工作已很少有人去进行。对ALV疫苗研发的困难性，至少有一部分与内源性ALV表达的囊膜蛋白可能会诱发免疫耐受性相关（见第二章第五节，第三章第三、四节）。

（三）近期在ALV疫苗研发上已做的工作

1. 不同疫苗免疫后的抗体反应性　近年来，笔者团队分别试验了A、B、J亚群ALV感染细胞的灭活疫苗及表达相应亚群的与病毒中和反应相关的gp85亚单位疫苗的免疫效果。

结果表明，鸡体对不同亚群ALV灭活疫苗或亚单位疫苗的免疫反应性都很差。但经过重复免疫后，还是能诱发一定水平抗体的形成，而且有助于缩短攻毒后病毒血症的持续期。但鸡群对不同亚群ALV的反应性不同。相对而言，对ALV–B的抗体反应性较好。如果辅以相应的核酸疫苗注射，种鸡的抗体水平更好。但在对ALV–A或ALV–J的灭活疫苗或亚单位疫苗的尝试中，效果就远不如ALV–B。

2. 母源抗体对雏鸡的保护作用　不仅鸡只对ALV–B的灭活疫苗的抗体反应较好，而且，一旦在开产前产生抗体反应，种鸡的母源抗体也能转移到种蛋卵黄中。由此提供的母源抗体可为雏鸡提供一定的保护作用，即可缩短雏鸡在接种ALV–B后病毒血症的持续时间，这有可能预防或减少横向感染。对其他亚群ALV的母源抗体的作用，还有待进一步进行比较研究。但可以预测，母源抗体效价高，应该对雏鸡有一定的保护性免疫作用，这也就是在对种鸡的ALV净化程序中，没有将抗体检测作为净化程序中淘汰感染鸡的指标的原因。当然，当整个核心种鸡群基本实现净化时，应该把抗体检测作为一项判定净化效果或净化度的指标。

3. 应用前景的判断 从上述研究进展可以看出，至少在ALV–B感染的原种鸡场，应用本场分离的流行株制成相应的灭活疫苗及核酸疫苗可用于免疫育成期以后各种鸡，在诱发抗体形成后可能减少感染鸡的带毒率和排毒率。而且，由此提供的母源抗体可降低ALV在相应雏鸡间的横向传播力。因此，在种鸡群免疫后，如果选择抗体反应好且病毒检测阴性的鸡采集种蛋作为下一批核心鸡群的来源，就可能显著降低ALV垂直感染率，也可预防和降低由于漏检感染鸡造成的横向传播率。由此可提高核心种鸡群净化的效率、缩短净化的周期。至于对其他亚群，还需要设法提高灭活疫苗或亚单位疫苗的免疫反应的效果。但是，还是要重复强调一下，不要对疫苗免疫效果的期待值太高，如果有些效果，也只能作为核心种鸡群净化的一种辅助手段。

二、抗病毒药物对禽白血病病毒传播的预防控制

对已发生鸡白血病的病鸡或感染的鸡群，药物治疗是没有意义的。但是，对于有待净化的原种鸡场来说，特别是ALV感染严重且正处在净化初期阶段的原种鸡场来说，可考虑对雏鸡群选用适当的抗白血病毒药物，用以减少病毒在雏鸡群中的横向传播。白血病毒是一类禽反转录病毒，可以参照用于治疗人的艾滋病的抗病毒药物，这些药物具有抗反转录酶或抗蛋白酶活性，可抑制反转录病毒的复制作用。试验也证明，在细胞培养上一些药物确实对鸡白血病病毒复制有一定抑制作用，如拉米夫定和AZT等。用ALV–J的人工感染雏鸡的试验，也证明这两种药物对病毒血症的发生和持续时间都有一定的抑制作用。这些结果都表明，在ALV感染的核心种鸡群，合理使用这类药物有可能提高每一世代的净化效率从而缩短净化周期。相关的试验还在逐步进行中。

第七节 鸡场禽白血病监控和净化相关技术的改进

禽白血病的监控和净化程序都离不开病毒的检测，包括细胞培养上病毒的检测及样品中病毒抗原如p27抗原的直接检测或样品中外源性ALV核酸的检测。检测方法及相关试剂盒的灵敏度和特异性直接关系到检测的可靠性，包

括特异性检出率及假阳性率，从而最终影响到对ALV净化的效率。不仅在不同鸡场对禽白血病监控和净化的不同阶段可能会选用不同的方法和试剂盒，而且还要考虑到其他一系列因素，如实验室条件、操作人员技术的熟练程度、检测的规模等。下面具体列出了可供选择的几种不同方法和技术。

一、如何比较和选择不同供应商的ALVp27抗原ELISA检测试剂盒

在对鸡群白血病实施监控和净化过程中，检测p27抗原是最常用的检测方法和手段，因此相应的ALVp27抗原ELISA检测试剂盒也是最常用的诊断检测试剂盒。目前在中国市场上，有多家公司生产和销售的检测p27的试剂盒。这些试剂盒的操作方法和判断依据都非常类似，但不同厂家生产的p27检测试剂盒的质量差别很大，主要表现在对从不同样品中检测p27的灵敏度及特异性。如果选用了质量差的试剂盒，就会使假阴性的比例即对感染鸡的漏检率显著增加，从而增加净化程序失败的风险。特别是我国政府部门和企业集团在大量采购ALVp27抗原ELISA检测试剂盒时都采用招标的程序，各供货商提供的标书中只有价格是客观可比的，这时就需要有一个科学、客观、公开且具有可操作性的比较试验来比较并淘汰那些质量差的产品。为此，本书作者提出了用于比较不同厂家产品质量的试验方法，在连续几年的招标过程中得到了成功应用。由于所有程序是在试验前公开的，所以所有试验和结果都是在公开透明的情况下进行的，即在各方都在场的情况下公开盲检样品的试验结果，以此客观判断不同厂家产品的质量。这样，各竞标方对判断结果不会提出实质性的异议。当然，招标机构也愿意接受这一结果。具体做法如下：

（一）在开标前制备一套分别含有不同浓度p27的已知阳性样品和阴性对照样品

1. **种毒**　可以选用实验室保存的任意一株已经纯化鉴定的常见亚群的外源性ALV作为种毒，优先选用ALV-J，也可选用ALV-A/B或其他亚群ALV。通常1个亚群即可，为了更有说服力，可选用2～3个不同亚群的ALV作比较。种毒的病毒含量应在10^3～10^4 $TCID_{50}$/mL以上，每支种毒应在1.5mL以上。

2. **细胞培养**　准备一次性6空细胞培养板3～6块，分别在第1、4、7天接种CEF或DF1细胞，每空接种（2～2.5）×10^6个细胞（使细胞贴壁后呈现60%～70%覆盖细胞培养板，即在此后几天仍有生长复制的空间），放置于37℃恒温箱中过夜待形成细胞单层。

3. **接种病毒**　第2天，将上述“1”的种毒从冰箱中取出融化后，按无菌操作，分别用种毒原液100μL或用细胞培养液进行1∶10、1∶100、1∶1 000稀释后，各100μL依次接

种1个细胞培养孔，如分别接种1号细胞板的A1和B1孔，以及2号细胞板的A1和B1孔，并在记录本上准确记录。病毒融化后可一直保存在4℃冰箱中，不要再反复冻融。可根据比较的目的和要求来决定选用接种病毒稀释度的范围（1～2个稀释度还是1～4个稀释度），从而决定每次所需细胞培养板的数量（1或2块）。随后放置于37℃恒温箱中，2～3h后，将接种病毒的细胞培养孔中上清液吸出，加入新鲜培养液。第3天，再按同样的方法和程序接种和处理相应的A2和B2孔。第4天，接种和处理A3和B3孔。以此类推，在今后5～10d依次接种和处理在第4、7天准备的细胞培养板3、4、5、6号板。所有接种病毒的细胞培养孔，在相应的每次接种病毒后2～3h换液，在以后的1～9d内不再进行任何处理（表 8 –2）。

表 8–2 接种 ALV–J 不同时间（d）后用 IFA 和 3 种 ELISA 试剂盒检测细胞培养感染状态结果比较

接种剂量	检测方式和试剂盒	DF1 细胞接种 NX0101 后时间（d）					
		1	2	3	4	5	6
9×10^3 $TCID_{50}$	ELISA 试剂盒 A	–	–	+	+	+	+
	ELISA 试剂盒 B	–	–	–	+	+	+
	ELISA 试剂盒 C	–	–	–	+	+	+
	IFA 检测	ND	ND	+	ND	ND	++++
9×10^2 $TCID_{50}$	ELISA 试剂盒 A	–	–	–	+	+	+
	ELISA 试剂盒 B	–	–	–	–	+	+
	ELISA 试剂盒 C	–	–	–	–	+	+
	IFA 检测	ND	ND	+	ND	ND	++++
90 $TCID_{50}$	ELISA 试剂盒 A	–	–	–	+	+	+
	ELISA 试剂盒 B	–	–	–	–	+	+
	ELISA 试剂盒 C	–	–	–	–	+	+
	IFA 检测	ND	ND	+	ND	ND	++++

注：本试验接种了 NX0101 株 ALV–J。“ND”表示该项目未做，“–”表示检测结果为阴性，“+”表示检测结果阳性。其中，“+”到“++++”代表阳性细胞比例大小。

4. 病毒培养液的收获、保存和分装　所有孔的细胞培养上清液，均在第11天即最后一批孔接种病毒后1d收取上清液。每孔收集2～3mL置于10mL青霉素瓶中，标记细胞板号和细胞孔号。即随细胞培养孔不同，分别在接种病毒后1～9d收取上清液，这与原种鸡场实施净化程序时血浆病毒分离培养需在接种样品后培养9d相对应。收集的样品可随即冰冻保存，但如果在1～2d内即要进行ELISA检测，则只需保存于4℃冰箱。如果比较检测的目的是用于采购招标的技术鉴定，则应在检测当天，在各方都在场时，将每个细胞孔的样品一一分装。为了保证比较试验的公正性，在检测前对样品来源的保密是很重要的。为此，可将所有样品瓶与另加入的作为阴性对照的10～20瓶正常细胞培养上清液打乱编号，根据要比较试剂盒的数量将样品一一分装成若干瓶，每套样品可分别用于每个试剂盒产品独立的检测试验。不同的样品可以让不同产品所属公司的代表分工分装。

（二）在开标当天对不同试剂盒检出结果特异性和灵敏度比较

1．不同试剂盒产品对已知成套病毒样品的检测及其结果的报告　为了保证检测结果的可靠性，不同的试剂盒可由同一操作人员在同一实验室内操作完成，每个样品进行2个孔的重复。如果是以招标为目的，为了让该比较试验的结果更具有说服力，建议让各公司自己选派最熟练的技术人员在同一实验室同一台机器为本公司的产品操作整个检测过程，并完成读数和对每个样品的结果判定。所有过程都是在各方在场的情况下进行的，检测结果的原始电脑读数的打印记录由检测人签字后交招标机构代表暂时保存。然后再公开检测时样品的随机号与样品原始编号的对应关系，以及与样品来源的细胞板和孔号的对应关系，由不同试剂盒供应商的检测人分别在统一提供的表上给相应细胞板的相应孔样品注明是阳性（+）、阴性（–）或疑似阳性（±）（表8-2），签字后交招标机构代表。最后，公开所有样品的真实来源背景。

2．结果的判定和比较

（1）试剂盒的可重复性　所有样品的两孔重复读数应相同或相近，不能出现显著差异，否则表明该试剂盒可重复性较差。例如，在一块板上，不应有两个或以上样品的重复孔出现显著差异。

（2）试剂盒的特异性　所有10～20份来自正常未接种病毒的细胞培养上清液，都应该完全是阴性，否则表明是假阳性。

（3）试剂盒的灵敏度　来自接种病毒量大且在接种病毒后维持多天的孔的样品，应为强阳性。而来自接种病毒量最小且在接种病毒后仅维持1～2d即采集的样品，则可能是阴性或疑似阳性或弱阳性。在不同时间采集的不同孔样品间，应该按本节“一、（二）”中“3”和“4”的接种病毒量的梯度，并且采样的时间顺序也应该显示出有规律的梯度（表8–2）。实际上，相应孔样品ELISA检出的S/P值也会显出类似的动态及差异（图8–3）。

（4）不同试剂盒质量的比较判定　在试剂盒的可重复性合格且没有假阳性的条件下，以能够从最小接种病毒量最小的细胞培养孔中最早检出病毒p27的试剂盒为最好。通常，不同试剂盒间的差别都在于此，在用最小病毒量接种后，检出病毒感染的时间早晚不等。或者在用最小病毒量接种后，灵敏度好的试剂盒在接种后8～9d即可检出病毒，而灵敏度差的试剂盒却不能。如果将这种试剂盒用于核心鸡群ALV净化程序中的检

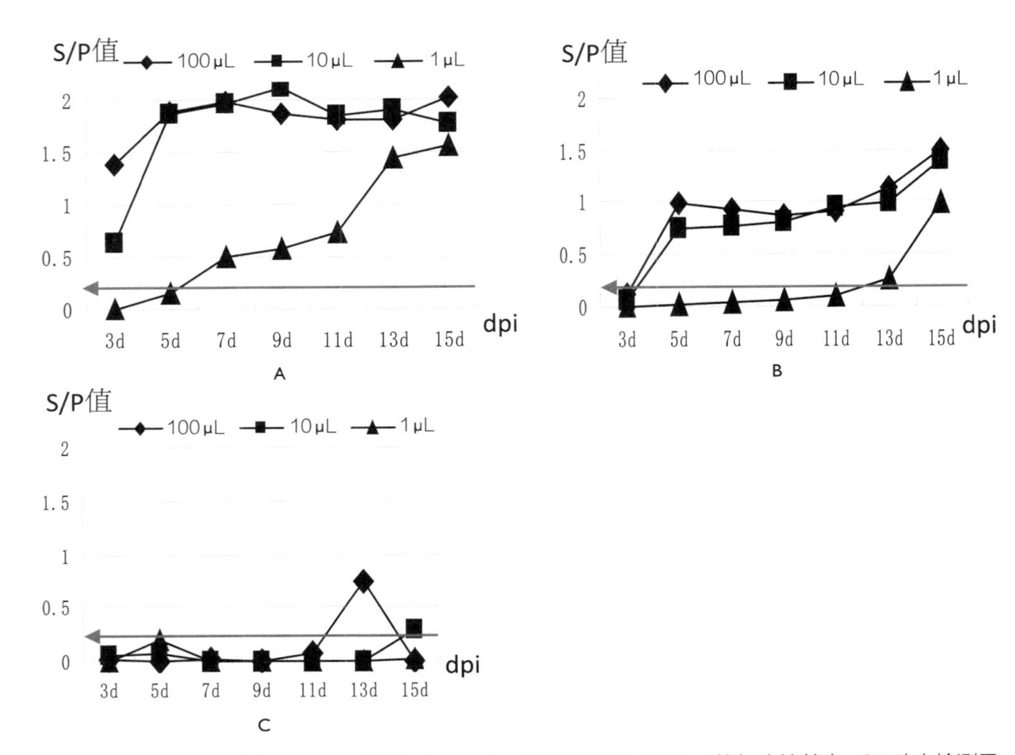

图 8-3　三个不同产商的 ELISA 试剂盒（ABC）对接种不同量 ALV-J 的细胞培养中 p27 动态检测灵敏度比较

注：不同的 24 孔细胞板分别接种不同量的 ALV-J（每微升含 90 $TCID_{50}$），分别在接种后不同时间（d）收集上清液测定 p27 的 S/P 值。红色箭头线表示判定阳性的基底线。

测，就可能导致一部分感染鸡被漏检。

二、IFA可提高对细胞培养中ALV感染的检测灵敏度

大量的比较研究表明，用DF1细胞进行外源性ALV分离鉴定时，接种剂量是影响病毒检出效果的关键因素之一，特别是当用检测p27的ELISA抗原检测试剂盒从细胞培养上清液中检测抗原来判断有无病毒感染时。这是因为当病毒含量低时，只有少数细胞感染了病毒，释放到细胞培养上清中的p27抗原较少，在抗原量无法达到试剂盒所设定的临界值时，即使使用灵敏度高的ELISA试剂盒也无法检测出。由于ALV在细胞上复制较慢，为了提高细胞培养上清液中p27的浓度，或者将细胞维持尽可能多的时间（如在净化程序中的血浆或精液样品检测要维持9d），或者将感染的细胞继续传1～2代，以增加

感染细胞的数量。这无疑也延长了净化过程中的检测时间，更重要的是对于病毒感染量很低的样品，仍然可能会造成漏判和假阴性。针对这一情况，IFA相对于ELISA就能显示较好的特异性和较高的灵敏度，可检测出一些低滴度的和早期的样品，尤其是当病毒含量较低时，该方法的优势就更加明显。例如，当按表8−2的类似试验设计将含3个不同量ALV−J接种带有盖玻片（亦称飞片）DF1细胞培养单层后，分别在接种后不同时间从细胞培养皿中取出盖玻片，用针对ALV−J的单克隆抗体进行IFA，同时也收集细胞培养上清液，分别用市场上最常用的3个厂家的p27抗原ELISA检测试剂盒检测。结果表明，3种不同剂量ALV−J接种的细胞在第3天用IFA检测都可测到；而用ELISA检测时，只有1个试剂盒对最高剂量接种的细胞检测为阳性，另2个试剂盒均检测为阴性，接种后第4天才能判定阳性。中剂量组和低剂量ALV−J接种的细胞培养皿样品，用3个ELISA试剂盒检测也都判定为阳性，但都要比IFA方法晚1～2d才能显示阳性（表8−2）。

在另一次IFA和ELISA的比较试验中，也得到了类似的结果（表8−3至表8−5），还进一步显示IFA比ELISA有更好的可重复性。在这个试验中，选用了当时市场上最好的p27抗原ELISA检测试剂盒与IFA相比较（针对ALV−J感染的细胞），而且每次分别用高和低剂量ALV−J接种4个孔细胞作为重复。根据最后结果可看到，在用不同剂量病毒接种后一定时间，一旦IFA呈现阳性，则所有4个感染孔都呈现阳性。而用ELISA检测时，不同孔的结果不一致。

从图8−4还可以看出，在接种病毒原液后第3天和第6天，大多数细胞中都可观察到胞质中有绿色荧光而胞核无荧光的典型感染细胞；当接种10倍稀释病毒液时，第3天和第6天也都可观察到阳性细胞，但阳性细胞数要少于前者；当接种100倍稀释病毒液时，

表8−3　DF1细胞接种500TCID$_{50}$的ALV−J后不同时间（d）分别用ELISA和IFA检测感染细胞结果比较

方法和重复孔	维持时间（d）					
	9	7	5	3	2	1
ELISA-1	+	+	+	−	−	−
ELISA-2	+	+	−	−	−	−
ELISA-3	+	+	−	−	−	−
ELISA-4	+	+	−	−	−	−
IFA-1	+	+	+	+	+	−
IFA-2	+	+	+	+	+	−
IFA-3	+	+	+	+	+	−
IFA-4	+	+	+	+	+	−

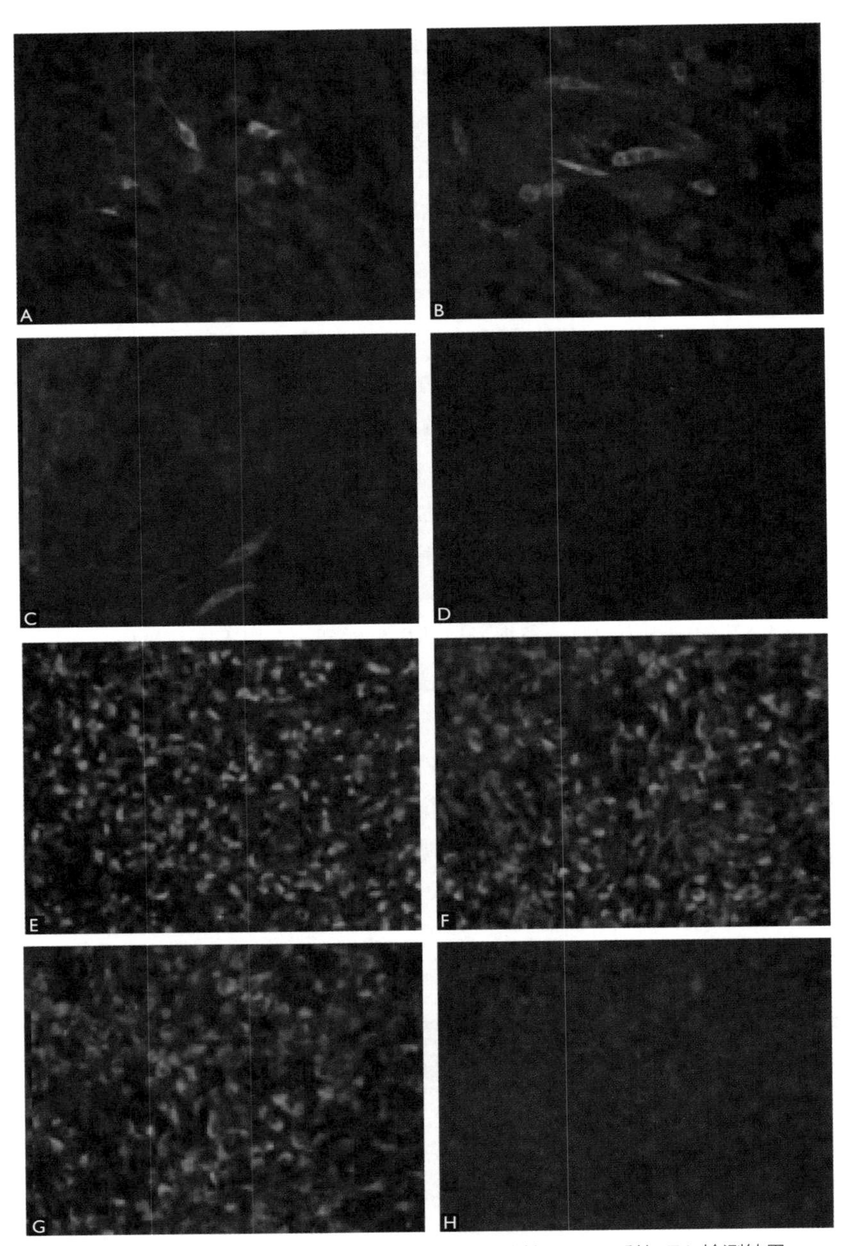

图 8-4 接种不同剂量 ALV-J 的 DF1 细胞在培养 3、6d 后的 IFA 检测结果

A. 接种 9×10^3 $TCID_{50}$ NX0101 3d 后的 DF1 细胞
B. 接种 9×10^2 $TCID_{50}$NX0101 3d 后的 DF1 细胞
C. 接种 90 $TCID_{50}$ NX0101 3d 后的 DF1 细胞
D. 未接种 NX0101 的 DF1 细胞培养 3d 后作为空白对照
E. 接种 9×10^3 $TCID_{50}$ NX0101 6d 后的 DF1 细胞
F. 接种 9×10^2 $TCID_{50}$ NX0101 6d 后的 DF1 细胞
G. 接种 90 $TCID_{50}$ NX0101 6d 后的 DF1 细胞
H. 未接种 NX0101 的 DF1 细胞培养 6d 后作为空白对照

表 8-4　DF1 细胞接种 50$TCID_{50}$ 的 ALV-J 后不同时间（d）分别用 ELISA 和 IFA 检测感染细胞结果比较

方法和重复孔	维持时间（d）					
	9	7	5	3	2	1
ELISA-1	+	–	–	–	–	–
ELISA-2	+	+	–	–	–	–
ELISA-3	+	–	–	–	–	–
ELISA-4	+	–	–	–	–	–
IFA-1	+	+	+	+	+	–
IFA-2	+	+	+	+	+	–
IFA-3	+	+	+	+	+	–
IFA-4	+	+	+	+	+	–

表 8-5　DF1 细胞接种 5$TCID_{50}$ 的 ALV-J 后不同时间（d）分别用 ELISA 和 IFA 检测感染细胞结果比较

重复孔	维持时间（d）					
	9	7	5	3	2	1
ELISA-1	–	–	–	–	–	–
ELISA-2	–	–	–	–	–	–
ELISA-3	–	–	–	–	–	–
ELISA-4	–	–	–	–	–	–
IFA-1	+	+	+	–	–	–
IFA-2	+	+	+	–	–	–
IFA-3	+	+	+	–	–	–
IFA-4	+	+	+	–	–	–

第3天仅可检测到少数的阳性细胞，但第6天时阳性细胞的比例显著升高，几乎与接种高剂量病毒的细胞培养一样。由图8-4可以推测，IFA之所以比ELISA敏感，就是因为在低剂量病毒感染后最初几天，虽然只有少数细胞感染ALV-J，但一个视野中只要有数个阳性细胞，就很容易与其他的阴性细胞相区别并可作出判定（图8-5至图8-7），虽然这时阳性细胞的比例可能还不到1%（一个视野可以有几百个甚至近千个细胞）。而如此低比例的感染细胞能向培养液中释放的p27量，还不足以被ELISA检测试剂盒检测出来。

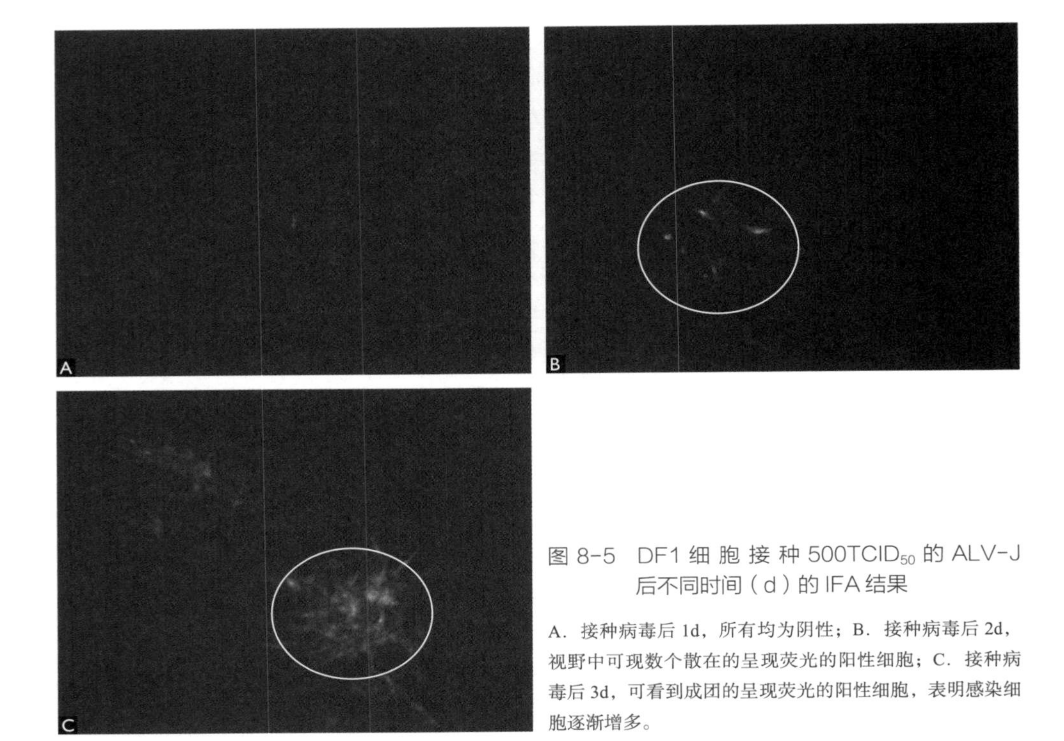

图 8-5 DF1 细胞接种 500$TCID_{50}$ 的 ALV-J 后不同时间（d）的 IFA 结果

A. 接种病毒后 1d，所有均为阴性；B. 接种病毒后 2d，视野中可现数个散在的呈现荧光的阳性细胞；C. 接种病毒后 3d，可看到成团的呈现荧光的阳性细胞，表明感染细胞逐渐增多。

当然，由于IFA检测主要根据操作者目测判断，常受判断者识别特异性荧光及荧光强度的经验等主观因素的影响，往往由有经验的经常从事和观察IFA的实验室人员做出的判断结果才比较可靠。现在绝大多数县级及以上实验室都具备实施IFA的设备和人员条件。大型养鸡公司也具备这样的条件。

IFA不仅可为试剂盒的用户用来评价试剂盒的特异性和灵敏度提供一种科学客观的比较方法，也可作为ALV净化过程中病毒分离检测的辅助方法。通过IFA辅助p27抗原检测试剂盒检测，适用于在一些特定核心种鸡群特别是净化到一定阶段的核心种鸡群，可显著提高检出率。也适用于检测疫苗中ALV污染等小批量样品，用于节省成本并提高检测的灵敏度。

三、如何用IFA来判定ALV抗体ELISA检测试剂盒对血清样品的假阳性反应

为了确定鸡群对ALV的感染状态，主要依靠对血清中ALV抗体的检测。因此，种

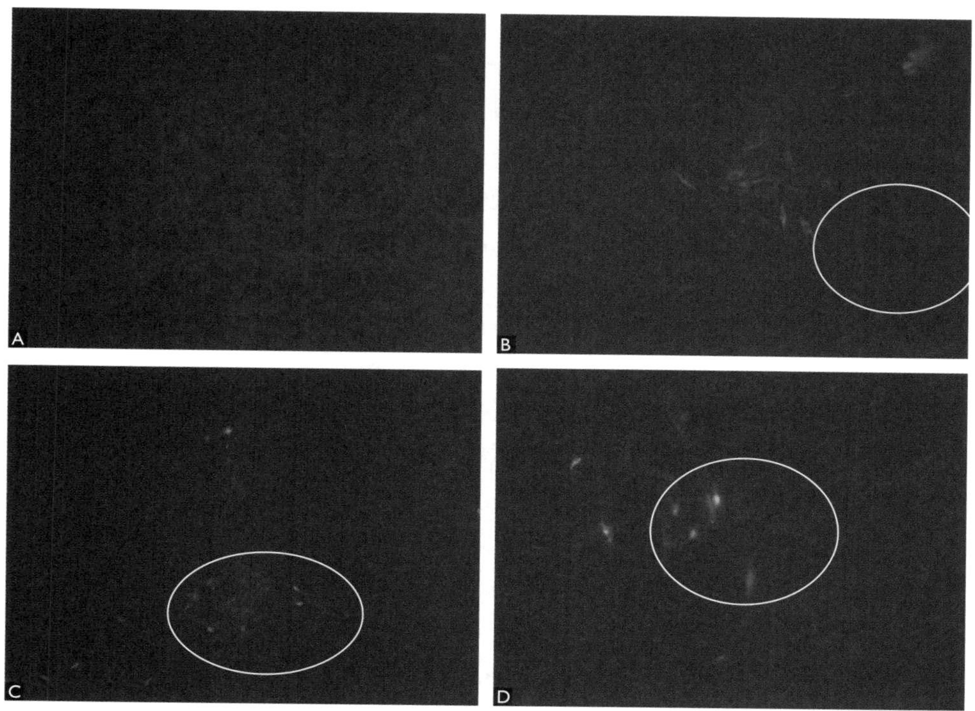

图 8-6　DF1 细胞接种 50TCID$_{50}$ 的 ALV-J 后不同时间（d）的 IFA 结果

接种病毒后 1d, 所有均为阴性（A）。接种病毒后 2、3、5d, 视野中可现散在的呈现荧光的阳性细胞。第 2 天阳性细胞虽然很少，但荧光着色的细胞很明显，容易判定（B）。随着接种后时间的增长，阳性细胞在增加，也进一步证明其特异的可靠性（C、D）。

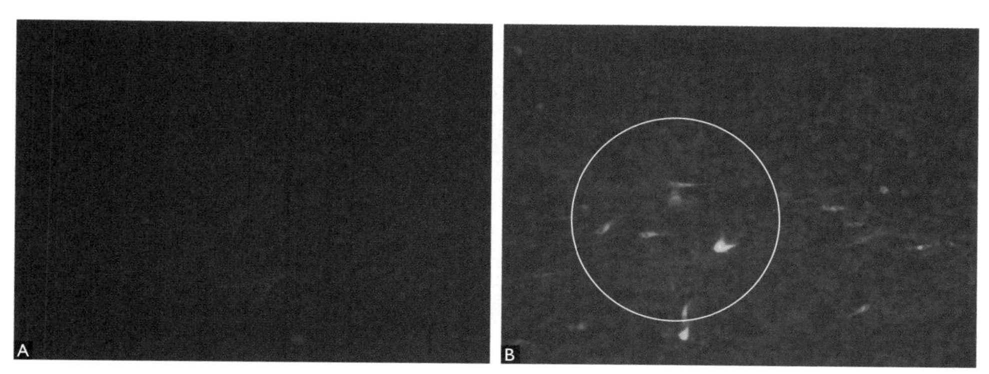

图 8-7　DF1 细胞接种 5TCID$_{50}$ 的 ALV-J 不同时间（d）的 IFA 结果

A．接种病毒后 3d, 所有均为阴性；B．接种病毒后 5d，看到明显的呈荧光阳性细胞。

鸡场普遍采用ALV抗体ELISA检测试剂盒（主要对J亚群以外的其他亚群病毒感染）和ALV－J抗体ELISA检测试剂盒来检测鸡群对不同亚群ALV的感染状态。但是，有些生产批号的试剂盒有时也会产生一些假阳性反应。例如，2014年以来，我国许多种鸡公司反映，鸡群中对ALV－A/B亚群的血清抗体阳性率比过去显著升高。有些进口的祖代雏鸡，2～3日龄血清检测就有一定比例的样品对ALV－A/B亚群抗体呈现阳性。有些已经实施净化数年的种鸡群，血清对ALV－A/B的抗体阳性率又出现升高但蛋清p27检测却全部是阴性，病毒分离也是阴性，种群鸡后代均无任何与白血病相关的临床表现和病变。在根据农业部办公厅的文件对全国祖代鸡场禽白血病感染状态实施血清学强制性检测过程中，也发现过类似的问题。显然，这与市场上供应的有些批次的ALV抗体ELISA检测试剂盒出现假阳性反应相关。因此，如何来判定ALV抗体ELISA检测试剂盒是否有假阳性反应成为种鸡公司普遍关心的问题。为了回答这个问题，笔者团队比较研究了检测鸡血清抗体的ELISA和IFA的相关性。

笔者团队对30份鸡血清的ELISA的S/P值及其对ALV－A/B亚群感染细胞的效价进行了一一对应的相关性比较。在用ALV－A/B抗体ELISA检测试剂盒检测时，这30份血清的S/P值分别分布在强阳性、中度阳性、弱阳性和阴性的不同区间内。其IFA的效价也分别从很高的1：800直到很低的1：4以至1：1，也是阴性的不同区间范围内，所有经ELISA试剂盒检测为阳性的23份血清样品，在IFA中全部为阳性，效价为1：4～800；ELISA检测为阴性的7份血清样品，在IFA中也是阴性；二者间100%相吻合。图8－8显示，在ELISA检测的S/P值与IFA的效价间表现出相当高的相关性（r= 0.97435；p<0.0001；N=30）。在ELISA中呈强阳性、弱阳性和阴性的样品一一对应的IFA效价分别见表8－6至表8－8。

表 8－6 ELISA 检测 ALV－A/B 抗体呈强阳性的血清样品与其 IFA 效价间的对应关系

样品编号	86	46	82	35	116	114	45	56	60	117	48
ELISA (S/P 值)	4.157	3.999	1.534	1.436	4.375	3.034	1.5	1.514	3.154	2.116	2.01
IFA 血清效价	1:800	1:800	1:200	1:200	1:800	1:800	1:200	1:200	1:800	1:400	1:400

注：此表对 ELISA 读数显著高于阳性临界值的样品与 IFA 检测的血清效价进行了一一对应比较，ELISA 检测判为阳性的 S/P 临界值为 0.4。

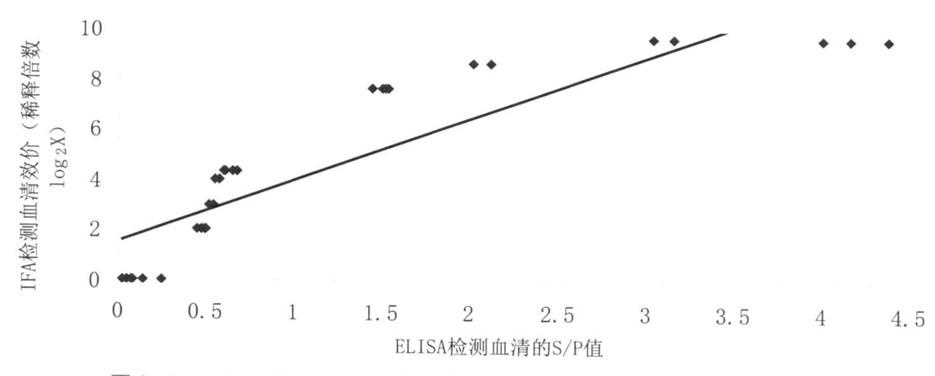

图 8-8　ELISA 检测的 S/P 值与 IFA 检测的血清效价的相关性的统计学分析

表 8-7　ELISA 检测 ALV-A/B 抗体呈弱阳性的血清样品与其 IFA 效价间的对应关系

样品编号	32	75-1	71	57	96	58-1	75-2	55	58-2	17	40	11
ELISA (S/P 值)	0.602	0.477	0.5	0.493	0.452	0.606	0.651	0.512	0.542	0.578	0.673	0.553
IFA 血清效价	1:20	1:4	1:4	1:4	1:4	1:20	1:20	1:8	1:8	1:16	1:20	1:16

注：此表对 ELISA 读数稍高于阳性临界值的样品与 IFA 检测的血清效价进行了一一对应比较；ELISA 检测判为阳性的 S/P 临界值为 0.4。

表 8-8　ELISA 检测 ALV-A/B 抗体呈阴性的血清样品与其 IFA 效价间的对应关系

样品编号	6	76	2	86	97	28	32
ELISA(S/P 值)	0.086	0.054	0.029	0.14	0.078	0.253	0.247
IFA 血清效价	–	–	–	–	–	–	–

注：此表对 ELISA 读数低于阳性临界值的样品与 IFA 检测的血清效价进行了一一对应比较；ELISA 检测判为阳性的 S/P 临界值为 0.4。“–”表示不经稀释的血清也是阴性。

用类似的方法，笔者团队也已比较了用ELISA和IFA来检测鸡血清样品中对ALV-J抗体的相关性，结果表明，二者间也存在着较好的相关性（表8-9）。即ELISA判为阳性的，在IFA中也是阳性，且ELISA检测中S/P值高的样品，其IFA效价也高，虽然不完全成比例。而ELISA检测阴性的样品，在IFA中也是阴性。

表 8-9 ELISA 和 IFA 检测鸡血清 ALV-J 抗体的相关性比较

检测方式	血清样品来源鸡号			
	6-4	6-52	5-1	3-7
ELISA 检测的 S/P 值	1.146	1.123	0.683	0.141
IFA 检测效价	1:200	1:80	1:10	-

注：检测使用 IDEXX 公司的 ALV-J 的检测试剂盒临界值为 0.6；"—"表示阴性。

这一系列比较试验结果表明，在对特定厂商特定批号ELISA试剂盒有疑问时，可考虑用IFA再做相关的验证试验。

检测血清抗体的IFA的具体做法是：

1. 带有感染ALV的细胞培养的飞片的准备　将DF-1细胞培养处于对数生长期时接种已知A/B亚群或J亚群的ALV，在37℃的培养箱中培养4～5d后，将感染的细胞消化悬浮后再接种于带有盖玻片（即飞片）的6孔板各孔中或单独的细胞培养皿中，再培养2～3d，待细胞长成单层后，用固定液固定5min，分别一一取出每片飞片，存于-20℃，待用。要将带有不同亚群ALV感染细胞的飞片做好标记分别保存。在每批制备的飞片使用前，可用已知阳性的血清或单抗进行一次预备试验，确认飞片上的细胞中被ALV感染而在IFA中能现出荧光阳性的细胞为5%～60%，以便在今后的比较试验中容易作出阳性和阴性反应的判断。

2. 血清样品IFA的检测　先将待检血清样品分别用生理盐水（PBS）做2倍稀释、10倍稀释、50倍稀释后，作为第一抗体加到预先准备并固定好的带有ALV感染细胞的飞片上，37℃孵育45min，1×PBS洗涤3次。再加上1：200稀释的FITC标记的兔抗鸡荧光抗体（Sigma公司），37℃作用45min，1×PBS洗涤3次，加一滴50%甘油于飞片上，在荧光显微镜下观察试验结果，并确定样品血清效价。为了减少非特异性反应，建议用足够量的鸡胚细胞将兔抗鸡荧光抗体充分吸收，以去除其中可能与正常鸡细胞表面蛋白发生非特异性结合的成分。如果预备试验中血清显示较高的效价，可对待检血清样品进行一定稀释后再用作检测。

在净化过程中最常采用的检测方法就是ELISA，该法适用于大批量样品的大规模的检测，特别适合大型种禽公司的禽白血病的免疫监测及净化。但是，当样品量较少时，容易造成ELISA反应板的浪费，从而极大提高了检测的成本。除了可能用来验证ELISA试剂盒的特异性外，IFA检测还适合于少量样品的检测，样品少时，操作比较简便，但是必须预先准备病毒感染的细胞飞片。而且当样品量很大时，IFA检测就会过于烦琐，工作量特别大，因此此法不适合大规模检测。

本试验用的是禽白血病A/B抗体ELISA检测试剂盒，试验中最后表达的测定结果并不是直接的OD值读数而是S/P值，即（样品OD值－阴性对照OD值）/（阳性对照OD值－阴性对照OD值）。S/P≥0.4即阳性，但样品S/P值在临界值周围时，很可能因为操作的原因造成误判，因此在一个实验室必须始终保持操作人员的稳定性，从而使操作技术更可靠。但即使操作准确无误，由于判定阴性阳性的临界值是根据概率人为确定的，有些样品S/P＜0.4，其实也可能是阳性样品，所以ELISA检测很容易出现假阳性和假阴性样品，而IFA检测却能准确无误地检测所有样品。IFA阳性样品通过荧光显微镜就能明显看到有绿色荧光的细胞形态，阴性样品则无。因此在大量样品检测时，ELISA检测中S/P值在临界值上下的样品，最好用IFA检测的方法进行复检，这样就可保证检测的准确性，对禽白血病的净化有至关重要的意义。

本试验通过比较研究发现，ELISA检测鸡血清中ALV－A/B抗体的S/P值与IFA检测ALV－A/B的血清效价之间具有显著相关性。这为在必要的情况下利用IFA来代替ELISA提供了科学依据，特别是当待检血清样品数量较少时或对特定厂商特定批次的试剂盒的质量有疑问时。由于ELISA检测特别适合于大批量样品，一块ELISA检测板可检测94份血清样品的抗体检测。当待检血清样品数量较少时，用一块ELISA板来检测成本很高，这时可对血清进行稀释做IFA检测，显著降低检测成本，同时也可以提供准确的试验结果。但IFA检测需要实验人员有很高的细胞培养水平，保证细胞良好的状态，制备好合格的飞片。

本试验用的是A亚群禽白血病病毒SDAU09C1株和B亚群禽白血病病毒SDAU09C2株，以及一些送检血清样品，这种相关性仅限于A、B亚群禽白血病病毒感染产生的血清抗体。但随后J亚群禽白血病病毒感染产生的血清样品的比较研究，也证明IFA可用于对ALV－J感染鸡的抗体检测。

四、RT-PCR加特异性核酸探针斑点杂交检测外源性禽白血病病毒

在DF1细胞培养上分离病毒，目前还是确证外源性白血病毒感染的最可靠方法。但这一方法不仅要依赖细胞培养的试验条件，而且周期较长，一般需半个月。如果用采用的PCR扩增和克隆*ENV*基因，再加上委托商业公司测序，一般也需10d至半个月。对于临床样品的日常检测来说，希望有更简单的方法。对于疫苗企业检测ALV污染，特别是对于原祖代种鸡群的外源性ALV净化来说，更希望有一个从血液样品直接检测外源性ALV的方法。为此，笔者团队研究了RT－PCR加特异性核酸探针斑点杂交检测外源性禽白血病病毒的方法和相关的试剂盒。其基本做法是，在提取病料组织样品的RNA后，用特异性引物进行RT－PCR，对其产物

再分别用4种不同特异性的U3核酸探针进行交叉分子杂交反应。斑点分子杂交可在24h内完成检测并报告结果。如将同一样品的核酸提取物分别点在4张膜上，通过不同特异性的对照U3片段DNA的比较，即可鉴别性地检测出样品中的致病性的外源性ALV。在一张8cm×8cm的硝酸纤维膜或尼龙膜上，可同时检测约80份病料的核酸样品（图8–9、图8–10）。如果用PCR进行该交叉分子杂交反应，则可在不影响特异性的条件下将检测的灵敏度提高100倍以上。一些RT–PCR产物，即使在电泳中看不到条带，也能在分子杂交反应中显示出来。

初步研究证明，该法不仅可用于直接检测病料样品或疫苗中的外源性ALV，也可用作核心鸡群净化ALV时对病毒分离法的一个补充。在一些要进行外源性ALV净化的育种公司，如果不能进行细胞培养分离病毒，还可考虑用RT–PCR加特异性核酸探针斑点分子杂交直接从血浆和精液中检测病毒血症的存在。

附 RT–PCR加特异性核酸探针斑点杂交检测外源性禽白血病病毒的操作方法

1. 从样品中提取病毒基因组RNA　按常规方法，用Trizol试剂从不同样品中提取ALV基因组RNA。对提取产物的处理要特别小心，绝对避免RNA酶的干扰。

2. RT–PCR　分别利用试剂盒提供的ALV–J和致病性ALV–A/B特异性区引物，按常规RT–PCR的程序完成。要特别注意，所有试剂和溶液必须是绝对没有RNA酶活性的。

3. 斑点分子杂交检测步骤

（1）2张适当大小的NC膜或尼龙膜，划好格子，长和宽各8mm，做好标记。

（2）分别在膜的预先标记点上添加1μL试剂盒中提供的已知的不同亚群毒株U_3片段DNA作为阴性和阳性对照。

（3）吸取1.0μL待检核酸样品（约1μg待检样品或待检样品PCR产物DNA，所有PCR产物不作电泳直接点样）点于膜上各个格子的中央。

（4）将NC膜或尼龙膜（点样面朝上）放于已用变性液（0.5mol/L NaOH；1.5mol/L NaCl）饱和的双层滤纸上变性10min，再放于已用中和液（0.5mol/L Tris–Cl；3.0mol/L NaCl，pH7.4）饱和的双层滤纸上中和5min。

（5）NC膜室温干燥30min，然后在80℃干烤2h固定DNA。

（6）将NC膜放于预杂交液（5×SSC，0.2%SDS，2%封闭试剂Blocking Reagent, 0.1%（*W/V*）N–Lauroylsarcosine）于65～68℃反应2h，期间经常摇动NC膜容器。

（7）分别将ALV–J和ALV–A/B特异性的两种探针于沸水中变性10min，取出立即置于预先冰冻的无水乙醇中速冻5min（防止探针变性后复性）。

（8）将变性的探针倒入预杂交液中（通常每毫升杂交液含1μg特异性核酸探针），充分混匀即成杂交液，使NC膜在其中于65～68℃杂交6h以上，最好过夜（杂交后回收杂交液，可用3次）。

（9）将NC膜放于洗液Ⅰ（2×SSC，0.1%SDS）中于室温洗涤15min，2次。

（10）将NC膜放于洗液Ⅱ（0.5×SSC，0.1%SDS）中于70℃（比通常方法高2℃，这对保证杂交反应的特异性非常重要）洗涤15min，2次。

以下步骤需另外购买的DIG标记探针检测试剂盒。

（11）置NC膜于缓冲液Ⅰ（0.1mol/L Tris–Cl, 0.15mol/L NaCl, pH7.5）中洗1min。

（12）置NC膜于缓冲液Ⅱ（缓冲液Ⅰ+2%封闭试剂Blocking Reagent）中反应30min，再用缓冲液Ⅰ洗1min。

（13）在20mL缓冲液Ⅱ中加入4μL抗地高辛抗体的碱性磷酸酶标记物（用之前离心5min，1 000r/min），置于适当大小（略大于NC膜，为了有效利用试剂）的容器中，将膜放其中于37℃浸泡30min（不要超过这一时间，以免影响酶活性）。

（14）缓冲液Ⅰ洗涤：5min×5次。

（15）置NC膜于缓冲液Ⅲ（0.1mol/L Tris–Cl, 0.1mol/L NaCl, 0.05mol/L $MgCl_2$, pH9.5）中反应浸泡2min。

（16）在适当大小（为了有效利用试剂）的容器中加入10mL缓冲液Ⅲ和100μL（NBT和BCIP混合物），将NC膜放入其中显色一定时间（2～18h）（避光，不要摇动）。

（17）加入TE缓冲液（pH8.0）终止显色反应。

4．结果的判定

（1）四个探针特异性的确定　当杂交温度为70℃时，各探针之间彼此独立，特异性较好（图8–9）。

图8–10的结果都是在70℃条件下进行斑点分子杂交完成的，各探针只和自身的DNA有斑点反应。但在65～68℃进行点杂交反应时，则不同亚群间表现不同程度的交叉反应，这决定于相互之间的同源性程度。

(2) 交叉分子杂交有效性的确定　当滴加了相同样品的4张模分别用4个不同的U3探针进行分子杂交后，首先观察各个添加有4个不同U3对照DNA的加样点的呈色反应。如果每一个探针对照DNA显色深度的相互关系表8–10，则反应成立。如果有一项明显不符合，则反应不成立，需重做。

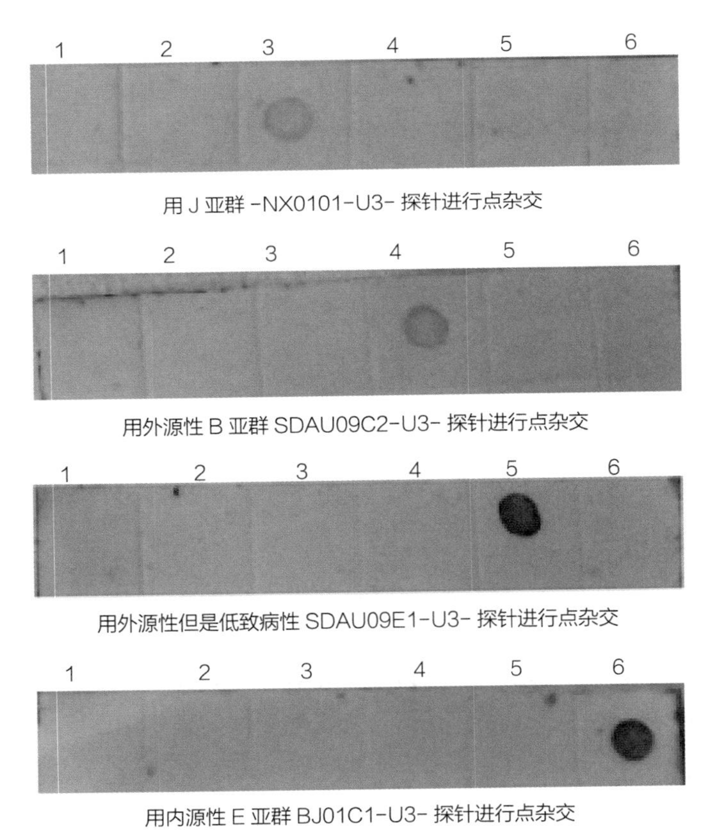

图8–9　不同亚群ALV特异性的已知LTR-U3片段DNA样品与各个亚群LTR-U3特异性核酸探针的点杂交反应

注：各图中添加的样品。1. 双蒸水；2. SPF鸡组织DNA；3. J亚群NX0101-U3-DNA；4. B亚群SDAU09C2-U3-DNA；5. 低致病性A亚群SDAU09E1-U3-DNA；6. 内源性E亚群BJ01C1-U3-DNA。

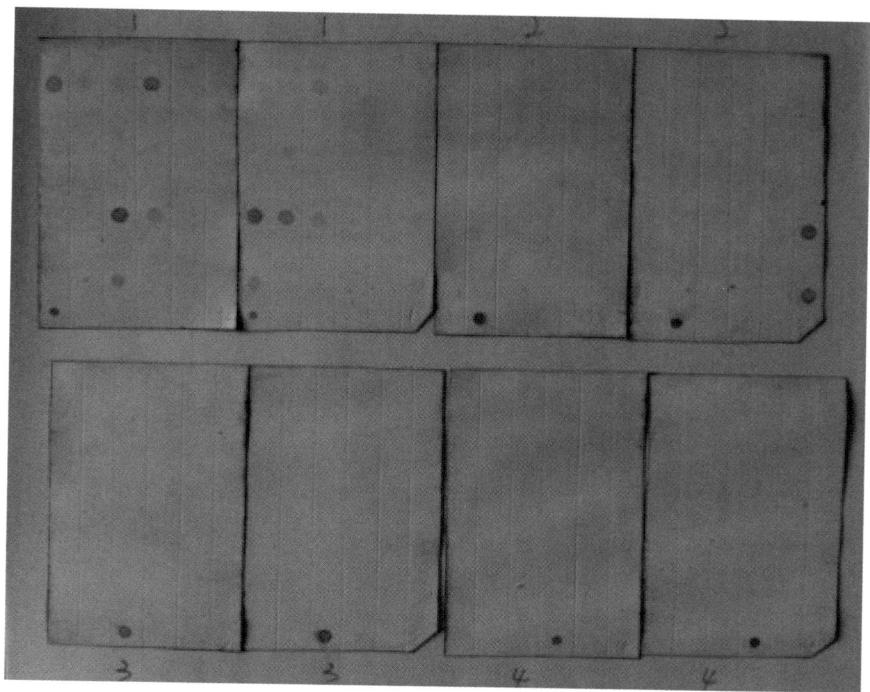

图 8-10 不同亚群 LTR-U3 特异性核酸探针与 ALV-J 感染后 1、3、5、7、9d 细胞培养的 PCR 产物的斑点杂交反应

注：图中 1 ~ 4 分别表示在斑点杂交中所用的不同亚群 ALV 的 U3 区特异性核酸探针：J 亚群、经典的 A ~ D 亚群、低致病性的 A 亚群变异株和内源性 E 亚群。分别将 4 个不同稀释度的 ALV-J 接种 DF1 细胞，在接种后 1、3、5、7、9d 收集细胞提取基因组 DNA 作为模板，分别用 J 亚群特异性和 A ~ E 亚群特异性的引物进行 PCR 扩增相应的 U3 片段 DNA 点样，每个 PCR 样品都同时在 4 张膜加样，每张膜的点样位置完全相同。为便于操作，将每张膜点样后切开成 2 片进行下一步的分子杂交。由此得到的 8 张膜的最底一排从左到右分别滴加了 J 亚群、经典的 A ~ D 亚群、低致病性的 A 亚群变异株和内源性 E 亚群的 U3 片段 DNA 作为阳性和阴性对照。在每张膜倒数第 2、4 排的最右侧滴加了 B 亚群 U3 片段 DNA 作为对照。

表 8-10 判断交叉分子杂交是否有效的结果对照表

所用探针	对照 DNA1 号	对照 DNA2 号	对照 DNA3 号	对照 DNA4 号
1 号	+++ 至 #	+ 至 +++	– 或 +	– 或 +
2 号	+ 至 +++	+++ 至 #	– 或 +	– 或 +
3 号	– 或 +	– 或 +	+++ 至 #	+ 至 +++
4 号	– 或 +	– 或 +	+ 至 +++	+++ 至 #

(3) 样品特异性的判定 如果在用1号探针或2号探针进行杂交反应的膜上，任一样品点的呈色反应的程度接近或达到甚至高于对照DNA1号或2号，或至少显著高于对照DNA3号和4号，即可判定为检测出有致病性的外源性ALV的U3片段，即该样品核酸来源的细胞呈致病性的外源性ALV感染阳性。如果不显颜色反应或只相当于对照DNA3号和4号的呈色反应，则判为没有检测出致病性外源性ALV的U3片段，即致病性外源性ALV感染阴性。如果显色反应仅略高于对照DNA3号和4号，则判定为可疑。

如果在用3号探针或4号探针进行杂交反应的膜上，任一样品点的呈色反应的程度接近或达到甚至高于对照DNA3号或4号，即可判定为检测出内源性ALV的U3片段或低致病性的重组外源性ALV的U3片段核酸。但不能做出有或无呈致病性的外源性ALV感染的判定。

如果某一加样点，对4个核酸探针都能呈现不同程度的显色反应，表明存在着内源性ALV的U3片段或低致病性的重组外源性ALV的U3片段核酸，但其核酸来源细胞也确实存在着有致病性的外源性ALV感染。

第九章

我国鸡群病毒性肿瘤病研究展望

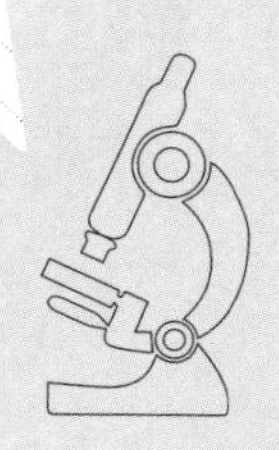

大约自2005年以来，在发达国家，由于规模化养鸡业高度重视生物安全措施在疫病预防控制中的重要作用，使得鸡的三种病毒性肿瘤病已得到了较好控制。然而在我国，整个养鸡业一直对生物安全措施不够重视，导致许多疫病难以得到有效控制，这也包括鸡的病毒性肿瘤病。相比之下，我国对鸡群马立克病的控制较有成效。自从推广液氮保存的CV1988/Rispens株细胞结合疫苗以来，在我国大多数地区大多数鸡场，马立克病的肿瘤发病率均处在较低水平。然而，在一些小型鸡场，马立克病肿瘤还仍然常见，而鸡群禽白血病病毒和禽网状内皮组织增殖症病毒感染更是相当普遍。总的来说，鸡的病毒性肿瘤病还仍然是我国各类种鸡场正在面对的最重要的疫病。因此，在今后一段时期内，对困扰养鸡业生产中的这一问题，还有许多研究工作需要深入开展。其中，有些是直接为生产服务的，有些则涉及现代生物学的一些基本问题。

第一节 继续跟踪我国鸡群中禽白血病病毒感染的流行趋势

和其他常见病毒病一样，鸡的肿瘤性病毒也在不断变异和演变中。此外，影响病毒感染鸡群的一些流行病学因素也会发生变化，认识其流行趋势的变化，将有助于采取更有效的防控措施。

一、我国鸡群禽白血病病毒的演变趋势

ALV本身就是一种最易变的病毒，可以从多方面来研究鸡群ALV的变异和演变。

1. 鸡群中主要流行亚群的变异　目前已知在鸡群已分离鉴别出的ALV有A、B、C、D、E和J六个亚群。在20世纪80年代前，与全球一样，我国各类鸡群中流行的ALV以A和B亚群为主。但90年代起，新出现的J亚群逐渐成为我国各类鸡群中的主要流行亚群。随着时间的推移，主要流行亚群也是会发生变化的。我国不仅地理面积大，而且涉及不同的气候、地理环境，以及不同饲养模式中的不同遗传背景的不同类型的鸡。因此，各地不同类型鸡群中的主要流行亚群不仅不尽相同，而且也会随着饲养模式的变化而变化。

2. J亚群ALV的*gp85*基因的变异　自20世纪90年代以来，J亚群一直是我国鸡群中的主要ALV亚群。但是，ALV-J流行株的*gp85*差异也在逐渐增加中。如第二章中所述，我国ALV-J流行株间的gp85的同源最低已低至87%左右（见第三章第三节）。这一方面与免疫选择压相关（wang等，2007），但是否还与遗传背景、器官或组织的亲嗜性相关？在今后5～10年内，ALV-J在我国鸡群继续流行过程中，其*gp85*基因会向哪个方向变异并对致病性带来哪些影响？这些都是大家今后应关注的问题。

二、ALV-J对我国不同遗传背景地方品种鸡的致病性比较及其适应性变化

如第三章所述，在20世纪90年代初ALV-J开始流行的早期，人工接种后ALV-J虽然也能感染其他类型鸡，但致病力较低，最初只在白羽肉鸡中自然流行和发病。只是在过去20年中，ALV-J才在我国逐渐传入商业运作的蛋用型鸡群和我国不同的黄羽肉鸡中，随后又逐渐蔓延至我国各地各种地方品种鸡群中。在进入我国不同遗传背景的地方品种鸡群的初期，感染率和发病率都很低，但近几年中，在一些纯地方品种鸡，其ALV-J的感染率及发病率均显著升高。这究竟是ALV-J自然流行蔓延的结果，还是与ALV-J对某些遗传背景鸡群的感染性发生了适应性变异相关，还有待深入研究。与此同时，我国地方品种鸡的遗传背景多样性，也为深入研究ALV-J的感染性和致病性与遗传差异的相关性提供了特别有用的天然资源。

三、ALV流行株的致病性变异

自1988年发现ALV-J在世界各国流行的最初10多年中，ALV-J仅发生于白羽肉鸡群中，而且主要只引起髓细胞样细胞瘤。当时即使在人工接种试验中，ALV-J也只是在其他类型鸡中发生感染，很少会发生肿瘤。然而，自2004年以来的过去10年中，ALV-J不仅已自然传入蛋用型鸡群和我国某些地方品系鸡群中，而且在这些鸡群中诱发的肿瘤死淘率越来越高。不仅有典型的髓细胞样肿瘤，而且还常常出现血管瘤、纤维肉瘤和骨硬化等不同的病理变化（详见第五章第四、五节）。可以推测，如果不能在大多数鸡群中净化外源性ALV，则将会出现其他致病型的ALV流行株。我们应随时关注和开展这方面的研究。

四、发现和鉴定我国地方品种鸡群中ALV的新的亚群

如上所述，目前从鸡群发现和报道的ALV有A、B、C、D、E和J六个亚群。这些亚群都是从欧美国家的有限遗传背景的鸡群发现和鉴定的。C和D亚群是细胞培养上发现的，很少从自然鸡群中分离到。到目前为止，我国已发现和报道了A、B、E、J四个亚群。

然而，我国饲养的鸡的品种比欧美国家多许多。我国有相当多的地方品种多是在过去几百年甚至1 000多年中独立形成的。在这些不同来源、不同遗传背景的鸡群中，完全可能存在着不同于以上六个亚群的新的亚群ALV。实际上，最近已从我国的一个地方品系中分离到3个ALV野毒株，分析这3个ALV野毒株就可能属于一个独特的亚群。根据*gp85*基因序列比较，它们相互间的同源性在98%以上，但是与J亚群的所有毒株的同源性均小于35%。而且，它们的gp85与A、B、C、D、E亚群的已知代表株的gp85的同源性均低于84.6%左右（见第三章）。

因此，如果能对我国不同地理环境下的有代表性的地方品种鸡群中ALV进行系统的病毒分子流行病学调查，就很有可能发现ALV的新亚群。

五、利用高通量测序技术深入研究我国ALV的分子流行病学

ALV是一类基因组高度易变的反转录病毒，而ALV–J又是其中最易发生变异的亚群。对于不同来源的ALV–J分离株gp85的同源性分析，国内外许多研究机构的不同实验室已发表了许多论文，1990—2001年，ALV–J的gp85同源性最低可达80%左右。自2009年以来，我国学者对来自蛋鸡和我国地方品种鸡的100多株ALV–J的gp85进行比较分析，发现其最低同源性还是在80%左右。将来自同一鸡群的10只病鸡分别同时分离ALV–J发现，它们的gp85相互间的同源性居然也在88.3%～97.1%如此大的变异范围内（边晓明等，2013）。由此可见，仅对ALV–J的流行株gp85序列的简单的同源性比较并不能得出什么有意义的结论。而且，在绝大多数发表的报道中，往往都是以一个发病鸡群病料在细胞上的一个分离物PCR产物的一个克隆的序列作为代表，而很少考虑在同一感染鸡群或个体内存在的ALV–J的准种多样性。为此，笔者团队曾对从同一只病鸡不同脏器肿瘤直接用PCR扩增的ALV–J *gp85*基因的40个克隆分别测序。结果表明，来自同一只鸡的这40个克隆相互间序列的同源性为94.9%～99.5%。但这只是初步显示出在同一病鸡体内ALV–J的准种多样性。这表明，对发病鸡群分离到的几株病毒gp85的序列分析比较，不一定能反映不同地区、不同群体、不同时期的ALV–J间的gp85或LTR的变异，也不能代表该流行毒株分子演变的动态与致病性演变间的相互关系。为了阐明这一点，必须弄清每只发病鸡或鸡群中ALV–J的准种多样

性，即必须比较分析来自同一只鸡和同一群鸡的*gp85*或LTR相应基因片段的相当数量的克隆，比较其中不同准种间优势关系随生物学性状变异的演化动态。

准种（quansispecies）的概念最初是作为模拟地球上最初出现的大分子如RNA的演化模型提出来的，后来由牛津大学的一批学者开始将病毒准种这个概念用于病毒研究，用它来代表某一病毒在同一个宿主体内大量复制后形成的群体基因组遗传多样性。这是因为RNA聚合酶在RNA复制过程中的自我纠正功能较差，在病毒复制的几乎每一个循环，基因组上都可能有碱基的突变。一个病毒粒子经几十次复制循环后，很容易形成一个几乎由无限个体组成的相互间极为相似但基因组上又有所差别的病毒准种群体。在病毒准种这个概念上，以人的HIV作为对象研究得最多。主要关注的是病人的免疫反应与HIV准种群体演变间的相互关系，以及免疫选择压对HIV准种群体演变的影响，这与HIV病人的病程和结局密切相关。自20世纪90年代以来，对动物RNA病毒的准种也已积累了一些试验资料，如口蹄疫病毒、ALV、猪繁殖与呼吸障碍综合征病毒等。山东农业大学家禽病毒性肿瘤病实验室已在严格的实验室条件下，对几种常见的猪、禽病毒在抗体免疫选择压作用下准种演变进行了大量比较研究。在现代规模问题化养殖业企业中，不仅饲养的动物群体很大而且密度也很大，这就导致同一种病毒不仅可以在同一动物群体中迅速传播，还可能维持持续感染状态，同一病毒在该群体中形成相关的更大的准种群。如上所述，考虑到准种多样性，笔者团队已开始对每一次PCR产物都选用10 ~ 20个的克隆分别进行测序比较。但是，成本和人工操作都限制了测序克隆数量的进一步增加，从而限制了对单个个体内某种病毒准种多样性及其演化过程真实面貌的了解。特别是不容易分析出适应变化着的生态环境的新准种的发生趋势，即如何从最初比例极低的突变准种演变为优势准种。最近几年发展并广泛应用的高通量测序技术则有助于解决这一问题，有可能促进对病毒准种及其演化规律的研究产生一次质的飞跃。高通量测序技术的优势是其数据量大，在相对较低的成本和应用较少人工的条件下，可显示同一测序样品中数十万个核酸分子的同一位点的不同序列，从而显示出准种的多样性及那些比例极低的准种。利用这一技术，对一些易于变异的医学RNA病毒的准种多样性已取得很大进展，最多的是在HIV，此外还有B、C、E型肝炎病毒，人多瘤病毒。研究人员探索了在抗病毒药物、在免疫压力下、在病人不同的病程期间的这些病毒的准种多样性，特别是一些优势准种及某些稀少准种演化规律，从中推断出与药物抵抗力、免疫选择压或病程相关的基因位点或区域。在动物病毒中，用高通量测序技术成功确定了狂犬病毒在野生动物狐狸和臭鼬间发生跨种传播相关的变异准种，还发现了与猪瘟病毒的与毒力显著增强相关的变异准种等。因此，也能用这一方法研究ALV基因组上与准种多样性及致病性相关的*gp85*基因和

LTR。深入研究我国鸡群ALV－J的准种多样性及其与传染性和致病性演变间的相互关系，并以此探索ALV－J或其他亚群的演变规律甚至预测ALV可能演变的方向，将会为我国种鸡场禽白血病防控和净化措施的制订提供更新的科学依据。

第二节 我国鸡群禽白血病防控相关的技术和产品的开发研究

目前，市场可提供多种与禽白血病相关的ELISA诊断试剂盒，且适宜于大批量样品的检测，但它们有其局限性。这些试剂盒或者仅用于检测血清抗体，只代表鸡群（只）感染过不同亚群的ALV，不能用于病的鉴别诊断和种群的净化；或者能用于检测不同样品中的ALV群特异性p27抗原，但不能将外源性与内源性ALV相区别。因此，为了鸡群的净化及禽白血病的鉴别诊断，还需要研发新的更有效的诊断方法和诊断试剂。

一、能识别不同亚群的全套特异性抗体及其商品化的试剂盒

虽然现在有针对ALV－J的单克隆抗体，而且在IFA中显示出很高的特异性效度（详见第六章），该单抗也已提供给国内许多单位成功地用于ALV－J的分离鉴定，但还有待开发为商业化的试剂盒。针对其他亚群的单克隆抗体也有待研发。需要一套完整的特异性抗体及相关的试剂盒，用于ALV野毒株的鉴别及原种鸡场净化过程中对外源性ALV的检测。

二、直接从病料中检测外源性ALV的核酸检测方法及试剂盒

虽然特异性抗体可用于鉴别在细胞培养上分离到的ALV野毒株，但细胞培养所需的周期较长，而且在面对大量样品时有较大的技术难度。因此，还需要利用现代核酸技术，开发出一种用PCR（RT－PCR）+特异性核酸探针进行分子杂交的能从病料样品中直接检测出外源ALV特异性核酸的诊断方法和试剂盒。我国在这方面已有了很大进展（详见第八章），但还有待将其开发成商品化的试剂盒。

三、进一步改进种鸡群ALV净化和监控的检测方法

我国饲养的黄羽肉鸡的年出栏量约40亿只，几乎相当于白羽肉鸡的生产量。这么多的黄羽肉鸡却来自许多在遗传性状上各具特色的地方品种鸡群，且它们中的大多数鸡群都已感染了ALV特别是ALV–J。对如此众多的鸡群实施ALV净化，将是一项长期的任务。而且，即使是实现了净化的种鸡场（群），仍需要长期实施监控性的抽样检测。现有的检测方法，不仅在设备和技术上有较高的要求，而且成本也偏高，不利于在全国范围内对所有应该实施净化和监控的种鸡群都实施严格的检测。利用新的实验室技术不断地改进对ALV感染的检测技术，是预防和控制禽白血病的一项重要的研究内容。

第三节　与病毒致肿瘤相关的科学问题

一、鸡群为什么容易发生多种多样的病毒性肿瘤

全球约200多亿只鸡的年饲养量中，我国约占1/3。发达国家利用其科学技术、资金和经营管理优势，从20世纪80年代起已将经典ALV从商业鸡群中消灭，已把MDV污染控制在很低水平，在消灭新型ALV–J的规划中也已取得很大进展。相比之下，我国鸡群肿瘤性病毒感染一直保持在较高水平。这使我国鸡群成为这些肿瘤病毒通过自然突变和通过肿瘤病毒间及病毒与宿主间基因重组而演化出新型病毒的最大自然疫源地，究竟是什么样的生物学机制使鸡群如此容易发生多种病毒性肿瘤？又是什么样的生物学机制使这三种病毒最容易引发造血细胞系统的肿瘤？什么样的生物学机制使鸡在感染这类病毒后能发生如此多种多样细胞类型的肿瘤？这些问题不仅仅是养鸡业的问题，而且也是一个具有普遍生物学意义的问题。因为阐明了这些问题，不仅有助于减轻养鸡业中普遍发生的肿瘤性死亡和淘汰带来的严重经济损失，也有助于理解和解决人类的肿瘤发生的原因和解决途径。当然，从宏观角度看，鸡的饲养群体最大，选育的结果在使生产性能显著提高的同时也使抗病性能下降了。鸡群固有的肿瘤性病毒较多，有MDV、REV、ALV等，当鸡的饲养群体大而密集时，就有助于传染性强的病毒演化为优势群体。这些都可

能是导致鸡群易发生肿瘤的影响因素，但还需探索其他生物学机制。鸡群易发肿瘤这一特性，绝不是只由一个生物学机制决定的，而一定是涉及好多方面的因素。以下几方面的研究进展可能有助于回答为什么鸡容易发生多种多样的病毒性肿瘤，而且可作为进一步研究的切入点。

（一）插入鸡染色体中的特殊的内源性ALV对肿瘤发生起着什么样的作用

所有脊椎动物基因DNA中都存在着内源性反转录病毒基因组，人类基因组中有将近5%的DNA与反转录病毒样转座成分及其作用相关，有0.1%的DNA本身或许就直接来自反转录病毒基因组。而最早发现的内源性反转录病毒成分，就是鸡基因组上的ALV的基因组cDNA序列。但是，迄今为止，只有在鸡的基因组上发现能产生传染性病毒粒子的E亚群ALV的全基因组。通过对来航鸡的基因组分析表明，在不同个体鸡的基因组上，至少已发现22个带有内源性白血病毒的位点，它们分布在不同染色体的不同部位。其中，大多数ev位点并不含有ALV的完整基因组，即它们不含有能产生传染性病毒粒子所需要的全部序列，因而属缺陷型基因组。但是，其中有些位点如ev2、ev14、ev18、ev19、ev20和ev21确实带有能产生ALV传染性病毒粒子的全基因组。不过这些鸡基因组上不同位点产生的内源性ALV，通常致病性很低或完全没有致肿瘤性。但是，根据美国一些学者的研究，在有些遗传品系的鸡，有E亚群内源性ALV感染的个体或鸡群，往往对其他亚群外源性ALV更易感，更容易被诱发肿瘤。当然，还要在这方面进行更多的比较实验。

（二）与其他免疫抑制性或肿瘤性病毒的共感染是否会促进肿瘤的发生

MDV、REV和ALV都有免疫抑制作用，特别是对雏鸡。鸡群中这几种病毒的感染和共感染及与其他多种免疫抑制性病毒的共感染也非常普遍（见第五章）。这种共感染可强化相应个体鸡的免疫抑制状态，抑制对潜在发生的肿瘤细胞的免疫监视作用，从而显著提高肿瘤的发病率。在这方面进行相应的比较试验，也应该是一项可操作的切入点。

（三）鸡生长发育特点和鸡群规模化养殖是否可能影响肿瘤发病率

现代规模化养鸡所采用的品种，虽然都是由不同的配套系经二代杂交而成。但是，每一个群体的生产性能都非常一致，这意味着这么大的群体中的个体在遗传背景上非常相似。这是否有助于筛选出并形成了对该群体中大多数鸡体的致病性都很强的病毒群体？另外，出壳后的雏鸡的免疫功能尚不完全，早期ALV或REV感染很容易诱发免疫耐受性。ALV和REV都能够垂直感染，规模化养鸡业生产过程中，出壳后最初24～48h雏鸡呈高度密集接触状态。胚胎期的感染不仅诱发免疫耐受性感染，而且出壳后立即排毒，很容易在高度密集的雏鸡群中引起横向感染，使相当数量的雏鸡被早期感染。对ALV和REV的早期免疫耐受性感染均可能抑制对潜在发生的肿瘤细胞的免疫监视作用。

鸡群中很容易发生多种多样的病毒性肿瘤，这是过去养禽业和禽病界司空见惯的现象。但奇怪的是，对于鸡群为什么容易发生多种多样的病毒性肿瘤这样一个科学问题，却很少有人关注。因此，当现在提出这个问题时，反而令人感到无从下手，很难找到切入点。上面提到的几个切入点，也只能作为激起人们思考的几个思路而已。

二、急性致肿瘤性ALV发生及致病的生物学机制

（一）是否有可能发现新的鸡原癌基因

现已阐明，病毒基因组中的肿瘤基因实际上是来自主细胞基因组的某种原癌基因，这些原癌基因往往是与鸡的生长相关的基因或调控这些与生长相关的基因表达水平的调控基因。除了书本上列出的在过去几十年中已发现的肿瘤基因，还能从我国新出现的不同急性肿瘤病例中发现新的肿瘤基因吗？

（二）更深入地阐明原癌基因整合进ALV的分子机制

由于在我国还能不断地发现和收集到急性ALV肿瘤的自然病例，因此可以利用最新的分子生物学技术和理论进一步阐明原癌基因整合进ALV基因组的分子机制，甚至可以复制或模拟这一过程。

（三）更深入地阐明急性ALV诱发肿瘤的分子机制

由于在我国还能不断地发现和收集到急性ALV肿瘤的自然病例，因此可以利用最新的分子生物学技术和理论进一步阐明某种特定的肿瘤基因是如何诱发某种特定类型细胞发生肿瘤化的分子机制。

通常，急性致肿瘤性ALV都是复制缺陷性病毒，由于基因组某段必需基因被肿瘤基因取代了，因此失去了自我复制能力，需要利用同一感染细胞中的辅助病毒产生的所有必需蛋白质来实现复制（见第一章）。但是，近几年来，在一些鸡群出现了急性ALV肿瘤的群发现象。这就提供了一个问题，急性致肿瘤ALV能在鸡与鸡之间传播吗？如果能，又是如何发生的。

参考文献

崔治中.2012.我国鸡群肿瘤病流行病学及其防控研究[M].北京：中国农业出版社.

董宣，刘娟，李德庆，等.2014. IFA和ELISA检测J亚群禽白血病病毒的比较研究[J]. 中国家禽（36）：16－19.

董宣，刘娟，赵鹏，等. 2011.J 亚群禽白血病病毒 NX0101株的 $TCID_{50}$与 p27抗原之间的相关性研究[J]. 病毒学报（27）：521－525.

段伦涛，赵鹏，董宣，等. 2014. 对鸡群A/B亚群禽白血病病毒抗体ELISA检测阳性率的可靠性评估[J]. 中国畜牧兽医（41）：197－203.

李薛，董宣，赵鹏，牛星，崔治中. 2013.B 亚群禽白血病病毒 SDAU09C2株的 $TCID_{50}$与 p27抗原之间的相关性研究[J]. 中国畜牧兽医（40）：14－17.

李薛，李卫华，赵鹏，等. 2012.B 亚群禽白血病病毒灭活疫苗的免疫效力分析[J]. 畜牧兽医学报（43）：1788－1794.

孟凡峰，范建华，徐步，等. 2015.核酸杂交技术在禽白血病病毒$TCID_{50}$测定中的应用[J]. 中国家禽（37）：13－16.

徐海鹏，孟凡峰，董宣，等. 2014.种蛋中内源性禽白血病病毒的检测和鉴定[J]. 畜牧兽医学报（45）：1317－1323.

赵鹏，李德庆，董宣，等. 2014. SPF鸡感染J亚群禽白血病病毒血清抗体与卵黄抗体的变化动态及其相关性[J]. 中国家禽（36）：17－21.

赵鹏，李德庆，董宣，等. 2014.SPF鸡感染禽白血病病毒A/B亚群后血清抗体与卵黄抗体的变化及其相关性[J]. 畜牧兽医学报（45）：614－620.

Dong X., Liu J., Li D., et al. 2012.Comparison of IFA and ELISA in the detection of avain leukosis virus subgroup J in DF-1 cell cultures[J]. International Journal of Veterinary Science, (1): 13－16.

Dong X., Zhao P., Li W., et al. 2015.Diagnosis and sequence analysis of avian leukosis virus subgroup J isolated from Chinese Partridge Shank chickens[J]. Poult Sci, (94): 668－672.

Li X., Dong X., Sun X., et al.2013. Preparation and immunoprotection of subgroup B avian leukosis virus inactivated vaccine[J]. Vaccine, (31): 5479－5485.

Zhao P., Dong X. , Cui Z. 2014.Isolation, identification, and gp85 characterization of a subgroup A avian leukosis virus from a contaminated live Newcastle Disease virus vaccine, first report in China[J]. Poult Sci, (93): 2168－5217.